基于.NET的Unity游戏开发

Unity和Microsoft Game Dev游戏开发教程

[新西兰] 陈嘉栋（Jiadong Chen） 著

姬婧 郑铮 译

清华大学出版社

北京

内 容 简 介

Unity 作为世界上使用最广泛的游戏引擎之一，为游戏开发者提供了一套易于使用和功能强大的游戏开发工具。本书分为 3 部分：第 1 部分（第 1、2 章）介绍 Unity 的基本概念；第 2 部分（第 3 ～ 6 章）探讨 C# 脚本与 Unity 内置模块的协同工作，内容涉及 UI、动画、物理系统、使用音频和视频资源等；第 3 部分（第 7 ～ 11 章）研究 Unity 高级脚本编程，包括 Unity 中计算机图形学的数学原理、可编程渲染管线、面向数据的技术堆栈、序列化系统和资源管理，以及 Unity 与 Microsoft Game Dev、Azure、PlayFab 协同工作的问题。

本书面向具有中级 .NET 和 C# 编程经验，并有兴趣学习使用 Unity 进行游戏开发的开发者。

北京市版权局著作权合同登记号　图字：01-2023-3035

图书在版编目(CIP) 数据

基于 .NET 的 Unity 游戏开发 : Unity 和 Microsoft Game Dev 游戏开发教程 / (新西兰) 陈嘉栋著 ; 姬婧 , 郑铮译 . -- 北京 : 清华大学出版社 , 2025. 5. -- ISBN 978-7-302-68800-6

Ⅰ . TP317.6

中国国家版本馆 CIP 数据核字第 20256BT342 号

责任编辑：安　妮
封面设计：刘　键
版式设计：方加青
责任校对：郝美丽
责任印制：沈　露

出版发行：清华大学出版社
网　　址：https://www.tup.com.cn，https://www.wqxuetang.com
地　　址：北京清华大学学研大厦 A 座　　邮　　编：100084
社 总 机：010-83470000　　邮　　购：010-62786544
投稿与读者服务：010-62776969，c-service@tup.tsinghua.edu.cn
质 量 反 馈：010-62772015，zhiliang@tup.tsinghua.edu.cn
课 件 下 载：https://www.tup.com.cn，010-83470236
印 装 者：三河市龙大印装有限公司
经　　销：全国新华书店
开　　本：185mm×260mm　　印　　张：23.25　　字　　数：540 千字
版　　次：2025 年 6 月第 1 版　　印　　次：2025 年 6 月第 1 次印刷
印　　数：1 ～ 1500
定　　价：129.00 元

产品编号：102887-01

关于作者

Jiadong Chen 是 3000 名国际微软最有价值专家（MVP）之一，连续 6 年被微软认可为技术行业最杰出、最优秀的人士之一，目前在总部位于新西兰哈密尔顿的 Company-X 公司担任高级软件开发人员。

他专门从事 Azure 云计算、Unity、XR 和 .NET/C# 的开发。他是微软认证的 Azure 解决方案架构师专家、Azure 开发人员、Azure AI 工程师和培训师。他也是 .NET 基金会成员。

在加入 Company-X 公司之前，Jiadong 曾在世界上应用最广泛的实时 3D 开发平台的创造者——Unity 担任现场工程师。

关于审阅人

Simon Jackson 是一位资深的软件工程师和架构师，拥有多年的 Unity 游戏开发经验，也是多部 Unity 游戏开发书籍的作者。他热衷于 Unity 项目开发，也乐于通过博客、用户组或大型演讲活动等方式帮助指导他人。

他工作于一家名为 xRealityLabs 的混合现实研究实验室，为建筑和医疗行业构建未来的数字解决方案。

他目前正专注于 Reality Toolkit 项目。该项目旨在构建一个跨平台的混合现实框架，以便虚拟现实和增强现实的开发者能够在 Unity 中构建高效的解决方案。

序

“延期的游戏最终会变好，但赶工的游戏永远是坏的。”

——行业口号

现在，你拥有一款制作优秀游戏的工具。假如这款游戏是超级马里奥，那么只需击打一个画着问号的方块，就会有一个发光、闪烁、冒烟的蘑菇从里面冒出来。假如这款游戏是塞尔达传说，那么只需要探索boss的地下城，找到一个宝箱，从里面拿出一本书并举过头顶（此时播放一些合适的音乐）。换句话说，你刚刚获得了一个可用于任务的增强道具。

当你玩任天堂游戏、光环、我的世界或刺猬索尼克，以及几乎所有你喜欢的游戏时，你可以感受到对卓越的追求。现在你有同样的机会：你可以利用已有的知识和新学到的Unity技能（尽管你可能还没有开始学习它们），通过一定的工作将观点强有力地表达出来。

“任天堂的哲学是：永远不要走捷径，要不断挑战自己，尝试做一些新的事情。”

——宫本茂（2005）

这就是为什么任天堂开发出了一些很棒的游戏（也包括一些非常奇怪的游戏）。不管怎样，你都有机会做一些独特的东西来真正展示自己。有了这些工具，你的激情就会带来无限的机会。

这让我们想到了微软CEO Satya Nadella在其著作*Hit Refresh*中的一句名言：“学习飞行并不漂亮，飞行却很漂亮。”

你将学习使用这些工具来创造杰作（或者至少得到一份工作）。学习这些新工具并不容易，但是你一旦掌握了这些知识，就能制作出很棒的游戏。

本书将使这个过程变得更加容易。Unity是世界上最广泛使用的实时3D开发平台。如果你采用.NET Framework来使用Unity，就可以发挥C#、Microsoft Game Dev、Azure及PlayFab工具的强大力量。你还将看到这些资源如何与Visual Studio和GitHub无缝协作。

Jiadong Chen曾在Unity Technologies担任现场工程师，他在.NET和Unity游戏开发领域已经工作了9年以上。他是.NET基金会的成员，并且连续6年成为微软最有价值专家（MVP），以表彰他对微软开发者社区的影响力。他的MVP奖项类别是开发者技术。换句话说，Jiadong Chen是教你如何利用.NET Framework和微软开发者平台来学习使用Unity游戏引擎及如何将自己的游戏提升到一个新水平的完美人选。

本书面向.NET开发者。首先介绍Unity的基础知识；然后讲解编写脚本，使用Unity构建游戏的UI，给游戏图形添加动画效果，构建物理系统，并添加音频和视频（这是构建游戏的基本组成部分）；接着介绍游戏数学，并使用可编程渲染管线、面向数据的技术堆栈、序列化系统和资源管理；最后展示如何利用Microsoft Game Dev、Azure和PlayFab

来开发 Unity 引擎。

本书通过图像和示例解释各个概念，以便读者完全理解每个主题。然后，将带领读者通过使用真实的代码来实现自己的解决方案。学习游戏开发的过程并不容易，但这本书将使它变得比较容易。

在阅读完这本书后，如果生活像超级马里奥游戏，那么你将会摘到旗杆上面的旗子并进入下水道；如果生活是塞尔达传说，那么你将会收集到三角力量；如果生活是索尼克游戏，那么你将打败罗伯尼克博士。正如 Satya Nadella 所说，学习飞行并不容易，但一旦完成，你将能够真正起飞并与 Unity 一起做一些伟大的事情。

Ed Price

建筑出版高级项目经理，

Microsoft Azure 架构中心联合作者，共著有 7 本书籍，包括 *Meg the Mechanical Engineer*、*The Azure Cloud Native Architecture Mapbook* (Packt) 和 *ASP .NET Core 5 for Beginners* (Packt) 等

前　言

作为世界上使用最广泛的游戏引擎之一，Unity 提供了易于使用和功能强大的游戏开发工具，这吸引了许多开发者选择 Unity 进行游戏开发。然而，现代游戏开发所需的工具并不局限于游戏引擎，其他工具和服务（如云计算）也越来越多地用于游戏开发。本书将探讨如何使用 Unity 游戏引擎、Microsoft Game Dev、Azure 和 PlayFab 服务来创建游戏。

本书从理解 Unity 游戏引擎的基本原理开始，逐渐进入 Unity 编辑器和用 C# 编写 Unity 脚本的关键概念，为制作游戏做好准备。然后，将学习如何使用 Unity 的内置模块，如 UI 系统、动画系统、物理系统，以及如何将音频和视频集成到游戏中，以使游戏更加有趣。随着内容的深入，将进入一些高级主题，如计算机图形学涉及的数学原理，如何使用可编程渲染管线和在 Unity 中创建后期处理效果，如何使用 Unity 的 C# Job System 来实现多线程，以及如何使用 Unity 的实体组件系统（Entity Component System，ECS）以面向数据的方式编写游戏逻辑代码来提高游戏性能。在此过程中，读者还将了解 Microsoft Game Dev、Azure、PlayFab，并通过使用 Unity PlayFab SDK 访问 Azure PlayFab API 来从云中保存和加载数据。通过阅读本书，读者将更加熟悉 Unity 游戏引擎，对 Azure 有更深入的理解并做好自己开发游戏的准备。

本书面向的读者

这本书面向有中级 .NET 和 C# 编程经验，并有兴趣学习使用 Unity 进行游戏开发的开发者。

内容架构

本书分为 3 部分，共 11 章，具体内容如下。

第 1 部分（第 1、2 章）介绍 Unity 的基本概念。

第 1 章解释 Unity 游戏引擎的基本原理。从 Unity 安装过程开始，探索 Unity 编辑器，了解 .NET 配置文件和 Unity 的脚本后端，从而对 Unity 有一个广泛的理解。

第 2 章是第 1 章的延续，详细介绍 Unity 中的脚本。首先介绍 Unity 脚本中的常见类；然后解释脚本实例的生命周期；接着介绍如何在 Unity 中创建脚本，并将脚本作为组件附加到游戏对象中；最后演示如何通过 Unity Package Manager 来添加或删除包。

第 2 部分（第 3 ～ 6 章）讲解 C# 脚本与 Unity 内置模块的协同工作。

第 3 章涵盖 Unity 中常用的不同类型的 UI 组件，讨论如何通过使用模型 - 视图 - 视图模型（Model View View Model，MVVM）模式在 Unity 中开发 UI，探讨一些优化 Unity UI 的技巧。

第 4 章涵盖 Unity 动画系统的最重要的概念，如动画剪辑、动画控制器、Avatar 和

Animator 组件。本章将使用动画系统来实现 3D 动画和 2D 动画，并探讨一些优化 Unity 动画系统的技巧。

第 5 章概述 Unity 提供的物理解决方案，包括两个内置的物理解决方案：NVIDIA PhysX 引擎和 Box2D 引擎；涵盖 Unity 物理系统的关键概念，如 Collider 和 Rigidbody；还将实现一个基于物理系统的乒乓球游戏，并探讨一些优化 Unity 物理系统的技巧。

第 6 章涵盖 Unity 音频系统和视频系统中的关键概念，如 Audio Clip、Audio Source、Audio Listener 和 Video Player，并探索一些优化 Unity 音频系统的技巧。

第 3 部分（第 7 ～ 11 章）探讨 Unity 高级脚本编程。

第 7 章涵盖与计算机图形学相关的数学原理，如坐标系、向量、矩阵和四元数。

第 8 章首先概述 3 个在 Unity 中可选择的现成的渲染管线，即早期的内置渲染管线和两个基于可编程渲染管线的预制渲染管线，即通用渲染管线和高清渲染管线；然后介绍如何使用通用渲染管线资源来配置渲染管线，以及如何使用 Volume 框架将后期处理效果应用到游戏中；最后探讨一些优化通用渲染管线的技巧。

第 9 章介绍什么是面向数据的设计，以及面向数据的设计与传统的面向对象的设计之间的区别。还探讨了 Unity 中面向数据的技术堆栈 (Data-Oriented Technology Stack，DOTS)，以及组成它的三个技术模块，即 C# Job System、ECS 和 Burst 编译器。

第 10 章讨论 Unity 中的 YAML 序列化、二进制序列化和 JSON 序列化，涵盖 Unity 中的资源工作流程，还探讨如何在 Azure 中创建 Azure Blob 存储服务，并将来自 Azure 的可寻址内容加载到 Unity 项目中。

第 11 章讨论什么是 Microsoft Game Dev、Azure 和 PlayFab，以及为什么应该考虑在游戏开发中使用它们。本章将通过 Azure PlayFab API 在 Unity 项目中实现注册、登录和排行榜功能。

本书的翻译工作由唐山师范学院的姬婧、郑铮共同完成，其中第 1 部分（1、2 章）和第 3 部分（7 ～ 11 章）由姬婧翻译，第 2 部分（3 ～ 6 章）由郑铮翻译。

由于译者水平有限，书中难免存在不足和疏漏之处，敬请广大读者批评指正。

如何充分利用这本书

本书假设读者对 .NET 和 C# 有一定了解。本书涵盖 Unity 游戏引擎的基本概念、高级主题，以及其他技术，如微软的 Azure 和 PlayFab。

读者需要在本地计算机上安装长期支持（LTS）版本的 Unity，推荐使用 Unity 2020 或更高版本，可以在第 1 章中找到安装 Unity 的步骤。所有的代码示例都在 Windows 操作系统上使用 Unity 2020.3.24 进行了测试，这些代码也应该可以适用于未来的版本。

读者还需要微软的 Azure 订阅，可以在 https://azure.microsoft.com/en-in/free/ 上申请一个免费的 Azure 账户。

表 0.1 列举了本书使用的主要软件。

表 0.1 本书所使用的主要软件

本书使用的软件	操作系统要求
Unity 2020.3+	Windows、macOS 或 Linux
Azure 门户网站	Windows、macOS 或 Linux
Visual Studio Community 2019	Windows、macOS

若读者需要从 GitHub 存储库下载示例项目，则需要一个 Git 客户端。推荐使用 GitHub Desktop，可以从 https://desktop.github.com 下载 GitHub Desktop。如果读者正在使用 Windows 操作系统，也可以考虑使用 Git for Windows，可以从 https://git-scm.com/download/win 下载。

下载示例代码文件

本书的代码全部托管在 GitHub 上，可以从 https://github.com/PacktPublishing/Game-Development-with-Unity-for-.NET-Developers 下载。如果代码有更新，将在现有的 GitHub 存储库上进行更新。

下载本书的彩色插图

本书使用的屏幕截图和图表的彩色版本可以在 https://static.packt-cdn.com/downloads/9781801078078_ColorImages.pdf 下载。

文本样式约定

本书的文本样式遵循如下约定。

代码段的样式如下。

```
using UnityEngine;

public class TriggerTest : MonoBehaviour
{
    private void OnTriggerStay(Collider other)
    {
        Debug.Log($"{this} stays {other}");
    }
}
```

当希望提醒读者注意代码段的特定部分时，相关的行或项目将以粗体标示，具体如下。

```
using UnityEngine;

public class PingPongBall : MonoBehaviour
{
    [SerializeField] private Rigidbody _rigidbody;
```

```
    [SerializeField] private Vector3 _initialImpulse;

    private void Start()
    {
        _rigidbody.AddForce(_initialImpulse,
          ForceMode.Impulse);
    }
}
```

使用以下样式展示注意事项：

> **注意**
> 需要注意的内容。

目　录

第 1 部分　Unity 的基本概念

第 1 章
初识 Unity

第 2 章
Unity 中的脚本概念

第 2 部分　C# 脚本与 Unity 内置模块的协同工作

第 3 章
使用 Unity UI 系统开发 UI

第 4 章 使用 Unity 动画系统创建动画

第 5 章 使用 Unity 物理系统

第 6 章 在 Unity 项目中集成音频和视频

第 3 部分　Unity 高级脚本编程

第 7 章 理解 Unity 中计算机图形学的数学原理

第 8 章 Unity 中的可编程渲染管线

第 9 章 Unity 中面向数据的技术堆栈

第 10 章 Unity 中的序列化系统、资源管理和 Azure

第 11 章 Microsoft Game Dev、Azure、PlayFab 和 Unity 协同工作

第 1 部分
Unity 的基本概念

第 1 部分将探讨 Unity 游戏引擎的基本原理，并介绍 Unity 中脚本的一些关键概念，为开发游戏做好准备。

第 1 章
初识 Unity

在开始使用 Unity 开发游戏之前，需要了解 Unity。很多人，尤其是对游戏和游戏开发感兴趣的人，都知道 Unity 是一个广泛使用的游戏引擎，并且可能已经玩过很多用 Unity 开发的游戏，但可能并不熟悉如何使用 Unity 来开发游戏。例如，Unity 有许多可用版本，如何选择合适的版本？Unity 提供了不同的订阅计划，怎样选择合适的订阅计划？

如果以前从未使用过 Unity，那么有必要先学习如何使用 Unity 编辑器。除了 Unity 编辑器之外，Unity 引擎还提供了哪些功能来帮助游戏开发者开发游戏呢？了解 Unity 中的特性也非常重要。对于 .NET 开发人员，可能很熟悉 Visual Studio，需要知道如何使用 Visual Studio 来开发一个 Unity 游戏，但是开发一个 Unity 游戏是不同于开发一个 .NET 应用程序的。

本章将回答这些问题。首先介绍如何选择合适的 Unity 版本，并概述如何通过 Unity Hub 或 Unity 安装程序下载和安装 Unity。然后介绍如何根据实际情况选择合适的订阅计划，此时需要已经安装 Unity 并打开 Unity 编辑器。对于刚刚开始使用 Unity 编辑器的读者，很可能不知道如何使用它。所以，本章先探索 Unity 编辑器的使用，再讨论 Unity 提供的不同特性，接着介绍 Unity 中的 .NET 配置文件和 Unity 提供的脚本后端，最后介绍如何使用 Visual Studio 来开发 Unity 游戏。

1.1 技术要求

在开始学习之前，先检查使用的系统是否可以运行 Unity 编辑器。表 1.1 给出了运行 Unity 编辑器的最低要求。

表 1.1　运行 Unity 编辑器的最低要求

操 作 系 统	操作系统版本	CPU	图形 API
Windows	Windows 7(SP1+)、Windows 10-64 位版	支持 SSE2 指令集的 x64 架构	支持 DX10-、DX11-、DX12- 的 GPU
macOS	High Sierra 10.13+	支持 SSE2 指令集的 x64 架构	支持 Metal 的 Intel 和 AMD GPU
Linux	Ubuntu 20.04、Ubuntu 18.04、CentOS 7	支持 SSE2 指令集的 x64 架构	支持 OpenGL 3.2+ 或 Vulkan 的 NVIDIA 和 AMD GPU

1.2　开始使用 Unity 编辑器

无论是独立的游戏开发者，还是公司团队中的工作成员，在安装或下载 Unity 之前都需要做以下两件事。

（1）选择合适的 Unity 版本。

（2）选择合适的订阅计划。

1.2.1　选择合适的 Unity 版本

Unity 版本如图 1.1 所示。如今，Unity 每年都提供两种不同的发布版本：LTS（长期支持）版本和 Tech Steam（技术更迭）版本。

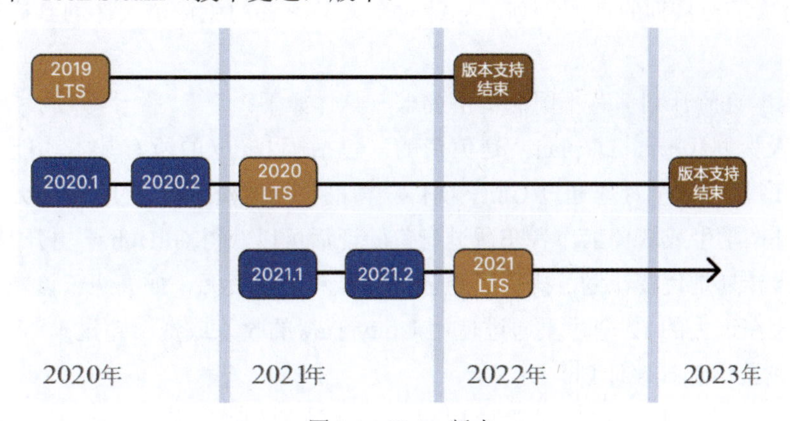

图 1.1　Unity 版本

接下来将解释这两种版本，以了解如何选择合适的版本。

LTS 版本为开发人员的项目提供了最大的稳定性和充分支持，该版本是每年技术更迭到最后生成的长期支持稳定版本。在 LTS 版本中，没有新的特性或 API 更改。LTS 版本的更新解决了崩溃问题，并修复了错误和各种小问题。每年 Unity 都会发布新的 LTS 版本，每个版本从发布之日起提供两年的相关支持。

因此，对于正在寻求性能和稳定性，以及项目已经在生产过程中或正在进行开发过程中的读者来说，使用最新的 LTS 版本来确保最佳的性能和稳定性是一个很好的选择。

注意

在撰写本书时（2022 年 4 月），有两个 LTS 版本，即 Unity 2020 LTS 和 Unity 2019 LTS（即 2019.4）。Unity 2020 LTS 是最新的 LTS 版本，并具有与 Unity 2020.2 技术更迭版本相同的特性集，而 Unity 2019 LTS 是旧的 LTS 版本。

技术更迭版本为想要探索最新的正在开发的特性的开发者们提供了一个选项，让他们可以使用这些新特性为未来的项目做准备。与 LTS 版本不同，技术更迭版本每年发布两次（通常在第一季度和第四季度发布），并且仅在下一个技术更迭版本正式发布之前得到支持。

因此，对于正在准备下一个项目或正在致力于原型设计和实验的读者来说，可以尝试使用技术更迭版本。

注意

在撰写本书时（2022 年 4 月），最新的技术更迭版本是 Unity 2021.2。

本书选择了 LTS 版本——Unity 2020.3。

1.2.2 选择合适的订阅计划

Unity 是一个广泛使用的游戏引擎，许多独立游戏开发者都使用 Unity 进行游戏开发。但从技术上讲，Unity 并不是一个免费的游戏引擎。本节将介绍 Unity 提供的几种订阅计划，读者可以根据自身情况选择合适的订阅计划。

Unity 提供了一系列的订阅计划，从针对个人学习者的免费个人计划到针对大型组织的企业计划。

每个 Unity 订阅计划都有不同的资格要求，具体如下。

（1）个人计划（Personal plan）是免费的，包括了 Unity 的所有基本功能。如果是个人工作者，在过去 12 个月里通过 Unity 项目获得的收入或资金低于 10 万美元，可以选择该计划。此外，学生或教育工作者在通过身份验证后可以获得 GitHub 学生开发包。

（2）Plus 计划是付费计划，提供了更多的功能和培训资源，如高级云诊断和初始屏幕自定义。如果在过去的 12 个月里通过使用 Unity 获得的收入或资金超过 10 万美元但低于 20 万美元，则应该选择该计划。

（3）Pro（专业）计划也是付费计划。与 Plus 计划相比，使用 Pro 计划可以从 Unity 获得更多的技术支持。如果你的组织在过去 12 个月里从任何来源获得超过 20 万美元的收入，那么必须使用 Pro 计划或企业计划。

（4）企业计划（Enterprise plan）是专门为至少有 20 名成员的团队设计的，提供比 Pro 计划更多的支持。例如，一位来自 Unity 的客户成功经理将被分配到你的组织，提供指导、协调资源并作为内部倡导者。

1.2.3 下载和安装 Unity 编辑器

有两种方式可以下载和安装 Unity 编辑器。第一种推荐的方式是使用 Unity Hub。Unity Hub 是一个管理工具，用来管理所有的 Unity 项目和 Unity 的安装。可以采取以下步骤来安装 Unity Hub 和 Unity 编辑器。

（1）访问 Download Unity 页面（https://unity3d.com/get-unity/download），如图 1.2 所示。

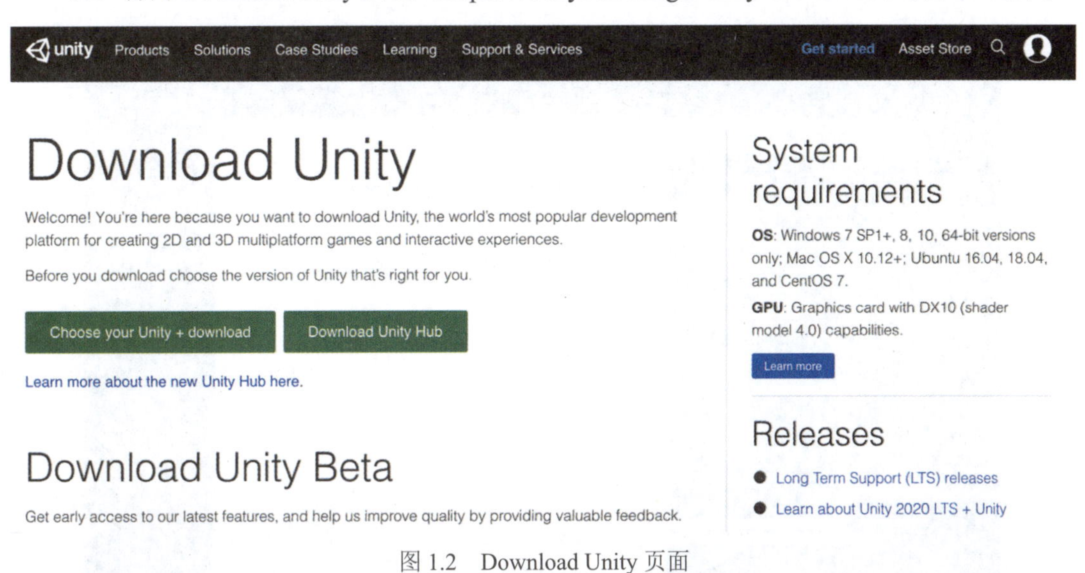

图 1.2　Download Unity 页面

Unity Hub 支持 Windows、macOS、Ubuntu 和 CentOS。

（2）安装 Unity Hub 非常简单，只需要选择安装 Unity Hub 的文件夹，如图 1.3 所示。然后，单击 Install 按钮。

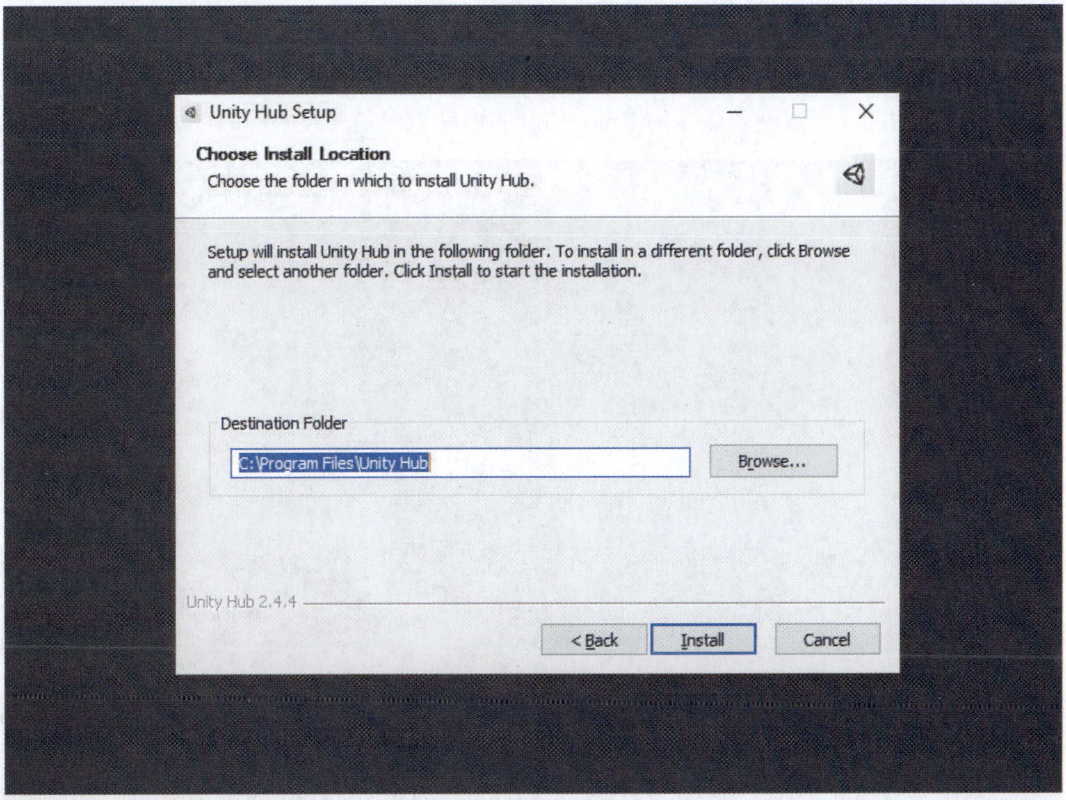

图 1.3　Unity Hub 安装

（3）完成 Unity Hub 的安装后，勾选 Run Unity Hub 复选框，然后单击 Finish 按钮以启动 Unity Hub，如图 1.4 所示。

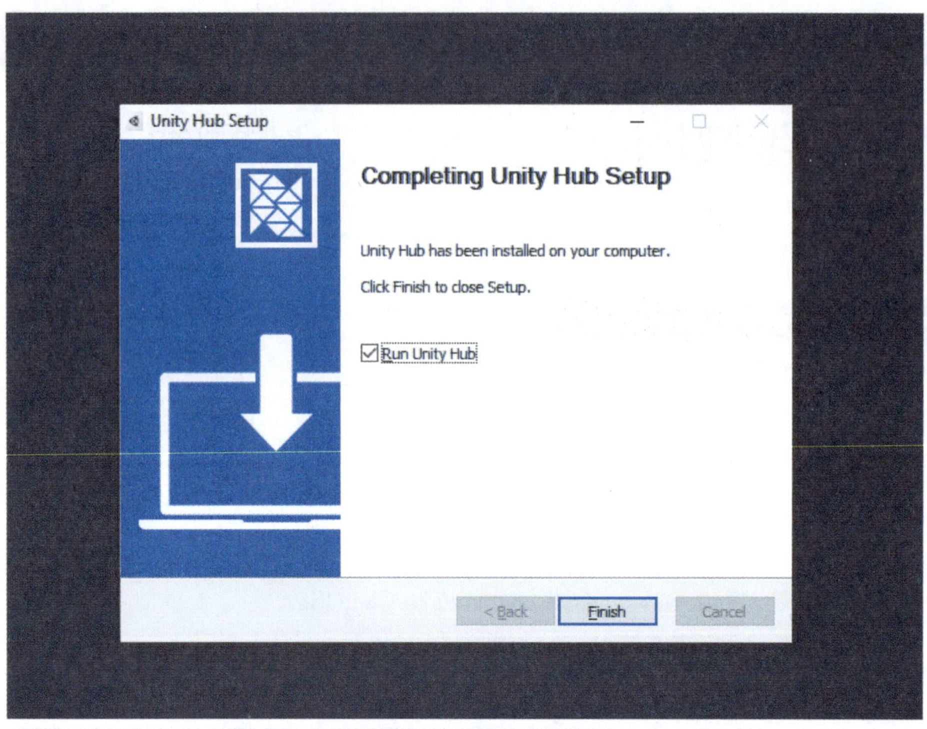

图 1.4　完成 Unity Hub 安装

在撰写本书时，使用的是当前最新版本的 Unity Hub（版本 3.0.0）。如果使用过以前版本的 Unity Hub，会发现新版本的 Unity Hub 的启动页面是完全不同的，如图 1.5 所示。

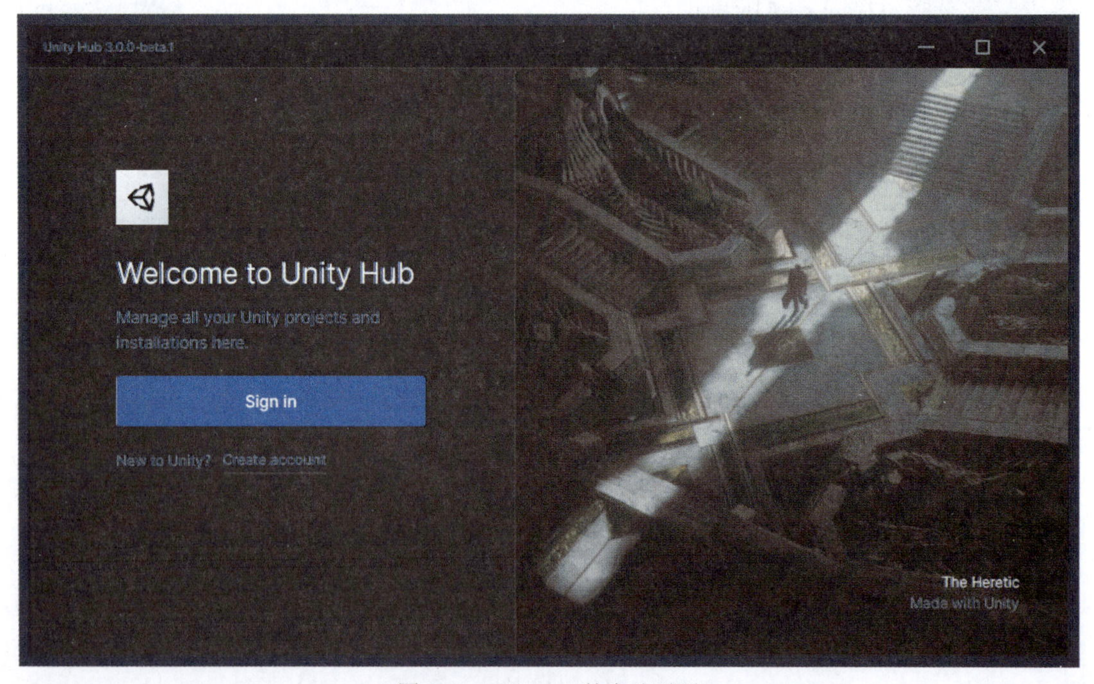

图 1.5　Unity Hub 的启动页面

（4）需要一个 Unity 账户才能访问 Unity 编辑器和 Unity Hub。如果没有 Unity 账户，则需要创建一个账户。

（5）第一次登录 Unity Hub 时，需要激活许可证，如图 1.6 所示。单击 Manage licenses 按钮，在打开的 Preference 对话框中选择左侧的 Licenses 选项。

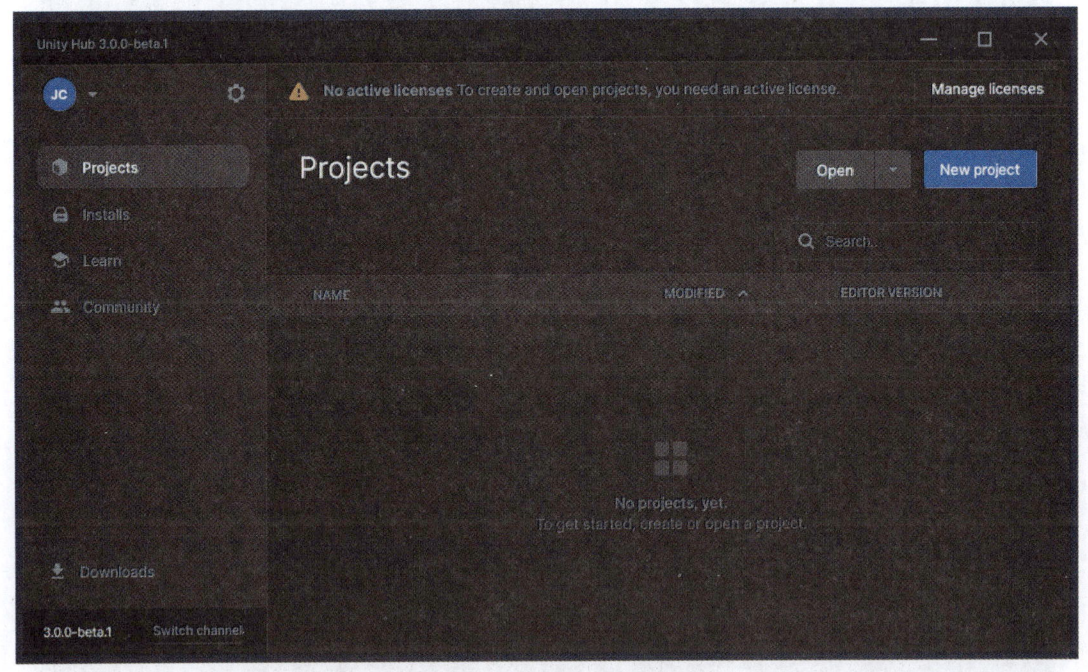

图 1.6　单击 Manage licenses 按钮

（6）Licenses 视图中提供了两个按钮，可用于添加许可证，可以单击右上角的 Add 按钮或下方的 Add license 按钮，如图 1.7 所示。

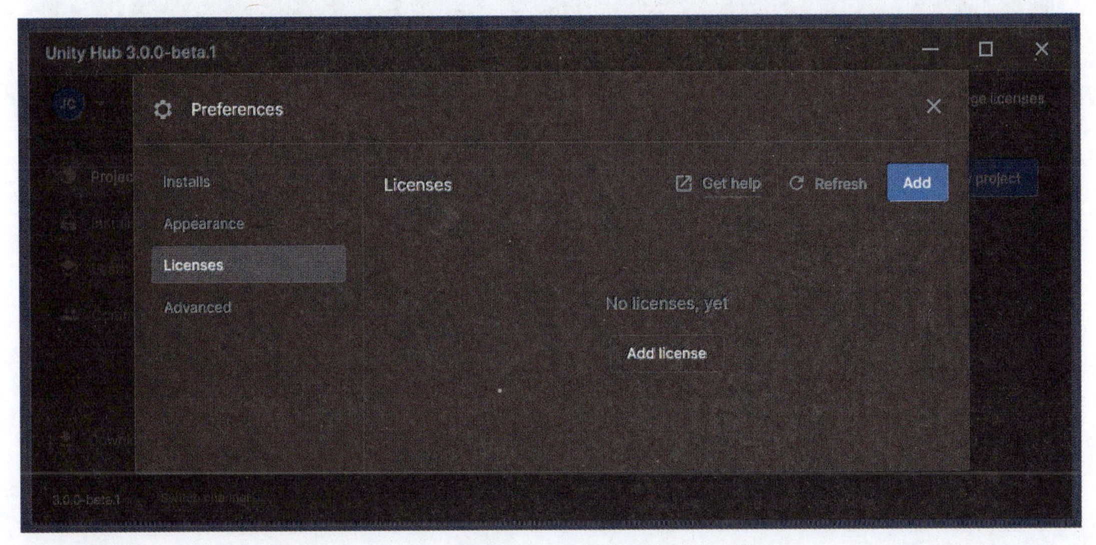

图 1.7　Licenses 视图

然后，在弹出的 Add new license 对话框中，有不同的订阅计划选项来激活许可证，如图 1.8 所示。1.2.2 节已经讨论了不同的 Unity 订阅计划。

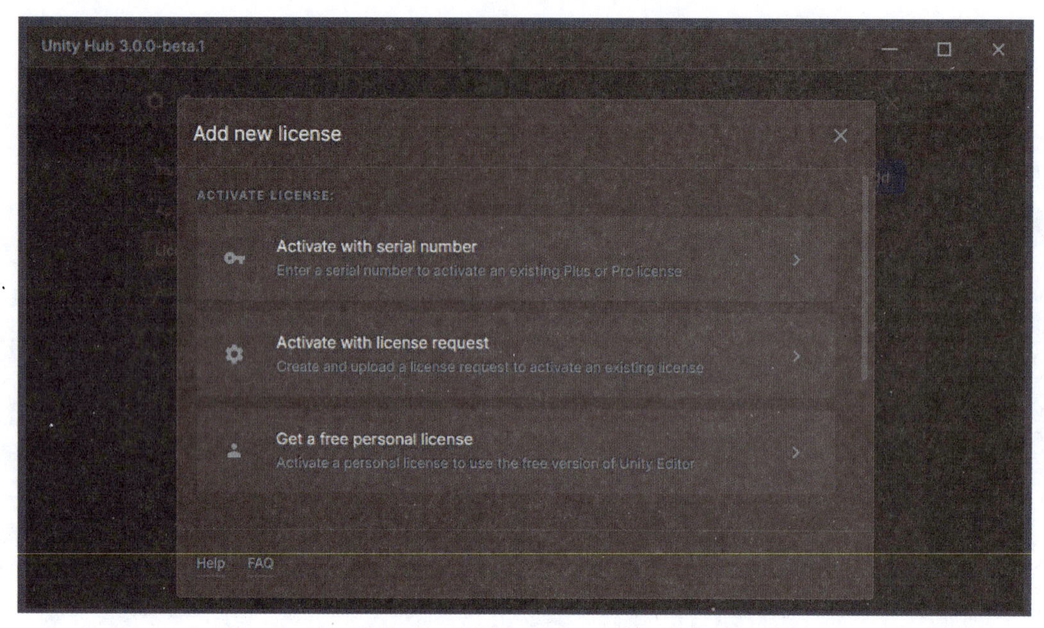

图 1.8　Add new license 对话框

（7）添加新许可证后，可以开始探索 Unity Hub。如图 1.9 所示，从 Projects 视图中，有一个由 Unity Hub 管理的 Unity 项目列表。可以单击 Projects 视图右上角的 New project 按钮创建一个全新的项目，也可以单击 Open 按钮导入现有项目。

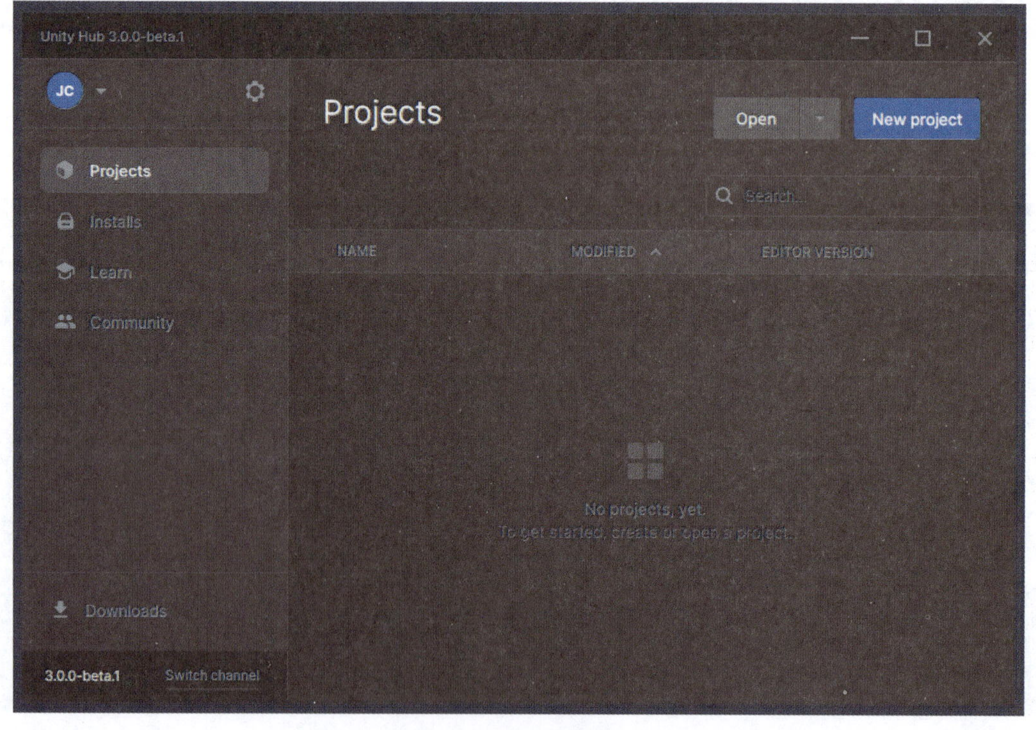

图 1.9　Projects 视图

（8）要安装 Unity 编辑器，需要打开 Installs 视图，如图 1.10 所示，可以在其中管理多个版本的 Unity 编辑器的安装。

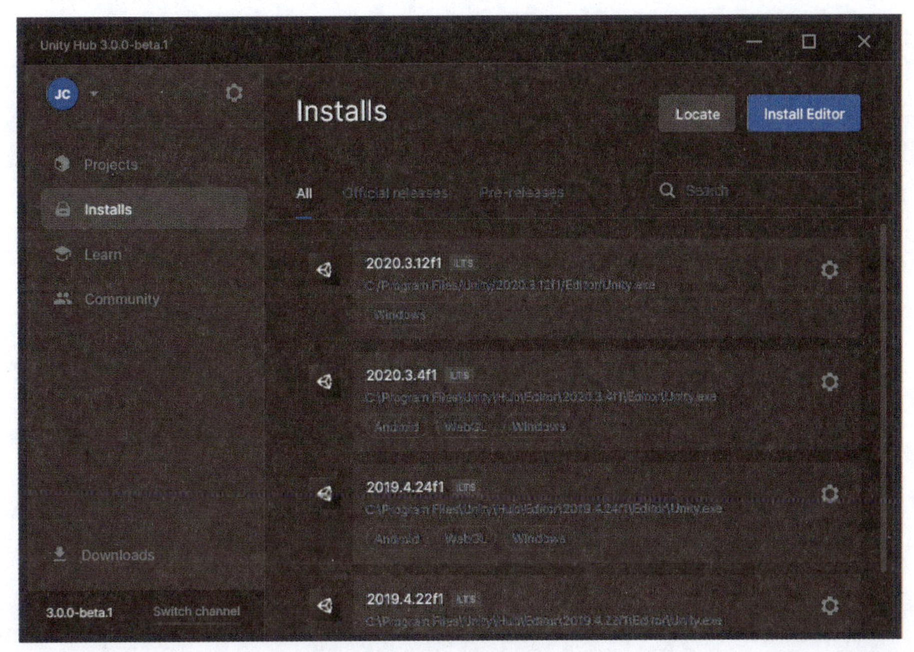

图 1.10 Installs 视图

该视图中有一个由 Unity Hub 安装和管理的 Unity 编辑器列表。与 Project 视图类似，可以下载并安装一个 Unity 编辑器，也可以导入一个不是由 Unity Hub 管理的现有 Unity 编辑器，如使用 Unity 安装程序安装的 Unity 编辑器。

（9）单击 Installs 视图上的 Install Editor 按钮，打开 Install Unity Editor 面板，如图 1.11 所示。可以看到每个版本的最新版本。

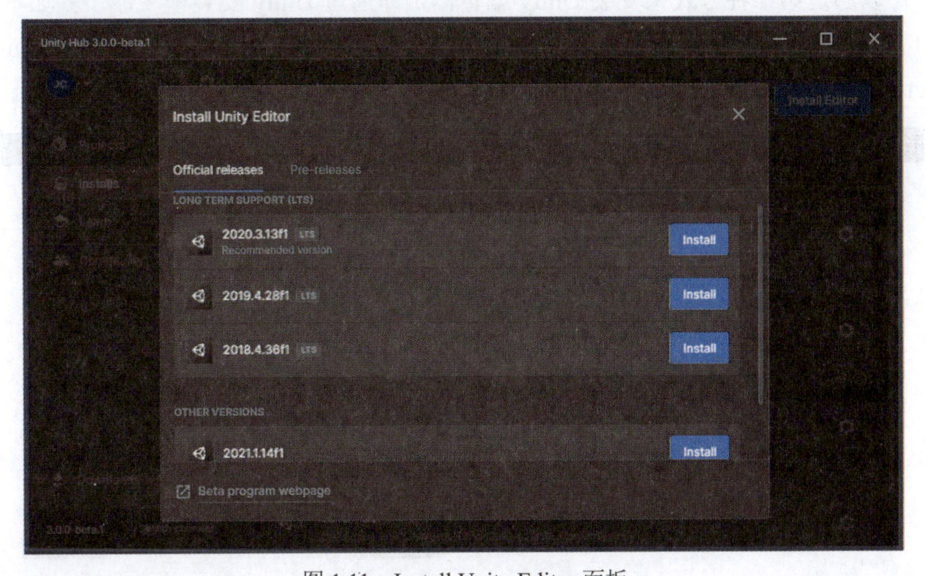

图 1.11 Install Unity Editor 面板

> **注意**
>
> 因为 Unity 2018 LTS 的支持周期已经结束，所以不要安装它。

书中使用 Unity 2020 LTS 版本，所以需要安装 Unity 2020.3.13f1，如图 1.12 所示。

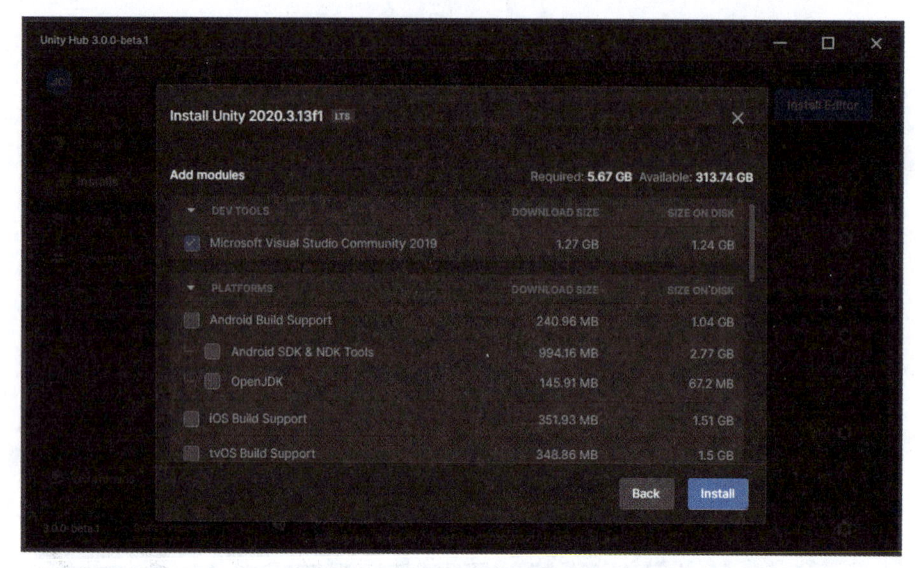

图 1.12　安装 Unity 2020.3.13f1

然后，选择需要安装的模块。可以看到，Microsoft Visual Studio Community 2019 是默认安装的，这是本书进行 Unity 游戏开发的集成开发环境（Integrated Development Environment，IDE）。

> **注意**
> 如果要更改安装位置，可以在 Preferences 对话框的 Installs 视图中进行更改。

有时，可能需要一个无法通过 Unity Hub 获得的特定版本，如一些较旧的 Unity 版本。此时，可以通过第二种方式来安装 Unity 编辑器，即通过 Unity 安装程序，步骤如下。

（1）要下载 Unity 的以前版本，需要访问 Unity download archive 页面（https://unity3d.com/get-unity/download/archive），如图 1.13 所示。

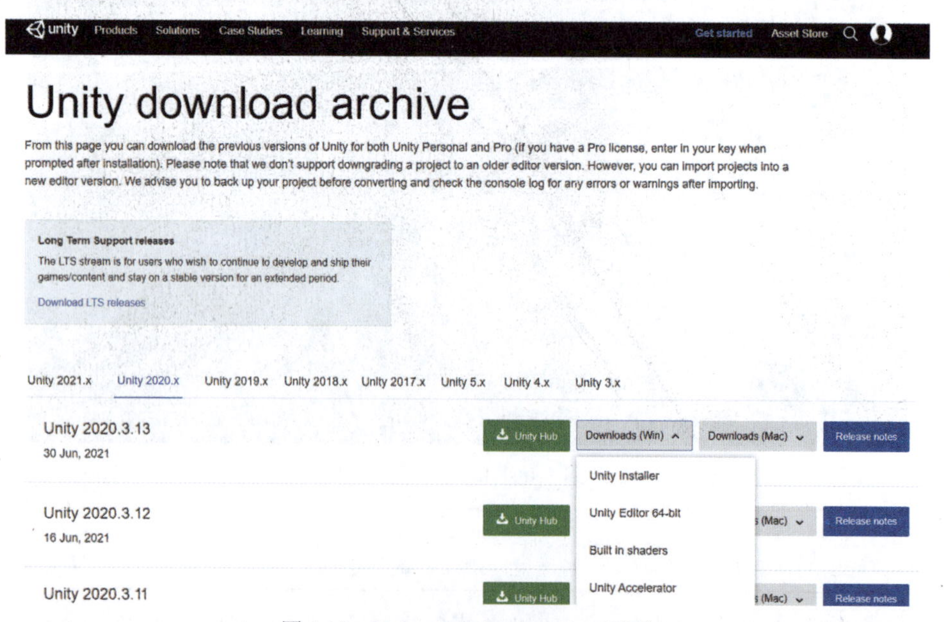

图 1.13　Unity download archive 页面

（2）Unity 安装程序界面如图 1.14 所示。单击 Next 按钮，并选择想要下载和安装的 Unity 组件。

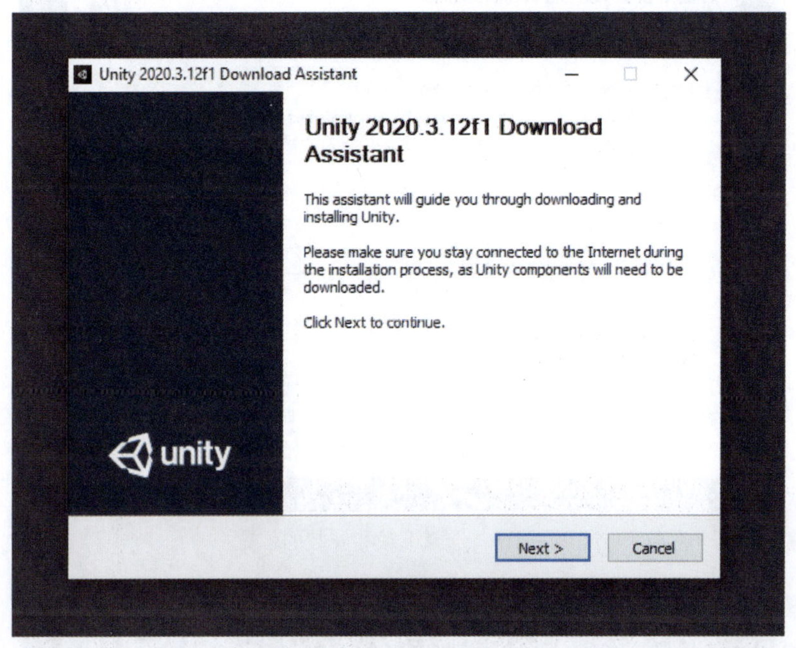

图 1.14　Unity 安装程序界面

（3）Unity 编辑器已默认选择安装。若要构建不同平台的游戏，还需要选择相应的构建支持组件，如图 1.15 所示。例如，如果想开发一款运行在 Android 设备上的游戏，需要下载并安装 Android Build Support 组件。

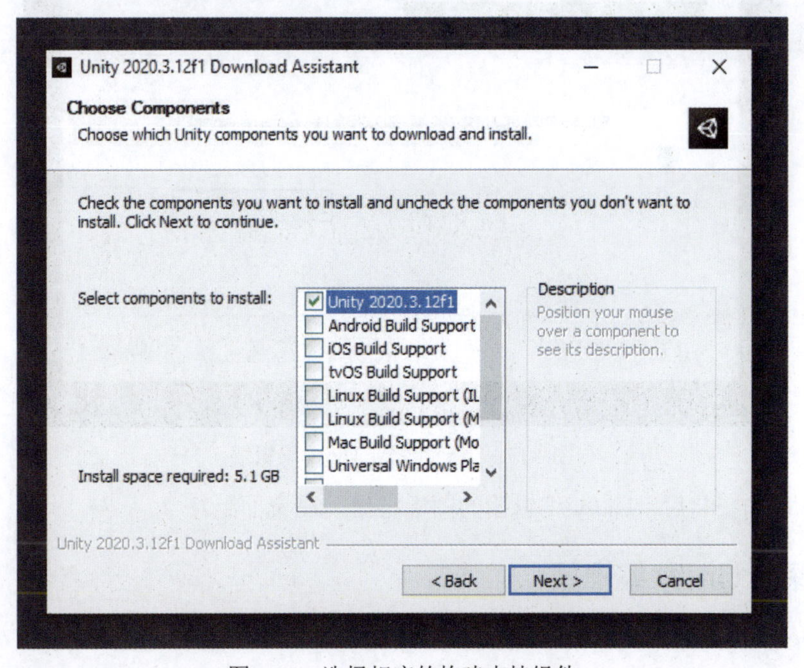

图 1.15　选择相应的构建支持组件

（4）单击 Next 按钮，选择下载和安装的位置，如图 1.16 所示。

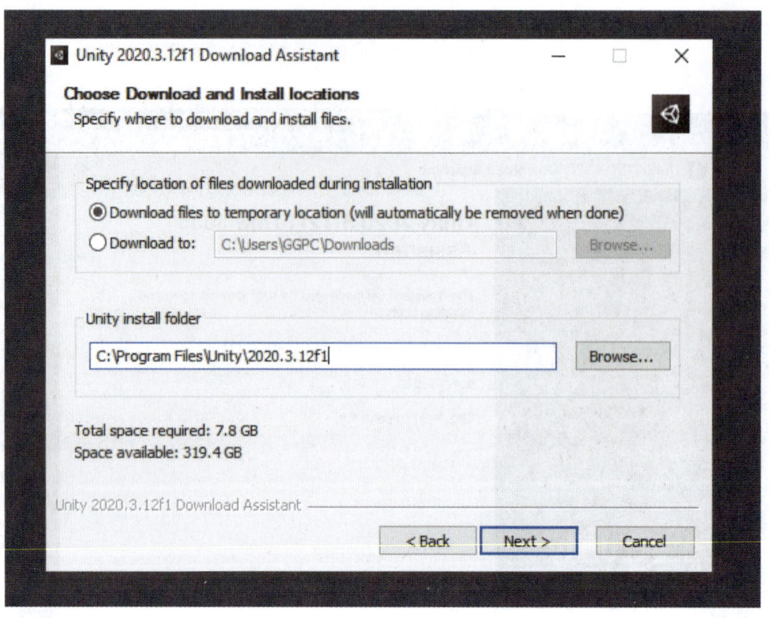

图 1.16 选择下载和安装的位置

（5）指定位置后，单击 Next 按钮，开始下载和安装 Unity 编辑器，如图 1.17 所示。

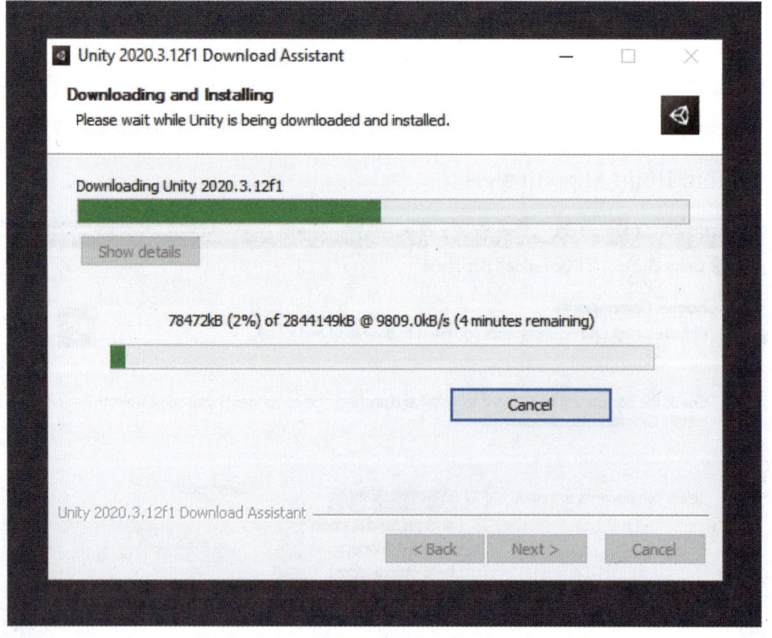

图 1.17 下载和安装 Unity 编辑器

完成下载和安装后，Unity 编辑器的图标将出现在桌面上。

1.2.4 探索 Unity 编辑器

单击 Projects 视图右上角的 New Project 按钮创建一个全新的 Unity 项目。如图 1.18 所示，可以为这个新项目选择不同的 Unity 编辑器版本。Unity 提供了一些内置的项目模板，如 2D 模板、3D 模板、HDRP 模板和 URP 模板。还可以从 Unity 上下载和安装更多的模板，如 VR 模板和 AR 模板。在 PROJECT SETTINGS 中，可以设置项目的名称和项目的位置。

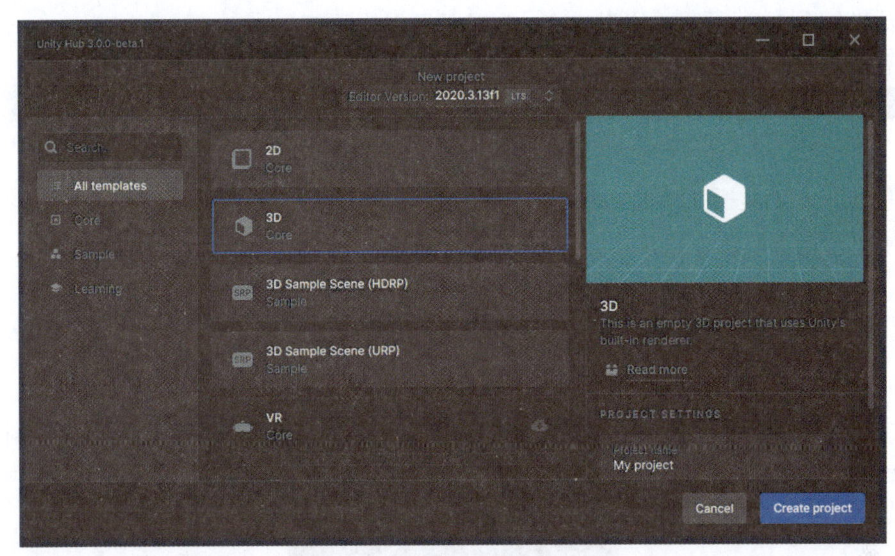

图 1.18　创建一个新项目

在此选择默认的 3D 模板，并将项目命名为 UnityBook。单击 Create Project 按钮，所选的 Unity 编辑器将启动并打开一个新项目。

Unity 编辑器界面的默认布局如图 1.19 所示，包含以下 5 个关键区域。

（1）工具栏。

（2）Hierarchy 窗口。

（3）Scene 视图和 Game 视图。

（4）Inspector 窗口。

（5）Project 窗口。

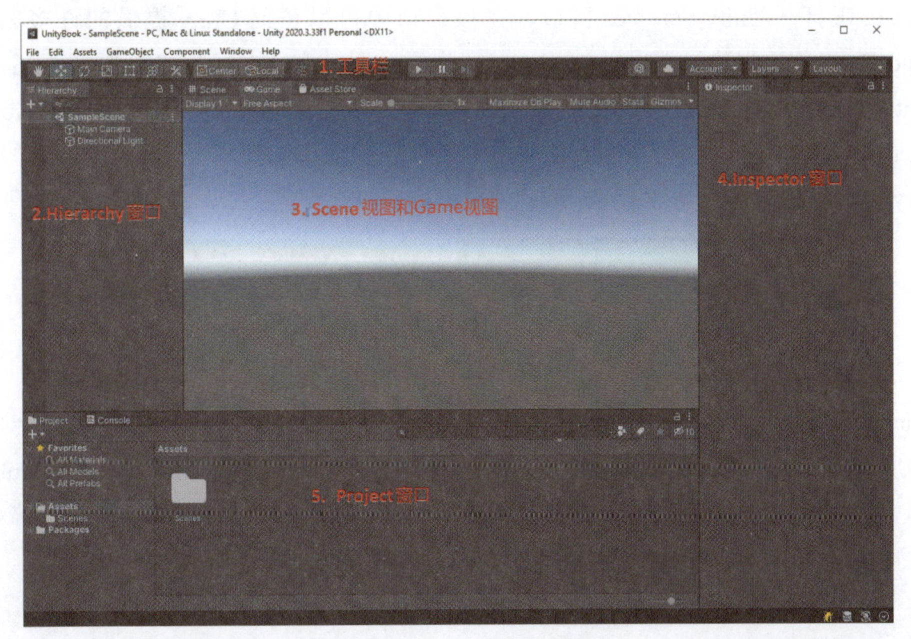

图 1.19　Unity 编辑器界面

1. 工具栏

工具栏如图 1.20 所示，位于 Unity 编辑器界面的顶部。

图 1.20 工具栏

从左到右，工具栏中的第一组工具是变换工具集，如图 1.21 所示。变换工具在 Scene 视图中使用，用于平移场景，以及移动、旋转和缩放场景中的单个游戏对象。

图 1.21 变换工具集

第二组工具是 Gizmo 手柄位置切换集，如图 1.22 所示，用于定义 Scene 视图中任何变换工具 Gizmo 的位置。

图 1.22 Gizmo 手柄位置切换集

然后是 Play（运行）按钮、Pause（暂停）按钮和 Step（步进）按钮，如图 1.23 所示。这三个按钮用于 Game 视图。

图 1.23 Play 按钮、Pause 按钮和 Step 按钮

在工具栏右侧的工具集如图 1.24 所示。首先是 Unity Plastic SCM 按钮，它允许开发者直接访问 Unity 编辑器中的 Plastic SCM 版本控制和源代码管理工具。然后，可以单击 cloud 按钮打开 Unity Services 窗口，在该窗口中可以访问 Unity 提供的许多云服务，如 Cloud Build（云构建）服务、Analytics（分析）服务和 Ads（广告）服务。还可以从 Account 下拉菜单中访问 Unity 账户。此外，还有两个下拉菜单，即 Layers 和 Layout：使用 Layers 下拉菜单可以控制在 Scene 视图中显示哪些对象；使用 Layout 下拉菜单可以更改 Unity 编辑器的布局或创建 Unity 编辑器的新布局。

图 1.24 工具栏右侧的工具集

2. Hierarchy 窗口

Hierarchy 窗口如图 1.25 所示。可以看到，Unity 编辑器中的 Hierarchy 窗口会显示场景中的所有内容，如 Main Camera（主照相机）、Directional Light（方向光）和 Cube（立方体），这些被称为 Game Object（游戏对象）。还可以在 Hierarchy 窗口中组织游戏世界中的所有对象。

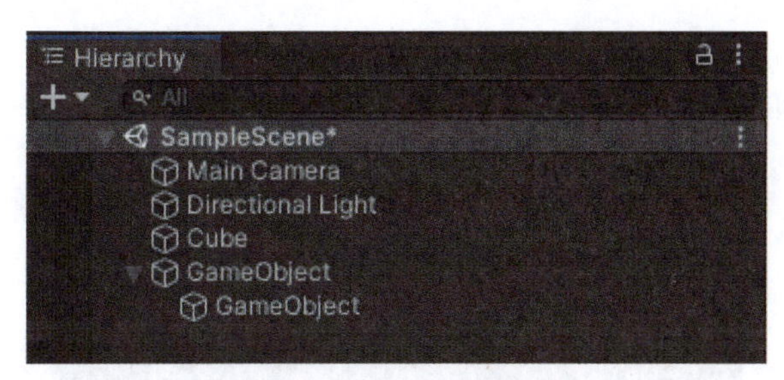

图 1.25　Hierarchy 窗口

在场景中创建游戏对象非常容易。右击 Hierarchy 窗口，在弹出的菜单中选择要创建的对象，如图 1.26 所示。

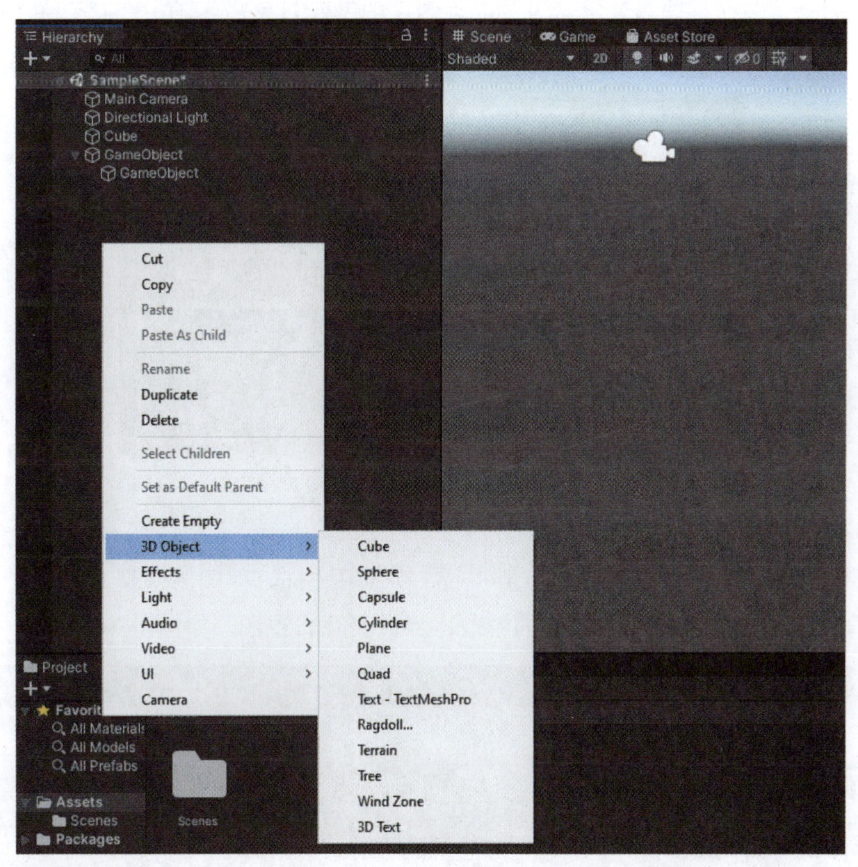

图 1.26　创建游戏对象

值得注意的是，Unity 使用父子层级结构来组织游戏对象，如图 1.27 所示。因此，可以将一个对象创建为另一个对象的子对象。如果想创建一个游戏对象作为另一个游戏对象的子对象，只需要先选择父游戏对象，然后右击它创建子游戏对象。

图 1.27　父子层级结构

创建父子层级结构的另一种方法是，在 Hierarchy 窗口中直接将现有的游戏对象拖到父游戏对象上。如图 1.28 所示，将名为 Cube 的游戏对象拖到名为 Child 的游戏对象上，以创建父子层级结构。

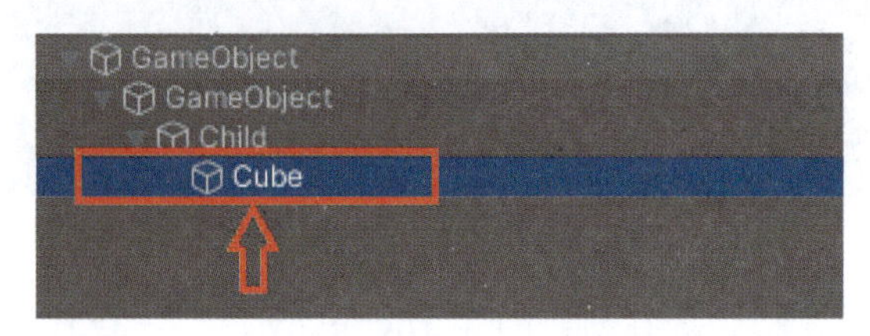

图 1.28 创建父子层级结构

Hierarchy 窗口允许隐藏和显示 Scene 视图中的游戏对象，而不改变它们在 Game 视图或最终应用程序中的可见性，如图 1.29 所示。

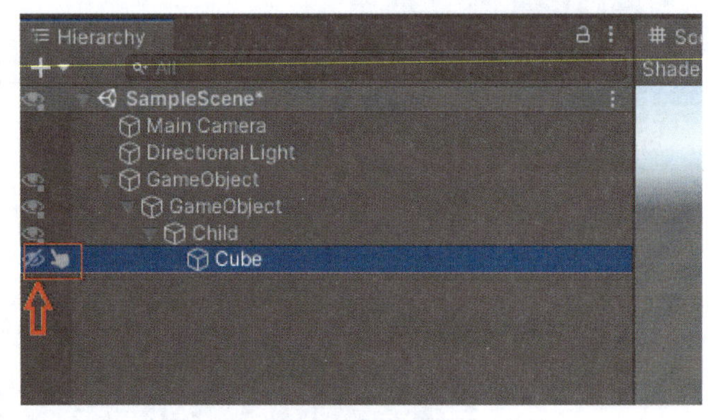

图 1.29 隐藏和显示游戏对象

3. Scene 视图和 Game 视图

默认的 Unity 编辑器布局的中心是 Scene 视图和 Game 视图，这是 Unity 编辑器中最重要的窗口。Scene 视图是正在创建的游戏世界的交互式视图，如图 1.30 所示。

图 1.30 Scene 视图

可以使用 Scene 视图来操作游戏对象，并从不同的角度查看它们。在 Scene 视图中还有一些有用的工具，如右上角的场景小工具（Scene Gizmos tool），如图 1.31 所示。它将显示 Scene 视图相机的当前方向，并允许快速修改视图的角度和投影模式。

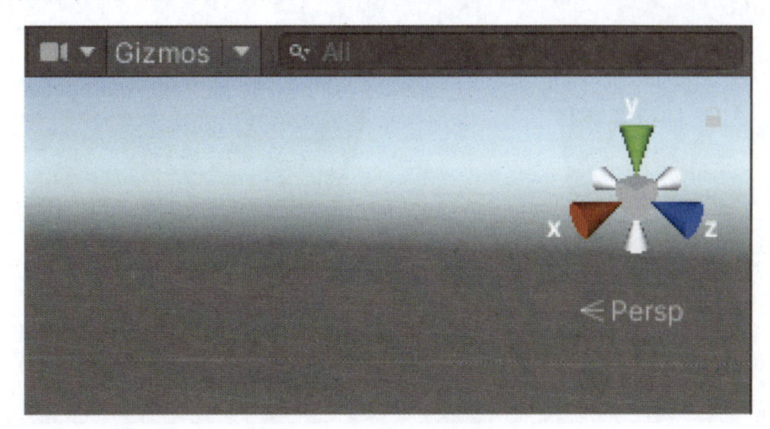

图 1.31　Scene Gizmos tool

如果要修改 Scene 视图相机的设置，可以单击 Gizmos 按钮旁边的 Camera 按钮，以打开 Scene Camera 窗口，如图 1.32 所示。在该窗口中，可以调整 Scene 视图相机的一些设置，如 Field of View（视野）和 Camera Speed（相机速度）。

图 1.32　Scene Camera 设置

视图网格（visual grid）是一种可以在 Scene 视图中使用的有用工具。通过将游戏对象移动到最近的网格位置来对齐游戏对象。如图 1.33 所示，还可以将游戏对象移动到沿 *X* 轴、*Y* 轴或 *Z* 轴投影的网格。

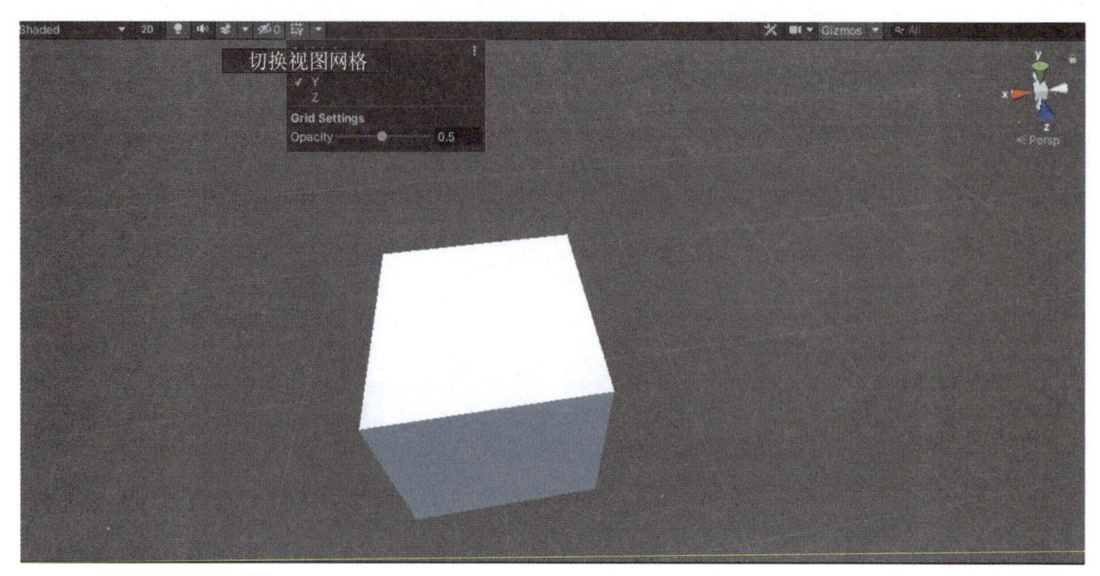

图 1.33　切换视图网格

Scene 视图中，最后一个有用的工具是在场景中使用的 Shading Mode（绘制模式），如图 1.34 所示。

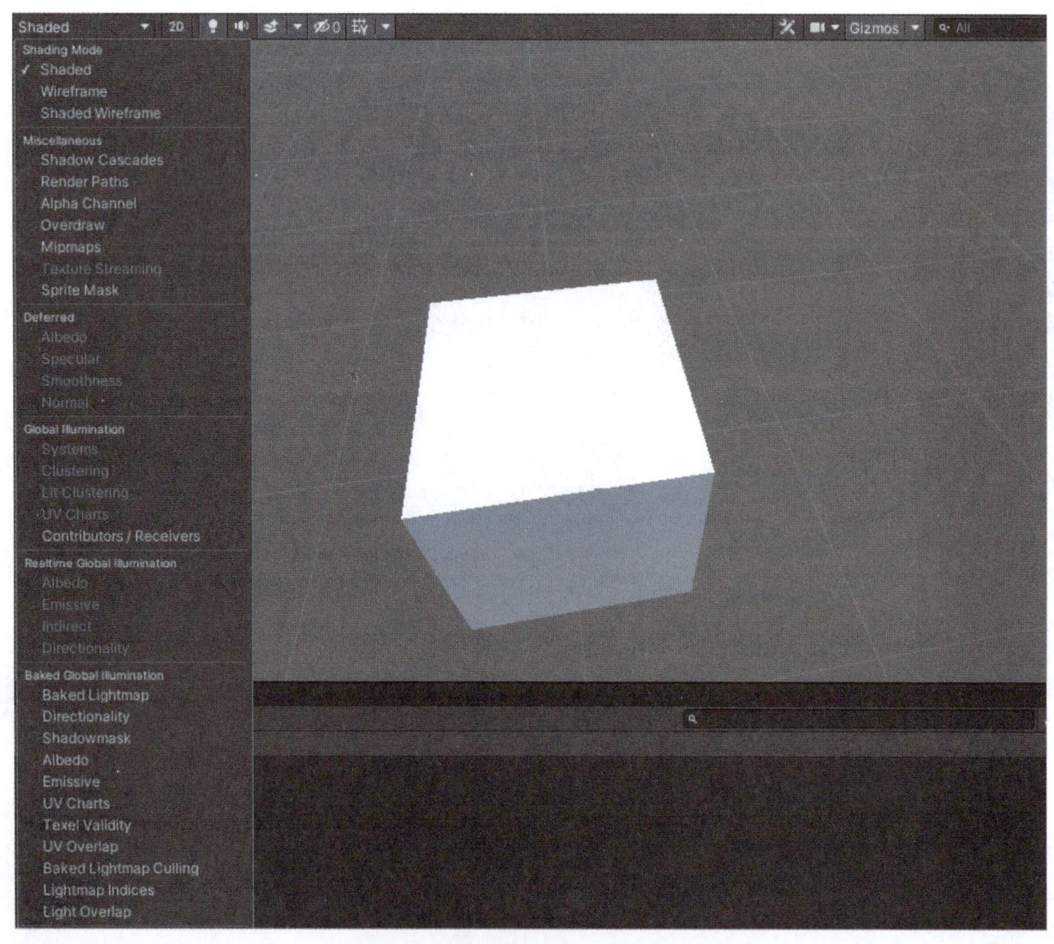

图 1.34　场景中的 Shading Mode

如果项目使用 Unity 的内置渲染管线，那么 Shading Mode 将会很有用，因为场景中不同的 Shading Mode 可以帮助理解和调试场景中的照明。

在默认布局中，Game 视图会出现在与 Scene 视图相同的区域中。单击 Game 标签从 Scene 视图切换到 Game 视图，如图 1.35 所示。

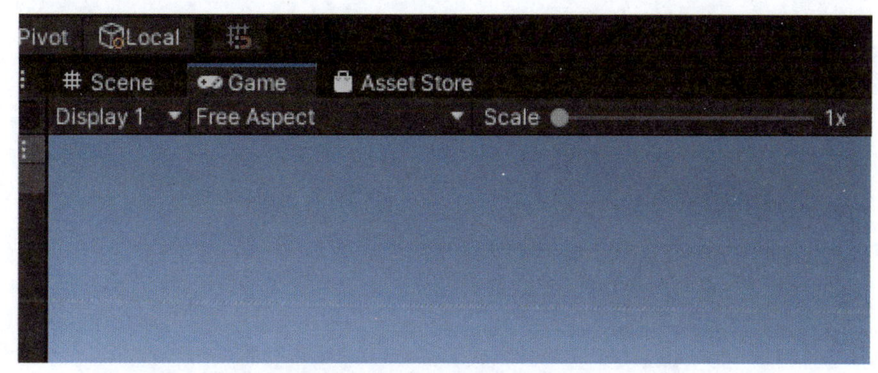

图 1.35　单击 Game 标签从 Scene 视图切换到 Game 视图

Game 视图将呈现最终发布的游戏，如图 1.36 所示。Game 视图的内容是通过相机呈现出来的，所以在 Game 视图中不能像在 Scene 视图中那样随意修改视角和投影模式，修改相机对象的设置才能实现此功能。

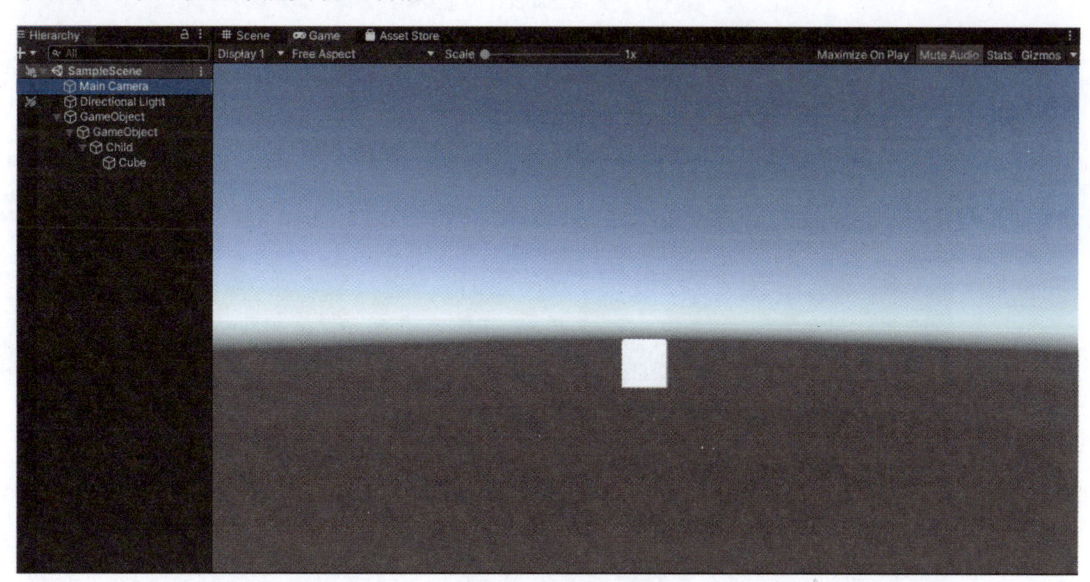

图 1.36　Game 视图

单击工具栏中的 Play 按钮可以直接在 Game 视图中运行游戏。需要注意的是，在 Play 模式下，所做的任何更改都是暂时的，当退出游戏时将被重置，因此不建议在 Play 模式下做大量更改。

接下来，介绍 Game 视图中的三个工具。

第一个工具是 Free Aspect。当为具有不同长宽比的屏幕开发游戏时，Free Aspect 下拉菜单非常有用，如图 1.37 所示。可以选择不同的值来测试游戏在这些屏幕上的外观，还可以单击菜单底部的⊕按钮来添加自定义值。

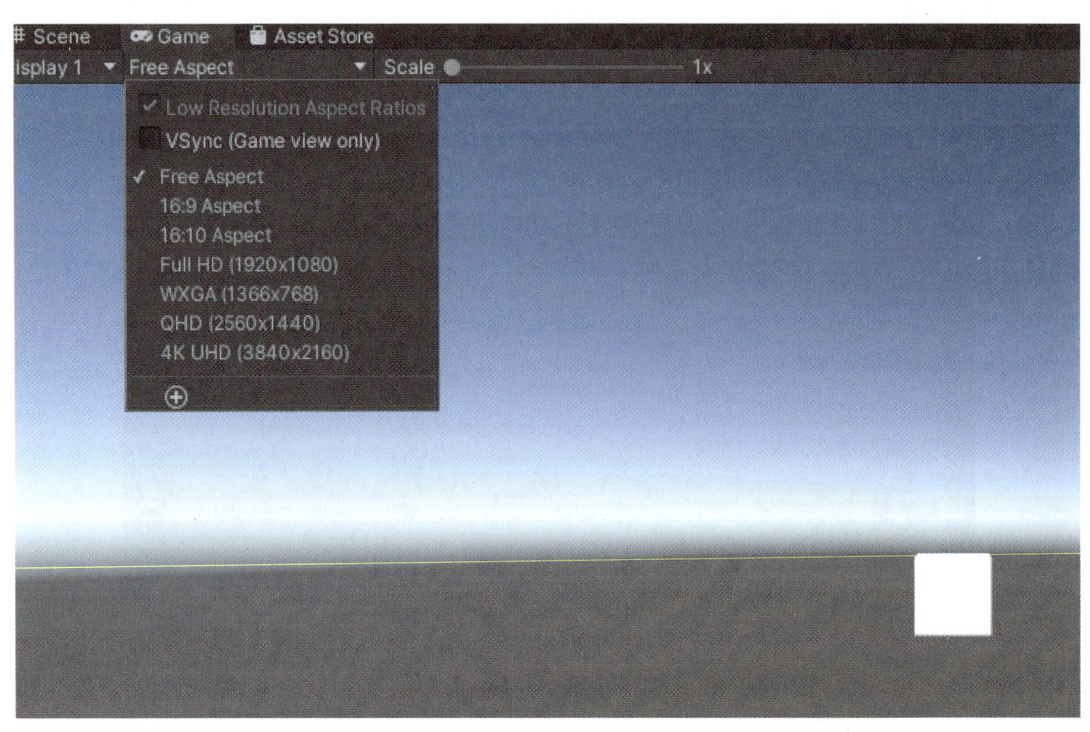

图 1.37 Free Aspect 下拉菜单

第二个工具为 Maximize On Play，如图 1.38 所示。当进入 Play 模式时，可以最大化 Game 视图以进行全屏预览。

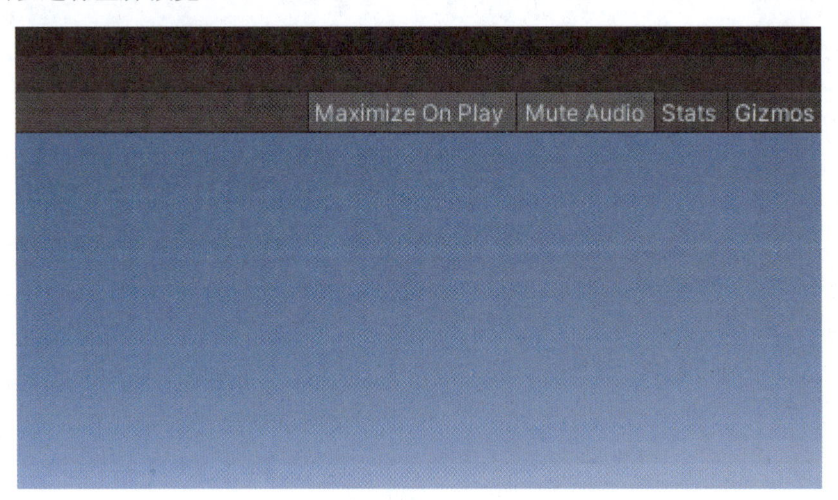

图 1.38 Maximize On Play 标签

第三个工具为 Stats。这个工具很有用，因为它可以显示关于游戏的音频（Audio）和图形（Graphics）的渲染统计信息，如图 1.39 所示。因此可以使用它来监控 Play 模式下的游戏性能。

在 Scene 视图中，可以查看和调整正在创建的游戏世界。在 Game 视图中，可以看到最终的游戏。所以，这个区域在编辑器中非常重要。

图 1.39　Stats 标签

4. Inspector 窗口

如果要修改游戏对象或游戏对象上的组件的属性，则需要使用 Inspector 窗口，如图 1.40 所示。

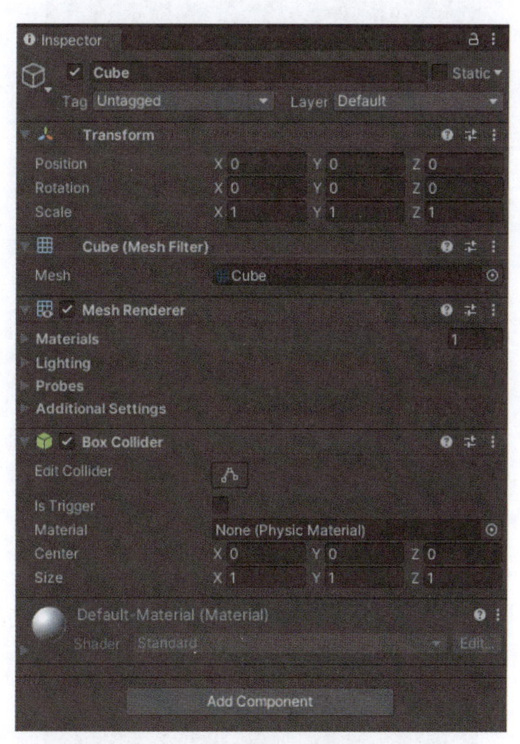

图 1.40　游戏对象的 Inspector 窗口

在 Scene 视图或 Hierarchy 窗口中选择游戏对象，然后在 Inspector 窗口中查看或修改这些组件及其属性。Inspector 窗口提供了一些有用的工具，用来帮助修改游戏对象。例如，如果要复制游戏对象的组件值，可以右击该组件，然后在弹出的菜单中选择 Copy Component 选项，如图 1.41 所示。

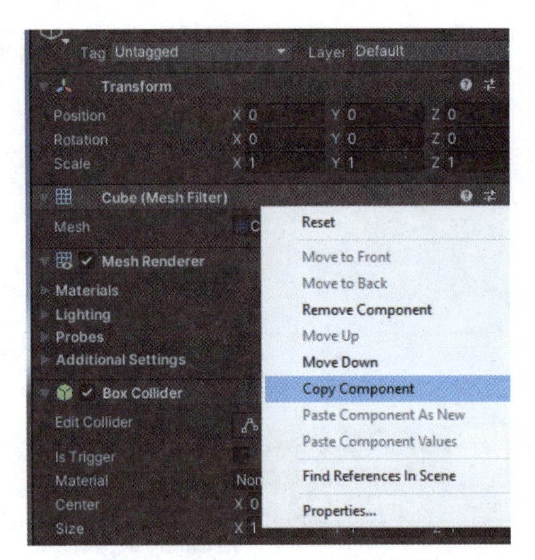

图 1.41　Copy Component 选项

该窗口不仅可以检查 Scene 视图中的游戏对象，还可以检查 Project 窗口中的数字资源。在 Project 窗口中选择一个数字资源，Inspector 窗口将显示与控制 Unity 在运行时如何导入和使用该资源相关的设置，如图 1.42 所示。

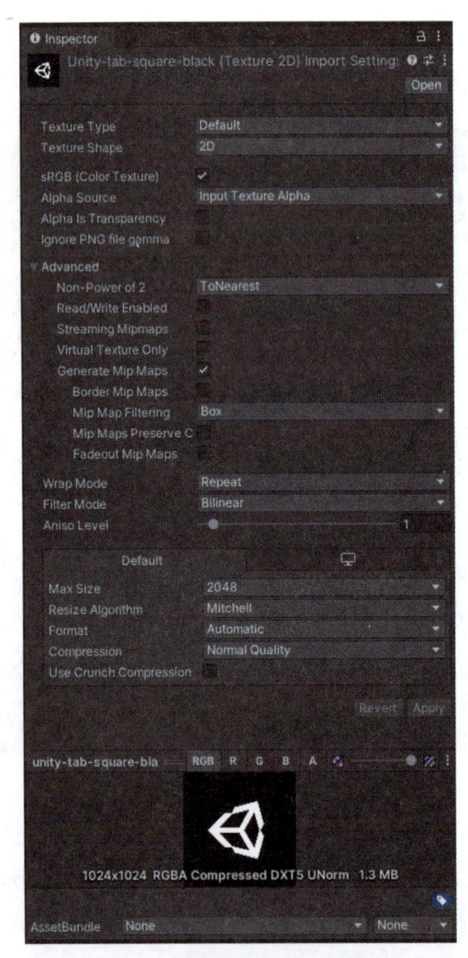

图 1.42　资源的 Inspector 窗口

5. Project 窗口

在 Project 窗口中，可以找到项目的所有数字资源。Project 窗口的工作方式就像一个文件浏览器，在文件夹中组织资源文件，如图 1.43 所示。

图 1.43　Project 窗口

Project 窗口是导航和查找游戏中资源的主要方式。它提供了两种方法搜索资源：按类型搜索（Search by Type）或按标签搜索（Search by Label）。如图 1.44 所示为按类型搜索资源。

图 1.44　按类型搜索资源

导入外部数字资源或直接在 Unity 编辑器中创建资源非常容易。右击 Project 窗口，在弹出的菜单中可以选择创建资源或导入现有资源，如图 1.45 所示。

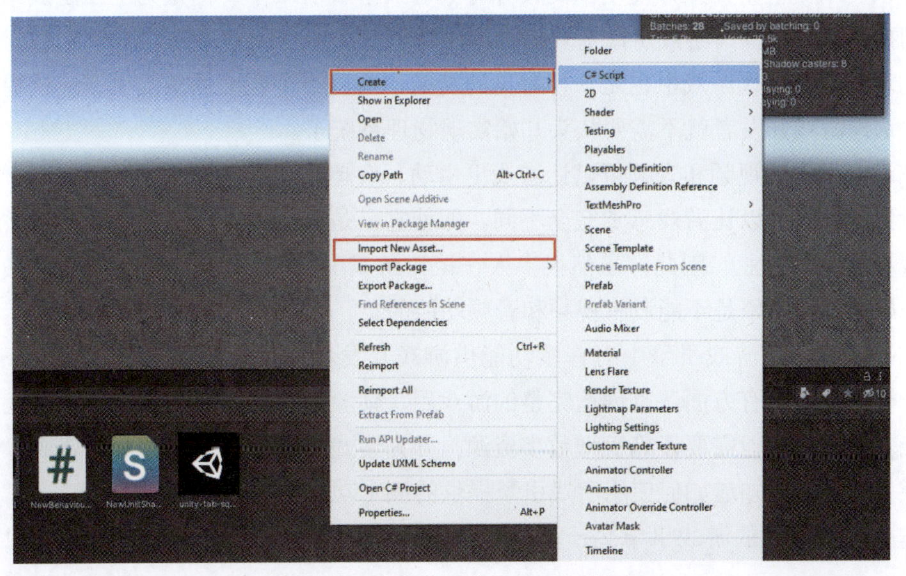

图 1.45　创建资源或导入现有资源

希望通过阅读本节能够对 Unity 编辑器有充分的理解。接下来，将介绍什么是游戏引擎，以及 Unity 作为游戏引擎提供了哪些重要功能。

1.3　在 Unity 中使用不同的功能

如今，Unity 不再只是一个游戏引擎，而是一个广泛应用于各种行业的创意工具。然而，Unity 仍然保留着其游戏引擎的根源，并且它仍然是最受欢迎的游戏引擎之一。要学习如何使用 Unity 来开发游戏，必须先了解 Unity 作为游戏引擎为游戏开发者提供了什么功能。

事实上，几乎所有的游戏引擎都为游戏开发者提供了与 Unity 相似的功能模块。所以，第一个问题是，什么是游戏引擎？

1.3.1　什么是游戏引擎

术语“游戏引擎”在游戏行业中被广泛使用，但并不是每个人都知道这个术语的含义，尤其是新的游戏开发者，因此需要解释什么是游戏引擎并介绍 Unity 中相应的功能。

游戏引擎不仅是计算机图形渲染器。当然，渲染是游戏引擎的一个重要功能，但创建游戏的过程要比渲染复杂得多。

作为一名游戏开发者，需要导入不同类型的数字资源，如 3D 模型、2D 纹理和音频，而这些数字资源大多不是在游戏引擎中创建的。因此，游戏引擎应该提供管理数字资源的功能。除了数字资源之外，还需要使用脚本来添加游戏逻辑，以指导这些资源执行正确的行为，如角色交互。

UI 是游戏的另一个组成部分，甚至有些游戏玩法是基于 UI 的。因此，一个好的游戏引擎应该提供一个易于使用且功能强大的 UI 工具包为游戏开发 UI。

可以使用其他软件来开发动画文件并将其导入游戏引擎中，但是为了在游戏中正确地播放和控制动画文件，游戏引擎需要提供动画功能。

物理系统在现代游戏中也是一种常见的功能，所以一个强大的游戏引擎应该提供物理系统，这样游戏开发者就不需要从头开始实现物理系统了。

在游戏中添加视频和音频可以让游戏更生动、有趣。特别是音频，合适的背景音乐和一些适当的音效可以让游戏感觉完全不同。即使它只是一个原型，背景音乐和音效也可以让游戏更完整、专业。因此，虽然很多人在谈论游戏引擎时经常忽略视频和音频的功能，但一个好的游戏引擎是不能没有视频和音频功能的。

如前所述，在游戏引擎中有许多功能供游戏开发者进行游戏开发。游戏引擎集成了创建一个游戏的所有方面，以创造完整的游戏用户体验。因此，在游戏开发中将处理不同的功能。例如，可能需要正确管理数字资源，并为游戏引擎创建适当的数字资源以优化性能，或者可能需要知道如何使用游戏引擎提供的脚本功能来为游戏开发逻辑。

作为最受欢迎的游戏引擎之一，Unity 提供了上述功能。下面将介绍 Unity 中的这些功能。

1.3.2　Unity 的功能

和其他优秀的游戏引擎一样，Unity 也为游戏开发者提供了许多功能，下面将进行介绍。

1. 图形

可以使用 Unity 的图形功能在各种平台上创建美丽的优化的图形。

渲染管线执行一系列渲染屏幕上场景内容的操作。Unity 中有以下 3 种渲染管线。

（1）内置渲染管线，它是 Unity 中的默认渲染管线，无法修改。

（2）通用渲染管线（URP），它允许开发人员为不同的平台定制和创建优化的图形。

（3）高清渲染管线（HDRP），它专注于高端平台上的尖端、高保真图形，如图 1.46 所示。

图 1.46　Unity HDRP 模板场景

此外，可以通过在 Unity 中使用可编程渲染管线 API 来创建自己的渲染管线，第 8 章将进行详细介绍。

2. 脚本

脚本是 Unity 的另一个基本特性，需要通过脚本来实现游戏逻辑。

Unity 引擎内部使用本地 C/C++ 构建，但是它提供了 C# 脚本 API，所以不必学习 C/C++ 来创建游戏。

3. UI（用户界面）

UI 对于游戏来说非常重要，Unity 为游戏开发者提供了以下 3 种不同的 UI 解决方案。

（1）IMGUI（即时模式图形用户界面）。

（2）Unity UI（uGUI）包。

（3）UI 工具包。

IMGUI 是 Unity 中一个相对较老的 UI 解决方案，不建议用于构建运行时 UI。UI 工具包是最新的 UI 解决方案。然而它仍然缺少一些 uGUI 包和 IMGUI 所具有的特性。uGUI

软件包是 Unity 中成熟的 UI 解决方案，在游戏行业中被广泛使用，第 3 章中将详细介绍 uGUI 包。

4. 动画

动画可以使游戏更加生动。Unity 提供了一个称为 Mecanim 的强大动画系统，该系统允许重新定位动画，在运行时控制动画权重，并在动画播放中调用事件。在第 4 章中将介绍 Unity 的动画系统。

5. 物理

物理模拟是某些类型的游戏中不可或缺的功能，有些游戏玩法甚至完全基于物理模拟。Unity 中有不同的物理系统实现，可以根据游戏需要来选择，在第 5 章中将介绍 Unity 的物理系统实现。

6. 视频和音频

好的背景音乐、音效和视频可以让游戏脱颖而出，这是不可忽视的功能。Unity 提供视频和音频功能，允许游戏在不同的平台上播放视频，并支持实时混音和全 3D 空间音效。在第 6 章中将进一步讨论视频和音频。

7. 资源

可以将数字资源文件导入 Unity 编辑器中，如 3D 模型和 2D 纹理。Unity 提供了一个资源导入管线来处理这些导入的资源。还可以自定义导入设置，以控制 Unity 在运行时导入和使用资源的方式。在第 10 章中将介绍序列化系统和资源管理。

至此已经简要介绍了游戏引擎需要提供的功能，以及 Unity 提供的功能。接下来，将介绍 Unity 中的 .NET/C# 和脚本。

1.4 Unity 中的 .NET/C# 和脚本

Unity 是一个用 C/C++ 编写的游戏引擎，但为了让游戏开发者更容易开发游戏，Unity 提供了 C# 作为脚本编程语言，以在 Unity 中编写游戏逻辑。这是因为与 C/C++ 相比，C# 更容易学习。此外，它是一种“托管语言”，这意味着它将自动管理内存——分配释放内存、覆盖内存泄漏等。

本节将介绍 Unity 中的 .NET/C# 和脚本。

1.4.1 Unity 中的 .NET 配置文件

Unity 游戏引擎使用了 Mono。Mono 是一种基于 C# 和 .NET 进行脚本开发的开源的 ECMA CLI，可以在 https://github.com/Unity-Technologies/mono/tree/unitymaster-new-unitychanges 上跟踪 Unity 的 Mono 分支的发展。

Unity 提供了不同的 .NET 配置文件。Unity 2018 之前的版本在 Player 设置面板（选择 Editor → Project Settings → Player → Other Settings 选项）中提供了两个 API 兼容性级别，即 .NET 2.0 Subset 和 .NET 2.0。如果使用的是早期版本的 Unity，那么强烈建议进行 Unity 版本的更新。Unity 中 .NET 2.0 Subset 和 .NET 2.0 的配置文件与微软的 .NET 2.0 配置文件紧密一致。

如果使用的是 Unity 2019 或更高版本，会发现另外两个 .NET 配置文件，它们是 .NET Standard 2.0 和 .NET 4.x，如图 1.47 所示。

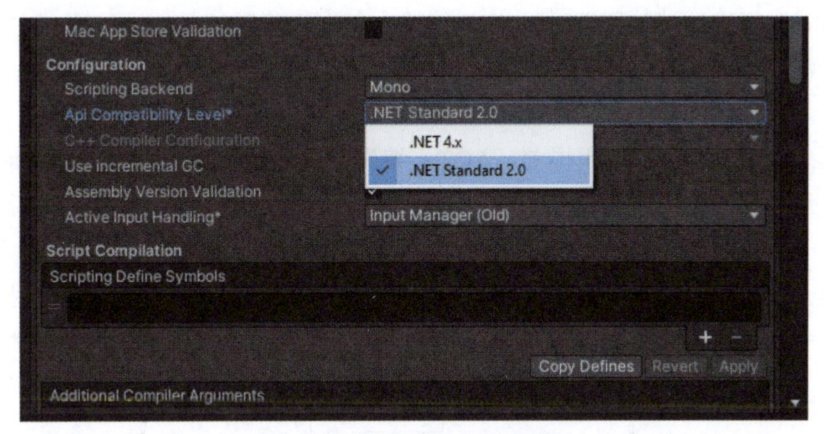

图 1.47　API 兼容性级别设置

> **注意**
> .NET Standard 2.0 配置文件的名称可能会有一点误导性，因为它与 Unity 早期版本中的 .NET 2.0 和 .NET 2.0 Subset 配置文件并没有关系。

.NET Standard 是一种正式的规范，所有 .NET 平台上的 .NET API 都必须实现该标准。这些 .NET 平台包括 .NET Framework、.NET Core、Xamarin 和 Mono。可以在 https://github.com/dotnet/standard 上找到 .NET Standard 存储库。

Unity 的 .NET 4.x 配置文件与 .NET Framework 的 .NET 4 系列（.NET 4.5、.NET 4.6、.NET 4.7 等）的配置文件相匹配。

因此，建议在 Unity 中使用 .NET Standard 2.0 配置文件，如果仅从兼容性上考虑，就应该选择 .NET 4.x 配置文件。

1.4.2　Unity 的脚本后端

除了 .NET 配置文件之外，Unity 还提供了两种不同的脚本后端，分别是 Mono 和 IL2CPP（Intermediate Language To C++），如图 1.48 所示。

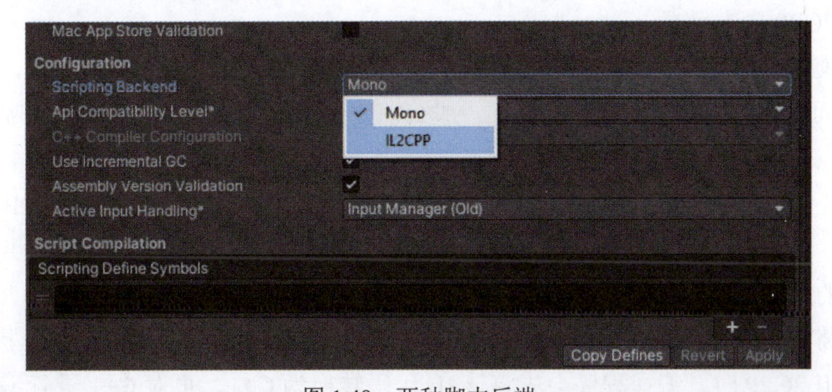

图 1.48　两种脚本后端

选择 Edit → Project Settings → Player → Other Settings 选项，可以在 Player 设置面板

中更改项目的脚本后端。

这两种脚本后端的关键区别在于它们编译 Unity 脚本 API 代码（C# 代码）的方式不同。

（1）Mono 脚本后端使用即时（JIT）编译，并在运行时按需编译代码。它将 Unity 脚本 API 代码编译为常规 .NET DLL。Unity 使用标准的 Mono 运行时的实现来编写本机支持的 C# 脚本。

（2）IL2CPP 脚本后端使用提前（AOT）编译，在运行之前编译整个应用程序。它不仅将 Unity 脚本 API 代码编译成 .NET DLL，还将所有托管程序集转换为标准的 C++ 代码。此外，IL2CPP 运行时是由 Unity 开发的，它是 Mono 运行时的替代品。

如图 1.49 所示，IL2CPP 不仅将 C# 代码编译为托管程序集，还进一步将托管程序集转换为 C++ 代码，并将 C++ 代码编译为本机二进制代码。

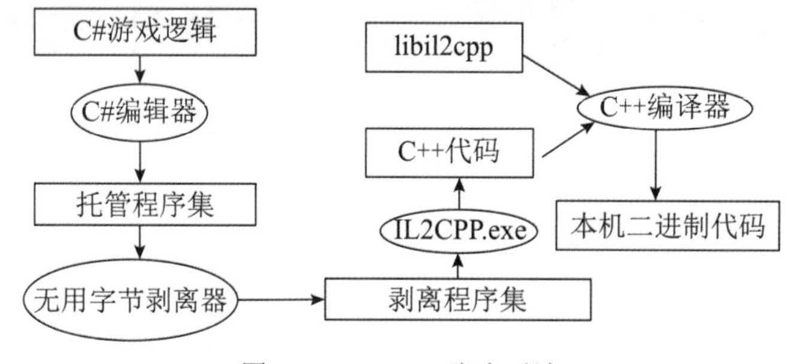

图 1.49　IL2CPP 脚本后端

显然，与 Mono 相比，IL2CPP 需要更多的时间来编译代码，那么为什么仍然需要 IL2CPP 呢？

首先，IL2CPP 使用 AOT 编译，编译需要更长的时间，但是当为特定平台发布游戏时，二进制文件是完全指定的，这意味着与 Mono 相比，其代码生成得到了很大的提高。

其次，在为 iOS 和 WebGL 构建项目时，IL2CPP 是唯一可用的脚本后端。除了 iOS 和 WebGL，Unity 还在 Unity 2018.2 中增加了对 Android 64 位系统的支持，以遵守 Google Play 商店的政策，该政策要求从 2019 年 8 月 1 日开始，发布在 Google Play 上的应用程序需要支持 64 位架构。

如图 1.50 所示，Mono 脚本后端不支持 Android 64 位 ARM 架构。在这种情况下，必须选择 IL2CPP 脚本后端。

无论使用 IL2CPP 进行更好的代码生成，还是使用一些特定的平台或架构，花费更多的编译时间仍然是 IL2CPP 的一个缺点。那么，如何优化 IL2CPP 的编译时间呢？在此给出以下 3 点建议。

（1）不要删除以前的 build 文件夹，在与该文件夹相同的位置使用 IL2CPP 脚本后端构建项目。这是因为可以使用增量构建，这意味着 C++ 编译器只重新编译自上次构建后发生更改的文件。

（2）将项目和目标构建文件夹存储在固态硬盘（Solid-State Drive，SSD）上。这是因为当选择 IL2CPP 时，编译程序会先将该 IL 代码转换为 C++，再对 C++ 进行编译，这涉及大量的读 / 写操作。更快的存储设备将加快这一过程。

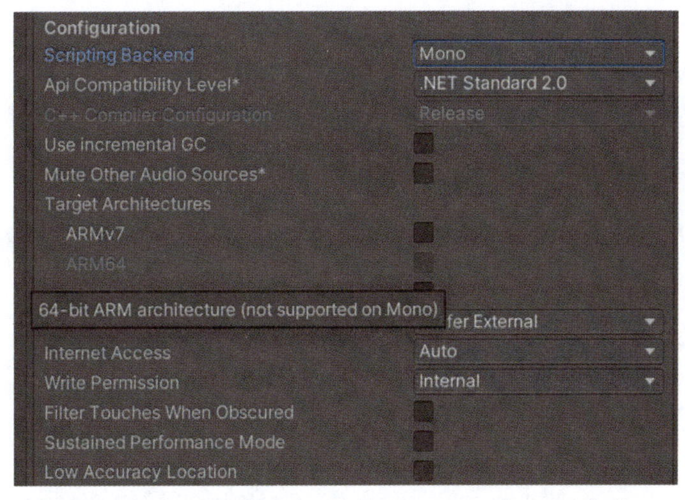

图 1.50　Mono 脚本后端不支持 Android 64 位 ARM 架构

（3）在构建项目之前，禁用反恶意软件。当然，这取决于使用的安全策略。

至此，应该对 Unity 的脚本系统有了一个大致的了解，如 Unity 中的 .NET 配置文件、两个脚本后端及针对 IL2CPP 的一些优化技巧。

1.5 节将学习如何设置开发环境，并使用 Visual Studio 在 Unity 中开发游戏。

1.5　使用 Visual Studio 构建 Unity 游戏

在开始编写代码之前，选择合适的开发工具很重要。微软的 Visual Studio 不仅是一个广泛使用的 IDE，还是在 Windows 或 macOS 上安装 Unity 时默认安装的开发环境，如图 1.51 所示。

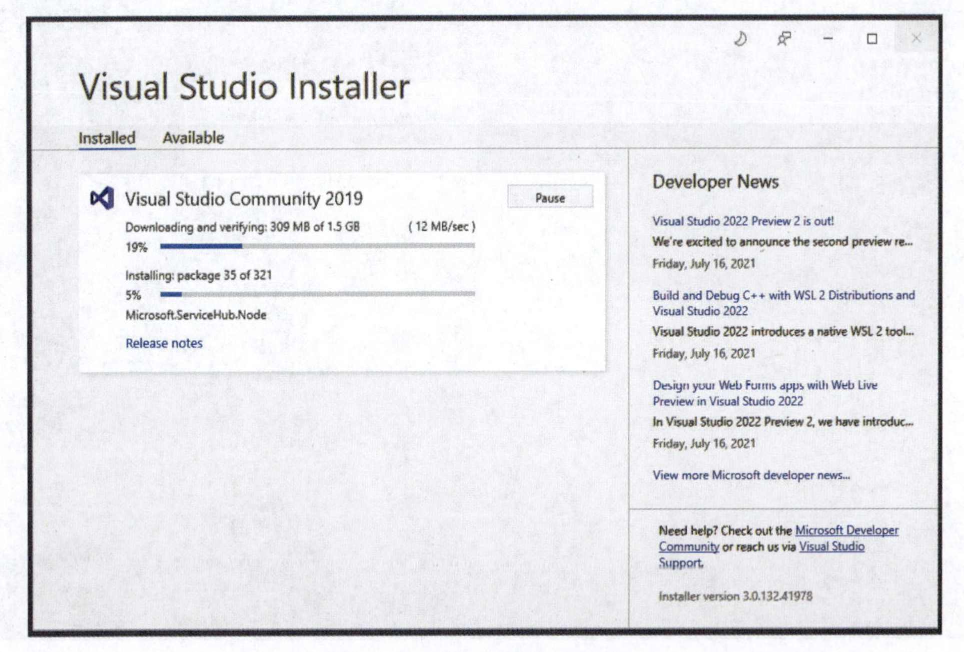

图 1.51　Visual Studio Installer

在安装 Visual Studio 的同时，还将安装 Visual Studio Tools for Unity。它是一个免费的扩展，为在 Unity 中编写和调试 C# 提供支持。

如果没有通过 Unity Hub 安装 Visual Studio，请确保安装了此扩展。可以在 Visual Studio Installer 中进行检查，如图 1.52 所示。

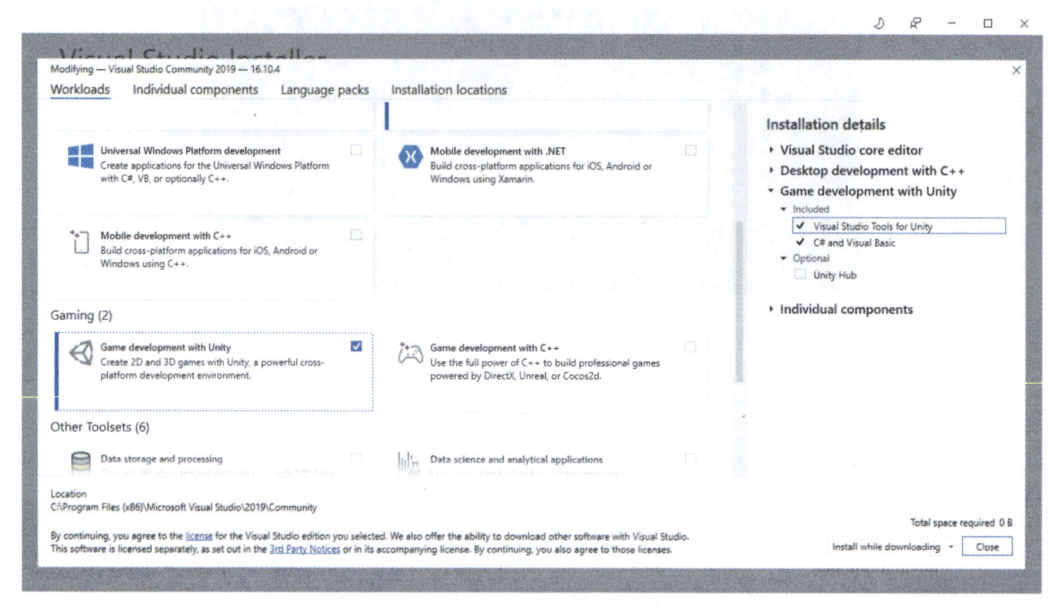

图 1.52　安装 Visual Studio Tools for Unity

安装 Unity 编辑器和 Visual Studio Community 2019 后，可以在 Unity 编辑器的 Preferences 窗口中检查 External Script Editor 设置，如图 1.53 所示。

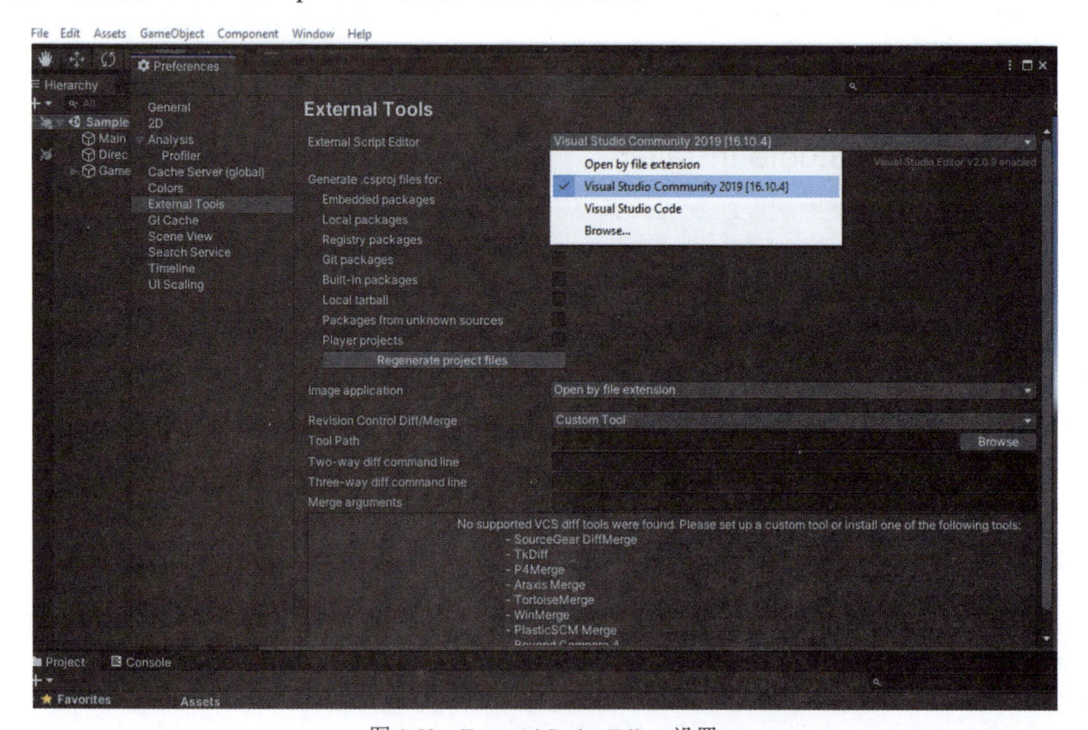

图 1.53　External Script Editor 设置

还可以通过修改此设置来选择其他脚本编辑器，如 Visual Studio Code 和 JetBrains Rider。

在 Unity 编辑器中新建一个名为 NewBehaviourScript.cs 的 C# 脚本文件，双击以在 Visual Studio 中打开它。如图 1.54 所示，默认情况下，脚本文件中有两个内置方法，即 Start 和 Update。Visual Studio 支持 Unity API 的智能感知，可以提高代码编写的速度。

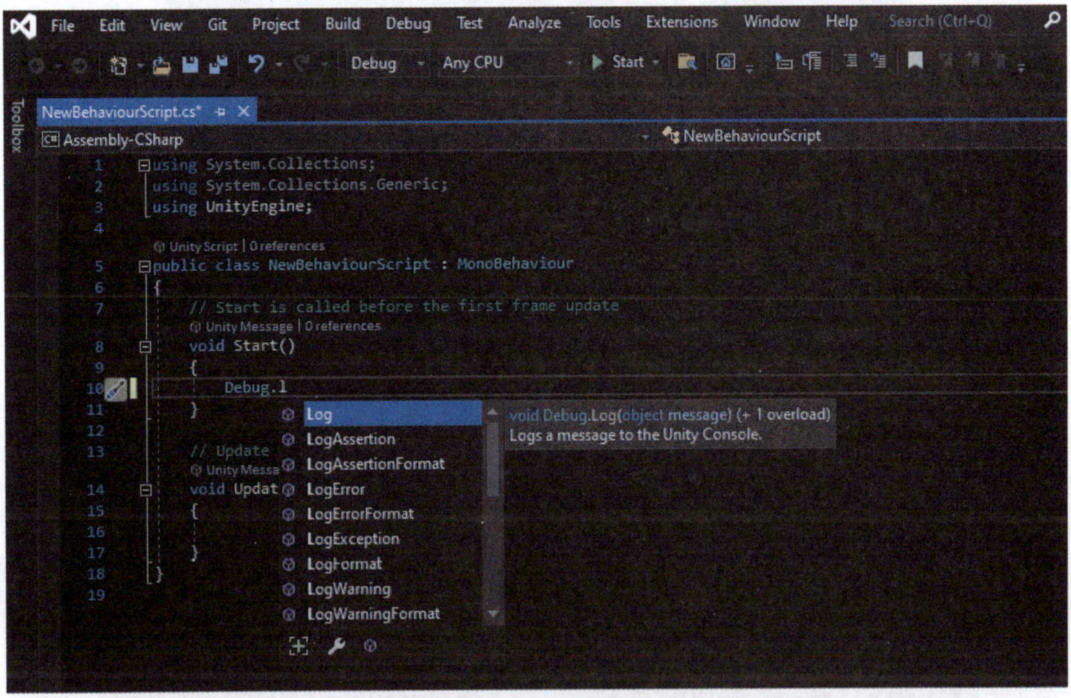

图 1.54 对 Unity API 的智能感知

在 Visual Studio 中调试代码非常容易。首先在 Start 方法中设置一个断点，如图 1.55 所示。然后在 Visual Studio 中单击 Attach to Unity 按钮，如图 1.56 所示。

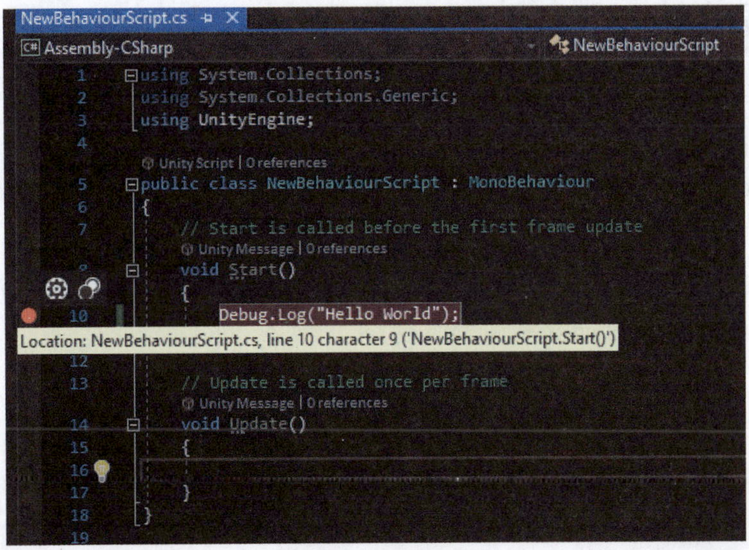

图 1.55 调试代码

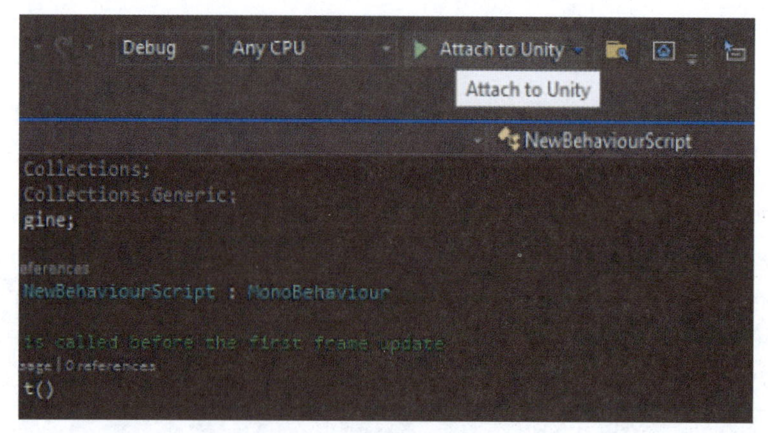

图 1.56　单击 Attach to Unity 按钮

为了运行这段代码，将该脚本附加到场景中的一个游戏对象上，并单击 Unity 编辑器中的 Play 按钮，在 Game 视图中运行游戏。调试器将在断点处停止，以便查看游戏的当前状态，如图 1.57 所示。

```
     Unity Script | 0 references
5   public class NewBehaviourScript : MonoBehaviour
6   {
7       // Start is called before the first frame update
        Unity Message | 0 references
8       void Start()
9       {
10          Debug.Log("Hello World");
11      }
12
13      // Update is called once per frame
        Unity Message | 0 references
14      void Update()
```

图 1.57　调试器在断点处停止

1.6　本章小结

本章首先选择满足需要的 Unity 版本和订阅计划。然后，学习如何使用 Unity Hub 安装和管理 Unity 编辑器，并探索了 Unity 编辑器的五个重要区域——工具栏、Hierarchy 窗口、Scene 视图和 Game 视图、Inspector 窗口及 Project 窗口。接着，讨论了什么是游戏引擎，并探索了 Unity 为开发者开发游戏提供的不同功能。还介绍了 Unity 中的 .NET 配置文件和 Unity 提供的脚本后端：Mono 脚本后端和 IL2CPP 脚本后端。最后，演示了如何为 Unity 编辑器设置 Visual Studio 来编写代码。

第 2 章
Unity 中的脚本概念

本章将详细介绍脚本。Unity 内部是用 C/C++ 编写的，但它为游戏开发者提供了许多 C# API，并允许在 C# 中实现游戏逻辑。这意味着开发者不仅可以编写自己的类，还可以编写许多内置类可供使用。因此，在编写自己的 C# 类之前，需要了解 Unity 的内置类。Unity 脚本的生命周期是另一个重要的主题，因为需要使用 Unity 提供的不同事件方法来实现游戏逻辑。此外，本章还介绍如何在 Unity 编辑器中创建脚本，并将其用作组件。

2.1　技术要求

可以在 https://github.com/PacktPublishing/Game-Development-with-Unity-for-.NET-Developers 上找到本章的完整代码示例。本章将使用 Visual Studio 2019、Visual Studio Tools for Unity 和 Unity 2020.3+。

2.2　理解 Unity 中脚本的概念

Unity 不是一个开源引擎，除了企业用户和订阅了 Pro 计划的用户之外，没有人可以访问 Unity 的源代码。然而，Unity 的 C# API 是开源的。因为 C# API 只是一个包装器，所以它不包括引擎的内部逻辑。Unity 的开源 C# API 是帮助理解 Unity 中脚本编程的很好的参考。可以在 https://github.com/UnityTechnologies/UnityCsReference 上查看这些 API。

2.2.1　游戏对象 – 组件架构

因为 Unity 是一个基于组件的系统，所以在 Unity 游戏开发中经常听到的两个术语是游戏对象和组件。游戏对象是组件的容器，它代表游戏世界中的一个物体，但它本身并没有任何功能。组件实现了真正的功能，组件可以附加到游戏对象上，为特定对象提供功能支持。

例如，在 Unity 编辑器的默认场景中包含一个 Main Camera 对象。它是通过将 Camera 组件附加到游戏对象来创建的，如图 2.1 所示。可以通过启用 / 禁用游戏对象来实现对附加其上的一系列功能的启用 / 禁用；也可以通过启用 / 禁用特定的组件来实现对特定功能的启用 / 禁用。这种方式不同于传统的面向对象编程。当一个对象需要某种类型的功能时，只需要添加相关的组件。

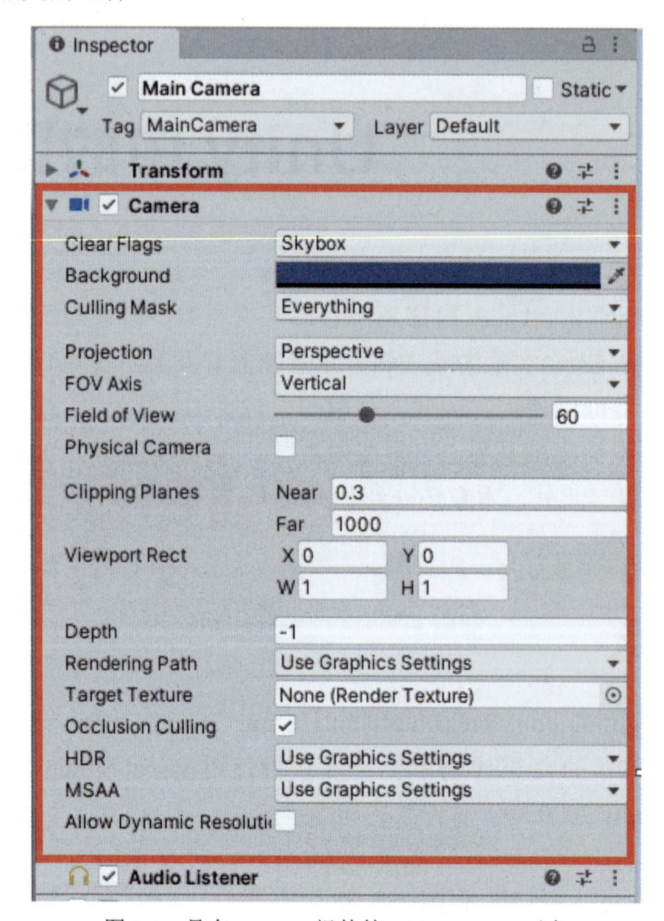

图 2.1 具有 Camera 组件的 Main Camera 对象

2.2.2 Unity 中的常见类

Unity 提供了许多内置 C# 类，接下来将介绍一些在 Unity 开发中经常使用的类。

1. MonoBehaviour 类

在 Unity 开发过程中，最常遇到的类是 MonoBehaviour 类。它是 Unity 脚本的基类。在 Unity 编辑器中创建一个脚本文件，并将其命名为 ChapterTwo.cs。双击以在 Visual Studio 中打开它，如图 2.2 所示。可以看到，新创建的 ChapterTwo 类继承 MonoBehaviour 类。

```
ChapterTwo.cs
Assembly-CSharp                                    ChapterTwo
 1  using System.Collections;
 2  using System.Collections.Generic;
 3  using UnityEngine;
 4
    Unity Script | 0 references
 5  public class ChapterTwo : MonoBehaviour
 6  {
 7      // Start is called before the first frame update
        Unity Message | 0 references
 8      void Start()
 9      {
10
11      }
12
13      // Update is called once per frame
        Unity Message | 0 references
14      void Update()
15      {
16
17      }
18  }
19
```

图 2.2　创建的脚本

为什么 MonoBehaviour 类如此重要？因为它为游戏开发者提供了一个与 Unity 引擎交互的框架。例如，如果要将脚本附加到场景中的游戏对象，则该类必须继承 MonoBehaviour 类，否则该脚本将不能添加到游戏对象中。当尝试将一个没有从 MonoBehaviour 类继承的类附加到游戏对象时，Unity 编辑器将弹出如图 2.3 所示的错误消息。

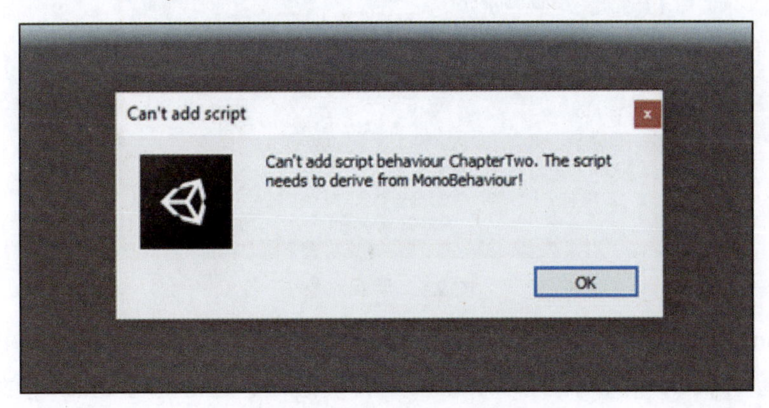

图 2.3　Can't add script 错误

如果没有 MonoBehaviour 类，用户代码将无法访问 Unity 的内置方法和事件，如在每个新脚本文件中默认创建的 Start 方法和 Update 方法。

MonoBehaviour 类是 Unity 中最重要的一个类。Start 和 Update 是 Unity 中最常见的内置方法。每次创建脚本文件时，它们都将出现在此文件中。如果要修改创建脚本的模板，只需要修改存储在以下位置的脚本模板文件。

（1）Windows：%EDITOR_PATH%\Data\Resources\ScriptTemplates。

（2）macOS：%EDITOR_PATH%/Data/Resources/ScriptTemplates。

其中，Windows 系统脚本模板文件的存储位置如图 2.4 所示。

C › Local Disk (C:) › Program Files › Unity › Hub › Editor › 2020.3.13f1 › Editor › Data › Resources › ScriptTemplates

Name	Date modified	Type	Size
81-C# Script-NewBehaviourScript.cs	6/13/2021 3:23 AM	Text Document	1 KB
83-C# Script-NewTestScript.cs	6/13/2021 3:23 AM	Text Document	1 KB
83-Shader__Standard Surface Shader-Ne...	6/13/2021 3:23 AM	Text Document	2 KB
84-Shader__Unlit Shader-NewUnlitShader...	6/13/2021 3:23 AM	Text Document	2 KB
85-Shader__Image Effect Shader-NewIma...	6/13/2021 3:23 AM	Text Document	2 KB
86-C# Script-NewStateMachineBehaviou...	6/13/2021 3:23 AM	Text Document	2 KB
86-C# Script-NewSubStateMachineBeha...	6/13/2021 3:23 AM	Text Document	2 KB
87-Playables__Playable Behaviour C# Scri...	6/13/2021 3:23 AM	Text Document	1 KB
88-Playables__Playable Asset C# Script -...	6/13/2021 3:23 AM	Text Document	1 KB
90-Shader__Compute Shader-NewComp...	6/13/2021 3:23 AM	Text Document	1 KB
91-Assembly Definition-NewAssembly.as...	6/13/2021 3:23 AM	Text Document	1 KB
92-Assembly Definition-NewEditModeTe...	6/13/2021 3:23 AM	Text Document	1 KB
92-Assembly Definition-NewTestAssembl...	6/13/2021 3:23 AM	Text Document	1 KB
93-Assembly Definition Reference-NewA...	6/13/2021 3:23 AM	Text Document	1 KB
93-Shader__Ray Tracing Shader-NewRayT...	6/13/2021 3:23 AM	Text Document	1 KB

图 2.4　ScriptTemplates 文件夹

2. GameObject 类

场景中的物体被称为游戏对象。为了从脚本中访问游戏对象，Unity 提供了 GameObject 类来表示它。

在场景中创建一个空游戏对象时，该游戏对象包含名称、Tag（标签）、Layer（层）和 Transform（变换）组件，如图 2.5 所示。

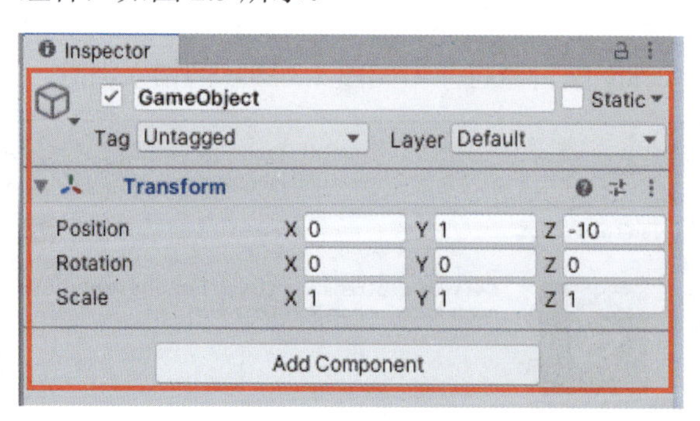

图 2.5　游戏对象

可以从 Inspector 窗口中修改游戏对象是否为静态对象。如果游戏对象在运行时不移动，可以勾选 Inspector 窗口右上角的 Static 属性复选框。这是因为 Unity 中的许多系统都可以预先计算编辑器中关于静态游戏对象的信息，以提高运行时的性能。

如前所述，游戏对象是一个可以包含各种组件的容器。因此，在脚本中，GameObject 类主要提供了一组用于管理组件的方法，如给游戏对象添加新组件的 AddComponent 方法和获取附加在游戏对象上的组件的 GetComponent 方法。

在场景中创建一个内置的 3D Cube 对象，然后查看该对象的 Inspector 窗口。如图 2.6 所示，该游戏对象名为 Cube，有 4 个组件附加到该对象上，即 Transform、Cube(Mesh Filter)、Mesh Renderer 和 Box Collider。这些组件为此对象提供渲染和物理模拟功能。游戏对象只是组件的容器，特定的功能来自特定的组件。可以通过单击 Inspector 窗口中的 Add Component 按钮来添加新组件，也可以通过代码在运行时添加组件。

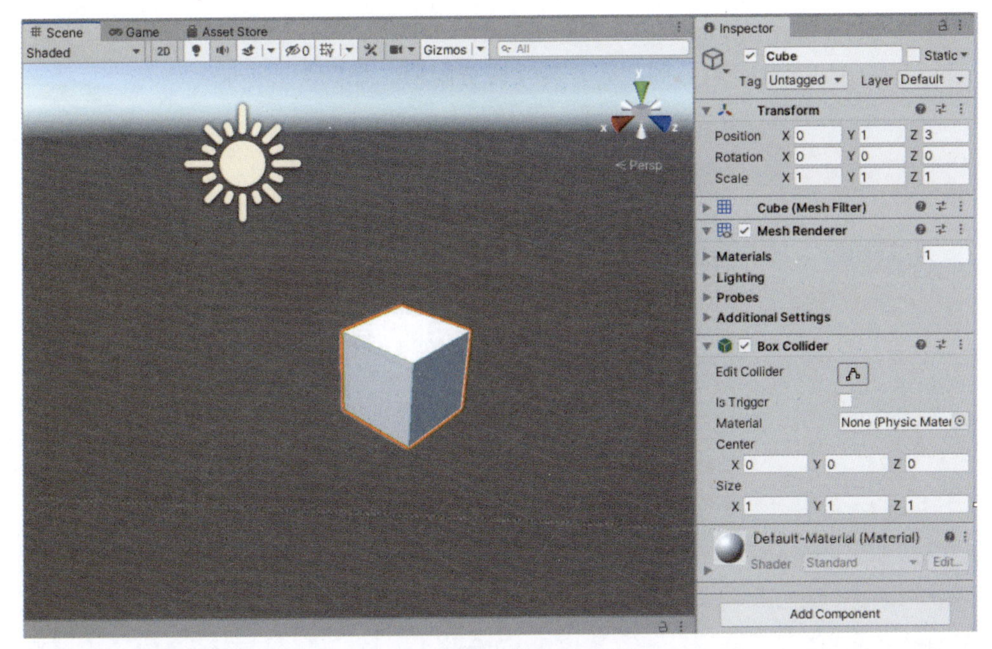

图 2.6 场景中的 Cube 对象

除了组件之外，GameObject 类还提供了一系列方法来查找其他游戏对象，在游戏对象之间发送消息，或创建和销毁游戏对象。例如，可以使用 GameObject.Find 方法按名称找到游戏对象并返回它，或使用 GameObject.FindWithTag 方法按标签找到游戏对象。还可以使用 Instantiate 方法来创建游戏对象，使用 Destroy 方法来销毁游戏对象。

值得注意的是，在运行时使用特定的方法动态查找特定的游戏对象将带来额外的开销，因此获得对另一个游戏对象的引用的最简单方法是：声明一个公共 GameObject 字段；使用 [SerializeField] 属性并声明一个私有字段，以维护类的封装，如图 2.7 所示。推荐使用第二种方法。

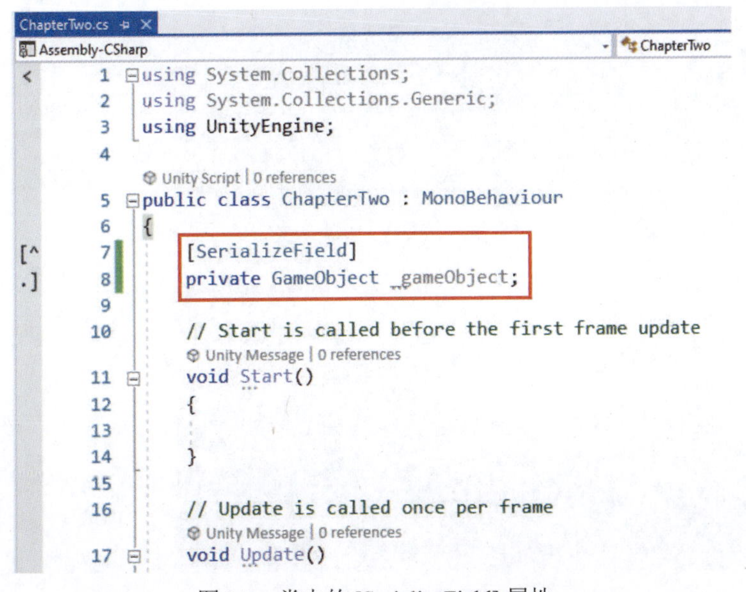

图 2.7 类中的 [SerializeField] 属性

上述方法声明的GameObject字段在Inspector窗口中是可见的，只需将场景或Hierarchy窗口中的游戏对象拖到此处，为字段分配值，如图2.8所示。

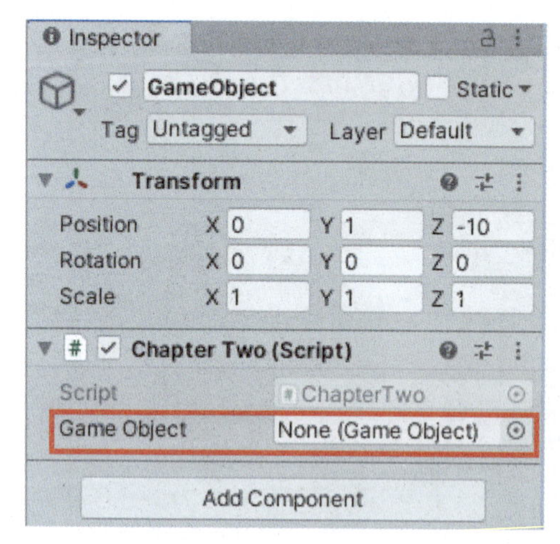

图2.8　一个GameObject变量

3. Transform类

在场景中创建游戏对象时，会自动创建一个Transform类的对象。这是因为场景中的每个游戏对象都有位置、旋转和缩放属性，而Transform类用于存储和操作Unity中的游戏对象的位置（Position）、旋转（Rotation）和缩放（Scale）。因此，如果没有Transform组件，就不可能在Unity中创建游戏对象，也不能从游戏对象中删除Transform组件。

可以直接修改Unity编辑器中Transform组件的属性来移动、旋转或缩放游戏对象，如图2.9所示。也可以在运行时通过访问Transform类的对象来修改它们。

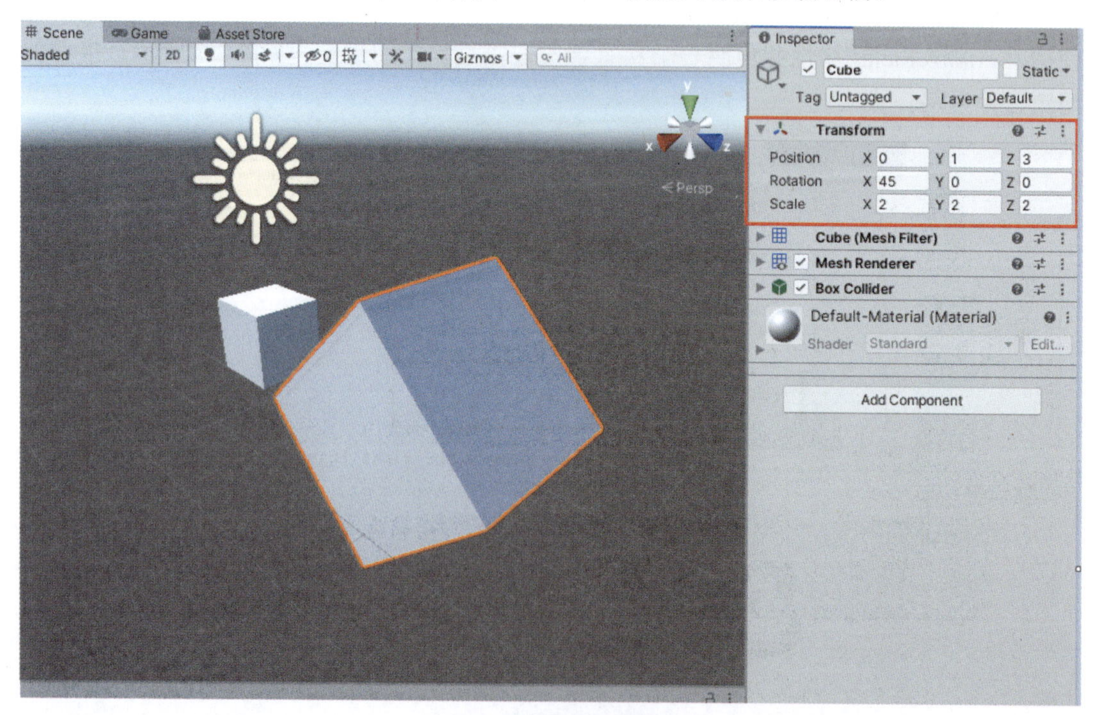

图2.9　Transform组件

2.2.3 Unity 中的预制件

预制件（Prefab）是 Unity 中的一个重要概念。游戏开发者可以使用预制件来保存游戏对象、组件和属性，以便在使用 Unity 开发游戏时重用这些资源。在实例化一个预制件时，该预制件将充当资源模板。接下来介绍如何在 Unity 中创建预制件。

1. 如何创建预制件

以一个杠铃为例，它由一个立方体和两个球体对象组成。可以通过以下 3 个步骤来创建这个杠铃对象的预制件。

（1）在 Hierarchy 窗口中找到名为 BarbellObject 的目标游戏对象，如图 2.10 所示。

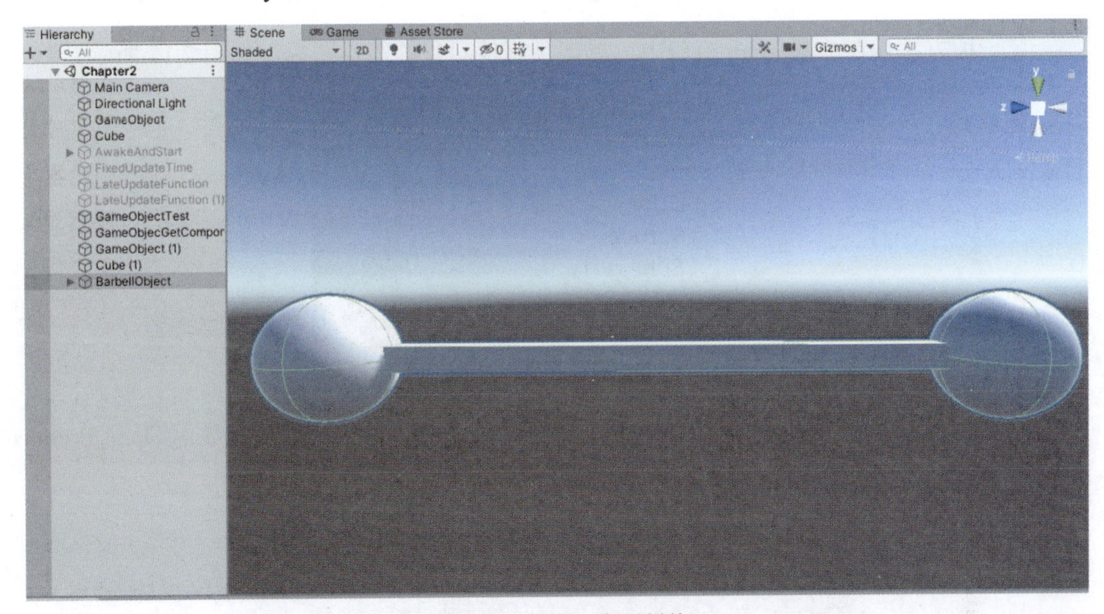

图 2.10 创建一个预制件

（2）将目标游戏对象从 Hierarchy 窗口拖到 Project 窗口，从而创建它的预制件。创建的预制件文件在 Unity 编辑器中显示为一个蓝色的立方体图标，如图 2.11 所示。

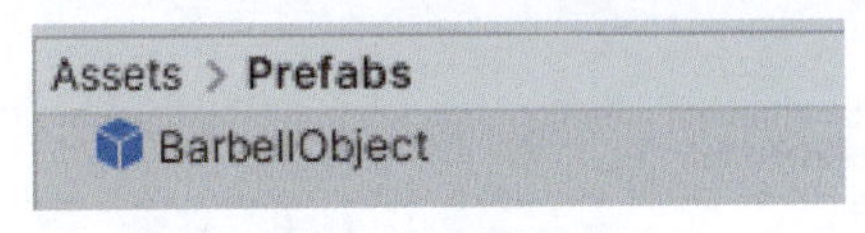

图 2.11 预制件文件

（3）再次查看 Hierarchy 窗口，可以发现 BarbellObject 的名称文本和它左侧的小立方体图标已经变为蓝色，如图 2.12 所示。因为它现在是一个预制件对象。通过这种方式可以判断 Hierarchy 窗口上的一个对象是否为预制件对象。

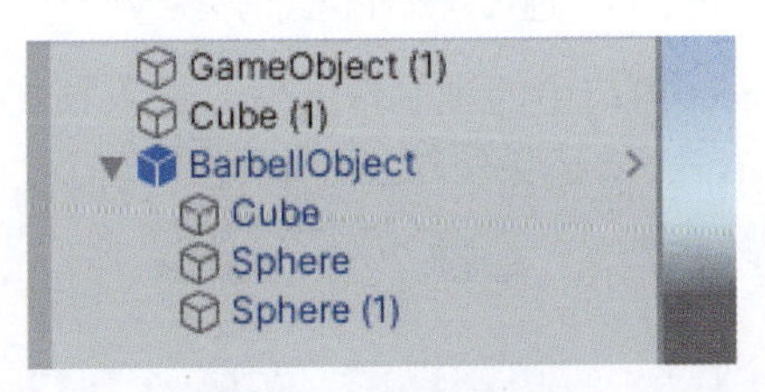

图 2.12 预制件对象

创建预制件并不复杂。接下来探讨如何编辑已经创建的预制件。

2. 如何编辑预制件

Unity 为开发人员提供了以下两种编辑预制件的方法。

第一种方法是在预制件模式下编辑预制件。

第二种方法是通过预制件的对象来编辑它。

先介绍第一种方法。预制件模式是一种专门设计用来支持单独编辑预制件的模式。预制件模式允许在单独的场景中查看和编辑预制件的内容。可以通过以下 3 种方式进入预制件模式。

第一种方法是在 Hierarchy 窗口中，单击预制件对象的箭头图标，如图 2.13 所示。

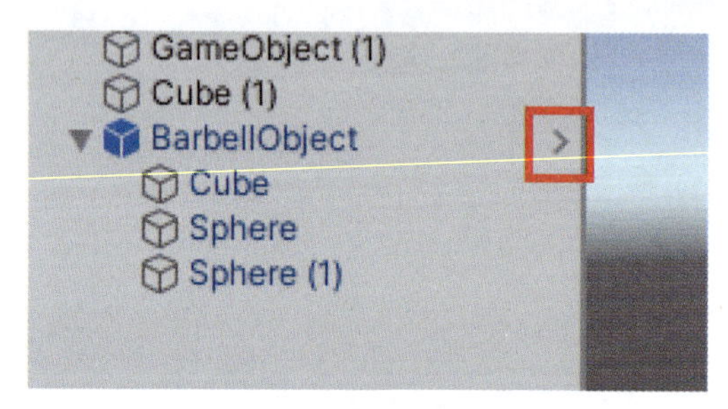

图 2.13　进入预制件模式的第一种方式

第二种方法是在 Project 窗口中选择预制件文件，Inspector 窗口中将显示 Open Prefab 按钮，单击该按钮以进入预制件模式，如图 2.14 所示。

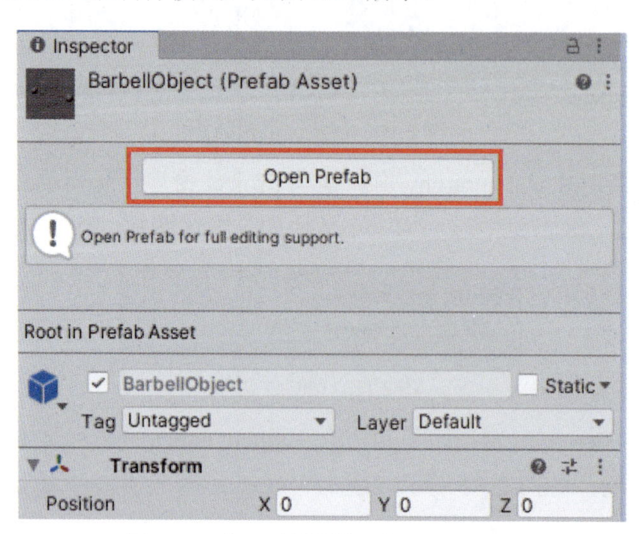

图 2.14　进入预制件模式的第二种方式

第三种方法是双击 Project 窗口中的预制件文件，进入预制件模式。

进入预制件模式后，即可在此模式下修改预制件。此时，可以看到在 Scene 视图的上方显示一个导航栏，如图 2.15 所示。

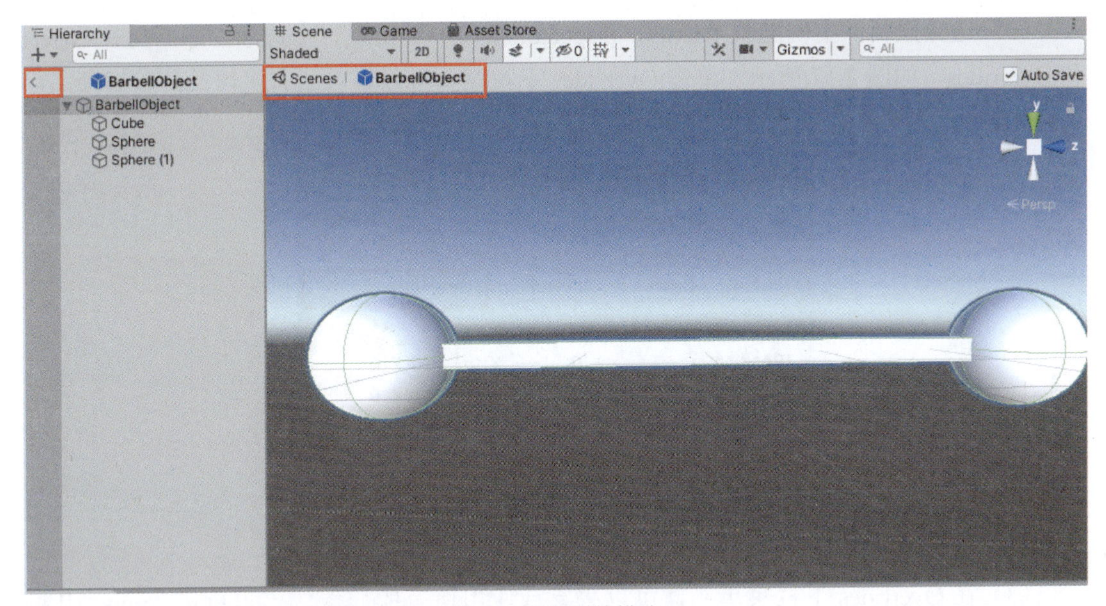

图 2.15　预制件模式

使用导航按钮可以在游戏场景和预制件模式之间进行切换。此外，在 Hierarchy 窗口的上方会显示一个标题栏，其中显示了当前打开的预制件的名称。单击标题栏中的左箭头图标可以返回游戏场景。

然后介绍第二种方法。按照以下 3 个步骤来修改 BarbellObject 预制件。

（1）从 Hierarchy 窗口中选择 BarbellObject 预制件对象中的一个球体，并将缩放值从 1 修改为 2，如图 2.16 所示。

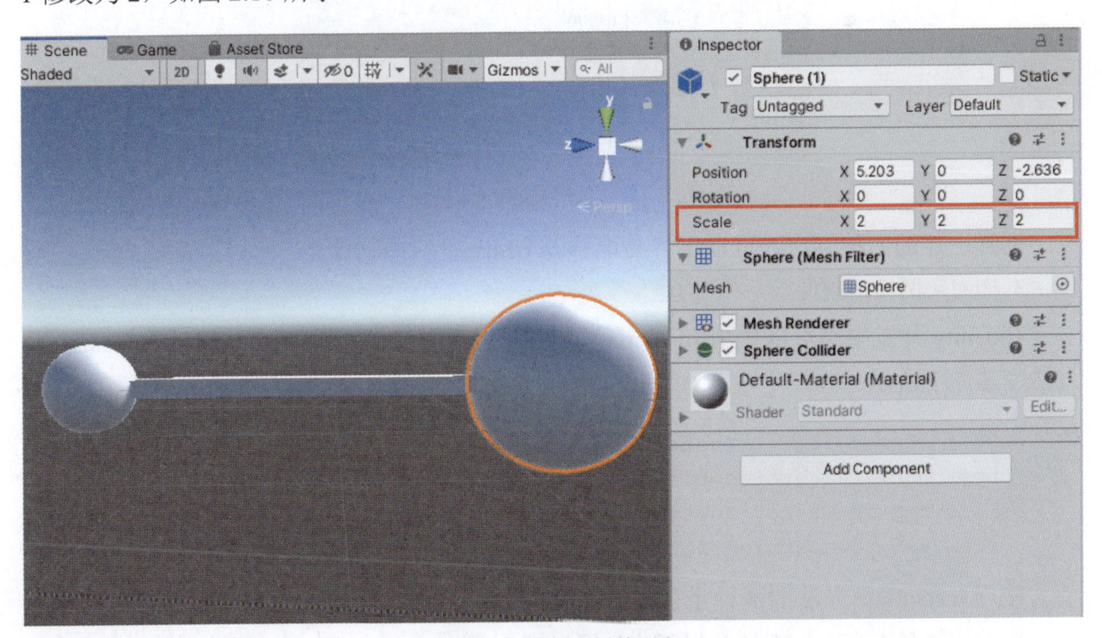

图 2.16　修改预制件对象

（2）选择预制件实例的根节点后，Inspector 窗口中将出现三个选项，即 Open、Select 和 Overrides，如图 2.17 所示。单击 Overrides 下拉菜单可以查看所有已修改的数据项，如属性和组件。

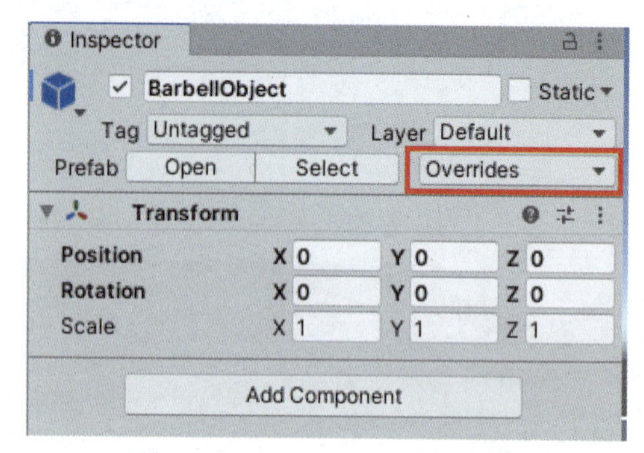

图 2.17　打开 Overrides 下拉菜单

（3）在 Overrides 下拉菜单中，可以丢弃或应用所有的修改。这里单击 Apply All 按钮，将此修改应用于预制件，如图 2.18 所示。

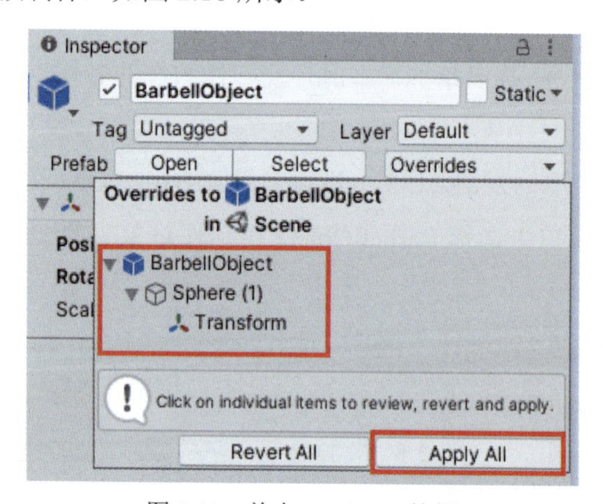

图 2.18　单击 Apply All 按钮

通过上述的两种方法，可以很容易地修改 Unity 中的预制件。

3. 如何实例化预制件

在 Unity 开发中，可以使用 Instantiate 方法在运行时实例化预制件。常用的 Instantiate 方法变量如下所示。

```
public static Object Instantiate(Object original, Vector3
  position, Quaternion rotation);
public static Object Instantiate(Object original, Vector3
  position, Quaternion rotation,Transform parent);
```

使用 Instantiate 方法的两种重载形式来实例化一个预制件，这两个变量都可以用来指定对象的位置和方向，后者还可以指定对象的父对象。

通过以下示例学习如何调用 Instantiate 方法来实例化预制件，步骤如下。

（1）创建一个名为 TestInstantiatePrefab 的脚本。在该脚本中，将分配一个对预制件的引用，调用 Instantiate 方法来创建这个预制件的新对象，并为该对象分配一个父对象，代码如下。

```
using UnityEngine;
public class TestInstantiatePrefab : MonoBehaviour
{
    [SerializeField]
    private GameObject _prefab;
    [SerializeField]
    private Transform _parent;
    private GameObject _instance;

    private void Start()
    {
        var position = new Vector3(0f, 0f, 0f);
        var rotation = Quaternion.identity;

        _instance = Instantiate(_prefab, position,
         rotation, _parent);
    }
}
```

（2）将此脚本附加到场景中的游戏对象，将预制件分配给此脚本的 _prefab 字段，并将此游戏对象分配为稍后将创建的预制件对象的父对象，如图 2.19 所示。

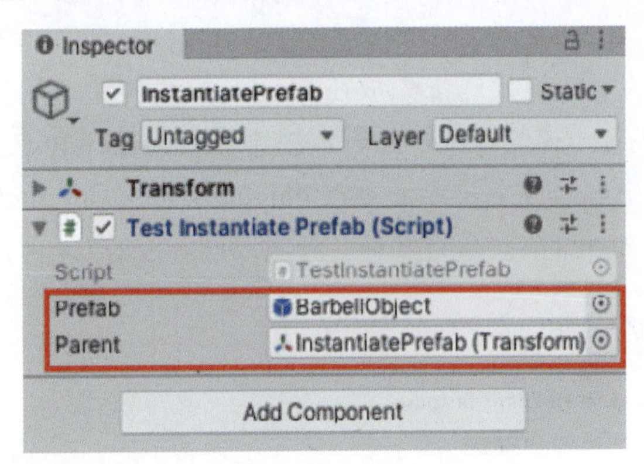

图 2.19 为预制件对象分配父对象

（3）单击 Unity 编辑器中的 Play 按钮以运行该脚本。如图 2.20 所示，可以看到创建了一个 BarbellObject 预制件的新对象并命名为 BarbellObject(Clone)，这意味着它是一个预制件的对象，也是 InstantiatePrefab 的子对象。

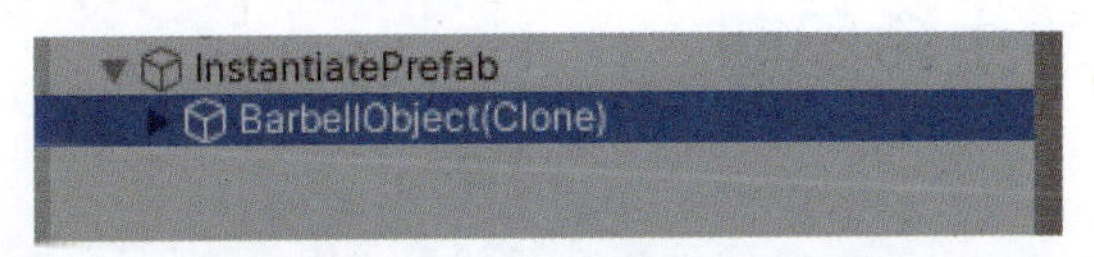

图 2.20 创建一个预制件的新对象

本节讨论了 Unity 中的一个重要概念——预制件。通过阅读本节，应该已经了解什么是预制件、如何创建预制件、如何编辑预制件及如何在运行时使用 C# 代码实例化预制件。

2.2.4　Unity 中的特殊文件夹

除了常用的类和概念外，在 Unity 中还有一些用于不同目的的特殊文件夹。其中一些文件夹与 Unity 中的脚本有关，主要有以下 5 个。

（1）Assets 文件夹。

（2）Editor 文件夹。

（3）Plugins 文件夹。

（4）Resources 文件夹。

（5）StreamingAssets 文件夹。

1. Assets 文件夹

当创建一个 Unity 项目时，将创建一个 Assets 文件夹用来存储各种资源，从模型、纹理到将在此 Unity 项目中使用的脚本文件等。这也是在开发 Unity 项目时主要使用的文件夹。

2. Editor 文件夹

Editor 文件夹用于存储编辑器的脚本文件。例如，通过在 Editor 文件夹中创建一些编辑器脚本，可以向默认的 Unity 编辑器添加更多的功能。Unity 会根据脚本文件的位置，按四个独立的阶段编译脚本，Unity 会为每个阶段创建一个单独的 C# 项目文件（.csproj）。该 Editor 文件夹中的脚本在运行时将不可用。如果 Editor 文件夹位于 Plugins 文件夹中，则将创建名为 Assembly-CSharp-Editor-firstpass 的 C# 项目文件，否则将创建名为 Assembly-CSharp-Editor 的 C# 项目文件。

3. Plugins 文件夹

应该将需要编译的插件或代码优先放在 Plugins 文件夹中，因为 Unity 将首先编译该文件夹中的代码，并为位于该文件夹中的脚本创建名为 Assembly-CSharp-firstpass 的 C# 项目文件。Unity 将为在 Assets 文件夹中而不在 Plugins 文件夹和 Editor 文件夹中的其他脚本创建名为 Assembly-CSharp 的 C# 项目文件。针对不同阶段的 C# 项目文件如图 2.21 所示。

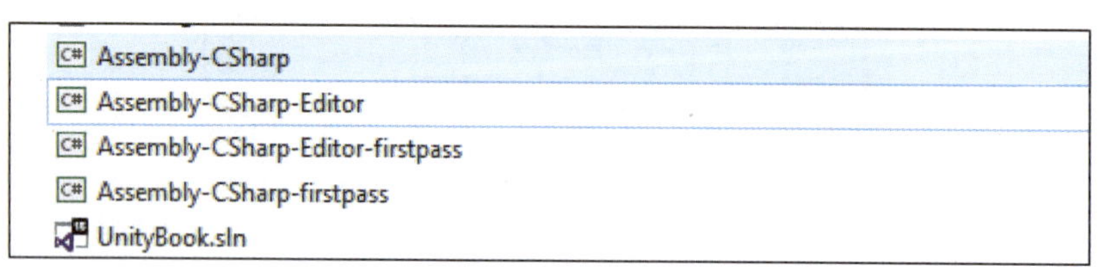

图 2.21　针对不同阶段的 C# 项目文件

Resources 文件夹和 StreamingAssets 文件夹将在后面的章节中进行介绍。

2.3　脚本对象的生命周期

本节将讲解 Unity 中脚本对象的生命周期。如前所述，Unity C# API 不包括引擎的内部逻辑，而脚本上的事件函数是由引擎的 C/C++ 代码触发的。因此，为了正确地使用 Unity 引擎，理解在 Unity 中对事件函数的执行顺序和 C# 脚本的生命周期是非常重要的。

根据其目的，可以将 Unity 事件函数分为以下 3 类。

2.3.1 初始化

熟悉.NET应用程序开发的人员可能会对Unity中的脚本初始化感到惊讶，因为Unity脚本不使用构造函数进行初始化，Unity提供了一些引擎事件函数来初始化脚本对象。

第1章已经介绍了一个用于初始化的Unity事件函数，它就是在Unity中创建新脚本时默认创建的Start方法。然而，Start方法并不是脚本对象创建后被触发的第一个事件函数。当一个场景启动时，场景中每个对象的Awake方法总是在Start方法之前被调用。除了先调用Awake方法之外，Start方法和Awake方法的工作方式类似，它们在初始化期间都会被调用一次。既然已经有了Start方法，为什么还需要Awake方法?

这是因为Awake方法对于分离初始化很有用。例如，在游戏开始之前使用Awake方法来初始化对象自己的引用和变量，也就是说，不应该在Awake方法中访问其他对象的引用，而应该使用Start方法来传递不同对象的引用信息。

这样描述可能会让人感到困惑，接下来通过代码进行解释。现在有两个类，名为AwakeAndStartA和AwakeAndStartB。在第一个类中，有一个List<int>类型的变量和一个List<int>类型的属性，在AwakeAndStartA类的Awake方法中对变量_listRef进行实例化设置，代码如下。

```
public class AwakeAndStartA : MonoBehaviour
{
    private List<int> _listRef;
    public List<int> ListRef => _listRef;


    private void Awake()
    {
        _listRef = new List<int>();
    }

}
```

第二个类的代码如下。

```
public class AwakeAndStartB : MonoBehaviour
{
    private void Awake()
    {
      var comp =
       GameObject.Find("A").GetComponent<AwakeAndStartA>();
      Debug.Log($"comp is null > {comp is null}");
      Debug.Log(comp.ListRef.Count);
    }

}
```

在 Awake 方法中，AwakeAndStartB 类试图获取 AwakeAndStartA 类的引用，并访问 AwakeAndStartA 类的 ListRef 属性。

如果运行代码，将得到如图 2.22 所示的输出。也就是说，在 Awake 方法中，对象 B 可以访问对象 A，但不能访问对象 A 的变量或属性。由此可见，不应该假设在一个游戏对象的 Awake 方法中设置的引用将在另一个游戏对象的 Awake 方法中可用。

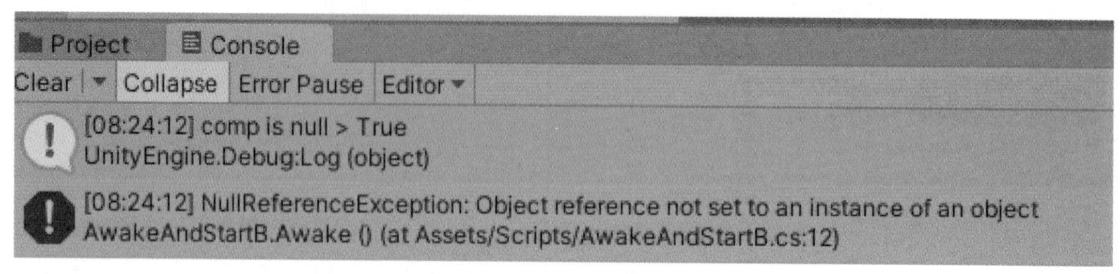

图 2.22　空引用异常

为了在对象 B 中使用 ListRef 属性，可以在 Start 方法中进行引用。将打印列表中包含的元素数的代码从 Awake 方法移动到 Start 方法，具体如下。

```
public class AwakeAndStartB : MonoBehaviour
{
    private void Start()
    {
      var comp =
       GameObject.Find("A").GetComponent<AwakeAndStartA>();
      Debug.Log($"comp is null > {comp is null}");
      Debug.Log(comp.ListRef.Count);
    }

}
```

代码将打印出正确的数字，列表中包含的元素数为 0，如图 2.23 所示。

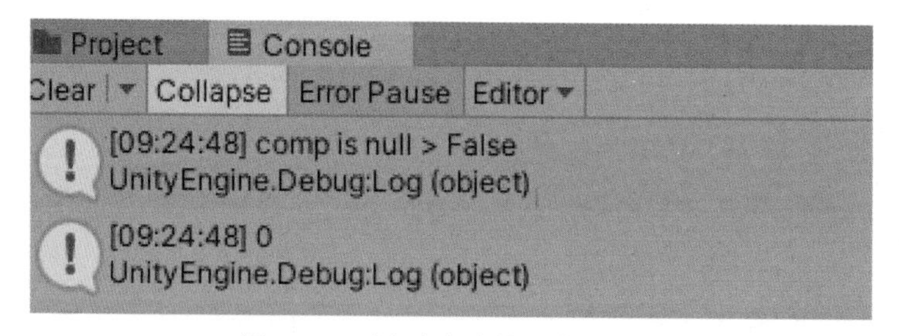

图 2.23　列表中包含的元素数为 0

Start 方法和 Awake 方法的另一个区别是，如果场景中未启用脚本组件，则不会调用 Start 方法，但会始终调用 Awake 方法，如图 2.24 所示。

第三个用于初始化的事件函数是 OnEnable 方法。如果在场景中启用了脚本组件，则该方法将在 Awake 方法之后和 Start 方法之前被调用。但是，OnEnable 方法和 Awake 方法 /Start 方法有很大的区别，它可以被多次调用。当组件被启用时，将调用此方法。

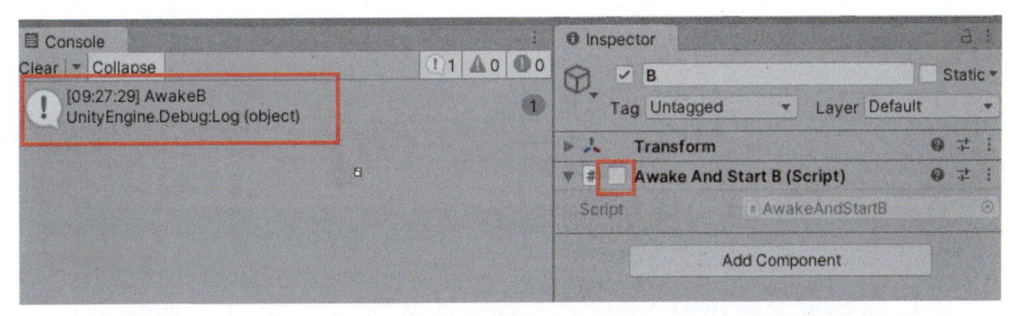

图 2.24　总是调用 Awake 方法

2.3.2　更新

对于一个游戏来说，更新是一个非常重要的功能，因为游戏玩法逻辑是由更新驱动的。Unity 为不同的目的提供了以下 3 种不同的更新方法。

（1）FixedUpdate 方法。

（2）Update 方法。

（3）LateUpdate 方法。

FixedUpdate 方法用于物理模拟。如果游戏不包括物理模拟，就不应该使用这个方法。FixedUpdate 方法在固定帧频的帧被调用，它可以在一个帧中被多次调用。这是因为在物理模拟中确保固定的增量时间是非常重要的。

默认情况下，物理模拟需要每 0.02s 更新一次，在 Project Settings → Time → Fixed Timestep 中可以更改此值，如图 2.25 所示。

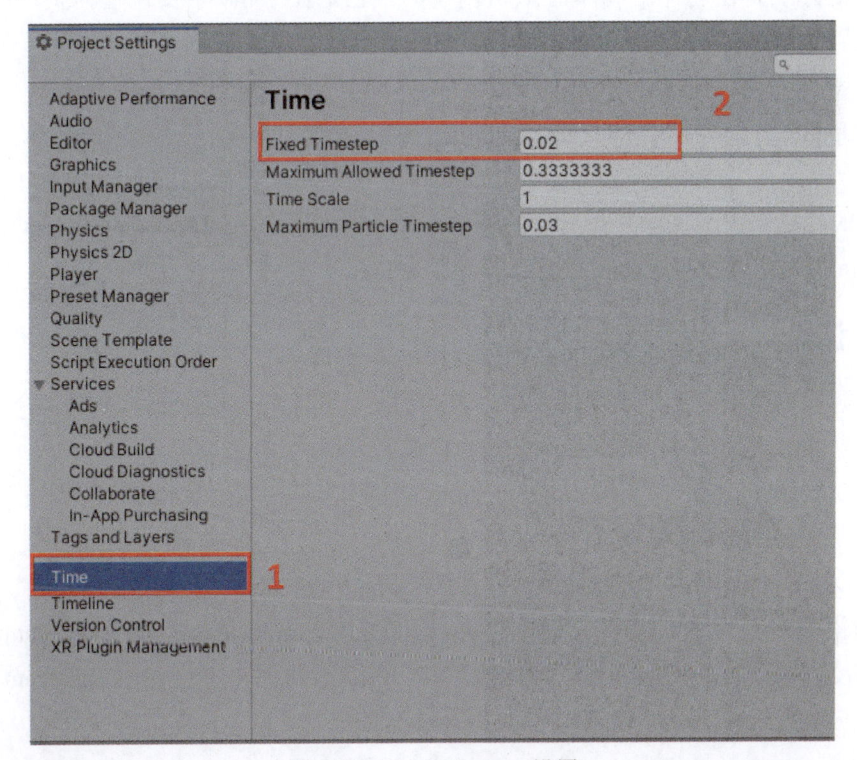

图 2.25　Fixed Timestep 设置

考虑一个游戏本身的帧率很低的情况，如 25 FPS。这意味着游戏更新一帧需要 0.04s。那么如何确保物理模拟的固定的增量时间？

答案并不复杂。Unity 只需要在调用 Update 方法之前，在每一帧中调用两次 FixedUpdate 方法。在本例中，每 0.02s 调用一次 FixedUpdate 方法，结果如图 2.26 所示。

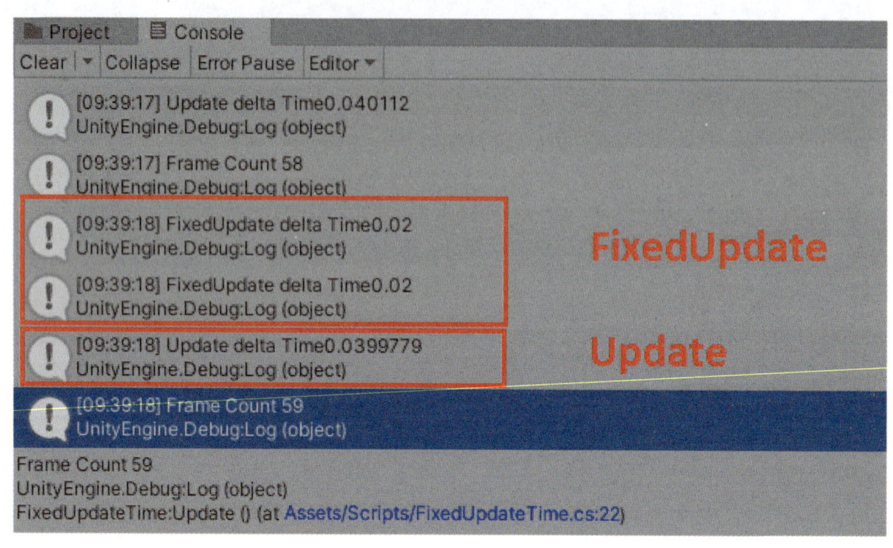

图 2.26 FixedUpdate 方法在一个帧中被调用两次

因此，只有在项目中使用物理模拟时，才会使用 FixedUpdate 方法。如果项目中不包括物理模拟，就不应该使用它。

Update 方法是在创建新脚本时默认创建的。它是在 Unity 中实现任何类型的游戏逻辑的最常用且最重要的方法。如果在场景中启用了脚本组件，则每帧都调用一次 Update 方法。

LateUpdate 方法将在 Update 方法之后被调用。因此，可以使用它在每一帧中实现两步更新。例如，在场景中有很多需要在 Update 方法中移动和旋转的游戏对象，并且将使用场景中的相机来跟踪这些游戏对象的移动。为了确保所有游戏对象都完全移动，可以在 LateUpdate 方法中实现平滑的相机跟踪。

2.3.3 渲染

对于游戏来说，除了游戏逻辑之外，游戏的图形和渲染也很重要。下面将介绍 3 个常用的渲染事件函数。

（1）OnBecameVisible/OnBecameInvisible 方法。

（2）OnRenderImage 方法。

（3）OnGUI 方法。

当渲染器对任何相机都可见时，将会调用 OnBecameVisible 方法，OnBecameInvisible 方法则相反。如图 2.27 所示，当立方体对象移出相机视野时，将会调用 OnBecameInvisible 方法；当它进入相机视野时，会调用 OnBecameVisible 方法。

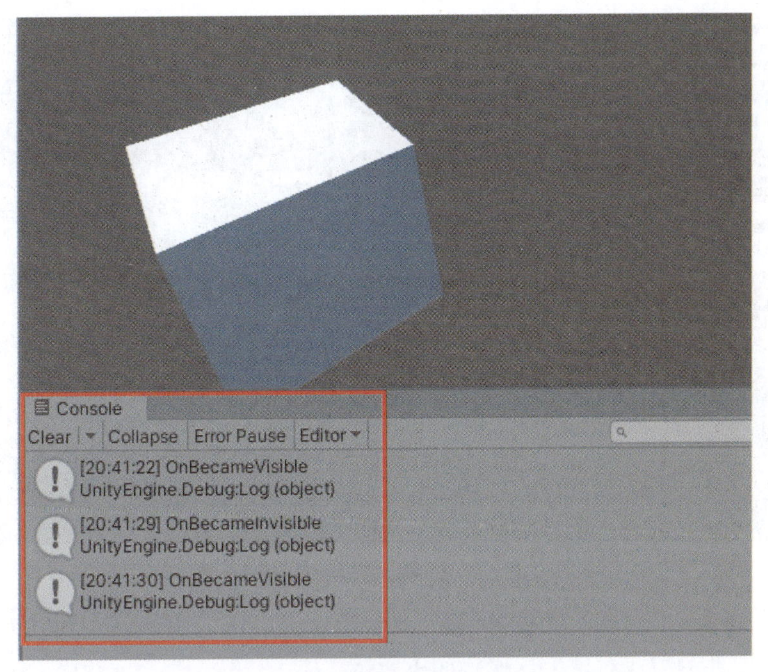

图 2.27 OnBecameVisible/OnBecameInvisible 方法

如果游戏的逻辑非常复杂，可以使用 OnBecameVisible/OnBecameInvisible 方法来避免不必要的性能开销。例如，当一个游戏对象移出视野时，游戏对象的功能可以被暂停。

OnRenderImage 方法对于在 Unity 中实现后期处理效果很有用。这个方法将在场景完全渲染后被调用，可以为图像提供全屏效果，从而大大改善游戏的外观。图 2.28 和图 2.29 分别展示了无后期处理的场景和有后期处理的场景。可以看到，应用后期处理改善了场景的整体外观，并提供了惊人的效果。

图 2.28 无后期处理的场景（Unity）

图 2.29　有后期处理的场景（Unity）

值得注意的是，为了正确地使用 OnRenderImage 方法，需要将实现此方法的脚本附加到带有相机组件的游戏对象上，代码如下所示。

```
public class PostProcessing : MonoBehaviour
{
[SerializeField]
private Material _mat;

    private void OnRenderImage(RenderTexture src,
      RenderTexture dest)
    {
        Graphics.Blit(src, dest, _mat);
    }
}
```

有时可能需要创建一些 UI 来执行一些原型或进行一些测试。OnGUI 方法是理想的选择。通过在 OnGUI 方法中实现渲染和处理 GUI 事件，可以在 Unity 中创建一个即时模式的 GUI(Immediate Mode GUI，IMGUI)，代码如下所示。

```
public class OnGUITest : MonoBehaviour
{
    private void OnGUI()
    {
        if (GUI.Button(new Rect(10, 10, 200, 100),
          "Button"))
        {
            Debug.Log("Hello World!");
        }
    }
}
```

GUI 行是一个按钮控件声明。屏幕上将显示一个带有 Button 标题文本的按钮控件。值得注意的是，整个按钮声明都被放置在一个 if 语句中，因为在单击该按钮时，需要执行 if 块中的代码。即当游戏运行并单击按钮时，if 语句返回 true 并执行 if 语句块中的 Debug. Log("Hello World") 行，在 Console 窗口中打印 Hello World!。IMGUI 按钮和通过单击此按钮在 Console 窗口中打印出来的消息如图 2.30 所示。

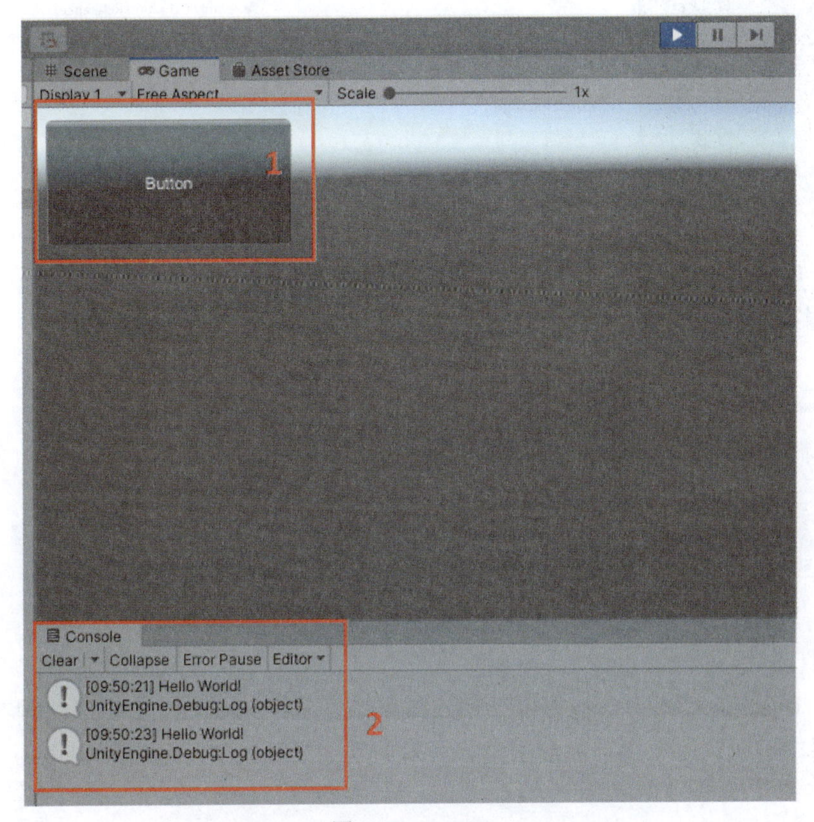

图 2.30　IMGUI

本节解释了脚本对象的生命周期和由 Unity 引擎提供的一些常用的事件函数。2.4 节将探讨如何创建一个与引擎交互的脚本文件，并将其作为组件附加到场景中的游戏对象。

2.4　创建脚本并用作组件

除了 Unity 的内置组件外，还可以创建脚本组件。当创建一个脚本并将其附加到游戏对象时，可以在游戏对象的 Inspector 窗口中看到创建的组件，就像 Unity 的内置组件一样。

2.4.1　如何在 Unity 中创建脚本

在 Unity 中创建 C# 脚本非常容易。这里介绍以下两种不同的操作方法。

（1）右击 Unity 编辑器的 Project 窗口，在弹出的菜单中选择 Create → C# Script 选项，如图 2.31 所示。Unity 编辑器将在 Project 窗口特定的文件夹中创建一个 C# 文件。

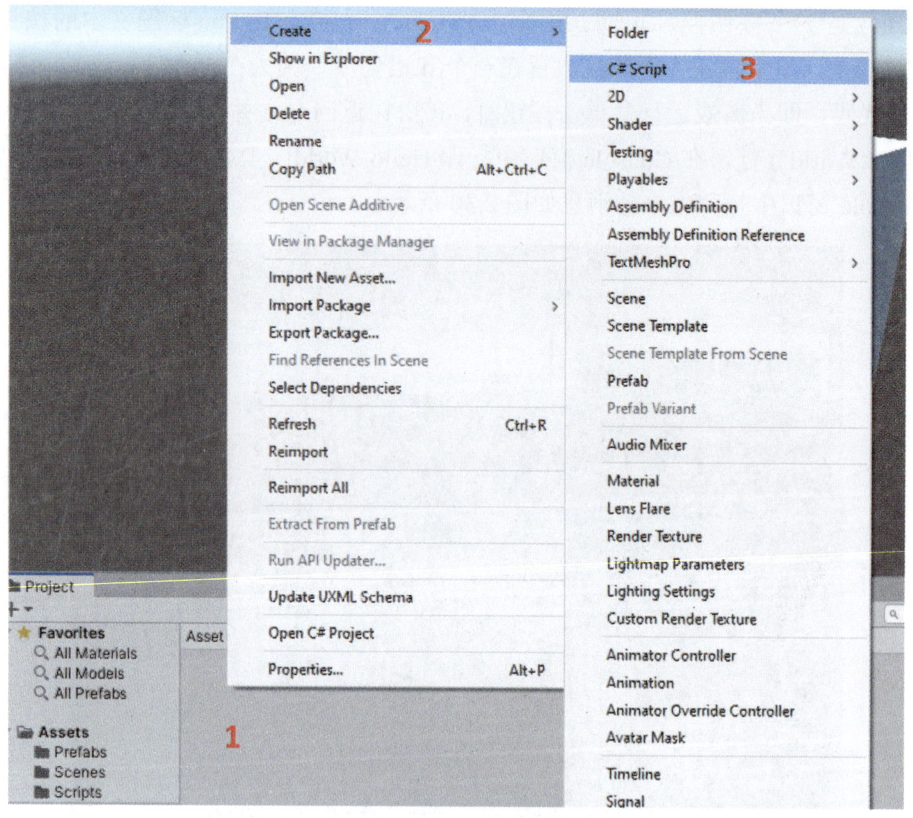

图 2.31　从 Create 菜单中创建一个 C# 脚本

C# 文件将在 Assets/Chapter 2/Scripts 文件夹中创建，如图 2.32 所示。新脚本的文件名默认为 NewBehaviourScript.cs，可以在创建时更改该名称。这种方法创建的脚本不会自动附加到场景中的游戏对象上，需要手动将其附加到游戏对象中。

图 2.32　在创建该脚本时更改其名称

（2）在场景中选择一个游戏对象，在 Inspector 窗口中单击 Add Component → New script 选项来创建一个脚本，如图 2.33 所示。此脚本将自动附加到游戏对象中，可以在 Project 窗口的 Assets 文件夹中找到新创建的脚本文件。

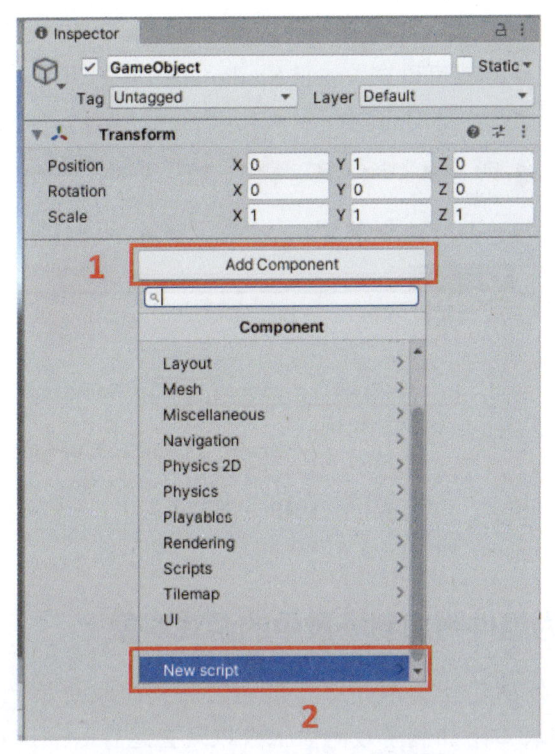

图 2.33　在 Inspector 窗口中创建脚本

与在 Project 窗口中创建脚本类似，也需要输入此脚本的名称，如图 2.34 所示，这里输入了 Test 因为该脚本的默认名称是 NewBehaviourScript.cs。

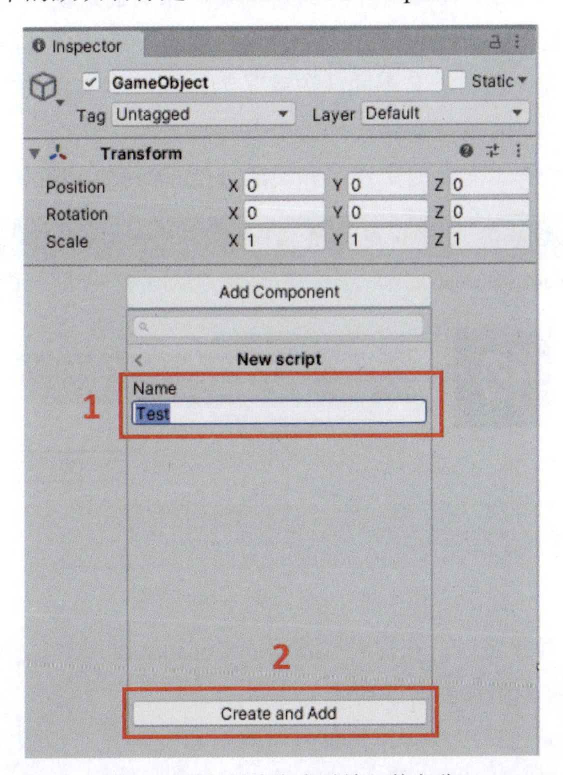

图 2.34　在创建脚本时输入其名称

如果想在 IDE 中打开脚本，此时已经将 Visual Studio 2019 设置为 Unity 项目的 IDE，那么只需要双击脚本文件，就可以在 Visual Studio 2019 中打开它。可以看到，C# 类名与脚本文件的名称相同，如图 2.35 所示。

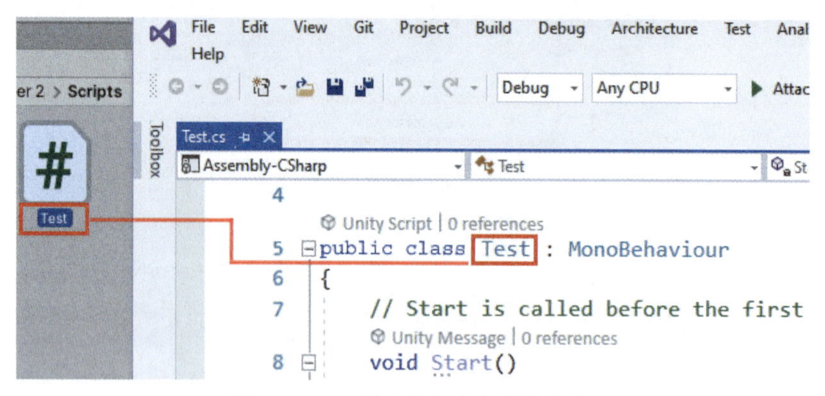

图 2.35　C# 类名和脚本文件的名称

2.4.2　将脚本作为组件附加到场景中的游戏对象上

2.4.1 节介绍了如何创建新脚本并将其自动附加到游戏对象上。接下来学习如何在 Unity 编辑器中手动将脚本附加到游戏对象上，以及在运行时通过 C# 代码将脚本附加到游戏对象上。

1. 在 Unity 编辑器中将脚本附加到游戏对象上

在 Unity 编辑器中将脚本作为组件附加到游戏对象上的最简单的方法是将脚本文件拖动到游戏对象上。但是，以下两种情况可能会导致脚本不能成功被附加到游戏对象上。

（1）脚本文件的文件名和类名不同。这就是为什么脚本文件的文件名与创建脚本时的类名必须相同。但是，有时可能会错误地改变其中的一个，从而导致不能向游戏对象添加脚本，此时应该先检查脚本文件的文件名和类名。Can’t add script 消息如图 2.36 所示。

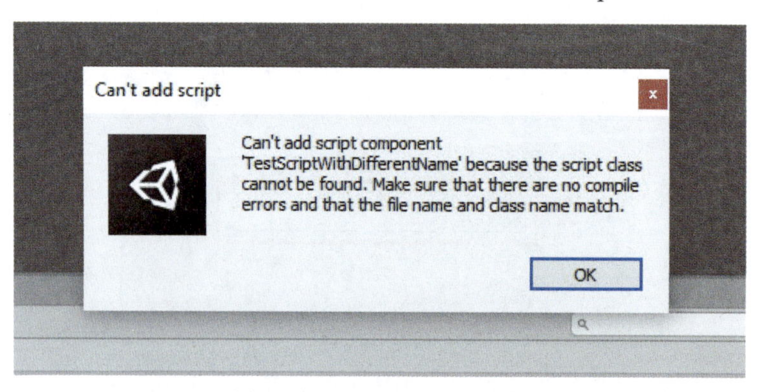

图 2.36　Can’t add script 消息

（2）脚本中存在编译错误。在这种情况下，Console 窗口将打印出编译错误。需要修复这些错误，以便将脚本附加到游戏对象上。

还可以在 Inspector 窗口中将脚本附加到游戏对象上，操作步骤如下。

（1）选择要附加脚本的游戏对象。

（2）单击 Inspector 窗口中的 Add Component 按钮，不仅可以添加创建的脚本，还可以将许多内置组件添加到游戏对象中。

（3）为了快速找到需要添加的脚本，可以在搜索框中输入该脚本的名称。

（4）在下拉框中选择目标脚本，如图 2.37 所示。

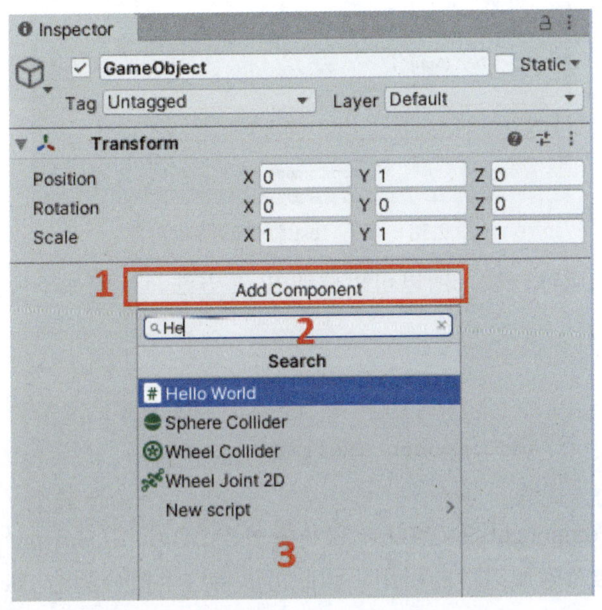

图 2.37 在 Inspector 窗口中添加组件

2. 在运行时将脚本附加到游戏对象上

打开刚刚在 Visual Studio 2019 中创建的 Test.cs 文件并添加一个字段，代码如下所示。

```
[SerializeField]
private HelloWorld _helloWorld;
```

> **注意**
> 字段是直接在类或结构中声明的任何类型的变量。

可以看到，HelloWorld 类型的私有字段名为 _helloWorld，在 _helloWorld 的声明上方放置了 [SerializeField] 属性，这是为了允许 Unity 序列化这个私有字段。Unity 中的序列化系统将在第 10 章中讲解。此处需要指出，Unity 在序列化脚本时，默认情况下只序列化公共字段。如果一个变量可以被 Unity 序列化，则该变量可以在 Unity 编辑器中显示和修改，所以在这里可以使用一个公共字段。但是，通常建议字段是具有私有或受保护可访问性的变量，这就是为什么 Unity 为开发人员提供了 [SerializeField] 属性，该属性将迫使 Unity 序列化私有字段。

然后，将 Test 脚本组件拖动到游戏对象上，以将其附加到该游戏对象上，如图 2.38 所示。

可以看到，有附加到游戏对象的 Test 脚本组件的序列化字段。该字段的值为 None，这意味着需要为它分配一个值。接下来，在 Test.cs 脚本中添加更多代码，以将 HelloWorld 脚本组件附加到同一个游戏对象，并将对这个新的 HelloWorld 组件的引用分配给该字段。

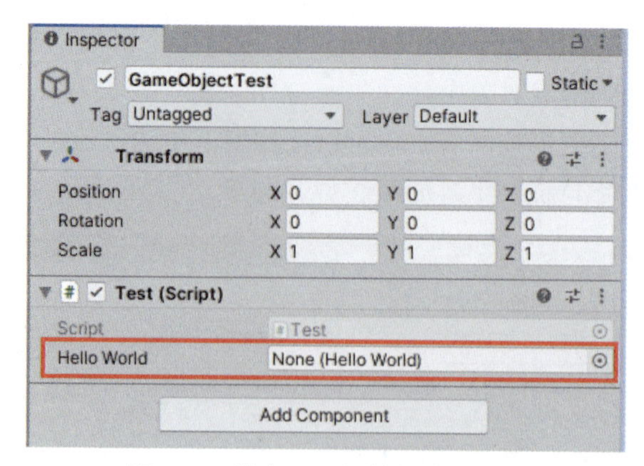

图 2.38　带有 Test 组件的游戏对象

因为只希望代码运行一次，所以可以修改 Start 方法，代码如下所示。

```
void Start()
{
    _helloWorld =
      gameObject.AddComponent<HelloWorld>();
}
```

此处调用 AddComponent<T> 方法，它是将 HelloWorld 组件添加到这个游戏对象中的泛型方法，它将返回对附加组件的引用，因此可以将这个值分配给 _helloWorld 字段。

> **注意**
> 泛型方法是带有类型参数声明的方法。前面的代码展示了如何使用类型参数 HelloWorld 调用 AddComponent<T> 方法。

除了泛型方法外，还有一个版本的 AddComponent，即 AddComponent(string className)，它带有字符串参数。它已经被弃用，因此不要再使用它。

单击 Unity 编辑器中的 Play 按钮来运行游戏。再次查看 Inspector 窗口，可以看到有一个 HelloWorld 组件附加到游戏对象上，并且对该组件的引用被分配给 Test 组件的字段，如图 2.39 所示。

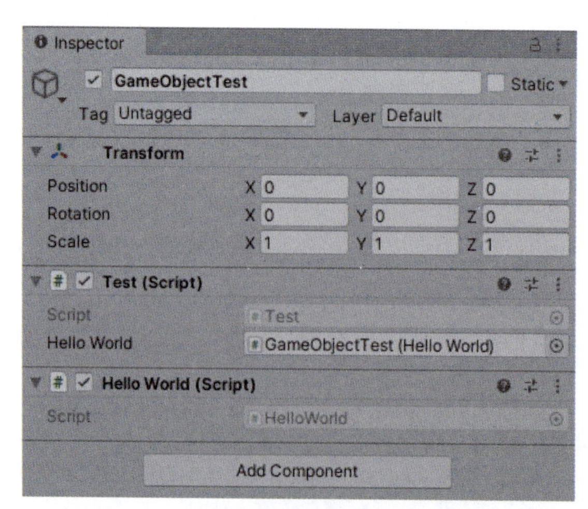

图 2.39　在运行时附加 HelloWorld 组件

至此，已经掌握了如何向场景中的游戏对象添加组件。接下来，探讨如何通过 C# 代码访问同一个游戏对象或不同游戏对象上的组件。

2.4.3　访问附加到游戏对象的组件

当开发一个 Unity 项目时，通常需要访问其他组件，因为可以重用由不同组件定义的方法。

向 HelloWorld.cs 脚本中添加代码来打印“Hello World！”消息，并发送到编辑器的 Console 窗口，具体如下。

```
public void SayHi()
{
    Debug.Log("Hello World!");
}
```

> **注意**
> SayHi 方法中的 Debug.Log 行是常用的打印消息的方法，它可以利用 Console 窗口，帮助进行游戏调试。Debug 类还提供了许多其他方法，如 LogError、LogWarning 和 Assert。

可以将此看作一个希望在不同的脚本中重用的特性。还需要创建一个名为 TestGetComponent.cs 的新脚本，该脚本将在运行时访问 HelloWorld 组件，代码如下所示。

```
public class TestGetComponent : MonoBehaviour
{
    void Update()
    {
        var helloWorld =
          gameObject.GetComponent<HelloWorld>();
        if (helloWorld == null)
        {
            return;
        }
        helloWorld.SayHi();
    }
}
```

由于 Update 方法会在游戏的每一帧中运行，因此为了演示如何访问组件，将代码放在 Update 方法中。

然后，将 TestGetComponent 脚本作为组件附加到相同的游戏对象上，如图 2.40 所示。运行游戏，并查看 Console 窗口，出现“Hello World！”消息，如图 2.41 所示。

> **注意**
> 出于性能原因，建议不要在每一帧中都调用 SayHi 方法。

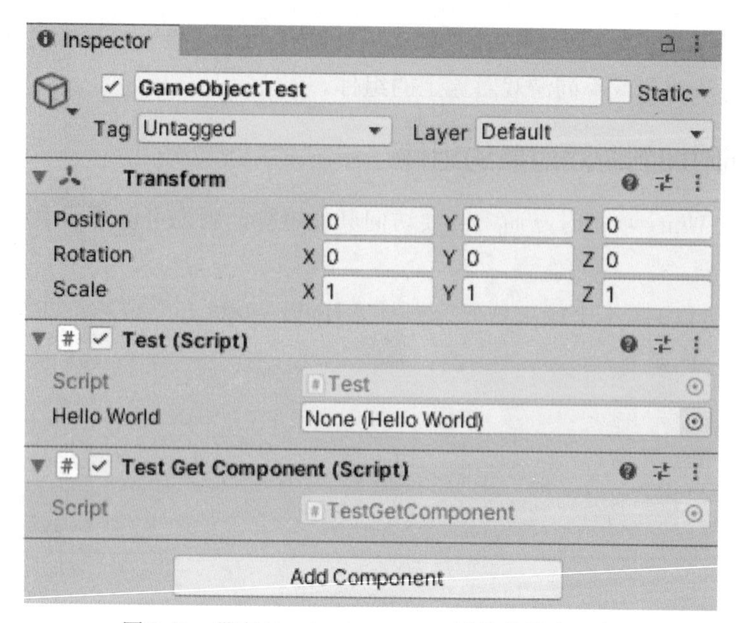

图 2.40　带有 TestGetComponent 组件的游戏对象

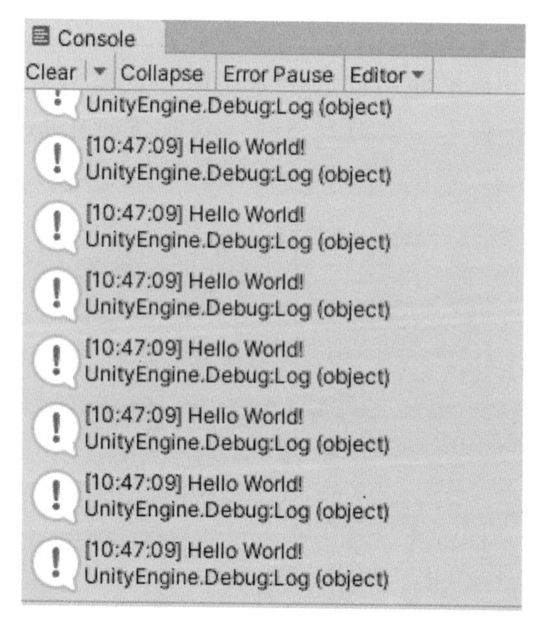

图 2.41　“Hello World !”消息出现在 Console 窗口中

该例访问了附加到同一个游戏对象上的其他组件。此外，可以访问不同游戏对象上的其他组件。

首先，需要获得目标游戏对象的引用，可以在编辑器中将引用的对象分配给脚本，或者使用 GameObject.Find 方法在运行时查找目标对象。从游戏性能的角度来看，不要在每帧都调用的方法（如 Update）中调用 GameObject.Find 方法查找目标对象。例如，如果不能在编辑器中为脚本分配引用，那么引用的对象是在运行时动态创建的，则可以使用此方法查找并缓存目标对象，而不是在每一帧中查找目标对象。在本例中，可以在 Start 方法中找到目标对象并缓存它，代码如下所示。

```
private GameObject _targetGameObject;

    private void Start()
    {
        // 不建议使用 Find 方法查找游戏对象
        // 该例只为演示如何在运行时使用该方法查找目标对象
        _targetGameObject =
          GameObject.Find("GameObjectTest");
    }
```

然后，更改 TestGetComponent 类的 Update 方法，代码如下所示。

```
    void Update()
{

        var helloWorld =
          _targetGameObject.GetComponent<HelloWorld>();
        if (helloWorld == null)
        {
            return;
        }
        helloWorld.SayHi();
    }
```

这里使用 GameObject.Find(string name) 方法，按名称查找游戏对象并返回它。目标游戏对象的名称为 GameObjectTest。

还有其他方法可以用于在运行时查找游戏对象，如 GameObject.FindWithTag(string tag)，它将返回一个标记为 tag 的活动的游戏对象。为了正确使用此方法，必须先在标记管理器中声明标记，可以从 Project Settings → Tags and Layers 中管理这些标记。

然而，不建议使用 Find 方法及其变体来查找游戏对象。这个例子只是为了演示如果需要在运行时查找动态创建的对象，那么如何在运行时调用该方法来查找目标对象。

接下来，创建一个新游戏对象，并将 TestGetComponent 脚本附加到该游戏对象上，如图 2.42 所示。同时，从名为 GameObjectTest 的目标游戏对象中删除 TestGetComponent 脚本。

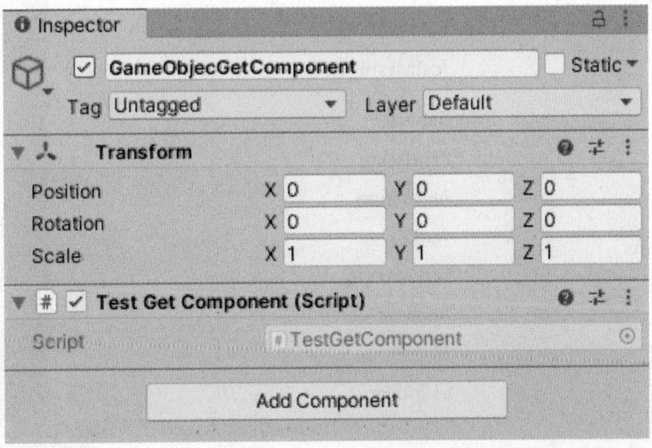

图 2.42 带有 TestGetComponent 组件的游戏对象

运行游戏并查看 Console 窗口，“Hello World！”消息会再次出现。

本节学习了如何在 Unity 中创建一个脚本，以及如何将脚本作为组件附加到游戏对象中，还讨论了如何在运行时通过代码访问组件以重用方法。接下来，将探索 Unity 中的 Unity Package Manager 和包。

2.5 Unity Package Manager 和包

.NET 开发人员一定了解 NuGet 包管理器。Unity Package Manager 与 NuGet 非常相似，它使游戏开发者能够共享和使用有用的代码。但它们也存在不同。在 Unity 中，不仅可以重用有用的代码，还可以重用数字资源、着色器、插件和图标，Unity 中的包是包含这些内容的容器。

本节将介绍 Unity Package Manager 和 Unity 中的包，以便了解 Unity 中的包机制，以及如何使用 Unity Package Manager 来管理包。

2.5.1 Unity Package Manager

Unity 为游戏开发者提供了一个名为 Unity Package Manager 的工具，来管理项目中的包及向项目中添加包。单击 Window → Package Manager 选项可以打开 Package Manager 窗口，如图 2.43 所示。

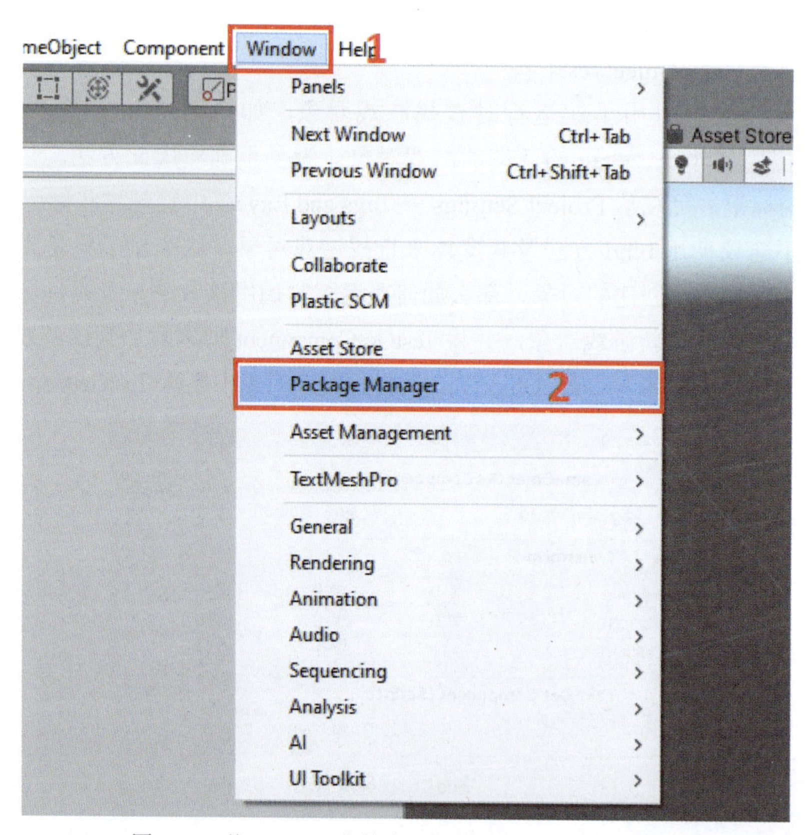

图 2.43　从 Window 菜单中打开 Package Manager 窗口

默认情况下，此窗口将显示项目中已安装的包和每个包的版本，如图 2.44 所示。如果有新版本的包，在版本号旁边将有一个向上箭头图标。还可以对这些包进行排序，如按名称升序排序或按发布日期降序排序。在窗口的右侧，将显示当前选定的包的详细信息，如包的名称、发布者、发布日期、版本号、文档链接和说明。还可以单击右下角的 Remove 按钮从项目中删除包。

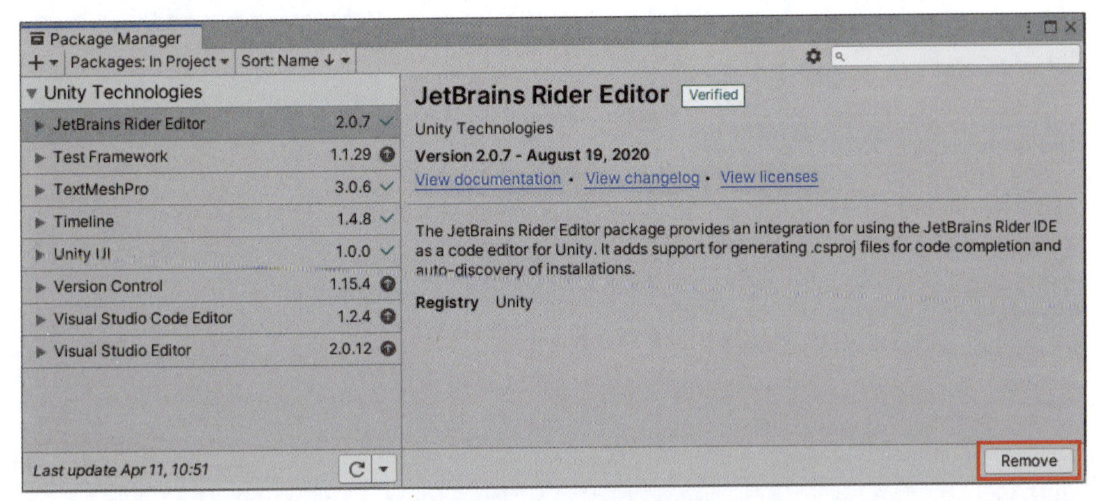

图 2.44　Package Manager 窗口

Package Manager 窗口还可以显示不同的列表。例如，通过从下拉菜单中选择 My Assets 选项，可以查看、下载和导入已经从 Unity 资源商店（https://assetsore.unity.com/）购买的资源，如图 2.45 所示。从资源商店购买的资源可以是免费的或付费的。资源商店提供了各种资源，涵盖了从纹理、模型、动画到整个项目示例的所有内容。

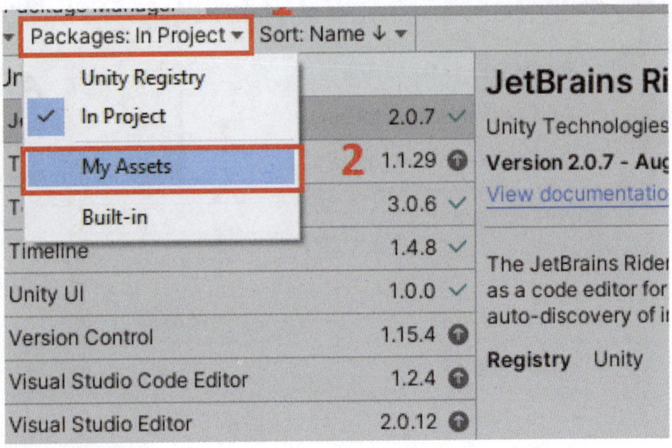

图 2.45　切换包列表

也可以从 Unity Registry 中安装一个包。通过从下拉菜单中选择 Unity Registry 选项，可以浏览在 Unity Registry 中注册的所有包。如果要安装一个包，则需要选择它并单击右下角的 Install 按钮，如图 2.46 所示。

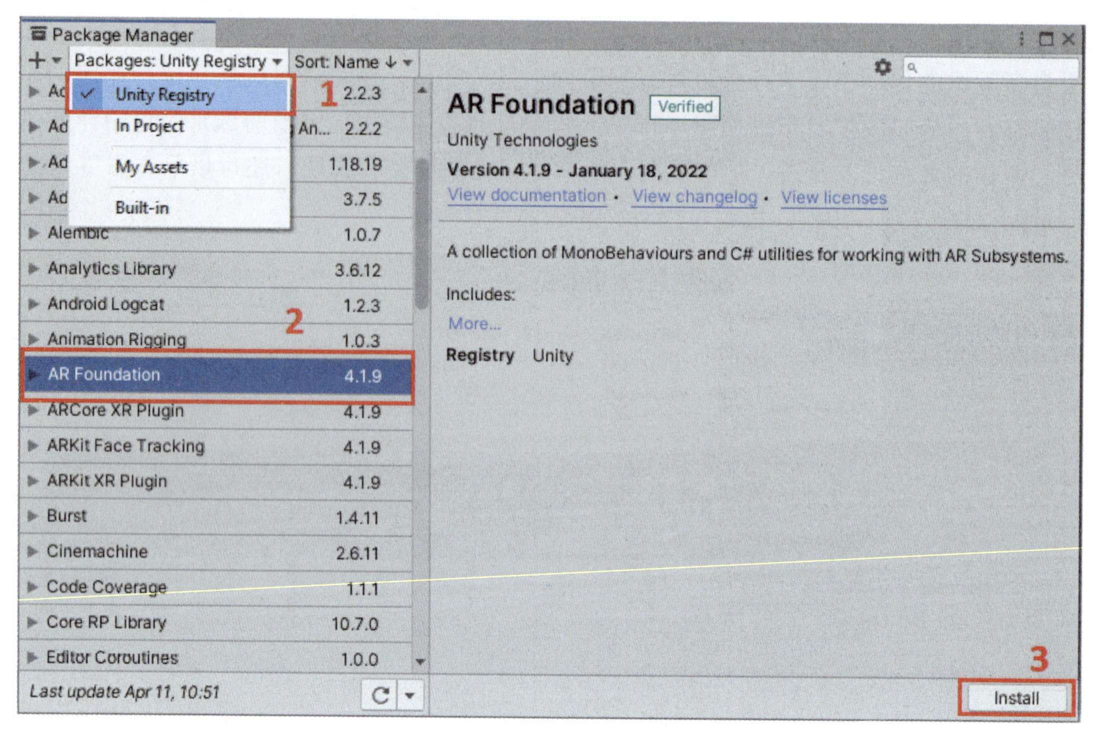

图 2.46　Unity Registry 中的包

除了从 Unity Registry 安装一个包之外，Unity Package Manager 还提供了安装包的其他方法，即从本地文件夹安装一个新包、从本地 tarball 文件安装一个新包及使用 Git URL 安装一个新包。单击 Package Manager 窗口左上角的+，就可以使用这三种不同的方法来安装一个新包，如图 2.47 所示。

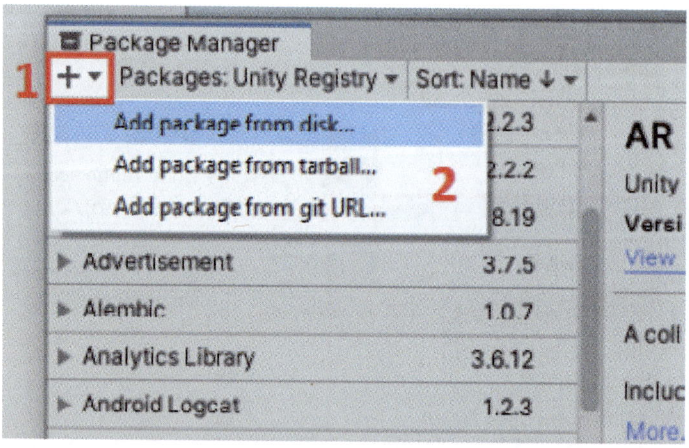

图 2.47　安装一个新包

Unity 游戏引擎的一些内置功能也以包的形式提供。通过从下拉菜单中选择 Built-in 选项，可以查看所有内置的包，如图 2.48 所示。在此，可以管理这些内置的功能。可以通过禁用不需要的包来减少游戏的运行时构建大小。例如，如果开发的游戏没有 VR 或 AR 功能，可以通过单击 Package Manager 窗口右下角的 Disable 按钮来禁用与 VR 或 AR 相关的包。

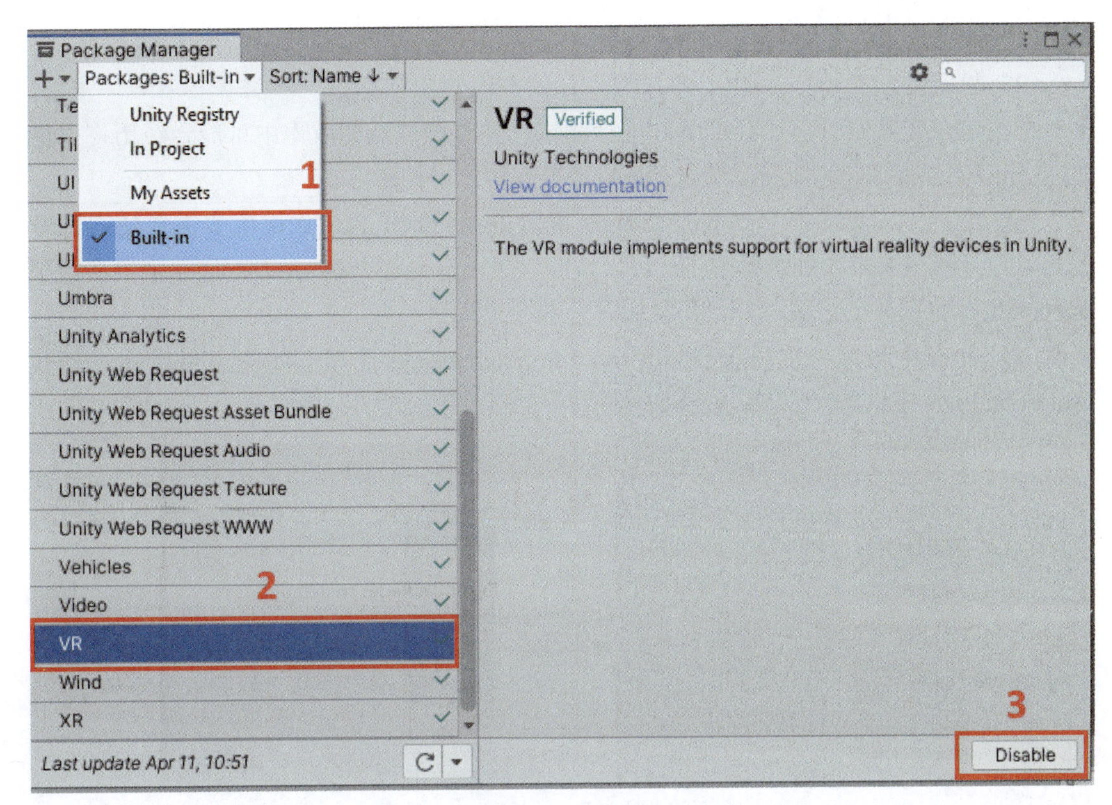

图 2.48 内置的包

2.5.2 包

包是一个容器，它包含满足项目各种需求的功能。可以通过添加包来为游戏添加新功能，如 AR 基础包将提供 AR 功能。也可以删除包来减少游戏的大小。因此，包的使用使 Unity 游戏开发更加灵活和解耦。

然而，如果不小心用错一个包也会让游戏充满 bug。这是因为不同的包可能处于不同的状态，如图 2.49 所示。

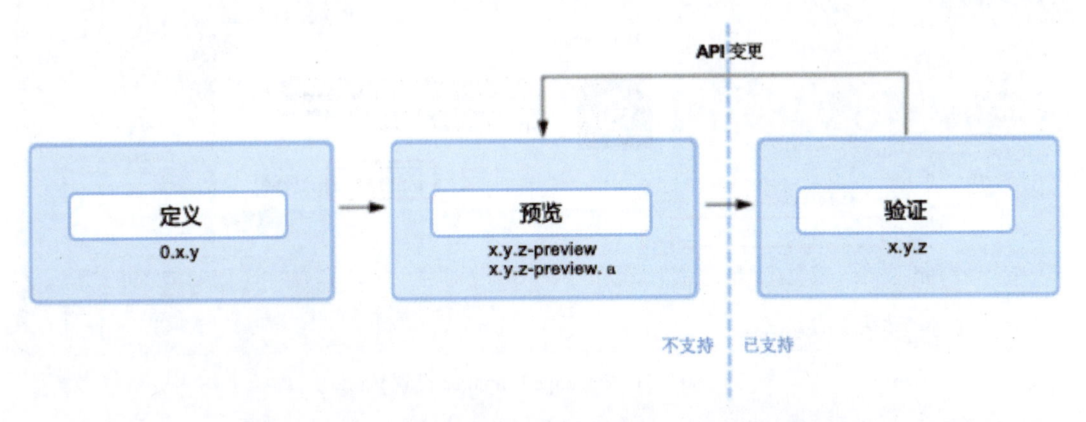

图 2.49 使用 Unity Package Manager 的包生命周期（Unity）

由 Unity 开发和维护的包可能处于以下两种状态。

（1）预览包。

（2）验证包。

预览包意味着它目前已经准备好进行测试，并且在以后的版本中可能会经历许多更改。Unity 不能保证将来支持预览包，所以不要在生产中使用它。

默认情况下，无法在 Package Manager 窗口中找到预览包。如果确实需要使用预览包，如为了测试未来项目的新功能，可以按照以下步骤允许 Package Manager 窗口显示预览包。

（1）单击⚙图标，然后单击 Advanced Project Settings 选项，如图 2.50 所示，打开 Project Settings 窗口。

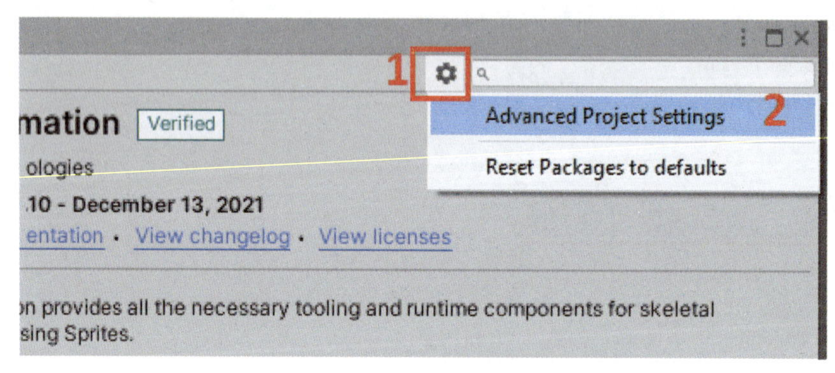

图 2.50　打开 Project Settings 窗口

（2）检查 Enable Preview Packages 选项，如图 2.51 所示。

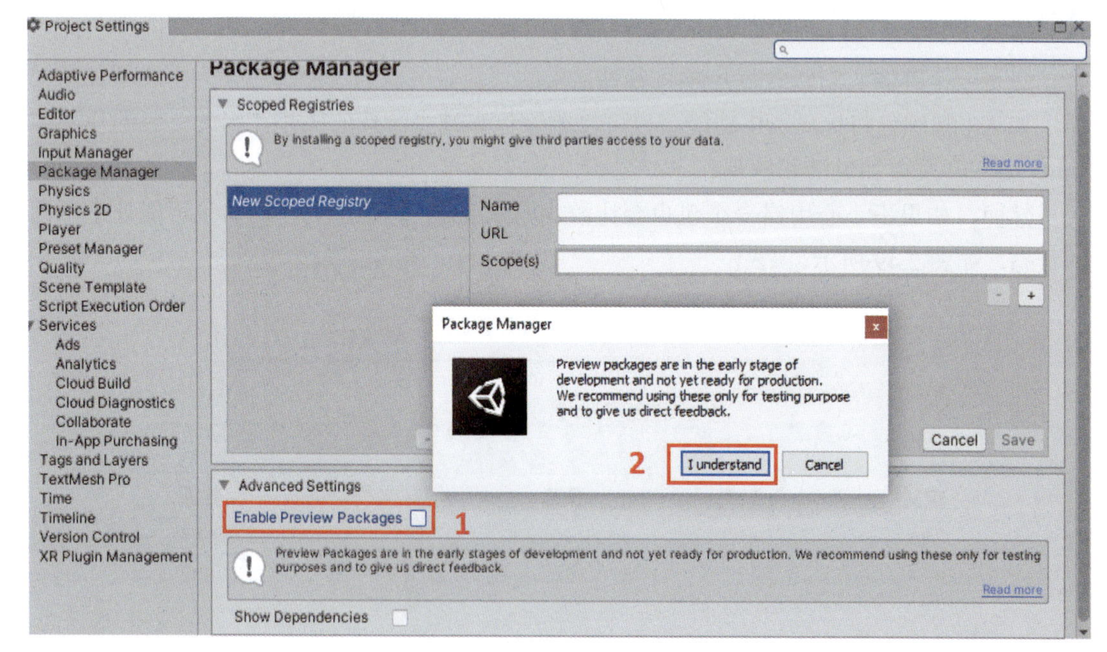

图 2.51　Package Manager 设置

（3）查看 Package Manager 窗口，将看到预览包显示在包列表中，所有预览包都被标记为 Preview，如图 2.52 所示。

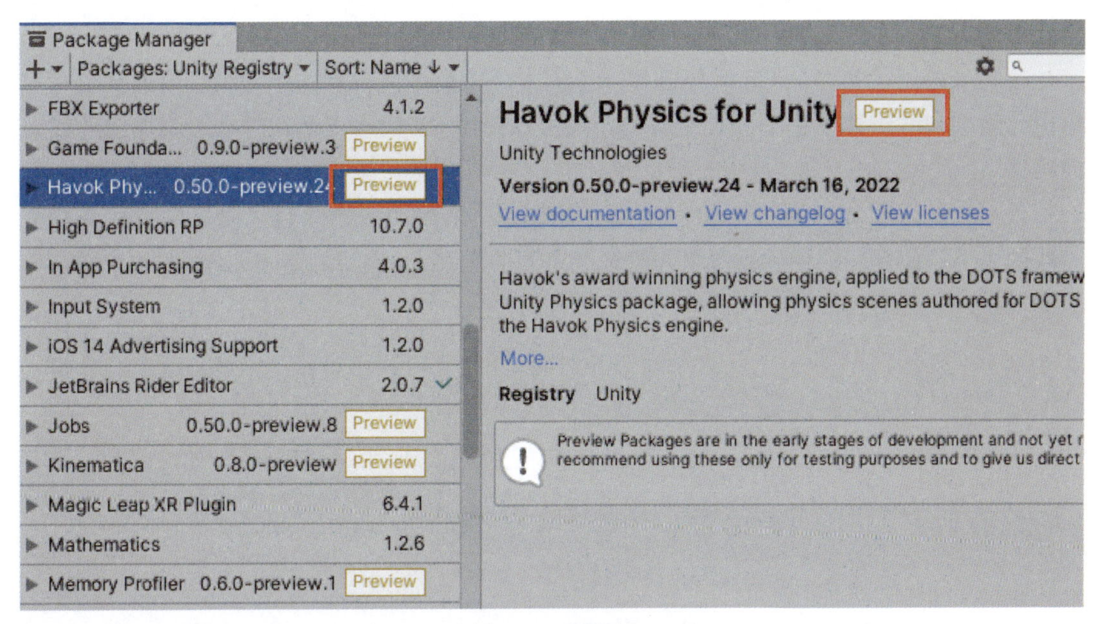

图 2.52　预览包

验证包意味着它可以在生产中使用。只有经过严格测试并且保证被 Unity 支持，才会被视为经过验证的包。

默认情况下，Package Manager 窗口将显示已验证的包列表。验证包被标记为 Verified，如图 2.53 所示。

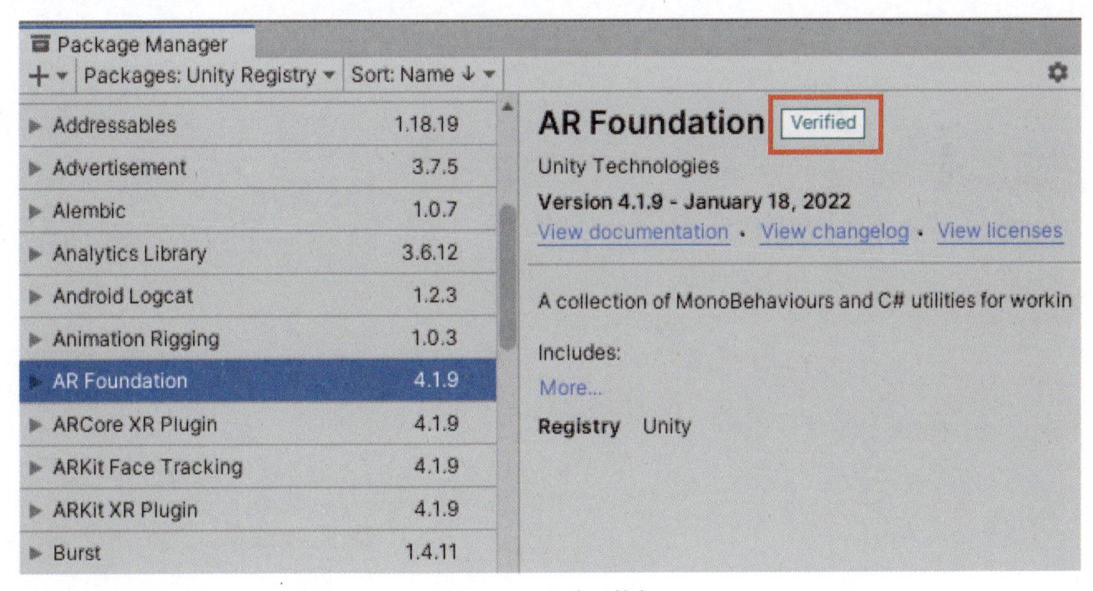

图 2.53　已验证的包

2.6　本章小结

本章首先介绍了一些 Unity 脚本编程中最常见的类，然后解释脚本对象的生命周期和重要事件函数，并讨论了 Unity 如何初始化脚本和如何更新脚本中的游戏逻辑。

接下来讨论了如何在 Unity 中创建一个脚本，以及如何将脚本作为组件附加到游戏对象中。除了在编辑器中手动添加组件外，还可以使用 C# 代码在运行时动态添加组件或访问组件。

最后，演示了如何通过 Unity Package Manager 来添加或删除包，以提供特性或减少游戏的大小。此外，解释了预览包和验证包之间的区别。

第 2 部分
C# 脚本与 Unity 内置模块的协同工作

在大致了解了 Unity 游戏引擎及如何在 Unity 中编写脚本之后，开始逐个学习 Unity 引擎中的主要模块，如在 Unity 中创建 UI 并在游戏中应用物理。

第 3 章
使用 Unity UI 系统开发 UI

UI 对于游戏来说非常重要，Unity 为游戏开发者提供了三种不同的 UI 解决方案：即时模式图形用户界面（IMGUI）、UnityUI（uGUI）包和 UI 工具包。IMGUI 是 Unity 中一个相对较老的 UI 解决方案，不建议用于构建运行时 UI。UI 工具包是最新的 UI 解决方案，然而它仍然缺少一些可以在 uGUI 软件包和 IMGUI 中找到的特性。uGUI 软件包是 Unity 中成熟的 UI 解决方案，它被广泛应用于游戏行业。本章将介绍如何使用 uGUI 包来开发游戏的 UI。

3.1　Unity 中的 C# 脚本和通用 UI 组件

自 Unity 2019，uGUI 包已作为 Unity 编辑器的内置包提供，因此可以在 Project 窗口中直接看到 uGUI 包的内容，其中包括 C# 源代码。

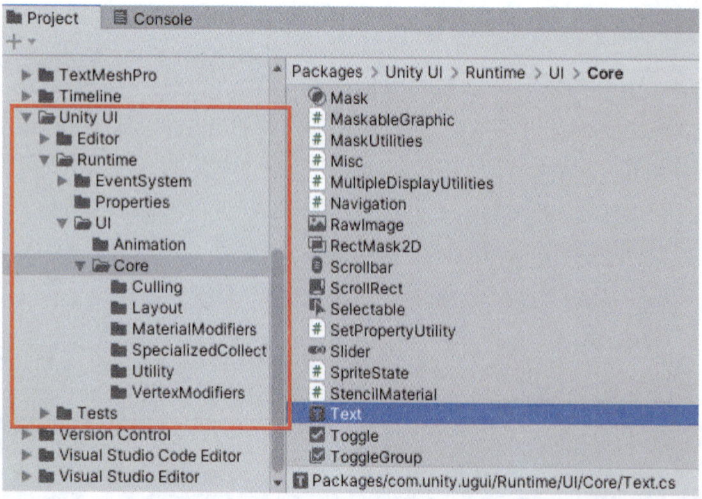

图 3.1　uGUI 包

第 2 章提到 Unity 开发工作流主要是围绕组件的结构构建的，uGUI 包也不例外。它是一个基于组件的 UI 系统，使用不同的组件来提供不同的 UI 功能。例如，在 UI 中的每个按钮、文本或图像实际上都是一个带有一组组件的游戏对象。

uGUI 包如图 3.1 所示，可以找到许多常用的 UI 组件的 C# 源代码，如 Text（文本）、Slider（滑块）和 Toggle（切换）。但是，一些 UI 组件是在引擎内部使用 C++ 代码实现的，如 Canvas（画布），这些组件的代码不能在 Unity 编辑器中查看。

本节将介绍 Unity 中常用的 UI 组件。根据这些组件的功能，可以将其分为以下 4 类。

3.1.1 Canvas 组件

Canvas 组件是 uGUI 包中最基本和最重要的 UI 组件。要想正确和有效地使用 uGUI 包，必须先了解 Canvas 组件。

Canvas 组件用于在 uGUI 包中渲染其他 UI 元素。所有 UI 元素都应该位于 Canvas 区域内，在场景中创建起来非常简单。

如图 3.2 所示，可以按如下方式创建 Canvas 对象。

（1）在 Hierarchy 窗口中右击，打开菜单。

（2）选择 UI → Canvas 选项。

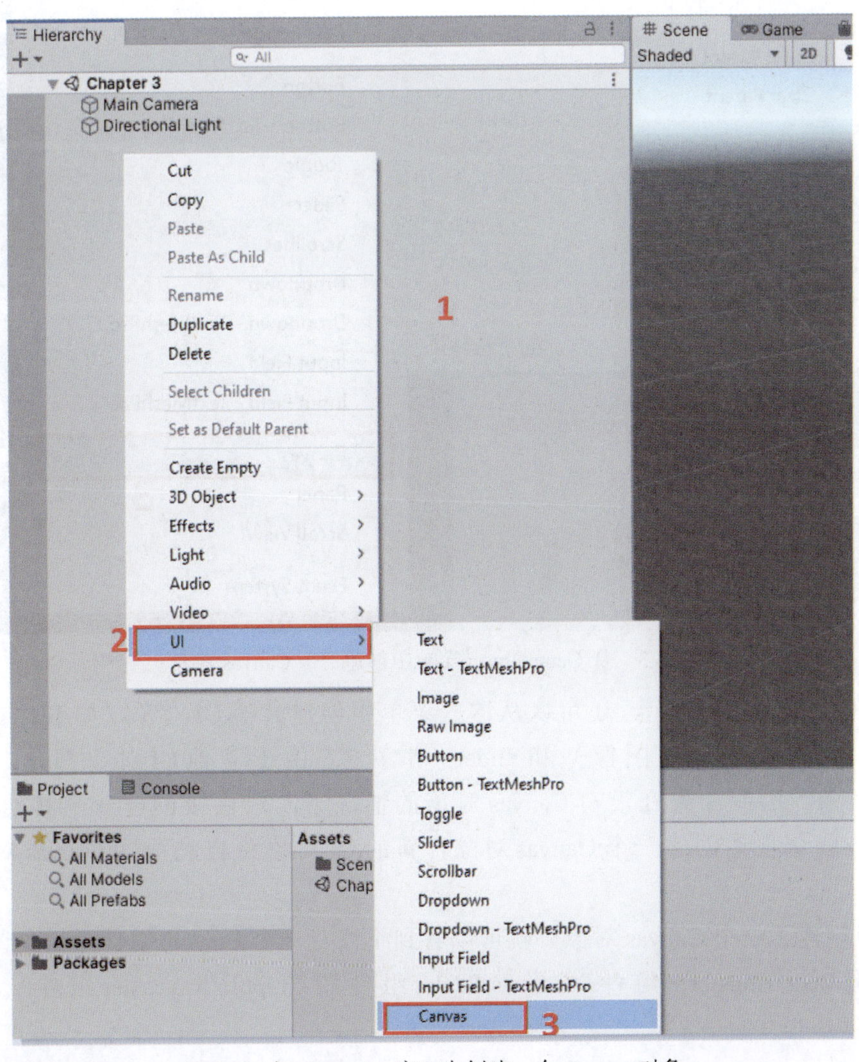

图 3.2 在 Hierarchy 窗口中创建一个 Canvas 对象

除了在 Hierarchy 窗口创建一个 Canvas 对象之外，还可以通过单击 GameObject → UI → Canvas 选项来创建一个 Canvas 对象，如图 3.3 所示。

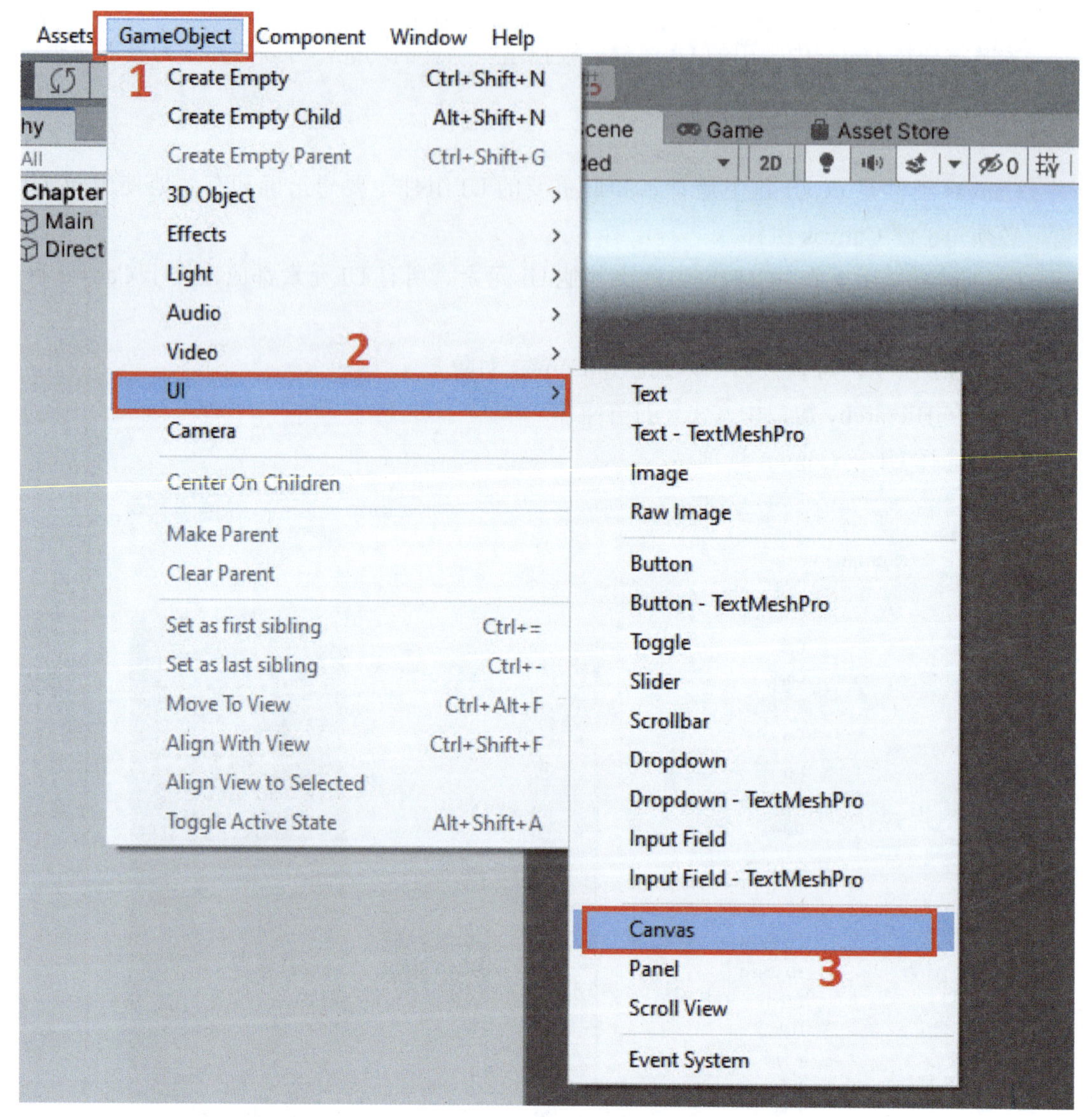

图 3.3 从 GameObject 菜单中创建一个 Canvas 对象

如图 3.2 和图 3.3 所示，还可以从这些菜单中创建其他 UI 对象，如 Text（文本）、Button（按钮）、Image（图像）和 Slider（滑块）。由于其他 UI 对象都是 Canvas 对象的子对象，因此如果在没有 Canvas 对象的情况下，想直接创建一个其他的 UI 对象，Unity 就会自动创建一个 Canvas 对象。新的 UI 对象将自动成为 Canvas 对象的子对象。

一旦创建了一个 Canvas 对象，就可以看到不仅有一个 Canvas 组件附加到该游戏对象，还有 Rect Transform 组件、Canvas Scaler 组件和 Graphic Raycaster 组件，如图 3.4 所示。

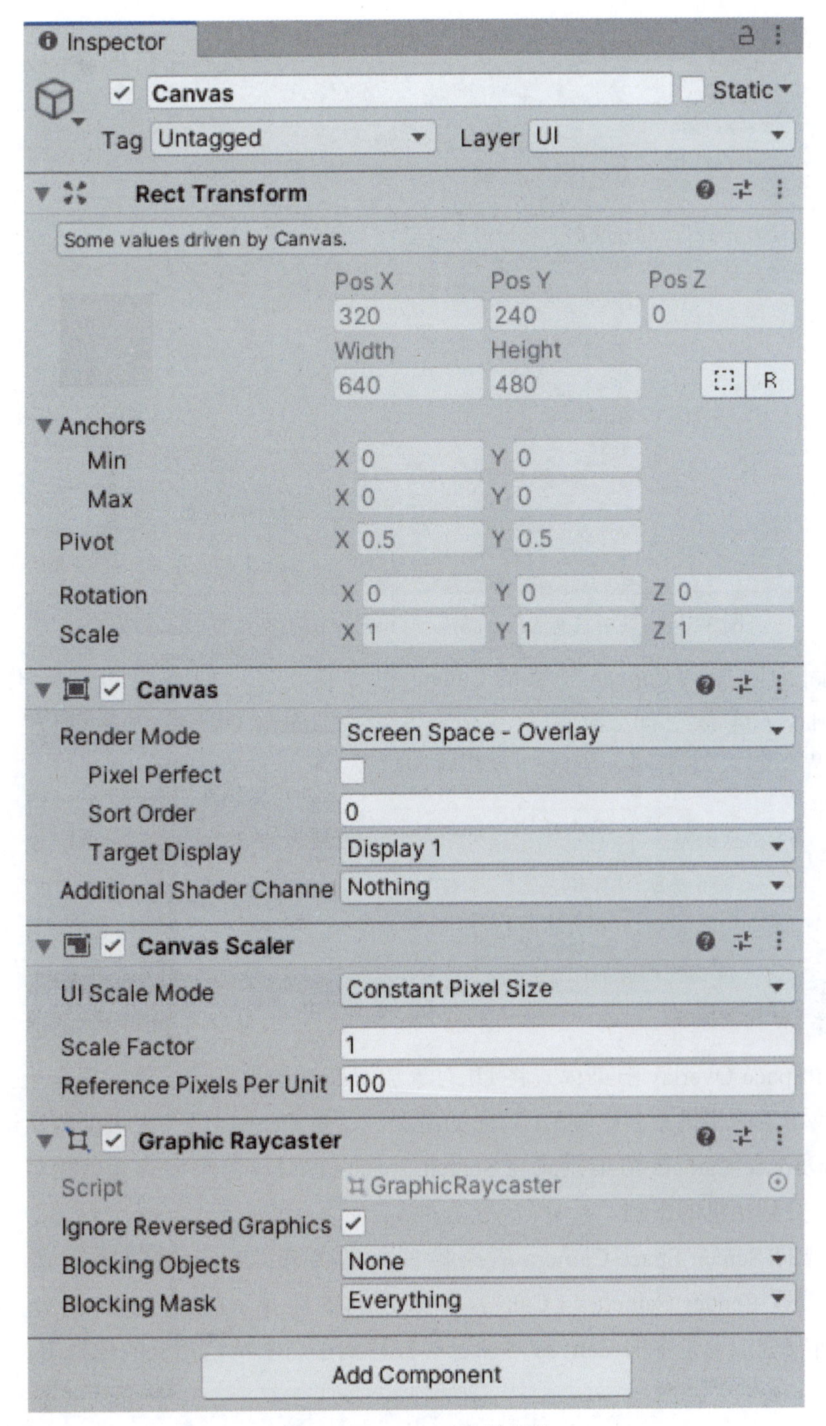

图 3.4　Canvas 对象的组件

如前所述，Canvas 对象用于渲染 UI 对象，因此所有 UI 对象都必须是 Canvas 对象的子对象，否则它们将不会被 Unity 渲染。

1. Canvas 组件

如果在场景中选择了 Canvas 对象，会发现它的位置很奇怪。默认情况下，它不在 Main Camera 的视野范围内，如图 3.5 所示。

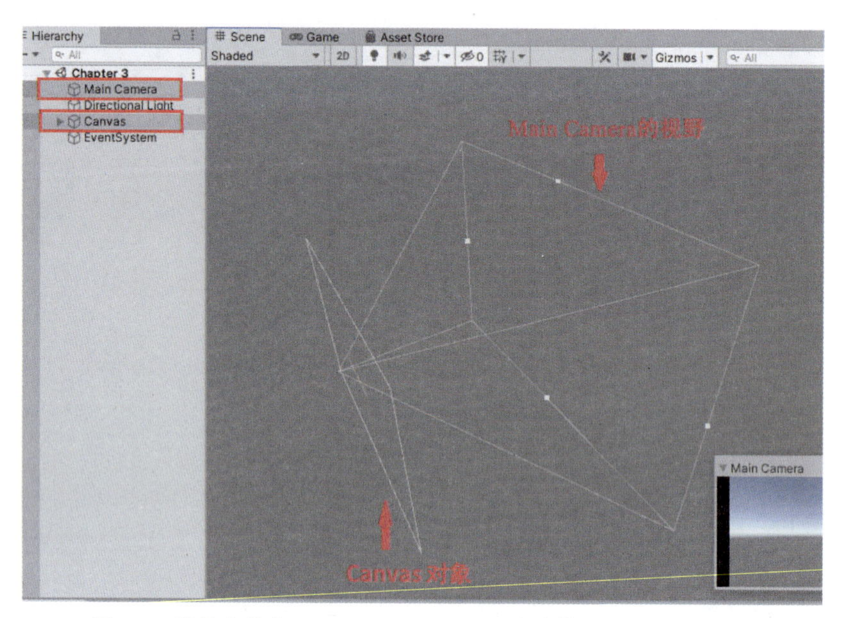

图 3.5　场景中具有 Screen Space-Overlay 渲染模式的 Canvas 对象

这是因为附加到 Canvas 对象的 Canvas 组件提供了 3 种不同的渲染模式：Screen Space-Overlay（屏幕空间 - 覆盖）、Screen Space-Camera（屏幕空间 - 相机）和 World Space（世界空间），如图 3.6 所示。

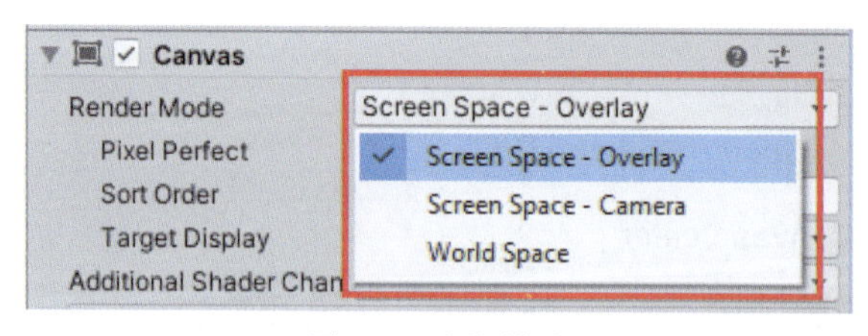

图 3.6　渲染模式

Screen Space-Overlay 渲染模式将 UI 对象放置在场景顶部要渲染的屏幕上。因此，用于渲染游戏场景的相机不会影响 UI 对象的渲染。这是 Canvas 组件提供的默认渲染模式。

Screen Space-Camera 渲染模式与 Screen Space-Overlay 渲染模式有些相似。但是该渲染模式将会受到相机的影响。

如果选择 Screen Space-Camera 渲染模式，需要在 Canvas 组件中指定一个 Render Camera 并设置 Render Camera 与 Canvas 对象之间的距离（Plane Distance），如图 3.7 所示。此时将发现，场景中的 Canvas 对象已经被移到了这个特定相机的视野中。

Canvas	
Render Mode	Screen Space - Camera
Pixel Perfect	
Render Camera	Main Camera (Camera)
Plane Distance	100
Sorting Layer	Default
Order in Layer	0
Additional Shader Chan	Mixed...

图 3.7　Screen Space-Camera 渲染模式

在这种情况下，UI 对象由该相机呈现，这意味着相机设置会影响 UI 对象的外观，如图 3.8 所示。这与 Screen Space-Overlay 渲染模式不同。

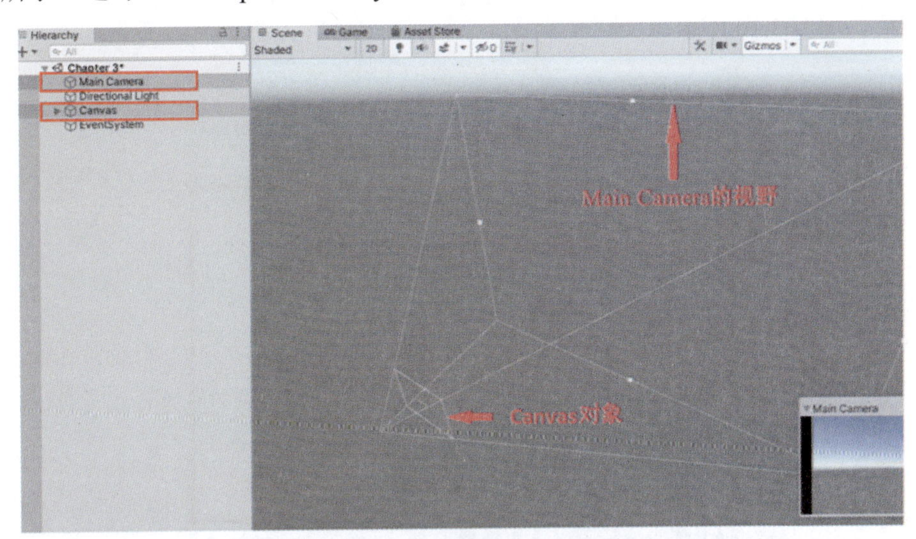

图 3.8　场景中具有 Screen Space-Camera 渲染模式的 Canvas 对象

当此相机的视野值从 100 变为 30 时，游戏场景和用户界面都发生了改变，如图 3.9 所示。

图 3.9　相机视野值在上半部分为 100，在下半部分为 30

World Space 渲染模式下，Canvas 对象将像场景中的其他游戏对象一样工作。这种模式和 Screen Space-Camera 渲染模式之间的最大的区别是，可以手动调整 Canvas 对象的大小、位置和旋转角度，就像普通的游戏对象一样。

可以使用 Canvas 对象的 Rect Transform 组件来调整其宽度 Width（宽度）和 Rotation（旋转）值，如图 3.10 所示。

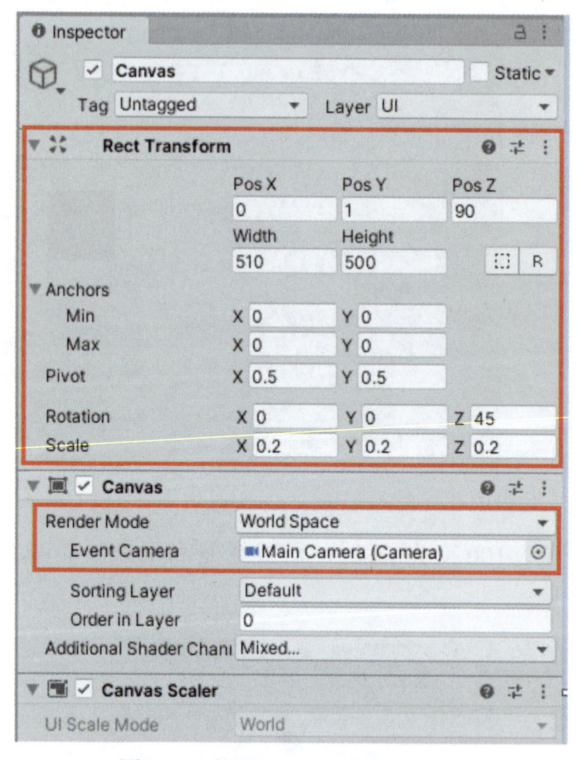

图 3.10 使用 Rect Transform 组件

图 3.11 显示了手动设置 Width 和 Rotation 值后场景中的 Canvas 对象。

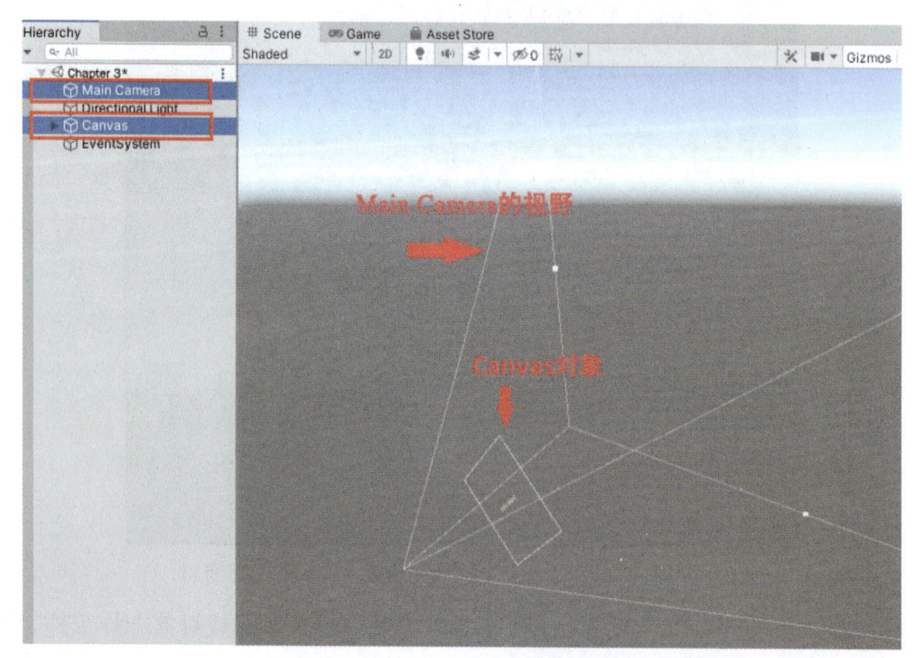

图 3.11 在场景中具有 World Space 渲染模式的 Canvas 对象

此处使用Rect Transform组件来设置Canvas对象的大小。每个UI对象都包含一个Rect Transform组件，就像每个普通的游戏对象都将包含一个Transform组件一样。

2. Rect Transform组件

Rect Transform组件类似于常规Transform组件。最大的区别是，Rect Transform组件用于UI对象，而不是常规的游戏对象。当创建一个UI对象时，Rect Transform组件将自动附加到该对象上。

查看此组件，可以看到一些Transform组件具有的属性，如Position（位置）、Rotation（旋转）和Scale（缩放）。该组件也有一些独特的属性：Anchors和Pivot。

3. Anchors属性

Anchors属性值是从Rect Transform组件的父对象看到的区域的四个角的位置数值。左侧和下方用AnchorMin.x和AnchorMin.y表示，右侧和上方用AnchorMax.x和AnchorMax.y表示。默认情况下，左侧和下方分别是0.5和0.5，右侧和上方也是0.5和0.5，即相对于父对象中心，如图3.12所示。

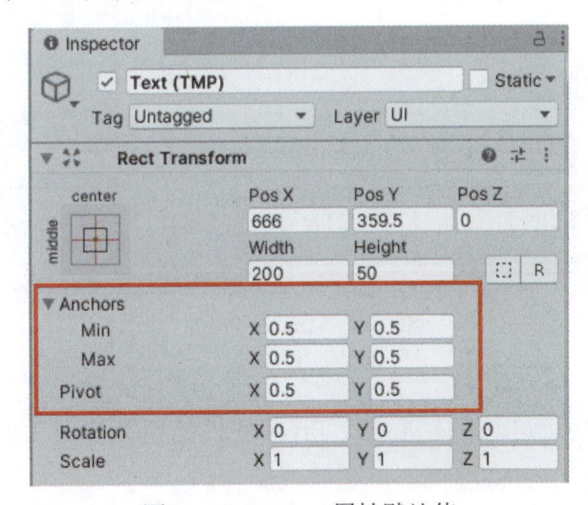

图3.12 Anchors属性默认值

可以直接修改Anchors属性的值。例如，可以将左侧和下方的值从0.5和0.5更改为0和0，这样父对象和子对象的左侧和下方的值是相同的。然后，将右侧和上方的值从0.5和0.5更改为0.5和1，这意味着子对象右侧的*x*轴位置值是父对象右侧的*x*轴位置值的一半，测试结果如图3.13所示。

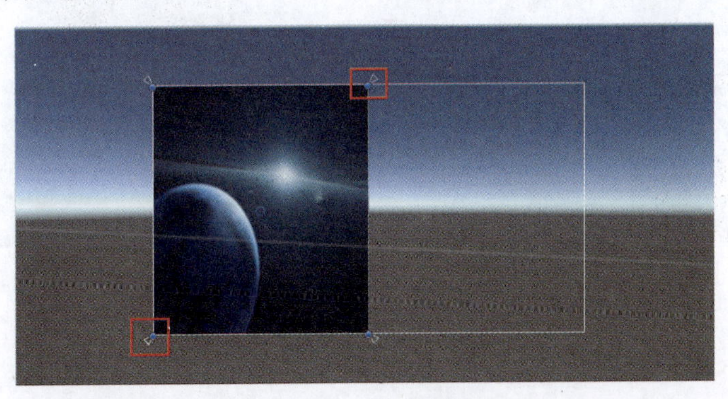

图3.13 测试结果

在 Unity 中开发 UI 时，Anchors 属性非常有用。如果希望在屏幕顶部显示 UI（如标题），则需要指定与父对象顶部的距离。如果想在屏幕底部显示 UI（如页脚），则需要指定与父对象底部的距离。

为了让开发人员更容易使用 Anchors 属性，Unity 提供了 Anchor Presets，如图 3.14 所示。

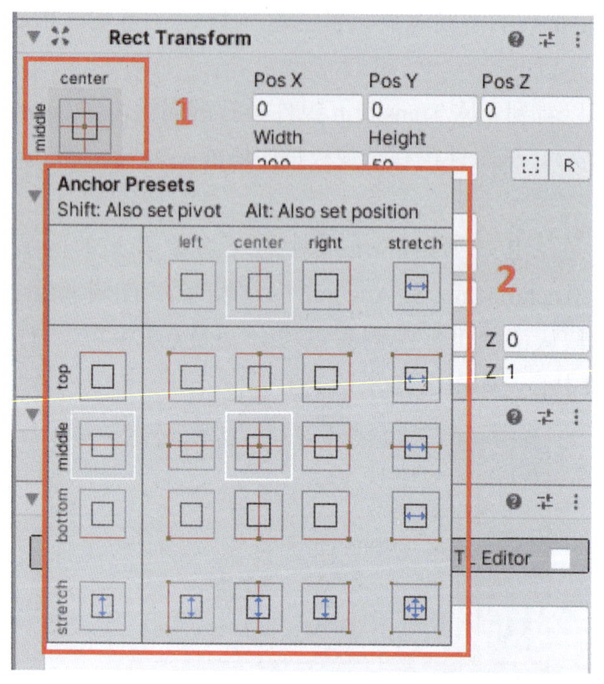

图 3.14　Anchor Presets

4. Pivot 属性

Pivot 属性是这个矩形区域的轴心点。Pivot 属性的值在 0 ～ 1 的标准化值中指定。当 UI 对象被缩放或旋转时，它将围绕该点缩放或旋转。

图 3.15（a）表示围绕中心点沿 *z* 轴旋转 45 度，此时 Pivot 属性值为 0.5 和 0.5。图 3.15（b）表示围绕右上角沿 *z* 轴旋转 45 度，Pivot 属性值为 1 和 1。

（a）围绕中心点沿 *z* 轴旋转 45 度

（b）围绕右上角沿 *z* 轴旋转 45 度

图 3.15　轴心点

5. Canvas Scaler 组件

除了 Canvas 组件，Canvas Scaler 组件也是自动创建的。Canvas Scaler 组件用于控制

Canvas 对象内 UI 对象的整体缩放和像素密度。通过使用 Canvas Scaler 组件，可以实现独立于分辨率的 UI 布局。

Canvas Scaler 组件提供了以下 3 种 UI Scale Mode 类，如图 3.16 所示。

（1）Constant Pixel Size（固定像素尺寸）。

（2）Scale With Screen Size（按屏幕大小缩放）。

（3）Constant Physical Size（固定物理尺寸）。

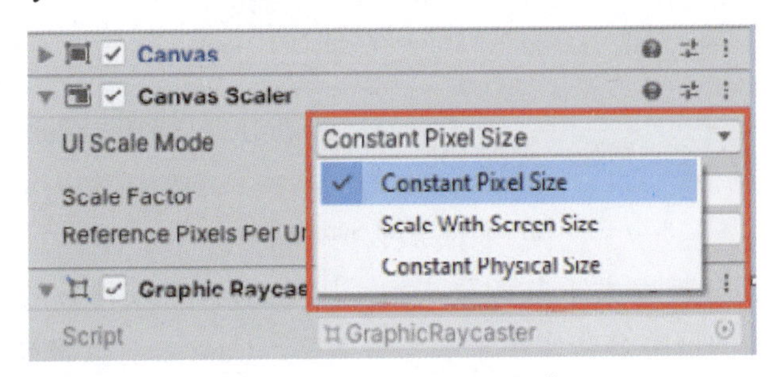

图 3.16 Canvas Scaler 组件

当渲染模式是 ScreeSpace-Overlay 或 ScreenSpace-Camera 时，可以设置 UI Scale Mode。当渲染模式为 World Space 时，则不能修改 UI Scale Mode。

Constant Pixel Size 是默认的 UI Scale Mode。在这种模式下，无论屏幕大小如何，UI 对象的大小都将保持相同的像素大小。如图 3.17 所示，Hello World UI 文本将保留其像素的大小。当屏幕分辨率相对较低（1920×1080）时，文本显示较大。当屏幕分辨率较高（3840×2160）时，文本显示较小。

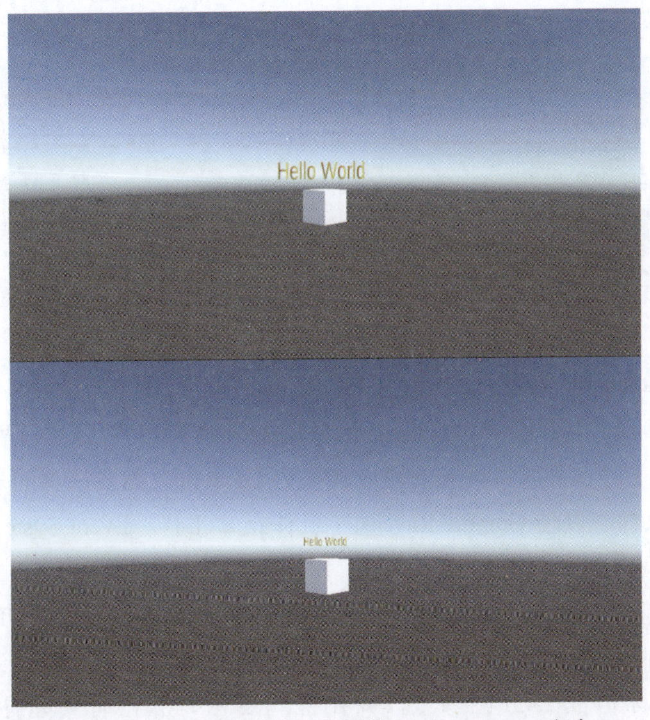

图 3.17 以不同屏幕大小显示的 Hello World UI 文本
（上半部分为 1920×1080，下半部分为 3840×2160）

如果想在不同的屏幕分辨率下保持UI对象显示一致，应该使用Scale With Screen Size模式。如果UI Scale Mode设置为Scale With Screen Size，则将根据Reference Resolution（参考分辨率）属性中的像素值来指定UI Scale Mode的位置和大小，如图3.18所示。

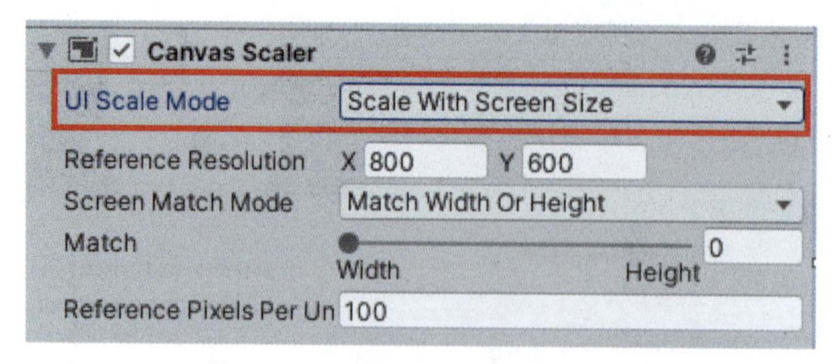

图3.18　Scale With Screen Size模式

如果当前的屏幕分辨率大于参考分辨率，则Canvas对象将被放大以适应屏幕分辨率；相反，如果当前的屏幕分辨率小于参考分辨率，Canvas对象将被缩小以适应屏幕分辨率。

如果屏幕分辨率与参考分辨率相同，则缩放UI对象很容易。但是，当屏幕分辨率与参考分辨率不同时，缩放Canvas对象将会使之扭曲。为了避免这种情况，Canvas对象的分辨率也将取决于Screen Match Mode的设置，如图3.18所示。默认情况下，Screen Match Mode设置为Match Width Or Height，它允许使用宽度或高度作为参照，或使用介于两者之间的值来缩放Canvas对象区域。

当UI Scale Mode被设置为Constant Physical Size时，UI对象的位置和大小将以毫米和英寸等物理单位来指定，如图3.19所示。

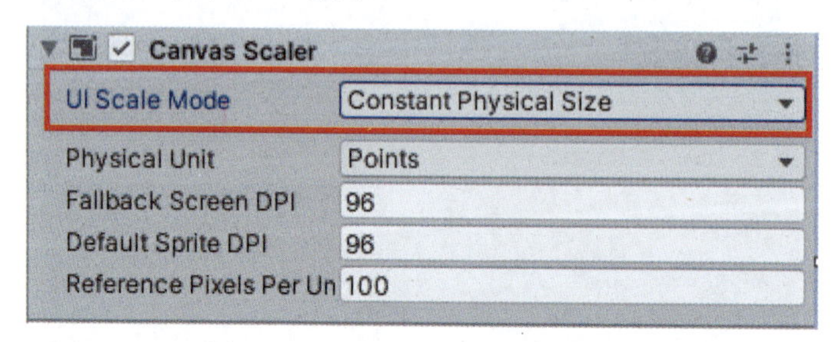

图3.19　Constant Physical Size模式

6. Graphic Raycaster组件

Graphic Raycaster组件用于对Canvas对象中的一系列UI对象进行射线投射，以确定哪些UI对象被点击。它可以将玩家的输入转换为UI事件。需要注意的是，场景中需要一个Event System组件，以便Graphic Raycaster组件正常工作。Event System组件将在3.2节中介绍。

这一点对于确定光标是否位于场景中的UI对象（如UI文本或UI图像）上时，非常有用。例如，假设希望玩家能够将UI图像拖动到游戏中以改变它的位置，那么必须知道玩家的光标是否在UI图像上，并在拖动发生时获得有关光标移动的数据。在这种情况下，需要创建一个脚本来实现UnityEngine.EventSystem命名空间中定义的

IPointerDownHandler 接口和 IDragHandler 接口，这意味着当玩家单击并拖动图像时可以获取到事件，代码如下所示。

```
using UnityEngine;
using UnityEngine.EventSystems;

public class DragAndDropExample : MonoBehaviour,
  IPointerDownHandler, IDragHandler
{
    private RectTransform _rectTransform;

    public void OnPointerDown(PointerEventData eventData)
    {
        Debug.Log("This UI image is clicked!!!");
        _rectTransform = GetComponent<RectTransform>();
    }

    public void OnDrag(PointerEventData eventData)
    {
        Debug.Log("This UI image is being dragged!!!");
            if(RectTransformUtility
             .ScreenPointToWorldPointInRectangle
             (_rectTransform, eventData.position,
             eventData.pressEventCamera,
             out var cursorPos))
             {
                 _rectTransform.position = cursorPos;
             }
    }
}
```

这段代码可以分解为以下 4 部分。

（1）使用 using 关键字添加 UnityEngine.EventSystem 命名空间，以获取与单击和拖动 UI 对象相关的事件。

（2）DragAndDropExample 类实现了两个接口，即 IPointerDownHandler 和 IDragHandler。

① 在 IPointerDownHandler 接口中实现 OnPointerDown 方法，该方法在单击 UI 对象时被调用。

② 在 IDragHandler 接口中实现 OnDrag 方法。当发生拖动时，每次移动光标都将调用此方法。

（3）在 OnPointerDown 方法的实现中，该方法将 PointerEventData 作为参数，获取 RectTransform 组件的一个对象，并将其分配给 _rectTransform 字段。

（4）在 OnDrag 方法的实现中，该方法也将 PointerEventData 作为参数，获取光标的位置，并修改 _rectTransform 字段的 Position 属性以移动 UI 对象。

为了使此脚本能够正常工作，需要将它附加到场景中要拖放的 UI 对象上。

图 3.20 显示了基于 Graphic Raycaster 组件的 UI 图像拖放交互。

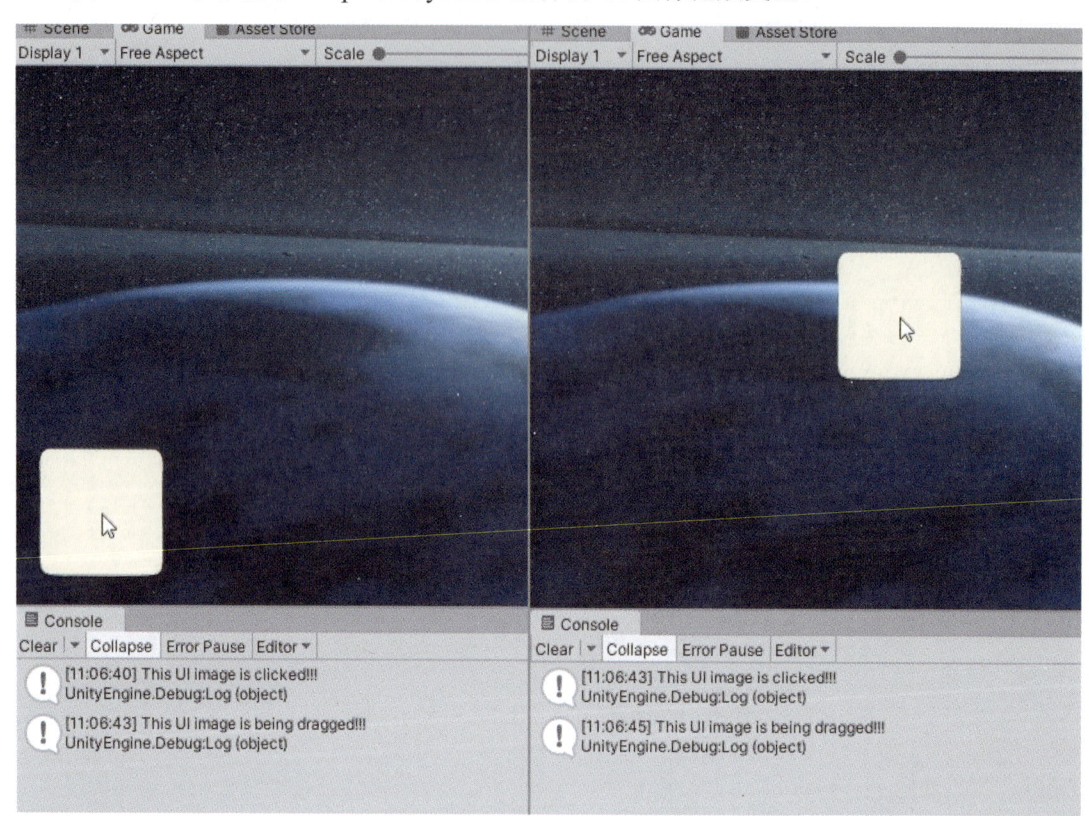

图 3.20　拖放一个 UI 图像

3.1.2　Image 组件

显示图像是 UI 的一个重要功能。uGUI 包提供了两种显示图像的组件：Image 组件和 Raw Image 组件。接下来解释它们的特性及如何正确地使用它们。

1. Image 组件

可以使用 Image 组件在 UI 上显示图像。

如图 3.21 所示，可以按下述步骤创建新图像。

（1）在 Hierarchy 窗口中右击，打开菜单。

（2）选择 UI → Image 菜单项。

如果想为游戏 UI 创建背景图像，可以选择 UI → Panel 菜单项，这样就创建了一个面板作为背景，如图 3.22 所示。此处指定一个名为 SF Background 的纹理作为此 Image 组件的 Source Image（源图像）。需要注意的是，当导入 Unity 时，Image 组件使用的纹理必须设置为 Sprite（精灵）类型。Texture Type 可以在纹理的 Import Settings 面板中进行设置，如图 3.23 所示。

> **注意**
> 精灵是 2D 图形对象，用于 2D 游戏的 UI 和其他元素。

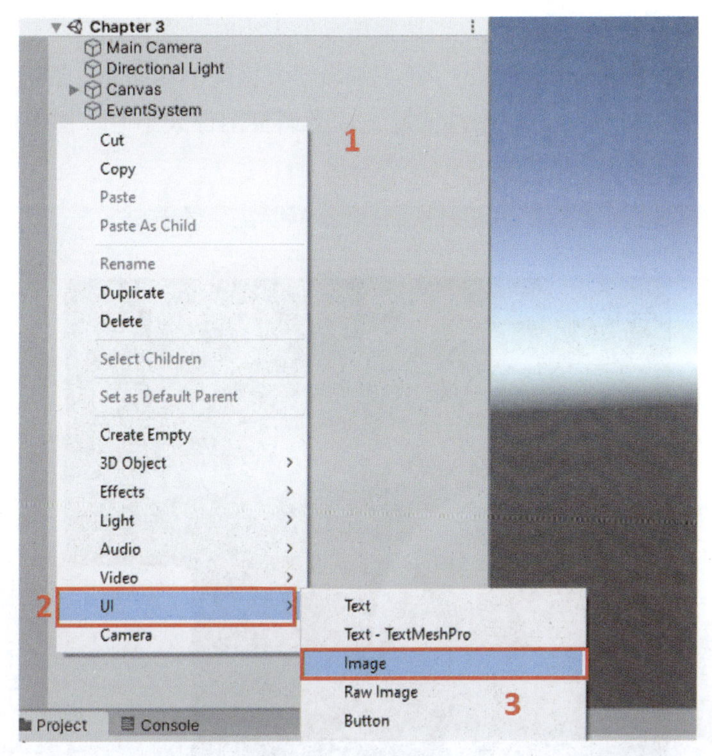

图 3.21 创建新图像

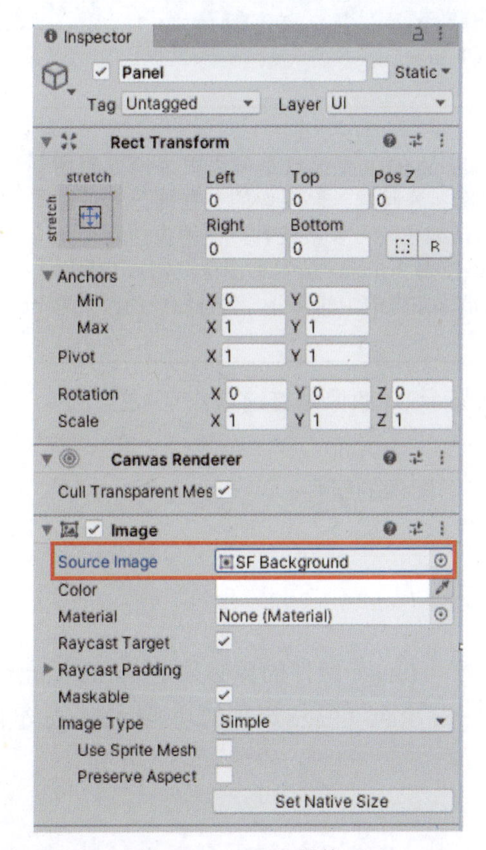

图 3.22 Image 组件

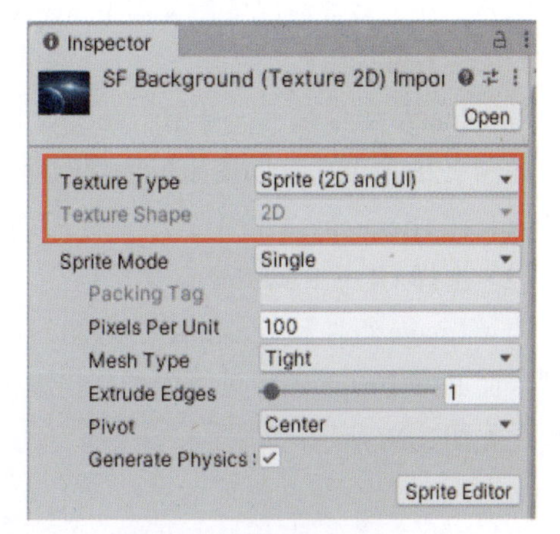

图 3.23 纹理 Import Settings

使用精灵作为图像源的优点是，当调整精灵的大小时，图像的各个角不会被拉伸或扭曲。这是因为 Unity 中的 Sprite Editor（精灵编辑器）提供了 9-slicing 的选项，它将图像分成 9 个区域，如图 3.24 所示。在这种情况下，当调整图像大小时，图像的各个角将保持不变。

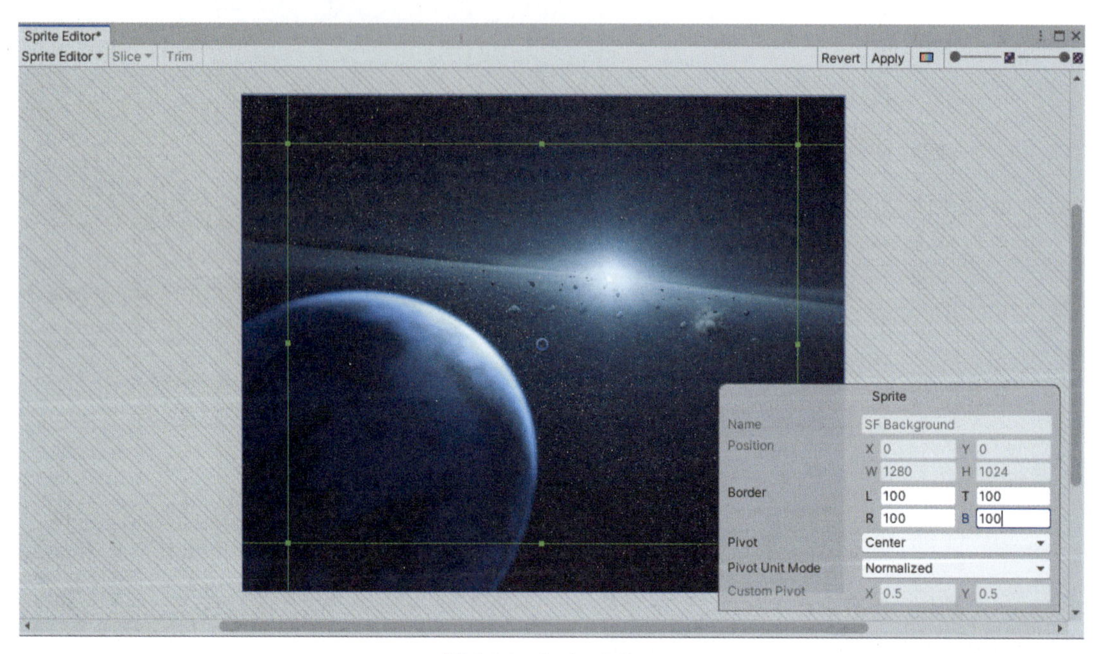

图 3.24　Sprite Editor

> **注意**
>
> 9-slicing 是 UI 实现中的一种常见技术。使用 9-slicing 的主要优点是可以很好地处理图像的拉伸。一旦图像被拉伸，就会出现失真和模糊等问题。但图像的某些部分可以被拉伸。例如，一个 UI 背景框架的中间部分通常是纯色，可以被拉伸，但图像的四个角可能有一些不能被拉伸的特殊图案。此时，可以使用 9-slicing 技术将图像分割成 9 个网格，图像的每个角都在一个网格中，只能拉伸和放大图像的中间部分，保持图像的四个角不变。

因此，在大多数情况下，使用 Image 对象来显示 UI 图像是首选项。

2. Raw Image 组件

Raw Image 组件是另一个用于在游戏 UI 上显示图像的组件。

如图 3.25 所示，可以按如下步骤创建一个图像。

（1）在 Hierarchy 窗口中右击，打开菜单。

（2）选择 UI → Raw Image 菜单项。

Raw Image 组件和 Image 组件之间的区别在于，Image 组件的源必须是 Sprite（精灵）类型，而 Raw Image 图像可以接受任何纹理。此外，Raw Image 组件的功能比 Image 组件简单，如图 3.26 所示。

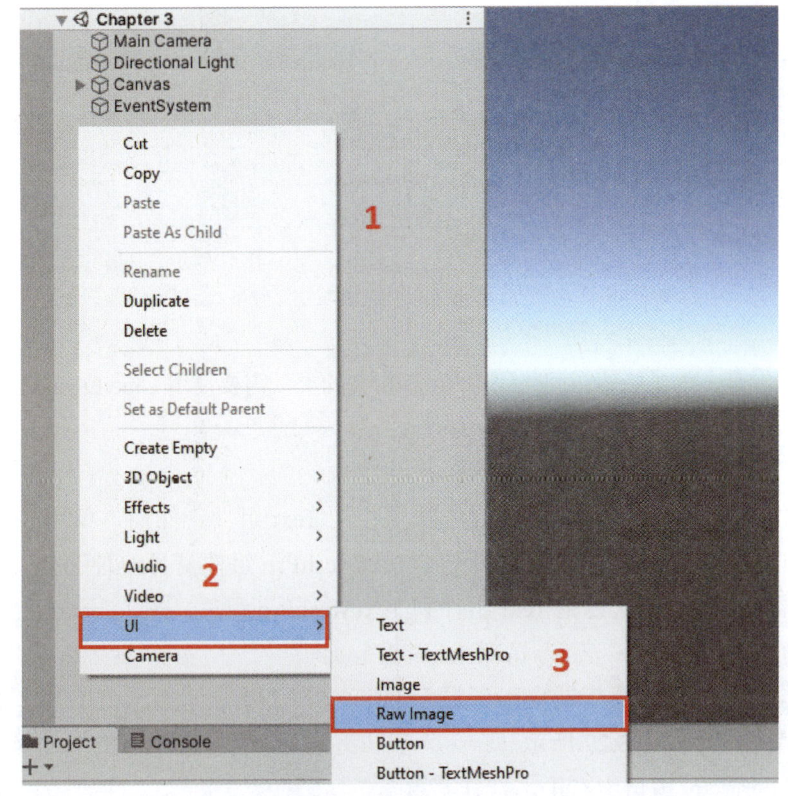

图 3.25 创建一个原始图像

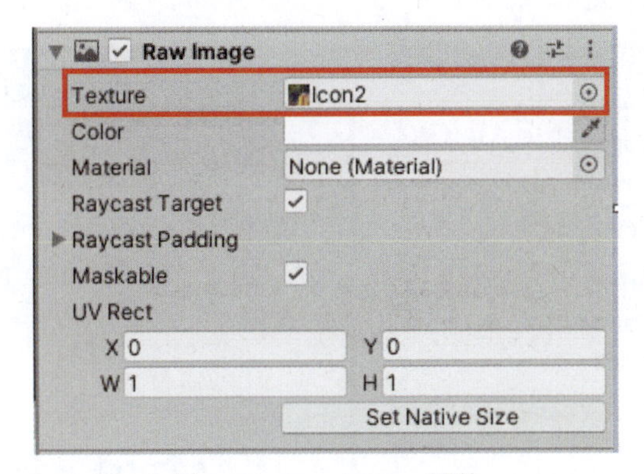

图 3.26 Raw Image 组件

下面的代码片段展示了如何修改 Image 和 Raw Image 组件显示的图像。

```
using UnityEngine;
using UnityEngine.UI;

public class ImageAndRawImage : MonoBehaviour
{
[SerializeField]
private Image _image;
[SerializeField]
private Sprite _sprite;
[SerializeField]
```

```
    private RawImage _rawImage;
    [SerializeField]
    private Texture _texture;

        void Start()
        {
            _image.sprite = _sprite;
            _rawImage.texture = _texture;
        }
    }
```

需要注意的是，为了能够访问代码中与 UI 相关的类，需要使用 UnityEngine.UI 命名空间。

3.1.3 Text 组件

在 uGUI 包中显示字符的最简单的方法是使用 Text 组件。然而，仅用 Text 组件来调整字符之间的间距和表达文本装饰很麻烦。TextMeshPro 组件是另一种选择，它提供了华丽的表达效果。本节将依次讨论 Text 组件和 TextMeshPro 组件。

1. Text 组件

Text 是自 uGUI 包早期就一直用于显示 UI 文本的组件。为游戏 UI 创建 Text 对象非常简单，步骤如下，如图 3.27 所示。

（1）在 Hierarchy 窗口中右击，打开菜单。

（2）选择 UI → Text 菜单项。

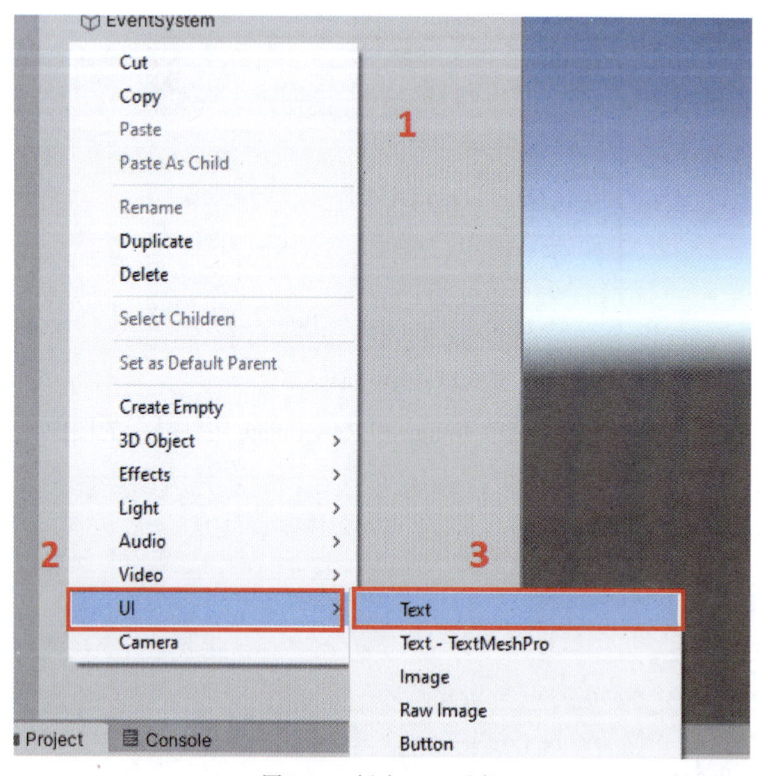

图 3.27 创建 Text 对象

在 Canvas 对象中将创建一个 Text 对象，可以在 Unity 编辑器的 Scene 视图中找到它，如图 3.28 所示。

图 3.28　Scene 视图中的 Text 对象

可以看到，文本内容在一个白色框中，该框表示附加到此 Text 对象的 Rect Transform 组件，并标识其大小。如果更改字体大小导致文本内容超过此白色框，则无法显示文本内容。因此，在更改字体大小时，先要考虑 Text 对象的 Rect Transform 组件。

除了更改字体大小外，还可以更改所使用的字体或启用 Rich Text（富文本）。从图 3.29 中可以看到，如果勾选了 Rich Text 复选框，那么可以在文本中使用标记（如 <b></b>、<i></i> 和 <color></color>）来提供对文本的样式更改。

图 3.29　启用 Rich Text 复选框的文本内容

但是，Text 对象提供的功能相对简单。当 Text 对象发生变化时，需要重新计算用于显示文本的多边形，从而导致图形重建，这可能会引起潜在的性能问题，并且当以高分辨率显示时，该组件渲染的文本看起来非常模糊。因此，除了原始 Text 对象外，Unity 还为 UI 提供了另一个文本解决方案。接下来，将介绍 TextMeshPro 对象。

2. TextMeshPro 组件

TextMeshPro（TMP）组件是由 Unity 提供的 UI 最终文本解决方案。它是一种功能强大的文本渲染机制，可用于替换 Text 组件。TextMeshPro 组件被设计为利用有向距离场（Signed Distance Field，SDF）渲染，允许它在任何分辨率下渲染出漂亮的文本。还可以为 TextMeshPro 组件创建自定义着色器，以获得轮廓、软阴影等效果。

注意，TextMeshPro 组件不包含在默认的 Unity UI 包中，而是包含在 TextMeshPro 包中。因此，如果在创建 UI 文本时找不到 TextMeshPro 组件，那么应该检查项目中是否已经添加了 TextMeshPro 包。

为游戏 UI 创建 TextMeshPro 对象非常简单，步骤如下，如图 3.30 所示。

（1）在 Hierarchy 窗口中右击，打开菜单。

（2）选择 UI → Text-TextMeshPro 菜单项。

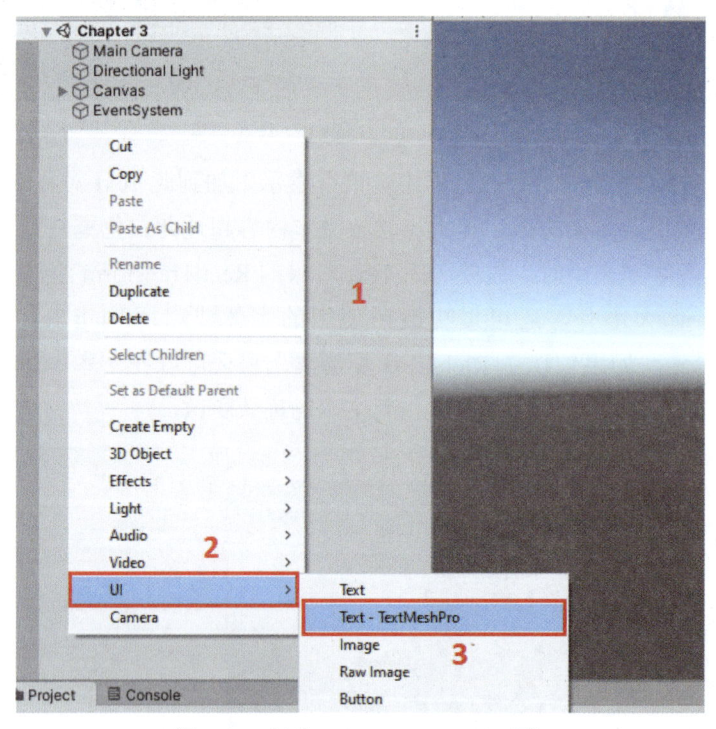

图 3.30　创建一个 TextMeshPro 对象

TextMeshPro 对象渲染的文本比 Text 对象渲染的文本更清晰，如图 3.31 所示。

除了使文本更清晰之外，TextMeshPro 组件还提供了对文本格式和布局的改进控制。如图 3.32 所示，可以通过 TextMeshPro 组件中的编辑器直接更改文本的样式。有几种常见的样式可供选择，如粗体字和斜体字。类似地，可以使用标签来修改文本样式，就像 Text 组件一样，还可以使用如 Spacing Options（间距选项）、Alignment（对齐）和 Wrapping（折行）等特性来控制文本布局。此外，还可以实现更多的渲染效果。例如，单击 Shader 的 Outline 选项，给文本添加外框效果。

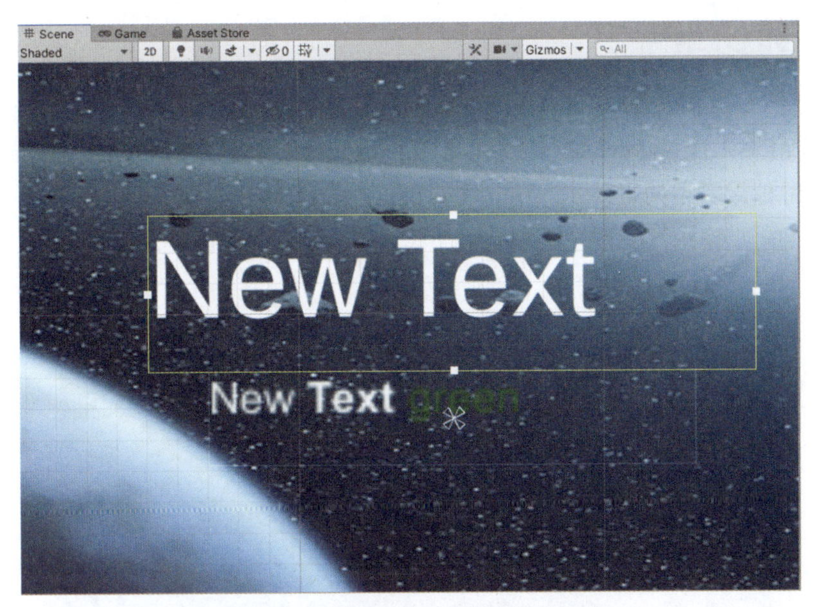

图 3.31　TextMeshPro 对象渲染的文本

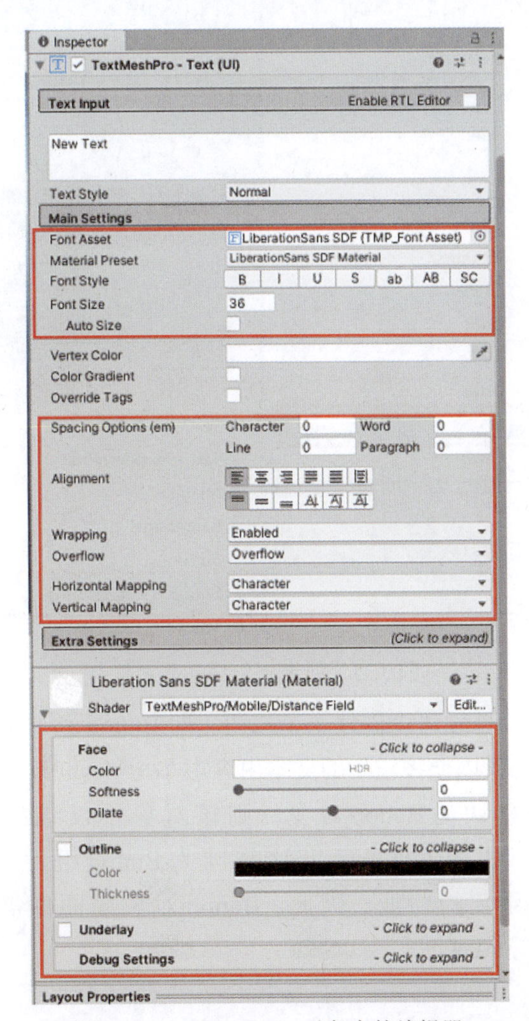

图 3.32　TextMeshPro 对象中的编辑器

3.1.4　可选 UI 组件

可以使用 uGUI 包中的可选组件来处理交互。这些组件包括 Button（按钮）、Toggle（切换）、Slider（滑块）、Dropdown（下拉菜单）、Input Field（输入字段）和 Scrollbar（滚动条）。本节将主要讨论最常用的组件——Button 对象。

为游戏 UI 创建一个 Button 对象非常简单，步骤如下，如图 3.33 所示。

（1）在 Hierarchy 窗口中右击，打开菜单。

（2）选择 UI → Button-TextMeshPro 菜单项。

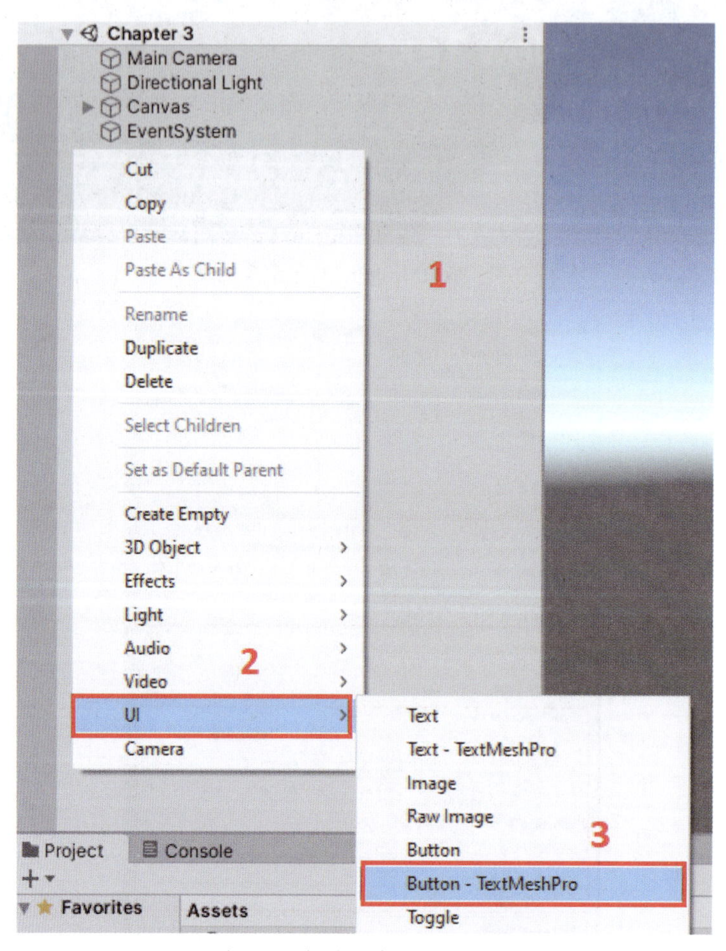

图 3.33　创建一个 Button 对象

在该菜单中有两个菜单项可以创建一个按钮，即 Button 和 Button-TextMeshPro。此处选择 Button-TextMeshPro，以便按钮上的文本内容由 TextMeshPro 对象呈现。

一旦创建了一个默认的 Button 对象，则该对象不仅包括一个 Button 组件，还包括一个 Image 组件，如图 3.34 所示。这是因为 Button 组件只提供与用户交互的功能，它不提供图形显示的功能。因此，Button 对象的图像需要一个 Image 组件来显示。

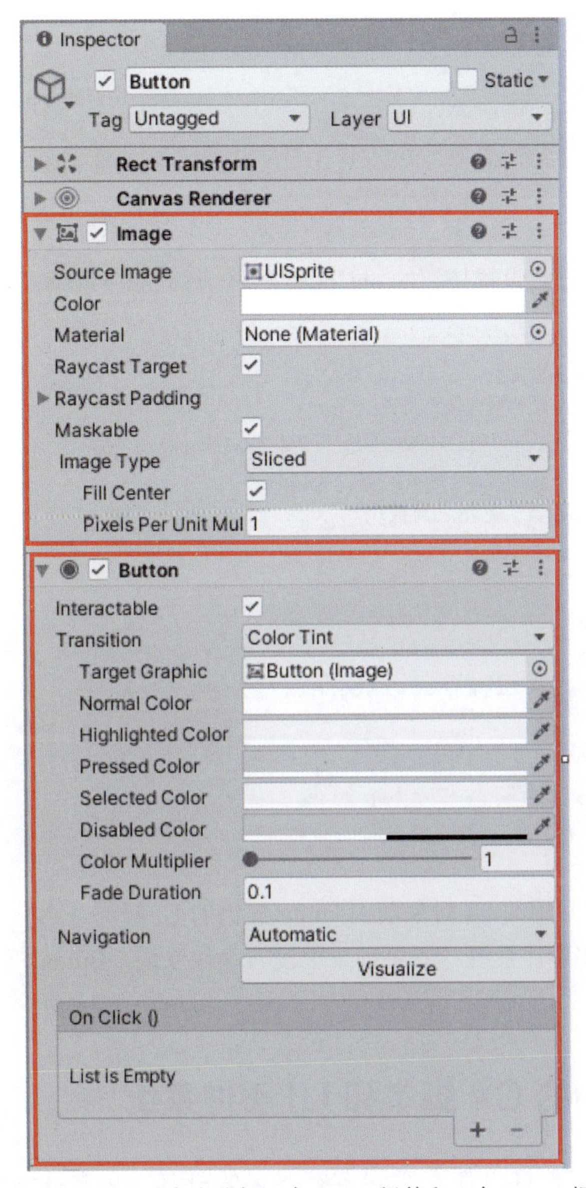

图 3.34　Button 对象上附加一个 Image 组件和一个 Button 组件

1. 选定状态

Button 组件具有从 Selectable 类继承的 5 种选定状态：Normal、Highlighted、Pressed、Selected 和 Disabled，这些状态由名为 Selectable.SelectionState 的枚举定义。在 Transition 部分有 5 种不同的颜色对应这 5 种不同的选定状态，这意味着当用户与这个按钮交互时，该按钮会根据不同的状态提供不同的反馈。

2. onClick

按钮的重要作用是接收用户的单击并触发相应的事件。在 Unity 中，设置按钮的 onClick 事件非常容易，既可以手动在编辑器中设置，也可以用编程方式设置。

为了在编辑器中为该按钮设置一个事件，可以单击 On Click() 部分底部的 + 图标，如图 3.35 所示，这将创建一个操作。

图 3.35　在编辑器中设置一个 onClick 事件

还可以通过编程方式设置按钮的 onClick 事件，代码如下所示。

```
using UnityEngine;
using UnityEngine.UI;

public class ButtonClickExample : MonoBehaviour
{
    // Start 在第一帧更新之前被调用
    void Start()
    {
        var button = GetComponent<Button>();

        button.onClick.AddListener(() =>
        {
            Debug.Log(You have clicked the button!);
        });
    }
}
```

本节主要了解了常用的 UI 对象及由 Unity 提供的 UI 解决方案——uGUI 包。接下来，将探索 Unity 中的 UI 事件系统。如果场景中没有事件系统，Button 等 UI 对象就不能与玩家交互。

3.2　Unity 中的 C# 脚本和 UI 事件系统

EventSystem 是一种将事件发送到游戏对象的机制，它支持键盘、鼠标、触屏等。EventSystem 由多个发送事件的模块组成。如果场景中没有 EventSystem 对象，则在创建 Canvas 对象时，自动创建一个 EventSystem 对象。

如图 3.36 所示，EventSystem 对象在 Inspector 窗口中暴露的功能很少，这是因为 EventSystem 对象是各种输入模块之间协作的管理器。

需要注意的是，在一个场景中最多只能有一个 EventSystem 对象。如果场景中存在多个 EventSystem 对象，则会显示一条警告消息，如图 3.37 所示。

当游戏运行时，EventSystem 对象将寻找附加到同一个游戏对象的 InputModule 组件。这是因为 InputModule 组件是负责 EventSystem 对象主要逻辑的类。从图 3.36 中可以找到本例中使用的输入模块，即 StandaloneInputModule。接下来将介绍输入模块。

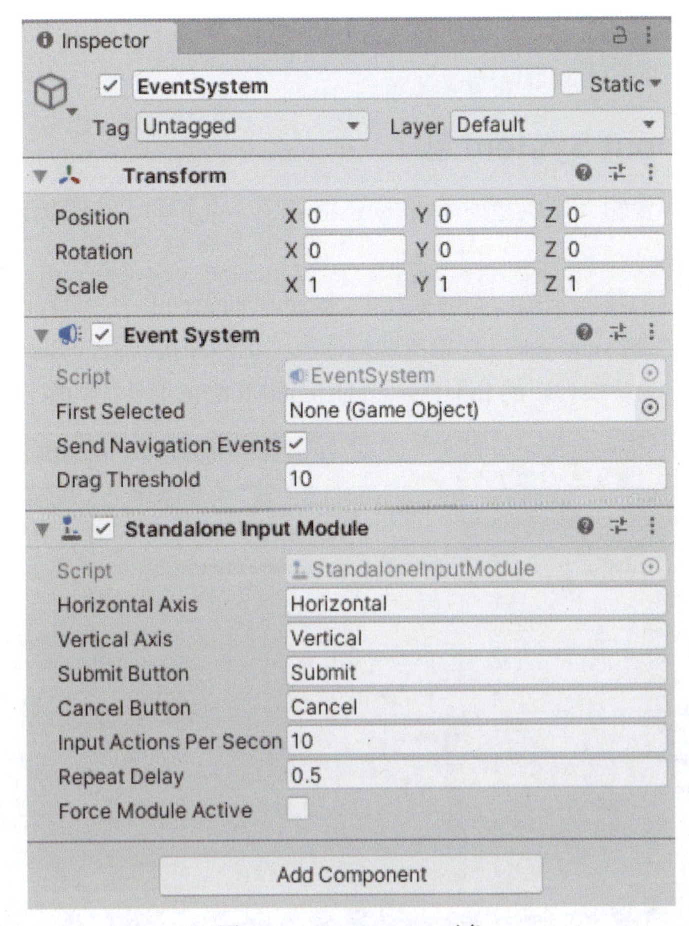

图 3.36　EventSystem 对象

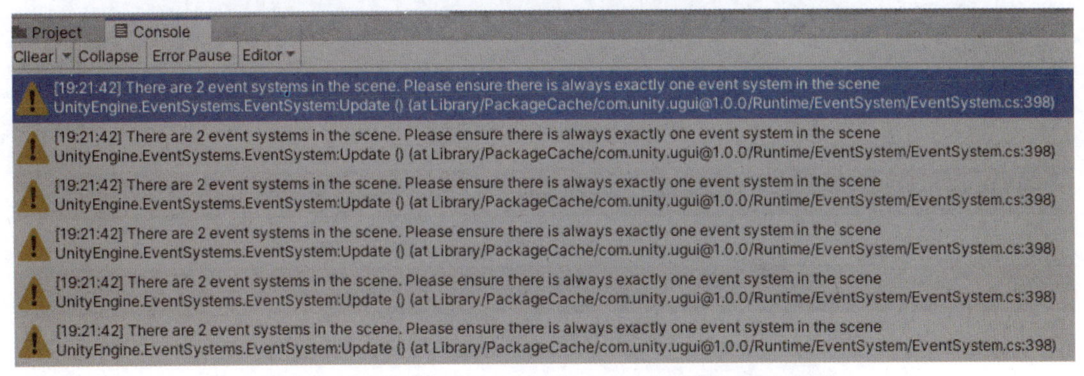

图 3.37　当存在多个 EventSystem 对象时出现的警告消息

3.2.1　输入模块

Unity 提供了两个内置的输入模块，即 StandaloneInputModule 和 TouchInputModule。过去，StandaloneInputModule 被用于键盘、鼠标和游戏控制器，而 TouchInputModule 被用于智能手机等触摸面板。目前，StandaloneInputModule 与所有平台兼容，TouchInputModule 已被废弃，因此可以将输入模块视为 StandaloneInputModule。

输入模块的目的是将特定于硬件的输入（如触摸、操纵杆、鼠标和游戏控制器）映射到通过消息传递系统发送的事件中。

3.2.2　新的 Input System 包

除了默认的内置输入模块之外，Unity 还提供了一个新的、更强大、更灵活、可配置的 Input System 包。

如果想使用新的输入系统，则需要在 Package Manager 窗口中安装该包，如图 3.38 所示。此外，新创建的 EventSystem 对象在默认情况下仍然使用传统的 StandaloneInputModule 组件，因此需要手动替换为新的 InputSystemUIInputModule 组件，如图 3.39 所示。

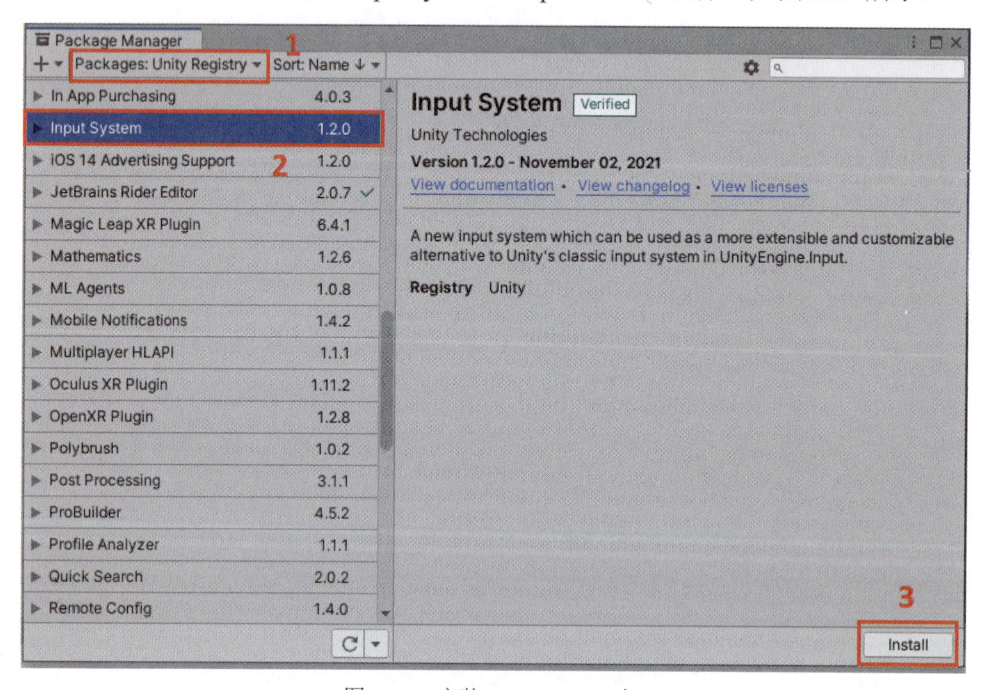

图 3.38　安装 Input System 包

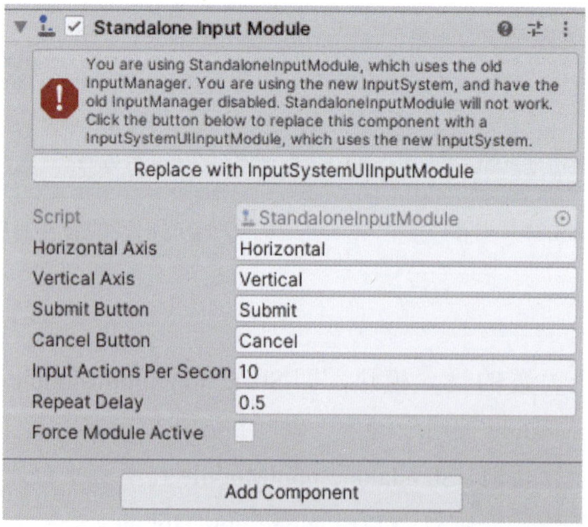

图 3.39　更换为 InputSystemUIInputModule 组件

通过阅读本节，可以了解到为了确保游戏UI能够正确响应玩家的输入，EventSystem对象和输入模块是必需的。接下来讨论如何使用Unity模型-视图-视图模型（Model-View-ViewModel，MVVM）模式在Unity中创建UI。

3.3　MVVM模式和UI

Unity开发中的一个常见挑战是找到合适的方法将组件彼此解耦，特别是在开发UI时，因为这涉及UI逻辑和UI渲染。MVVM是一种软件架构模式，它帮助开发人员将对应UI逻辑的视图模型与对应UI图形的视图分开。本节将探讨如何在Unity中实现MVVM模式。

MVVM模式由以下三部分组成，如图3.40所示。

（1）模型（Model）：这指的是数据访问层，它可以是Database PlayerPrefs（在Unity中存储玩家的首选项）等。

（2）视图（View）：这指的是Unity UI。它是一个Unity的组件，继承自MonoBehaviour并附加到UI对象。它的主要任务是管理UI对象和触发UI事件，但它没有实现任何具体的UI逻辑。

（3）视图模型（ViewModel）：这是一个纯C#类，不需要继承自MonoBehaviour。它不需要考虑UI的样子，只需要实现具体的逻辑。

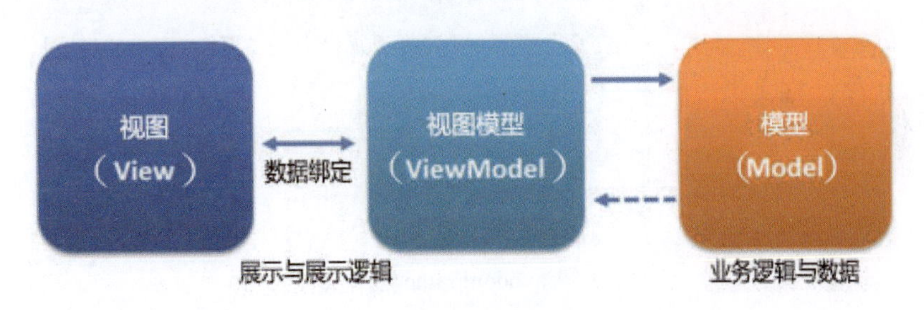

图3.40　MVVM模式

MVVM模式的三个部分应该如何连接呢？通常，可以使用以下两种方式。

（1）数据绑定：数据绑定是MVVM模式的关键技术。它用于绑定和连接视图模型和视图的属性。绑定到数据的元素将自动反映每个数据的变化。通过使用数据绑定，视图模型可以修改视图中的UI对象的值。

（2）事件驱动编程：此方法用于从视图中引发由用户操作触发的事件，然后由视图模型进行处理。

Unity有一些成熟的MVVM框架可供使用，如Loxodon Framework（见图3.41），它是一个专门针对Unity构建的轻量级MVVM框架。可以在GitHub（https://github.com/vovgou/loxodon-framework）上找到它的存储库或通过Unity Asset Store直接将其添加到项目中。

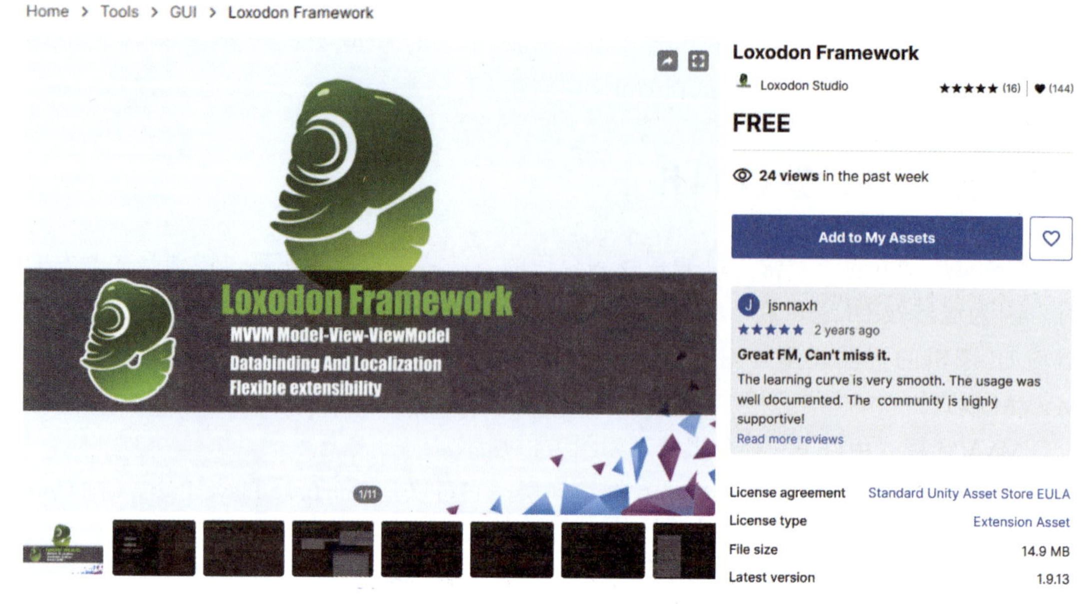

图 3.41　Loxodon Framework

首先将这个框架导入项目中，导入此框架之后，可以在项目的 Assets 文件夹中找到它，如图 3.42 所示。

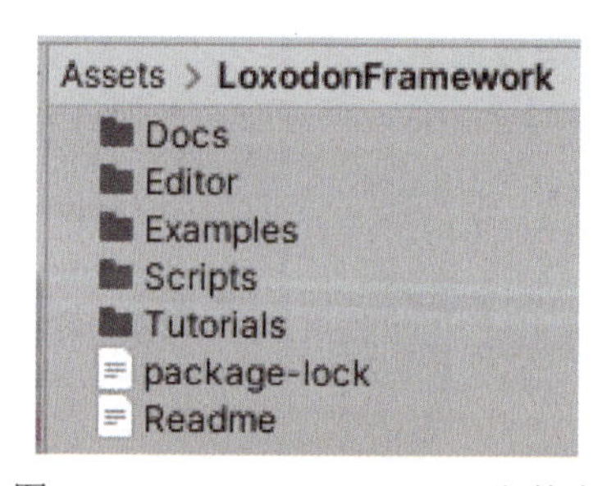

图 3.42　LoxodonFramework 文件夹

通过 Unity 中的 LoxodonFramework 实现一个示例 MVVM UI，具体步骤如下。

（1）在游戏场景中构建 LoxodonFramework。创建一个 Canvas 对象，并为之添加 GlobalWindowManager 组件，如图 3.43 所示。GlobalWindowManager 组件是一个用于管理视图的容器。

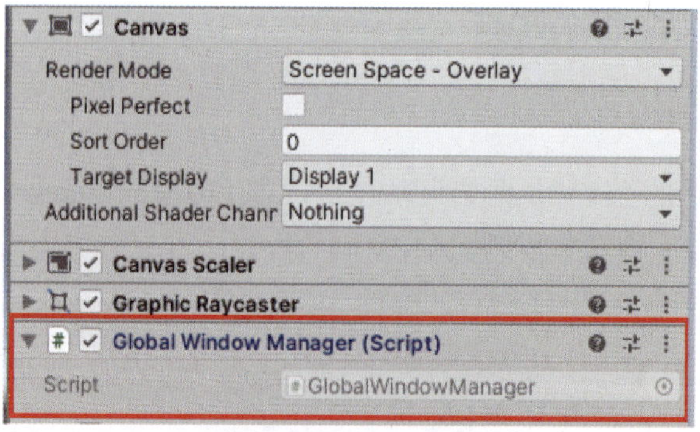

图 3.43　GlobalWindowManager 组件

（2）定义一个视图。如前所述，视图用于呈现Unity的UI对象，示例代码如下所示。该视图相对简单，只包含一个Button对象和一个Text对象，SampleView类继承自Loxodon Framework中的Window类。还有一个BindingSet类，用于绑定和连接视图模型和视图的属性。

```
using UnityEngine;
using UnityEngine.UI;
using Loxodon.Framework.Views;
using Loxodon.Framework.Binding;
using Loxodon.Framework.Binding.Builder;
using Loxodon.Framework.ViewModels;
using TMPro;

public class SampleView : Window
{
    [SerializeField]
    private Button _submitButton;

    [SerializeField]
    private TextMeshProUGUI _message;

    private SampleViewModel _viewModel;

    protected override void OnCreate(IBundle bundle)
    {
        _viewModel = new SampleViewModel();
        BindingSet<SampleView, SampleViewModel>
          bindingSet =
          this.CreateBindingSet(_viewModel);

        bindingSet.Bind(_message).For(v =>
          v.text).To(vm => vm.Message).OneWay();
        bindingSet.Bind(_submitButton).For(v =>
          v.onClick).To(vm => vm.Submit);
        bindingSet.Build();
    }
}
```

该示例可以做如下分解：

① SampleView类的两个字段_submitButton和_message分别引用一个Button组件和一个TextMeshProUGUI组件。

② 在OnCreate方法中，创建一个BindingSet对象，将SampleView类和它相应的视图模型类SampleViewModel进行绑定。稍后，将介绍如何创建SampleViewModel类。

③ 通过调用BindingSet的Bind方法，将SampleView类的_message字段的text属性绑定到SampleViewModel类的Message属性。这里使用了OneWay绑定，这意味着只有视图模型可以修改视图中UI元素的值。

④ 将 SampleView 类的 _submitButton 字段的 onClick 事件与 SampleViewModel 类的 Submit 方法进行绑定。调用 BindingSet 的 Build 方法来构建绑定。

（3）在 Unity 场景中创建这些所需的 UI 对象，如图 3.44 所示，将该 Canvas 对象命名为 SampleUI。

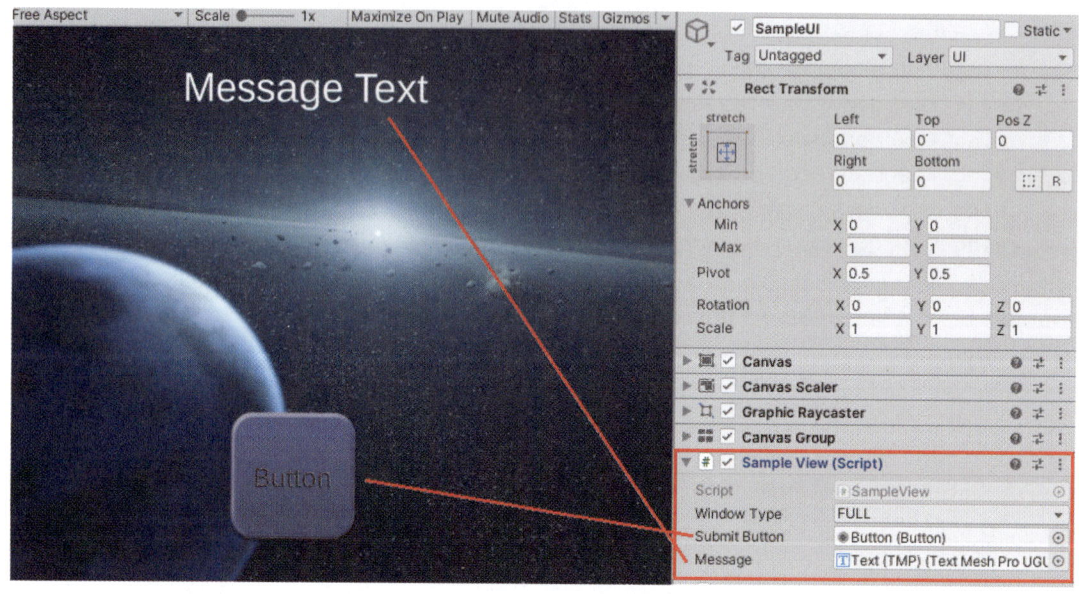

图 3.44　设置 UI 对象

（4）创建一个名为 Resources 的新文件夹，通过将 SampleUI 从 Hierarchy 窗口拖动到 Resources 文件夹为该 SampleUI 创建一个预制件，如图 3.45 所示。至此，已经创建了 UI 对象和一个具有 MVVM 体系结构用于呈现 UI 对象的 View 组件。SampleUI 可以从场景中删除，因为将加载其预制件并在运行时创建 UI。

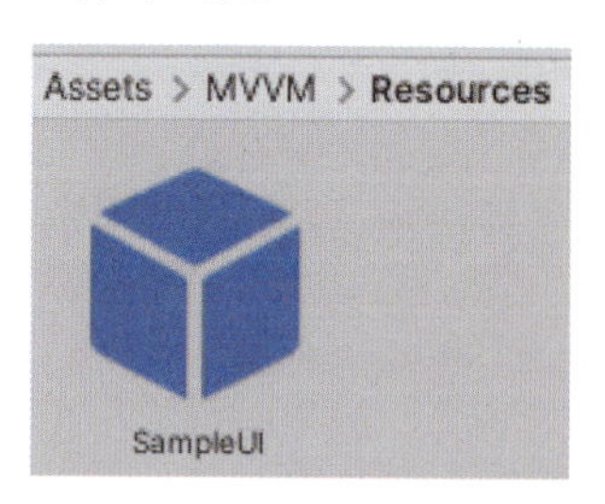

图 3.45　SampleUI 预制件

（5）还需要一个 SampleViewModel 类，用于实现具体的逻辑。SampleViewModel 类继承自 Loxodon Framework 中的 ViewModelBase 类，Submit 方法修改 Message 属性。在之前创建的视图中，将 Button 对象的 onClick 事件绑定到 SampleViewModel 类的 Submit 方法，将视图的 Text 对象的 text 属性绑定到 SampleViewModel 类的 Message 属性。因此，在 Submit 方法修改了 Message 属性后，修改后的消息内容将显示在 UI 上，代码如下所示。

```
using Loxodon.Framework.ViewModels;
```

```
public class SampleViewModel : ViewModelBase
{
    private string _message;
    private int _count;

    public SampleViewModel() { }

    public string Message
    {
        get { return _message; }
        set => Set<string>(ref _message, value,
          Message);
    }

    public void Submit()
    {
        _count++;
        Message = $The number of times the button is
          clicked: {_count};
    }
}
```

（6）用启动代码注册服务并创建UI。下面的启动代码支持加载SampleUI的预制件并设置视图。可以在这段代码中找到ApplicationContext类，使用它来存储Loxodon Framework中的其他类可以访问的数据和服务，然后注册IUIViewLocator服务来加载UI预制件并创建UI对象。

```
public class Startup : MonoBehaviour
{
    private ApplicationContext _context;

    private void Awake()
    {
        _context = Context.GetApplicationContext();

        // 服务注册
        IServiceContainer container =
          _context.GetContainer();
        container.Register<IUIViewLocator>(new
          ResourcesViewLocator ());

        var bundle = new
          BindingServiceBundle
          (_context.GetContainer());
        bundle.Start();
    }

    private IEnumerator Start()
```

```
    {
        // 创建一个 window 容器
        var winContainer =
          WindowContainer.Create(MAIN);

        yield return null;

        IUIViewLocator locator =
          _context.GetService<IUIViewLocator>();
        var sampleView =
          locator.LoadWindow<SampleView>(winContainer,
          SampleUI);
        sampleView.Create();
        ITransition transition =
          sampleView.Show().OnStateChanged((w, state)
          =>
        {
        });

        yield return transition.WaitForDone();
    }
}
```

（7）运行游戏，创建视图，示例 UI 如图 3.46 所示。视图顶部显示消息文本，底部显示一个 Submit 按钮。一旦单击 Submit 按钮，SampleViewModel 类将触发并处理一个事件来更新消息，视图将通过数据绑定更新 UI 文本来显示最新信息。

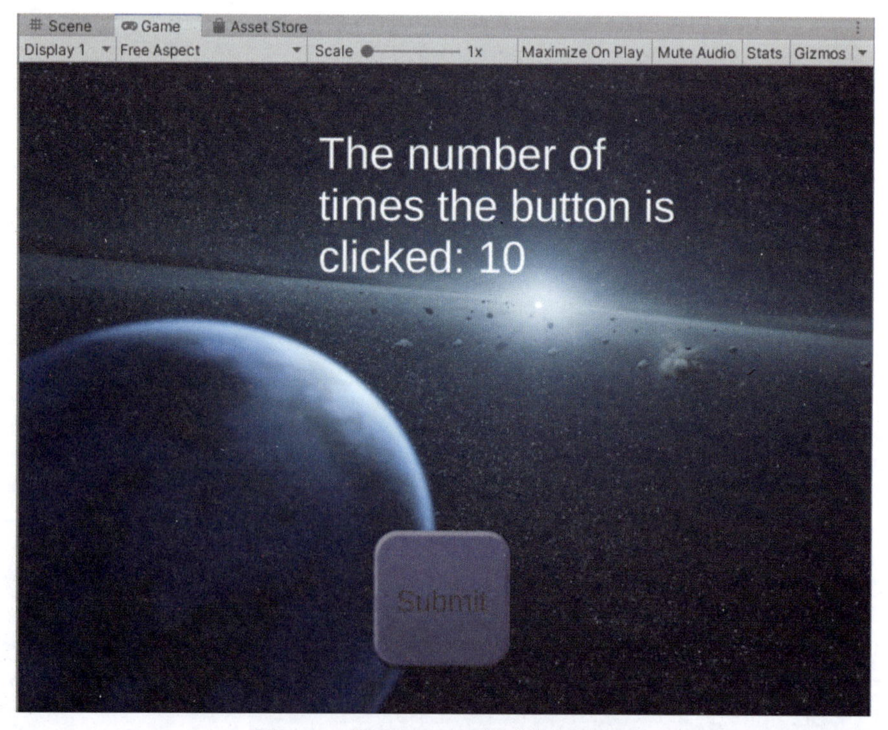

图 3.46　使用 MVVM 模式的示例 UI

这样，UI 图形和 UI 逻辑是分离的。UI 设计人员和程序员可以同时工作而不相互依赖，从而提高了 Unity UI 开发的效率。

本节讨论了如何使用 MVVM 模式在 Unity 中实现 UI。接下来，将学习在 Unity 中实现 UI 必须注意的内容，即提高 UI 性能。

3.4　提高 UI 的性能

UI 是游戏的重要组成部分，如果没有正确地实现 UI，可能会导致潜在的性能问题。本节将讨论在 Unity 中实现游戏 UI 的最佳实践，以优化由 UI 造成的性能问题。

3.4.1　Unity Profiler

Profiler 是一个可以用来获取游戏性能数据的工具，包括 CPU Usage、GPU Usage、Rendering、Memory、UI 和 UI Details。查看 UI 的性能数据，步骤如下：

（1）单击 Window → Analysis → Profiler 菜单项，打开 Profiler 窗口。

（2）单击 Profiler 窗口中的 UI 或 UI Details 模块区域，以查看与 UI 相关的性能数据，如 Layout 和 Render 所消耗的 CPU 时间，如图 3.47 所示。

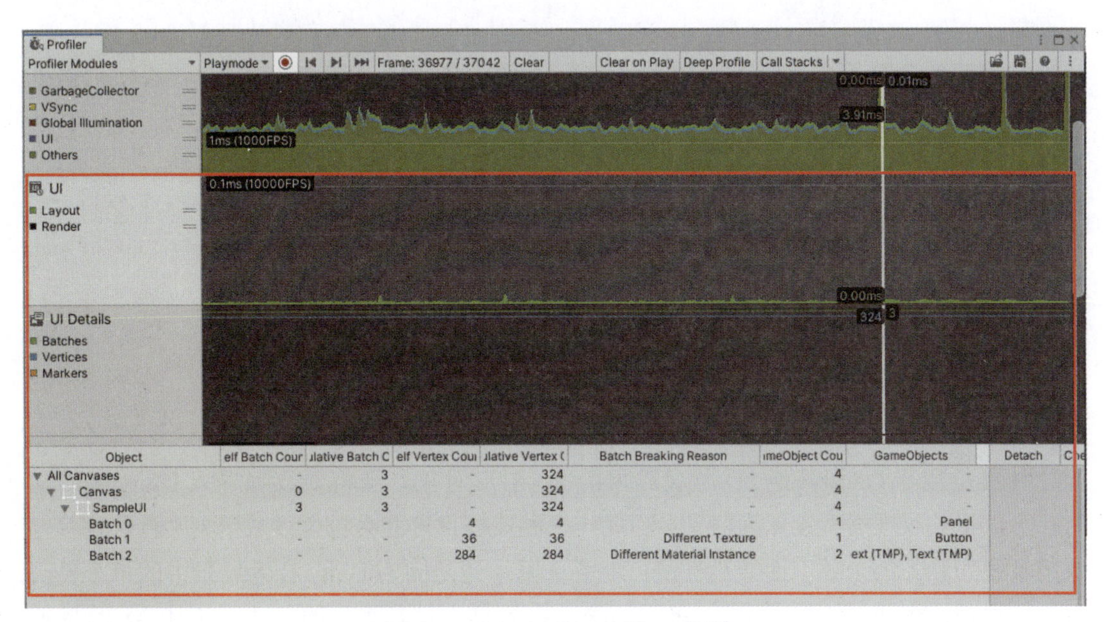

图 3.47　Profiler 窗口中的 UI 区域

除了 UI 和 UI Details 模块区域外，Profiler 窗口中的 CPU Usage 区域也提供了与 UI 相关的性能信息。在 CPU Usage 区域，可以查看特定标记消耗的 CPU 时间，如 UGUI.Rendering.RenderOverlays，如图 3.48 所示。

这只是对 Profiler 工具的简要介绍，后续将详细讨论 Unity Profiler。

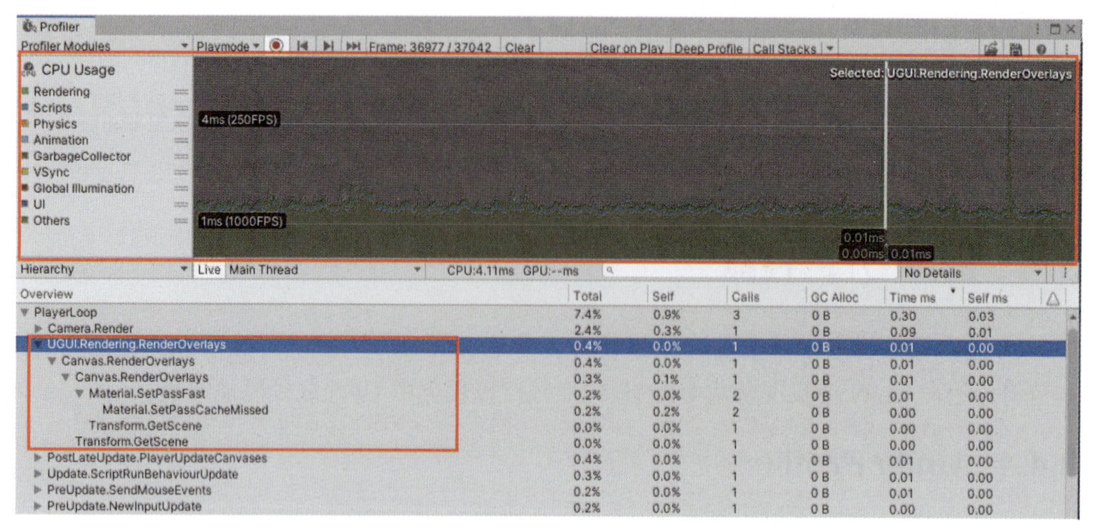

图 3.48　Profiler 窗口中的 CPU Usage 区域

3.4.2　多个 Canvas 对象

当游戏 UI 非常复杂时，可能需要创建多个 Canvas 对象来管理和显示不同的 UI 元素。Canvas 对象生成网格用以表示放置在它上面的 UI 元素，并在 UI 元素更改时重新生成网格。

假设在包含数千个 UI 元素的单个 Canvas 对象中构建了整个游戏的 UI，当 Canvas 对象上的一个或多个 UI 元素发生变化时，所有用于显示 UI 的网格都将重新生成。此时代价可能会很大，而且可能会经历几毫秒的 CPU 峰值。

因此，可以根据 UI 元素的更新频率，创建多个不同的 Canvas 对象来管理它们。例如，经常更新的动态 UI 元素（如进度条和计时器）可以在一个 Canvas 对象中；而很少更新的静态 UI 元素（如 UI 面板和背景图像）可以在另一个 Canvas 对象中。当然，没有最佳方案，需要根据每个项目的情况来管理 Canvas 对象。

3.4.3　使用 Sprite Atlas

精灵是用于 UI 和其他 2D 游戏对象的 2D 图形对象。当将新纹理导入 Unity 编辑器时，可以将其纹理类型设置为精灵。因此一个游戏项目可能会包含很多精灵文件。许多精灵将被视为独立的个体，而渲染性能可能会下降，这是因为 Unity 会为场景中的每个精灵发出一次 draw call（绘制调用），多次 draw call 可能会消耗大量的资源，并对游戏性能产生负面影响。

> **注意**
> draw call 就是调用图形 API 来绘制图形对象，如绘制一个三角形。

如图 3.49 所示，其中有两次 draw call，分别用来渲染 Button1 和 Button2，因为这两个按钮使用两种不同的纹理。

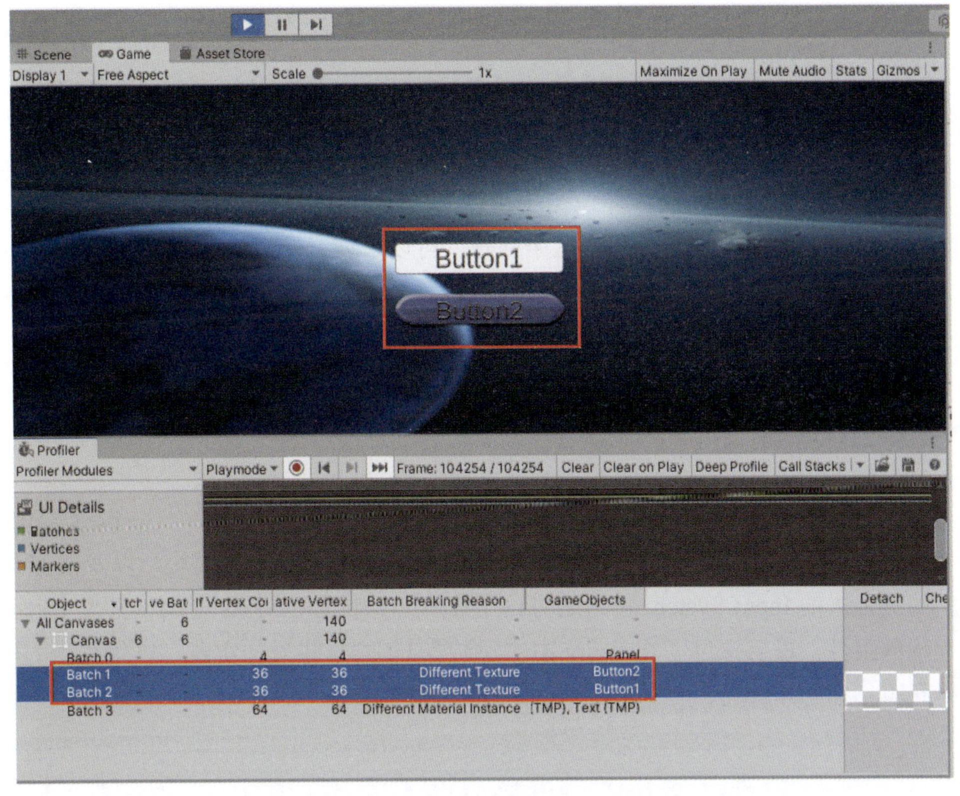

图 3.49　多次 draw call

因此，最好的方法是将几种纹理或精灵结合成一个组合纹理。可以使用 Unity 提供的 Sprite Atlas 组合纹理，步骤如下。

（1）如果 Sprite Atlas 打包被禁用，可以在 Edit → Project Settings → Editor → Sprite Packer → Mode 中启用它。

（2）单击 Assets → Create → 2D → Sprite Atlas 菜单项来创建一个 Sprite Atlas 资源，如图 3.50 所示。

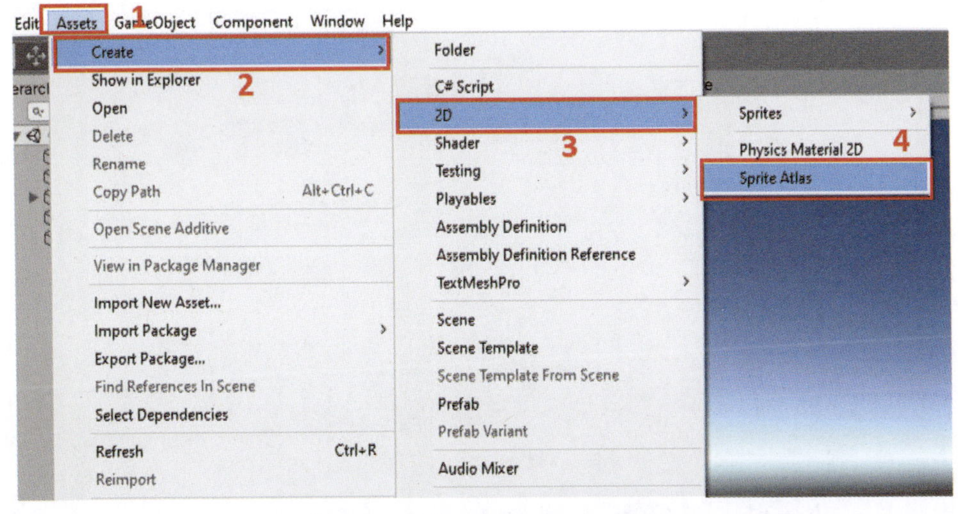

图 3.50　创建一个 Sprite Atlas 资源

（3）在 Sprite Atlas 资源的 Object for Packing 下拉菜单中，选择 + 图标以将纹理或文件夹添加到 Sprite Atlas 中。

虽然 Sprite Atlas 可以有效地减少 draw call 的数量，但不当的使用很容易导致内存的浪费。当一个精灵在地图集中激活时，Unity 会加载该精灵所属的地图集中的所有精灵。如果一个地图集中有许多精灵，即使在场景中只引用了一个精灵，也会加载整个地图集，这将导致大量的内存消耗。为了解决这个问题，可以根据目的把精灵打包成多个更小的地图集。例如，登录面板中使用的精灵可以打包为登录面板图集，而游戏角色面板中使用的精灵可以打包为角色面板图集。

3.5 本章小结

本章首先介绍了 uGUI 包中一些最常用的 UI 组件类，如 Canvas 组件、Rect Transform 组件和 Image 组件。然后解释了 Unity 中的事件系统、传统的输入模块，以及由 Unity 提供的新的更强大的 Input System 包。还讨论了在 Unity 中使用 MVVM 架构开发 UI 时，如何相互解耦组件。最后探讨了在 Unity 中实现游戏 UI 的一些最佳实践，以优化由 UI 造成的性能问题。

第 4 章
使用 Unity 动画系统创建动画

无论是 2D 游戏还是 3D 游戏，如果希望一款游戏生动有趣，好的动画是必不可少的。作为一个非常流行的游戏引擎，Unity 提供了易于使用和功能强大的动画开发工具。本章将探索 Unity 中的动画系统，该系统也被称为 Mecanim，以使游戏中的场景和角色变为动态的。然后，用两个例子来演示如何在 Unity 中实现 3D 动画和 2D 动画。最后，介绍如何提高 Unity 动画系统的性能。

通过本章的学习，将能够在 Unity 中创建 3D 动画和 2D 动画，了解如何通过 C# 代码来控制动画及如何优化动画性能。

4.1 技术要求

首先从 Unity Asset Store 下载 Unity-Chan！模型，下载地址为 https://assetstore.unity.com/packages/3d/characters/unitychan-model-18705。这个可爱的 3D 女孩模型资源是由 Unity Technologies Japan 制作的，所有的开发者都可以下载并使用该资源制作游戏。

此资源中包含以下 6 部分内容。

（1）具有漂亮纹理的 3D 模型。

（2）Unity-Chan！原始着色器。

（3）31 个动画。

（4）31 个静态姿势。

（5）由混合形状构成的 12 种情感。

（6）一个示例运动场景和其他示例场景。

4.2　Unity 动画系统中的概念

动画是游戏开发的一个重要方面。本节将学习 Unity 动画系统的基本概念，具体为以下 4 方面。

（1）什么是动画剪辑及如何在 Unity 中创建一个动画剪辑。

（2）如何创建一个动画控制器来管理一组角色动画。

（3）如何使用 Avatar 系统进行动画绑定工作。

（4）什么是 Animator 组件及如何使用它来为游戏对象指定动画。

4.2.1　动画剪辑

Unity 中的动画可以从简单的立方体旋转到复杂的角色运动和动作，它们都基于动画剪辑。动画剪辑用于在 Unity 中存储基于关键帧的动画。

可以在 Unity 编辑器中手动创建一个动画剪辑文件，并通过 Animation 窗口实现一些简单的传统关键帧动画效果，如简单的移动、旋转等。

给场景中的游戏对象设置动画，步骤如下。

（1）在 Hierarchy 窗口中右击，从弹出菜单中选择 3D Object → Cube 选项，在场景中创建一个 Cube 对象，如图 4.1 所示。

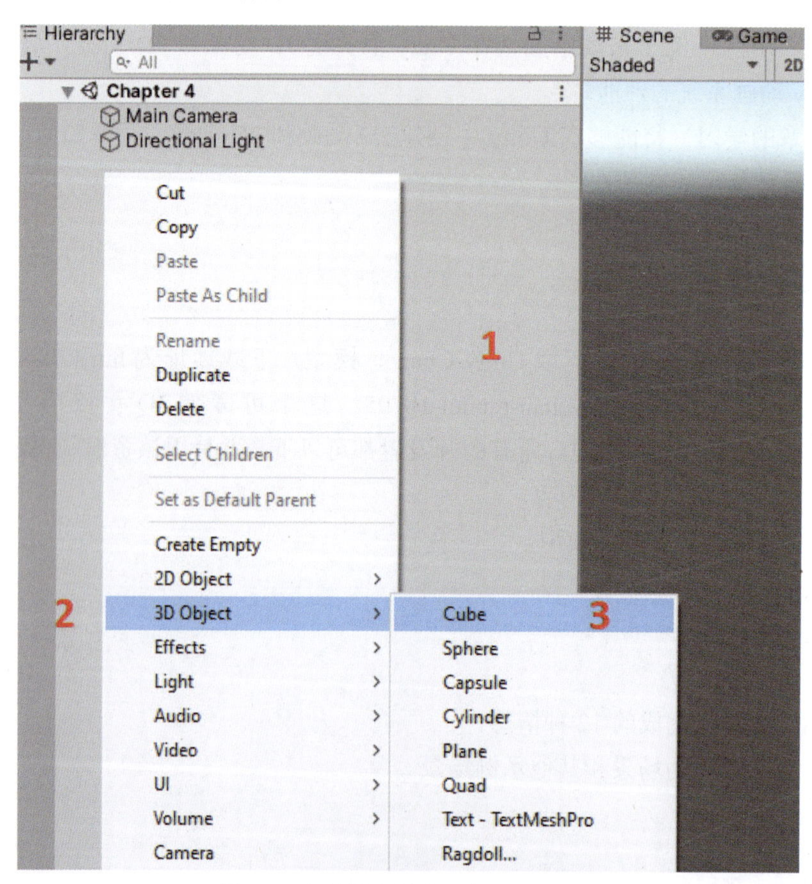

图 4.1　在场景中创建一个 Cube 对象

（2）在 Scene 视图中选择 Cube 对象，然后选择 Window → Animation → Animation 选项，打开 Animation 窗口，如图 4.2 所示。还可以按 Ctrl + 6 快捷键打开该窗口。

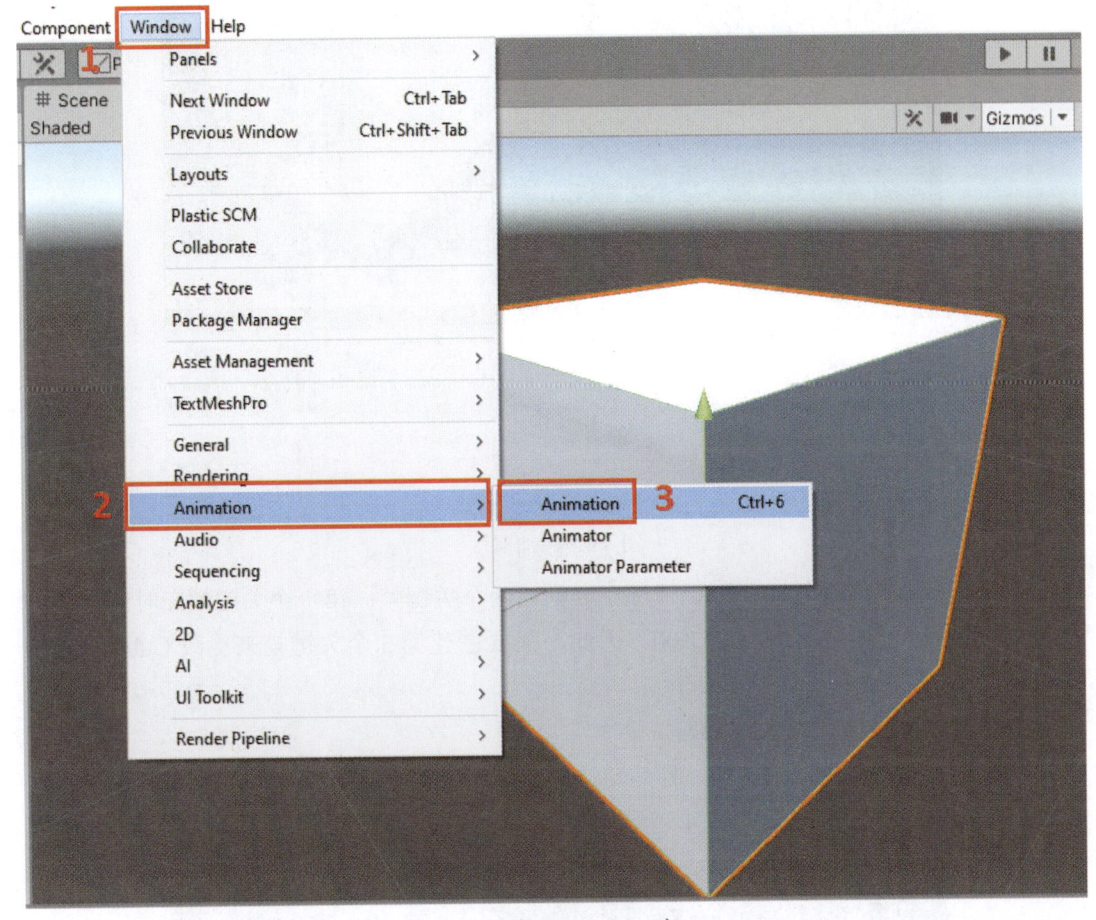

图 4.2　打开 Animation 窗口

（3）在 Animation 窗口中，单击 Create 按钮以创建动画剪辑，如图 4.3 所示。

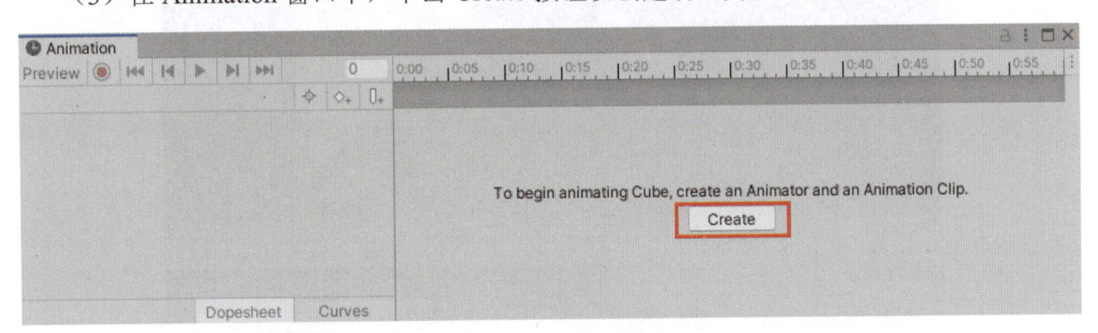

图 4.3　Animation 窗口

（4）单击 Add Property 按钮，显示动画设置的可用属性列表。如图 4.4 所示，不仅可以修改 Position 和 Rotation，还可以修改其他组件的属性。在此添加 Scale 属性，通过单击其右侧的 + 图标进行动画设置。

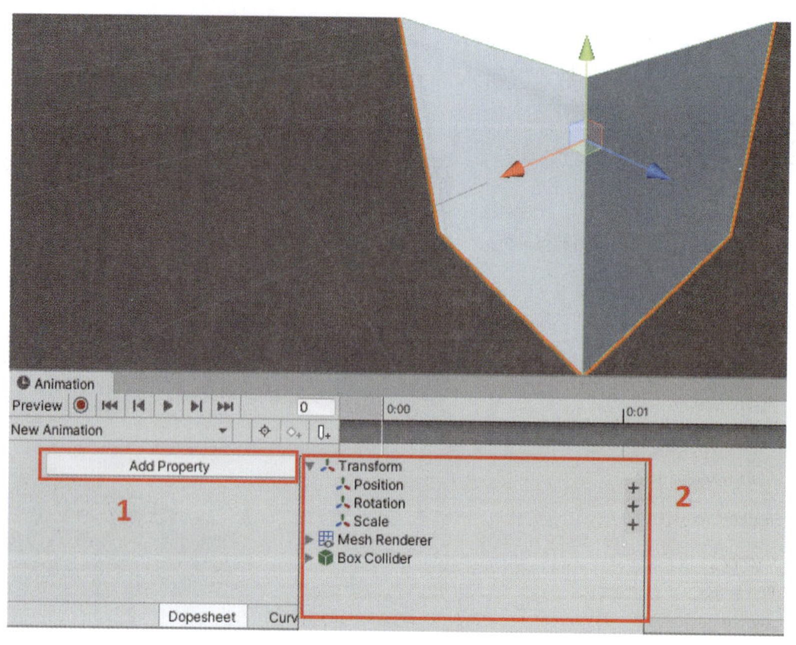

图 4.4　添加属性

（5）当添加一个属性时，默认情况下会创建两个关键帧：第 1 个关键帧在时间轴上的 0:00，第 2 个关键帧在时间轴的 1:00。因此，需要创建第 3 个关键帧来更改 Cube 对象的 Scale 属性，步骤如下。

① 将光标放在时间轴的 0:10 上。

② 在 Animation 窗口中右击，然后单击弹出菜单中的 Add Key 选项以添加关键帧。

③ 设置 Scale.x 为 0.5，如图 4.5 所示。

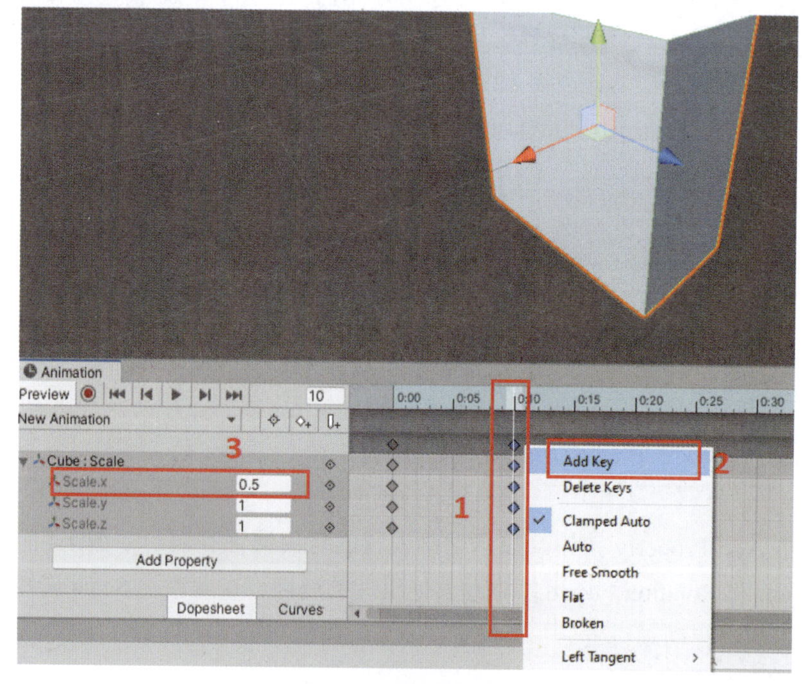

图 4.5　添加关键帧

（6）单击 Play 按钮预览该动画剪辑，如图 4.6 所示。可以看到立方体的体积迅速收缩，然后慢慢增大。

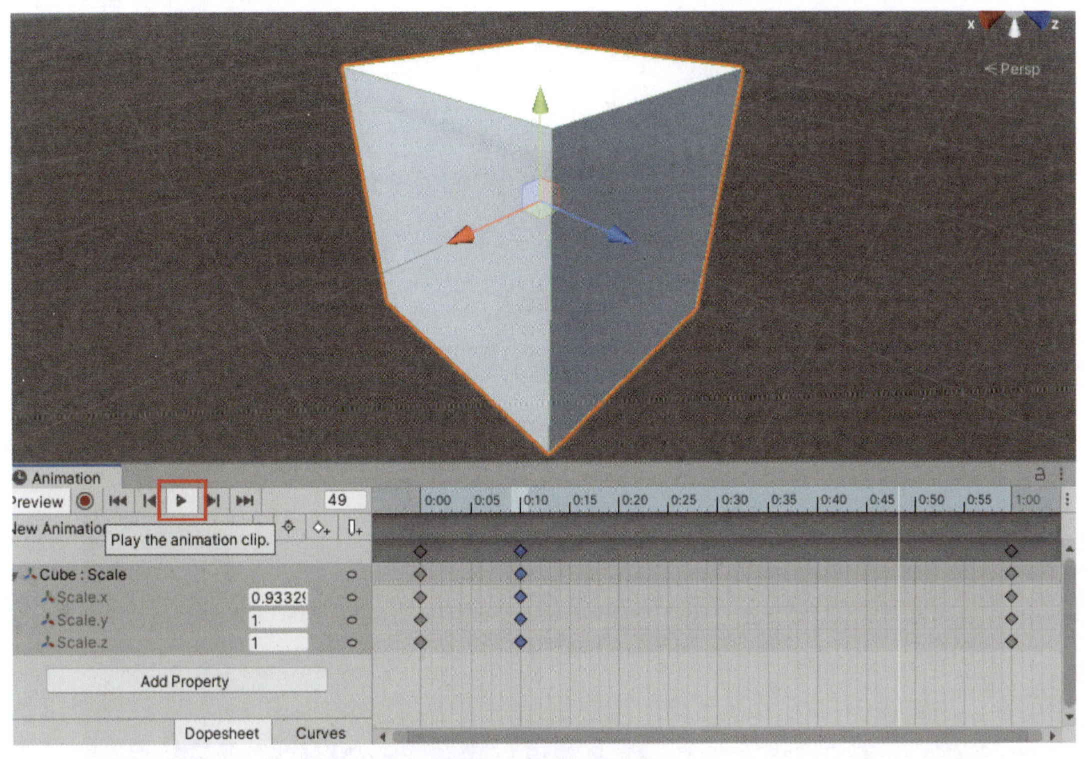

图 4.6　播放动画剪辑

还可以使用录制模式（recording mode）在 Unity 中创建动画剪辑，步骤如下。

（1）创建一个游戏对象并打开 Animation 窗口，步骤如前所述，因此直接从如何使用录制模式为场景中的球体对象创建动画剪辑开始。单击◉图标，启用关键帧录制模式，如图 4.7 所示。

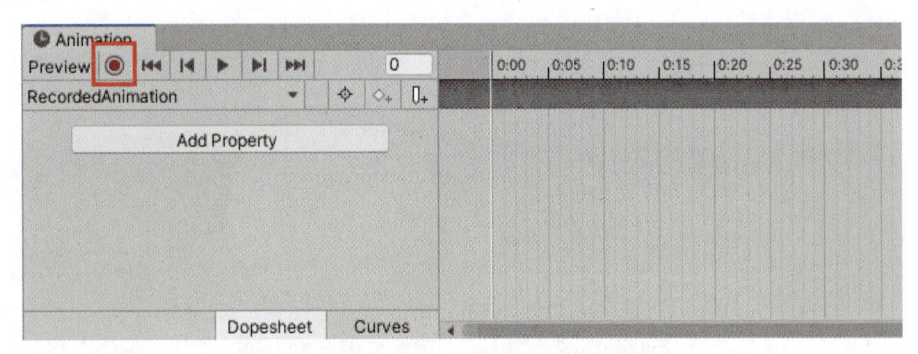

图 4.7　启用关键帧录制模式

（2）进入录制模式后，拖动时间线到需要的时间点，如图 4.8 所示。

在录制模式下，无论移动、旋转或缩放场景中的目标游戏对象，Unity 都会自动将当前时间点的关键帧添加到动画剪辑中。此处将游戏对象从原来的位置（0,0,0）移动到新的位置（1,0,0）。如图 4.9 所示，Unity 为球体对象创建了关键帧。

图 4.8　拖动时间线

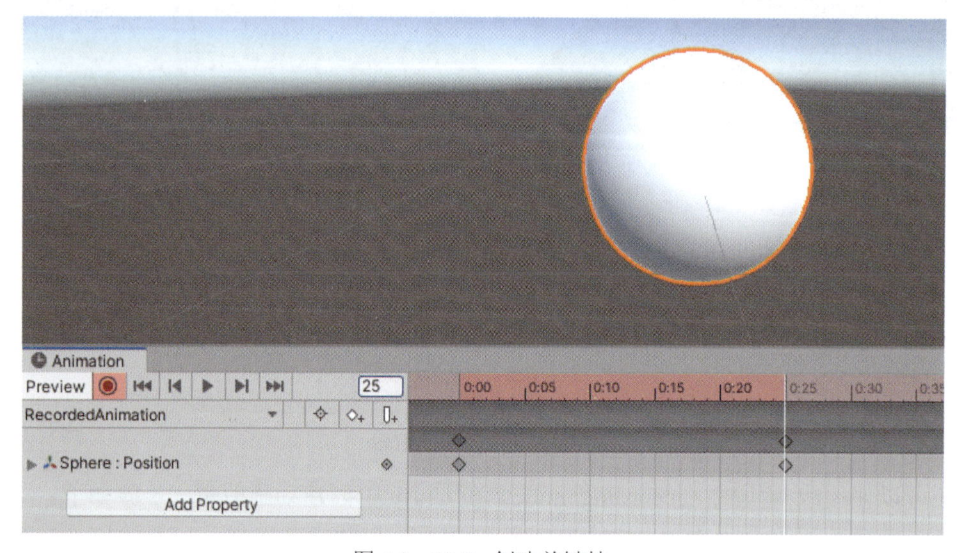

图 4.9　Unity 创建关键帧

（3）单击图标退出录制模式，并单击图标播放刚刚创建的动画剪辑，如图 4.10 所示。

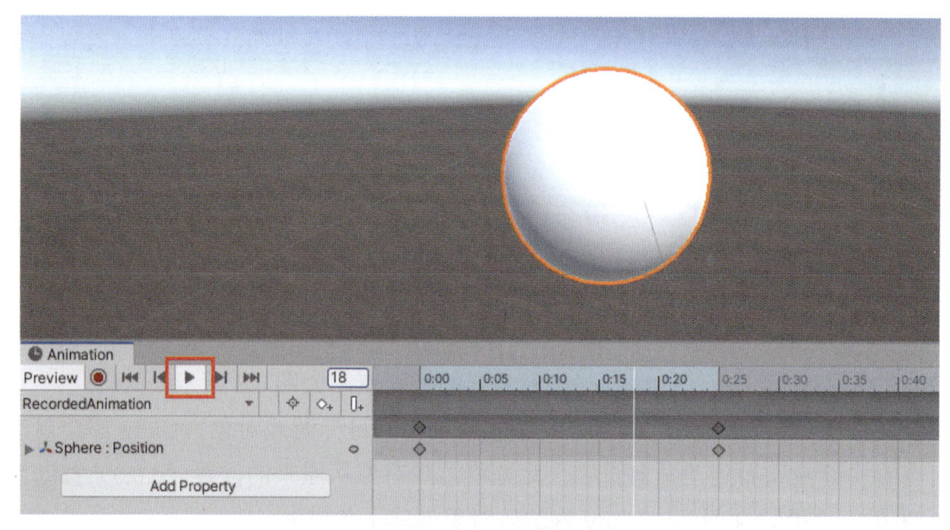

图 4.10　播放动画剪辑

此外，将外部动画资源导入 Unity 编辑器中也可以自动创建动画剪辑文件，如图 4.11 所示。

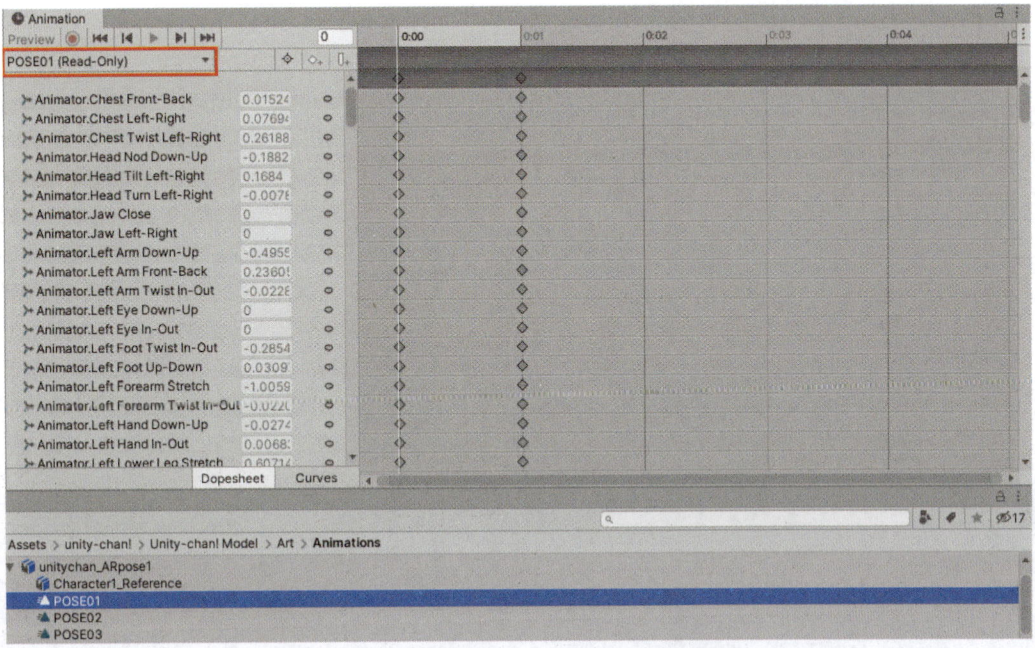

图 4.11　导入动画资源后自动创建的动画剪辑文件

动画文件（如通用的 FBX 文件、Autodesk® 3dsMax®（.max）文件、本地 Autodesk® Maya®（.mb 或 .ma）文件和 Blender ™（.blend）文件）都需要先导入 Unity 项目中才能被 Unity 使用。导入动画文件后，Unity 将生成动画剪辑文件。可以在 Unity 编辑器中双击动画剪辑文件以打开 Animation 窗口，从而查看动画剪辑。

本节讲解了什么是动画剪辑，以及如何在 Unity 中创建动画剪辑。接下来将讨论动画控制器。

4.2.2　动画控制器

如果一个游戏角色有多个动画，例如假设一个角色既可以跑也可以攻击，为该角色管理这两个动画就非常重要。在 Unity 项目中，使用动画控制器为角色或其他有动画的游戏对象安排和维护一组动画。动画控制器将引用动画剪辑，使用状态机（state machine）管理各种动画状态和状态之间的转换。在此导入先前下载的 Unity-Chan！模型资源。此资源提供多个演示场景，选择打开 ActionCheck 场景，如图 4.12 所示。该场景位于 Assets / unity-chan!/Unity-chan！ Model/Scenes 文件夹中。

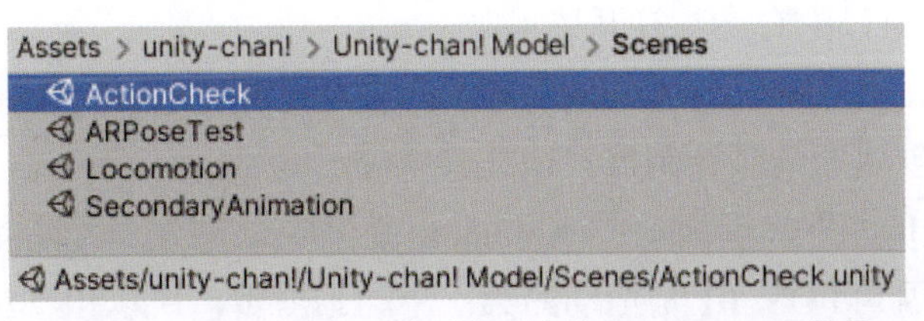

图 4.12　Unity-Chan！模型资源中的 ActionCheck 场景

如图 4.13 所示，Unity-Chan！模型已在场景中建立好。如果打开此模型使用的动画控制器文件，就可以在打开的 Animator 窗口中看到此模型使用的所有动画剪辑，以及状态机中动画剪辑之间的转换，如图 4.14 所示。

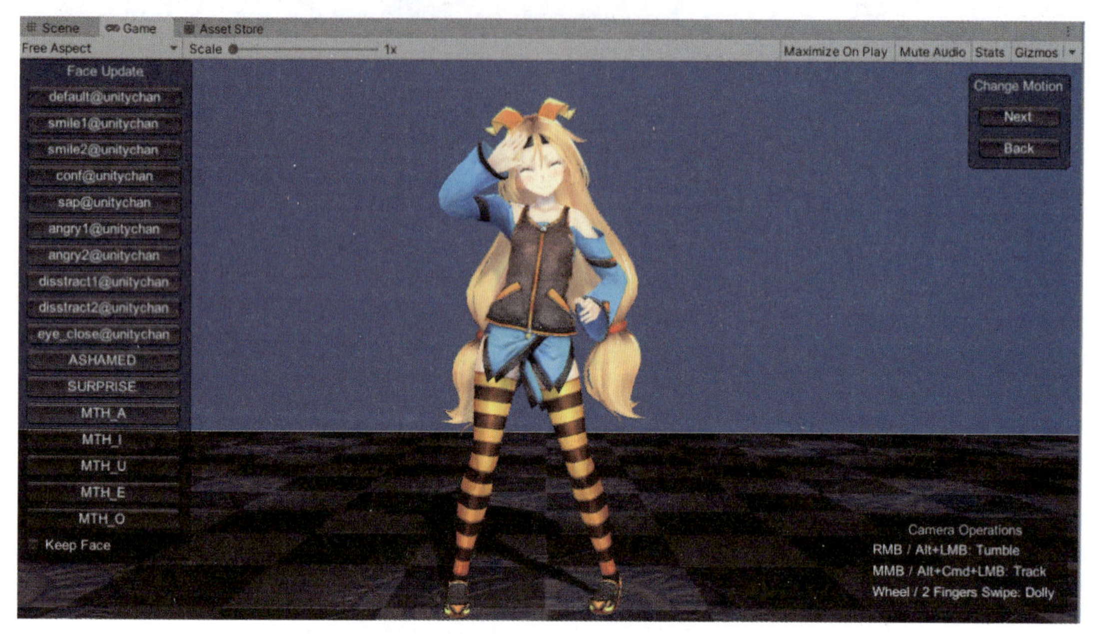

图 4.13　Unity-Chan！模型

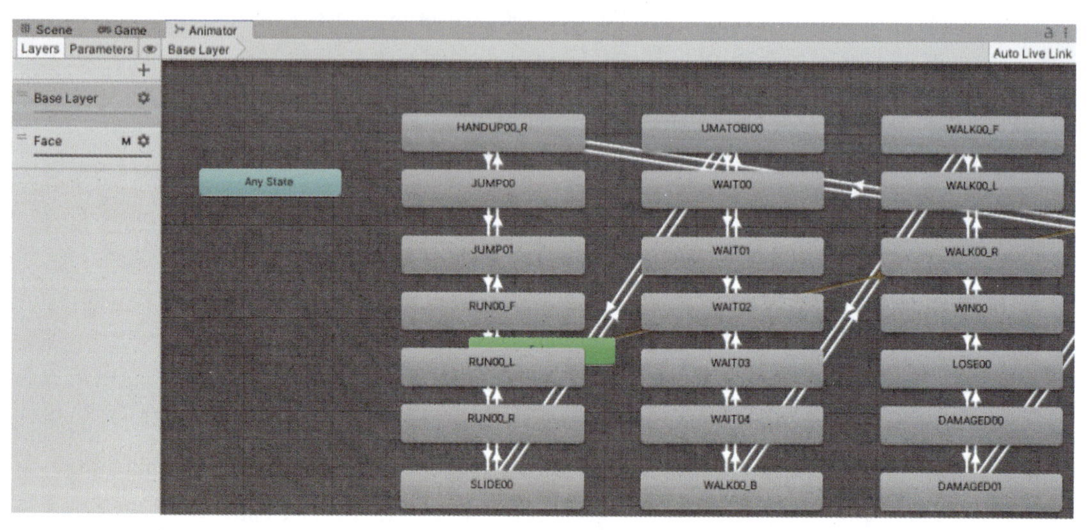

图 4.14　动画控制器

可以在 Unity 编辑器中手动创建动画控制器，如图 4.15 所示，步骤如下。

（1）在 Project 窗口中右击，打开菜单。

（2）选择 Create → Animator Controller 菜单项，创建动画控制器。

（3）双击刚刚创建的动画控制器，以打开 Animator 窗口。

（4）将 POSE01 动画剪辑拖动到 Animator 窗口中以创建一个新状态。在状态机中，状态由方框表示，因为 POSE01 是拖动的第一个动画剪辑，所以该动画剪辑连接动画控制器的入口点，表明这个动画将是默认动画，如图 4.16 所示。

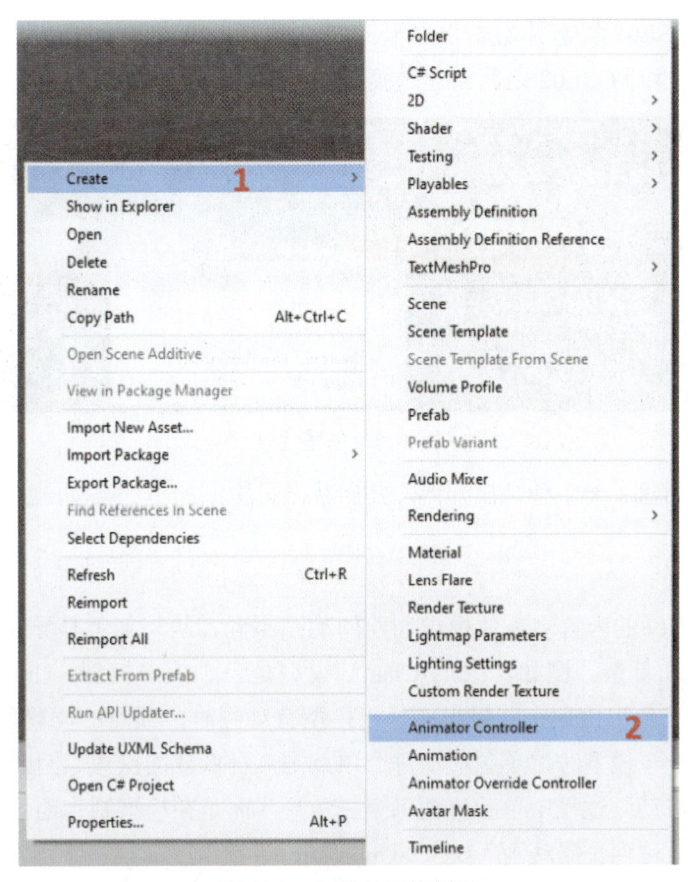

图 4.15　创建动画控制器

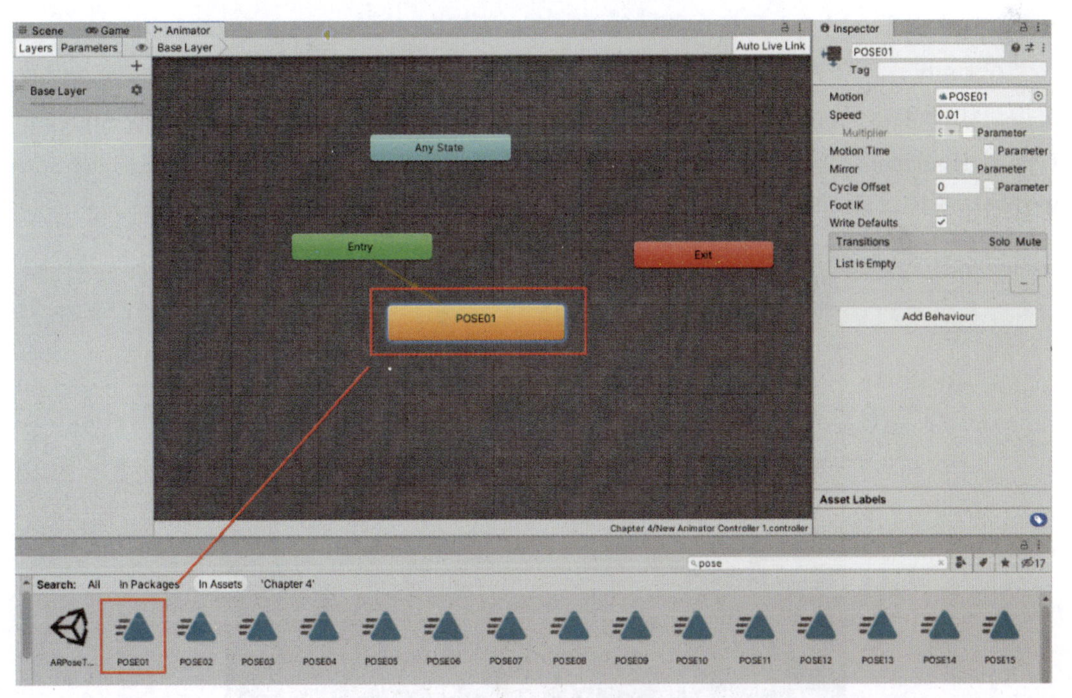

图 4.16　创建一个新状态

（5）将 POSE02 动画剪辑拖动到 Animator 窗口中，创建第二个状态。

（6）选择 POSE01 状态并右击以打开菜单，选择 Make Transition 菜单项，如图 4.17 所示，在 POSE01 和 POSE02 之间创建过渡。

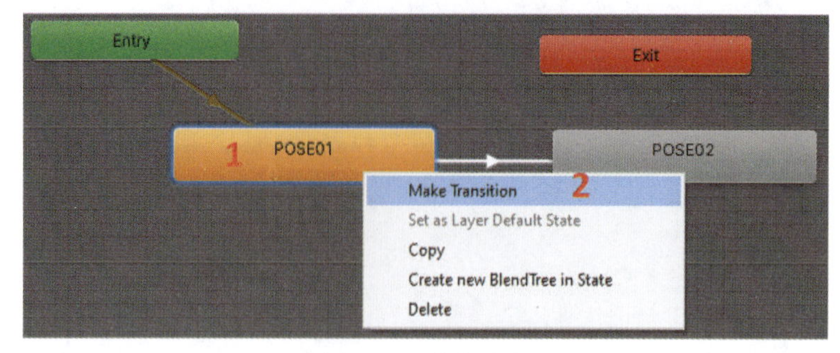

图 4.17　创建过渡

至此，已经创建了一个动画控制器，并向状态机中添加了一些动画剪辑。

4.2.3　Avatar

与之前为 Unity 的内置立方体模型创建的动画不同，从外部工具导入 Unity 编辑器中的模型可能会更加复杂。例如，Unity-Chan！模型是一个人形模型。Unity 中的模型用三角形网格表示，三角形由顶点连接组成。当模型有动画时，顶点的位置将被修改。显然，当许多顶点组成一个模型时，单独移动每个顶点是一种低效的操作。因此，计算机动画中常见的技术不是在动画过程中单独移动每个三角形，而是在模型制作动画之前对模型进行蒙皮，这种技术被称为骨骼动画（skeletal animation）或 Rigging。

Unity 使用一个叫作 Avatar 的系统来识别动画模型是否为人形布局，以及模型的哪些部分对应于头部、身体、手臂、腿，等等。

在 Unity 编辑器中单击该模型，可以打开 Unity-Chan！的 Import Settings（导入设置）窗口，如图 4.18 所示。可以在窗口的 Rig 选项卡中指定绑定类型，该模型的 Animation Type 是 Humanoid。动画系统将尝试将模型的现有骨骼结构与 Avatar 的骨骼结构匹配。如果骨骼结构可以成功映射，则自动创建一个 Avatar 资源，如图 4.19 所示。

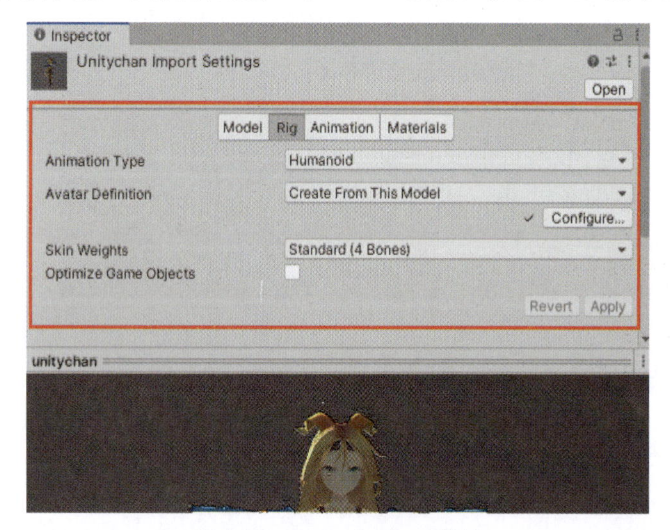

图 4.18　Import Settings 窗口

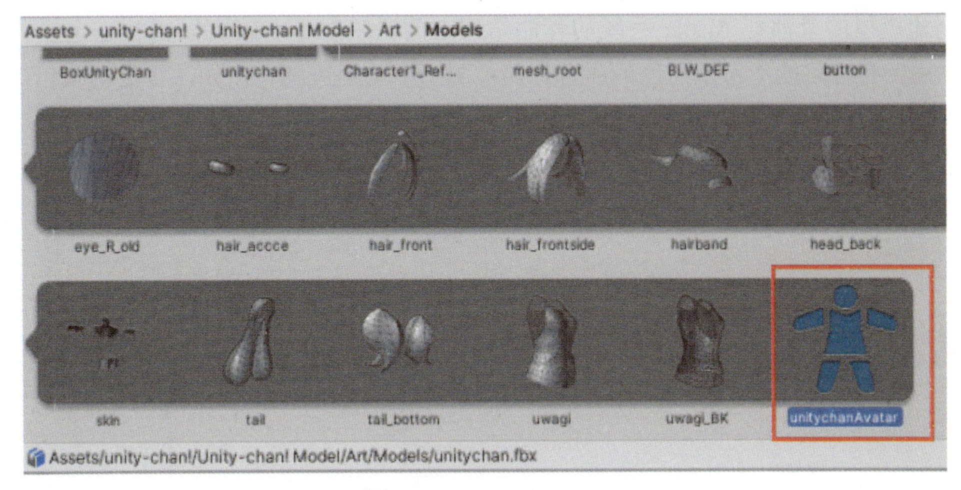

图 4.19　unitychanAvatar

注意

骨骼是骨骼动画中相互关联的部分的层次结构集。蒙皮使三角形的每个顶点都依赖骨骼。

如果动画系统不能自动匹配模型的现有骨骼结构与 Avatar 的骨骼结构，则需要手动配置 Avatar。此外，即使骨骼结构可以成功映射，有时也希望手动调整某些部分以获得更好的结果，此时也可以通过配置 Avatar 资源进行修改。

具体配置步骤如下。

（1）单击模型，打开该模型的 Import Settings 窗口。

（2）单击窗口的 Rig 选项卡中的 Configure 按钮，打开 Avatar Inspector 窗口。

（3）在 Avatar Inspector 窗口中配置骨骼，如图 4.20 所示。

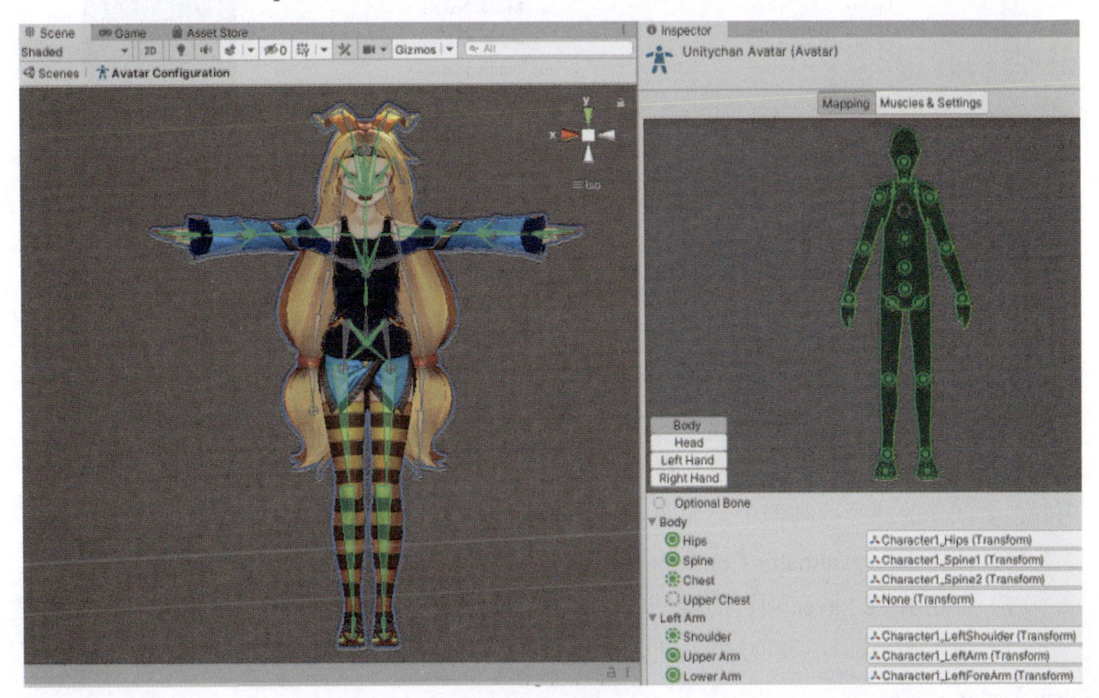

图 4.20　配置 Avatar

创建模型的骨骼和 Avatar 系统的骨骼结构之间的映射后，就可以播放这个角色的动画。然而，有时可能不希望角色的所有骨骼被同一个动画控制。例如，行走动画包括角色摆动手臂，但如果角色拿起手机打电话，手臂就应该抓住手机，而不是在行走时摆动。在这种情况下，就希望将动画限制在特定的身体部位，Unity 提供的 Avatar Mask 就可以实现这样的目标。选择 Assets → Create → Avatar Mask 菜单项，创建 Avatar Mask，如图 4.21 所示。

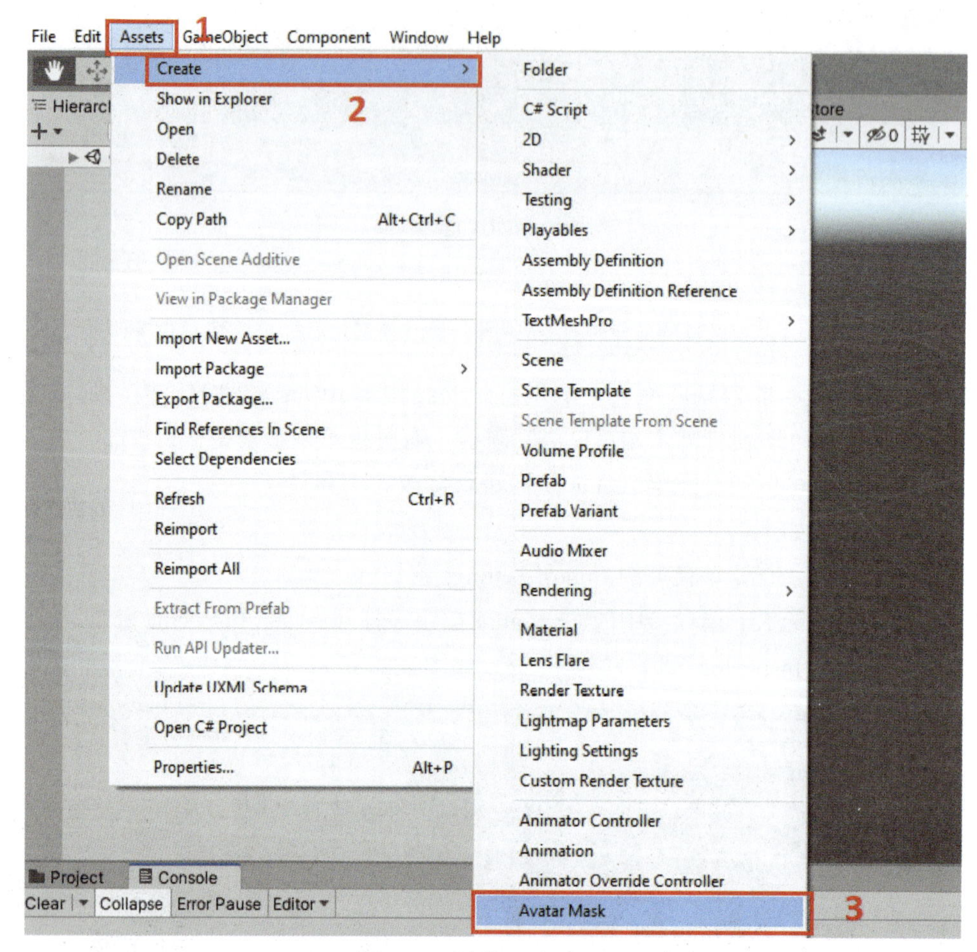

图 4.21　创建 Avatar Mask

创建 Avatar Mask 后，通过配置就可以定义动画的哪些部位应该被屏蔽。如图 4.22 所示，在 Avatar Mask 的 Inspector 窗口中，单击人体示意图，选择或取消选择要屏蔽的某些部位。该例中屏蔽了 Unity-Chan！的手臂，这意味着一些动画在运行时不会影响该手臂。

要使 Avatar Mask 生效，需要将其应用到动画控制器中。在此，将该 Avatar Mask 应用到之前创建的动画控制器中，如图 4.23 所示，具体过程如下。

（1）双击 New Animator Controller 文件，打开 Animator 窗口。

（2）单击 Base Layer 项目的图标，打开 Layer settings 面板。

（3）单击 Mask 字段旁的按钮，并从弹出的 Select AvatarMask 窗口中选择要应用的 New Avatar Mask。

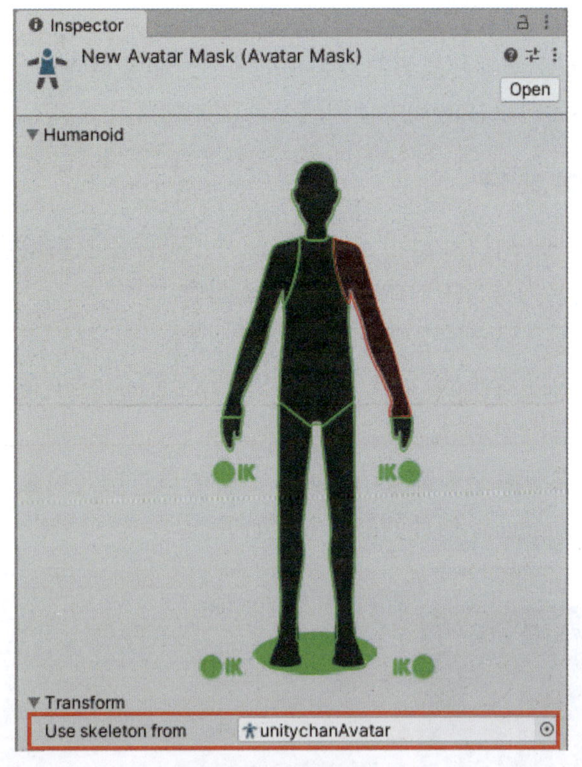

图 4.22　Avatar Mask

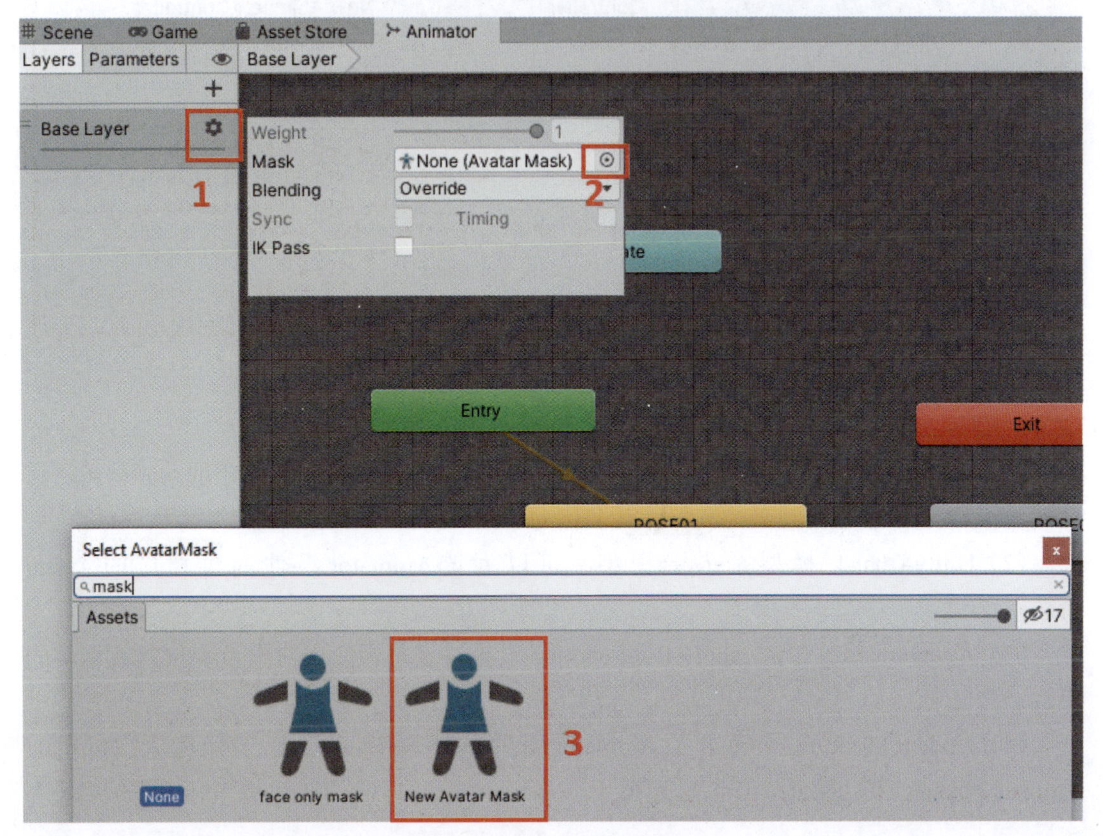

图 4.23　应用 Avatar Mask

这样，动画就被限制在特定的身体部位。

接下来将探讨 Unity 动画开发解决方案中的另一个重要概念——Animator 组件。通过使用 Animator 组件，就可以在游戏中使用这个动画控制器。

4.2.4 Animator 组件

仅创建动画剪辑、动画控制器和 Avatar 资源并不足以使游戏场景中的角色具有动画，还需要 Animator 组件来为场景中的游戏对象分配动画。

> **注意**
> 动画控制器和 Animator 组件名称相似，但功能不同。Animator 组件使用关联的动画控制器将动画应用于游戏对象。

将 Unity-Chan！模型拖动到场景中创建一个新的角色游戏对象，并添加 Animator 组件，如图 4.24 所示。Animator 组件的配置方式如下。

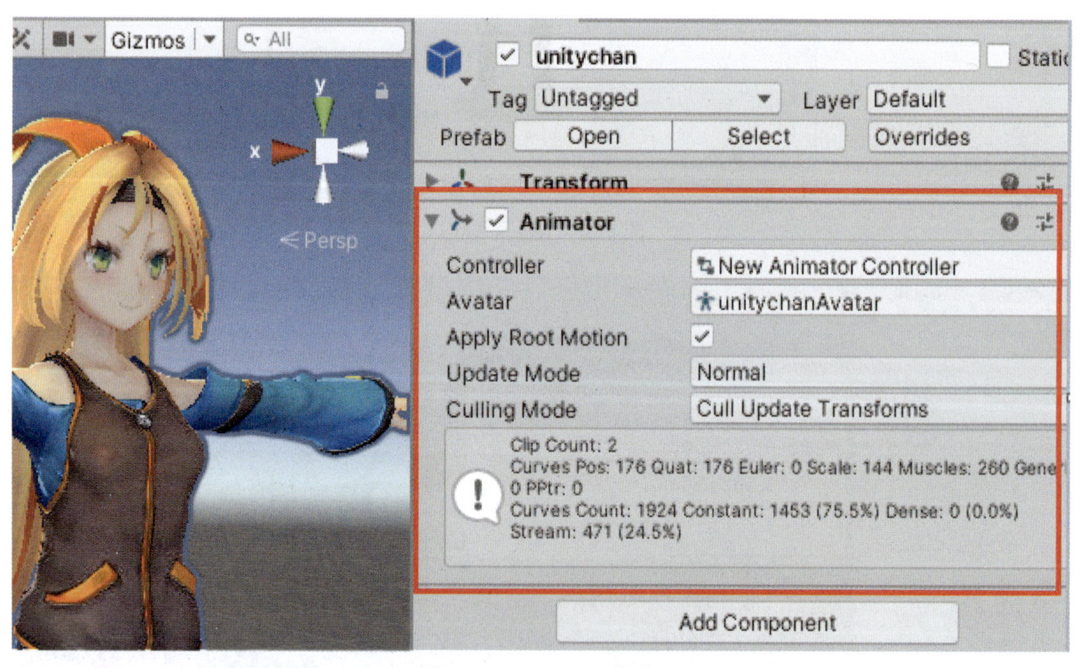

图 4.24　Animator 组件

（1）Animator 组件需要引用一个 Controller，该 Controller 定义要使用的动画剪辑。在此使用 4.2.2 节中创建的动画控制器，其名称为 New Animator Controller。

（2）Unity-Chan！模型是人形模型，可以为该 Animator 组件提供相应的 Avatar 资源。

（3）Animator 组件中的 Apply Root Motion 设置决定是否应用对根节点位置或旋转的更改。

（4）Update Mode 设置确定了 Animator 组件的更新模式，有三种选项：Normal、Animate Physics 和 Unscaled Time，如图 4.25 所示。

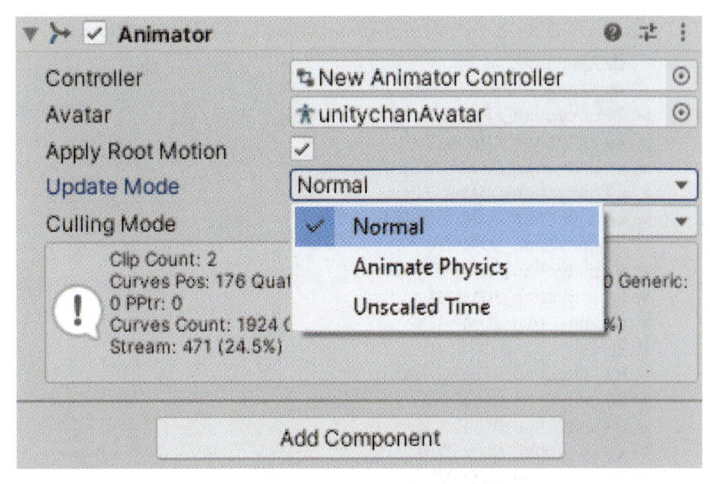

图 4.25　Update Mode 设置

（5）Culling Mode 用来设置 Animator 组件的动画是否应该在屏幕外播放，有三个选项：Always Animate、Cull Update Transforms 和 Cull Completely，如图 4.26 所示。

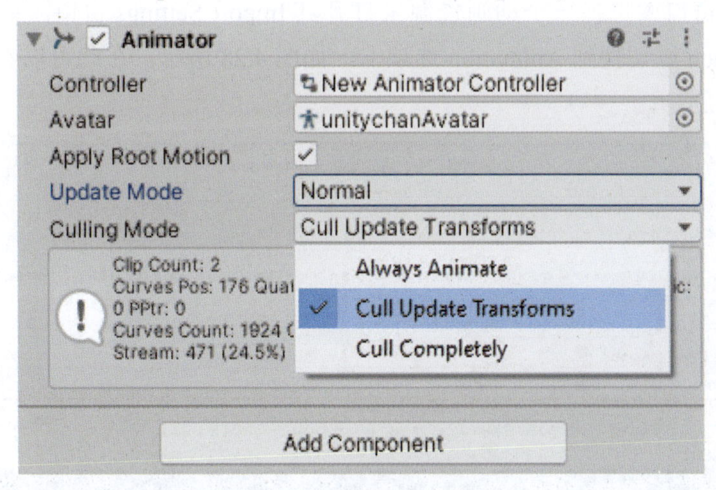

图 4.26　Culling Mode 设置

至此已经了解了 Unity 动画系统的概念。4.3 节将使用动画系统来实现 3D 动画。

4.3　在 Unity 中实现 3D 动画

4.2 节介绍了一些重要的概念，包括动画剪辑、动画控制器、Avatar 和 Animator 组件。本节将学习如何使用这些概念来实现 3D 动画。

4.3.1　导入动画资源

首先，需要了解如何从 DCC（Digital Content Creation）软件中导入动画资源到 Unity 中。仍然以 Unity-Chan！模型为例，可以在 Assets/unity-chan!/Unity-chan! Model/Art/Animations 文件夹中找到所有的动画资源，如图 4.27 所示。

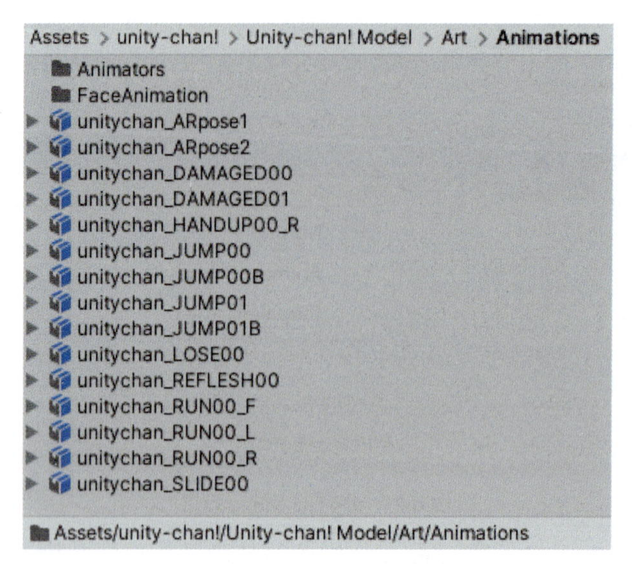

图 4.27　Animations 文件夹

在 Project 窗口中选择一个动画资源来打开其 Import Settings 窗口。单击 Inspector 窗口中的 Animation 以切换到 Animation 选项卡，如图 4.28 所示，在此可以看到动画资源中包含的所有动画剪辑。

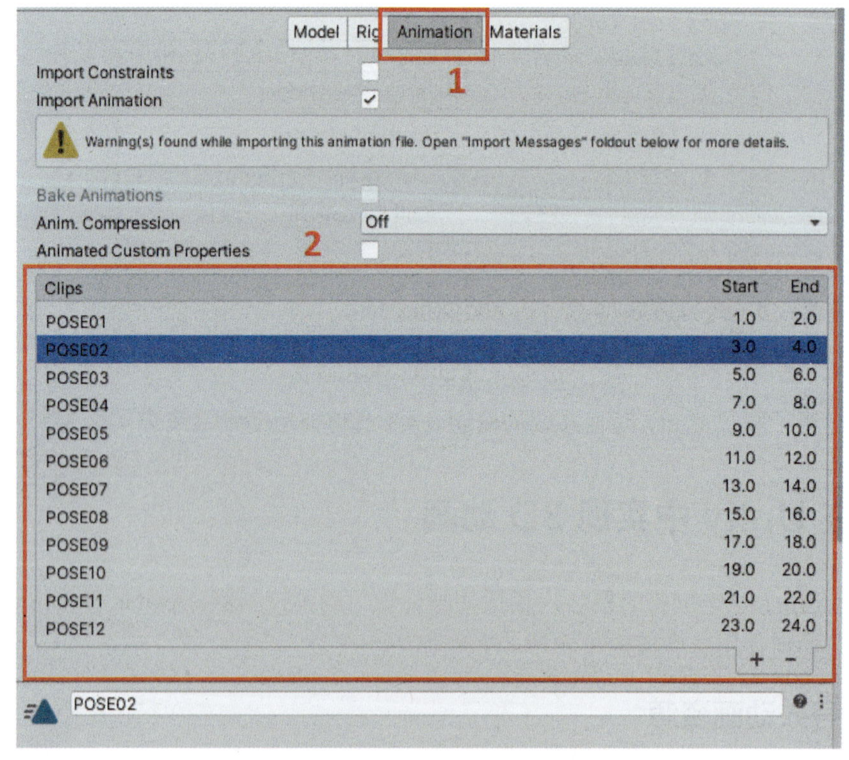

图 4.28　动画剪辑的导入设置

1. 动画压缩

此外，在 Animation 选项卡中，还可以找到与动画相关的导入设置。如图 4.29 所示，Anim.Compression 设置的默认值为 Off，这意味着 Unity 不会减少导入时的关键帧数量。在此情况下，Unity 将保持最高精度的动画，但代价是动画尺寸较大。无论是在硬盘上还是在内存中，减小动画尺寸都是很重要的，此时可以考虑另外两个选项：Keyframe Reduction 和 Optimal。

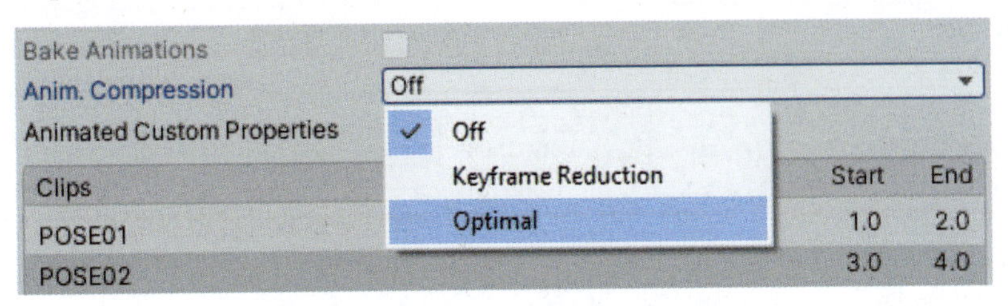

图 4.29　Anim. Compression 设置

如果选择 Keyframe Reduction 选项，则将显示 Animation Compression Error 选项，如图 4.30 所示。这些值意味着降低动画剪辑的精度。默认值为 0.5，该值越小，精度越高。如果选择 Optimal 选项，Unity 将决定如何压缩动画剪辑。

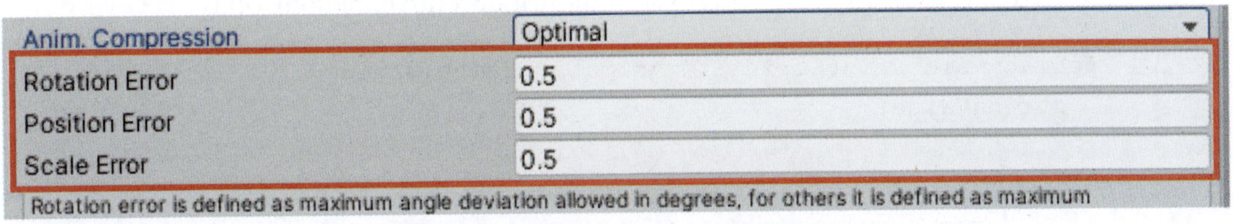

图 4.30　Animation Compression Error

2. 动画事件

可以修改单个动画剪辑的属性。在列表中选择一个动画剪辑后，向下滚动可以查看此特定动画剪辑的设置。

可以通过为动画剪辑添加动画事件的选项在时间轴的指定点调用脚本中的函数，如图 4.31 所示。

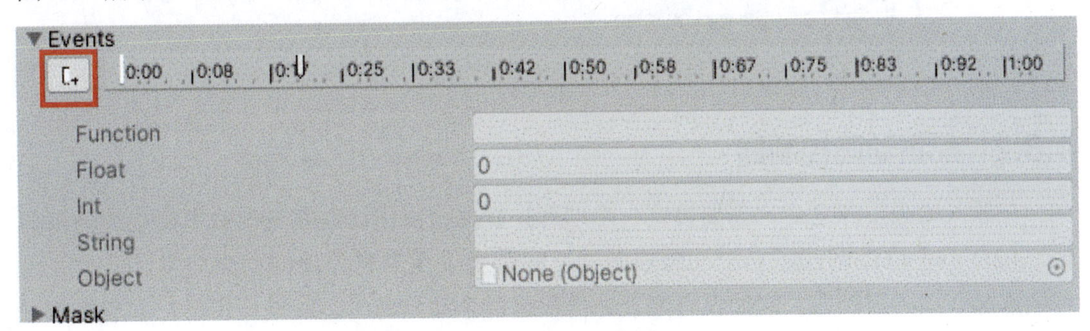

图 4.31　设置动画剪辑

为了创建一个动画事件，首先要定位需要添加事件的点，然后单击左上角的添加事件按钮，这将在时间轴上创建一个小的白色标记，它表示新的事件。在创建一个事件后，还需要按照以下步骤对其进行配置。

（1）如图 4.32 所示，需要填写多个字段。此处，在 Function 字段中输入 PrintStringFromAnimationEvent，这意味着此事件被设置为调用附加到游戏对象的脚本中的 PrintStringFromAnimationEvent 函数。其他几个字段可以为这个函数传递不同类型的参数，如 Float、Int 和 String。

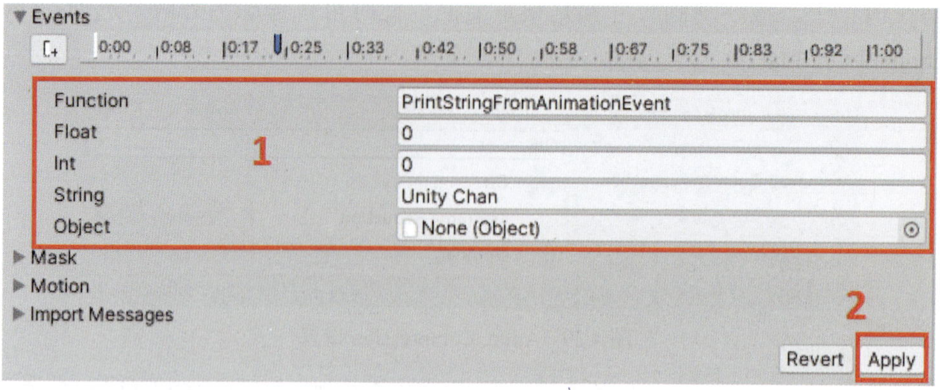

图 4.32　添加一个动画事件

（2）设置事件后，单击 Apply 按钮使事件配置生效。同时，需要实现名称与 Function 字段中已经填写的名称完全匹配的函数，即 PrintStringFromAnimationEvent，代码如下。

```
public void PrintStringFromAnimationEvent(string
  stringValue)
{
    Debug.Log("PrintStringFromAnimationEvent is called
      with a value of " + stringValue);
}
```

此函数将接收一个字符串类型的参数，一旦触发此动画事件，将调用此函数且该字符串值将打印在 Console 窗口中，如图 4.33 所示。

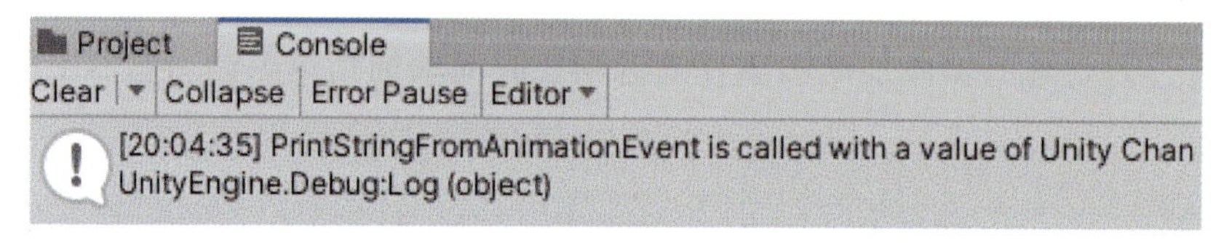

图 4.33　在 Console 窗口中打印字符串值

4.3.2　配置动画控制器

在导入动画资源之后，需要设置一个动画控制器来引用这些将在游戏中使用的动画剪辑。4.2.2 节中已经创建了一个动画控制器，并引用了两个将使用的动画剪辑，但是并没有配置这个动画控制器，例如没有配置如何在这两个动画剪辑之间进行切换。本节将探讨如何配置动画控制器，并使用 C# 代码在不同的动画剪辑之间进行切换。

1. 调整动画速度

可以通过在 Animator 窗口中选择状态来查看动画控制器特定状态的设置，如图 4.34 所示。此处有多种设置，如 Speed、Multiplier 和 Motion Time。通过设置 Speed 可以调整动画速度。Speed 的默认值为 1。如果 Speed 的值为 0.5，则 Motion Time 的播放速度将减半，因此需要两倍的游戏时间。同样地，如果 Speed 的值为 2，则 Motion Time 的播放速度将成为正常速度的两倍，并使游戏时间减半。

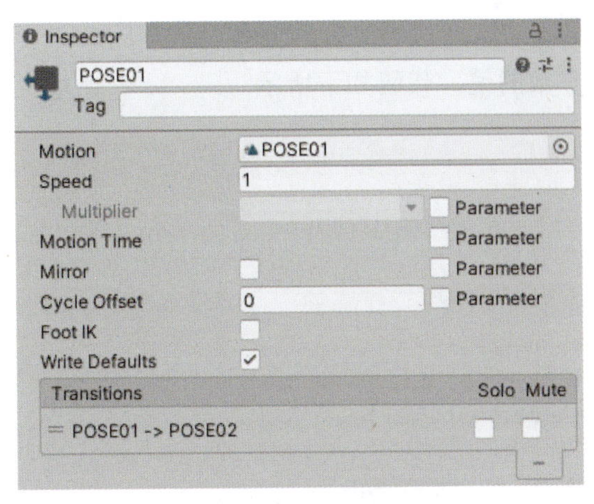

图 4.34　动画状态的设置

2. 动画参数

还有其他设置需要使用参数，如图 4.35 所示。这些参数被称为动画参数，它们是在动画控制器中定义的变量，可以从 C# 脚本中访问和赋值。因此，动画参数是使用 C# 代码来控制动画的重要组成部分。为了添加新的参数和编辑现有的参数，可以单击右上角的 Parameters 按钮切换到 Animator 窗口的 Parameters 部分，参数类型包括 Float、Int、Bool 和 Trigger。

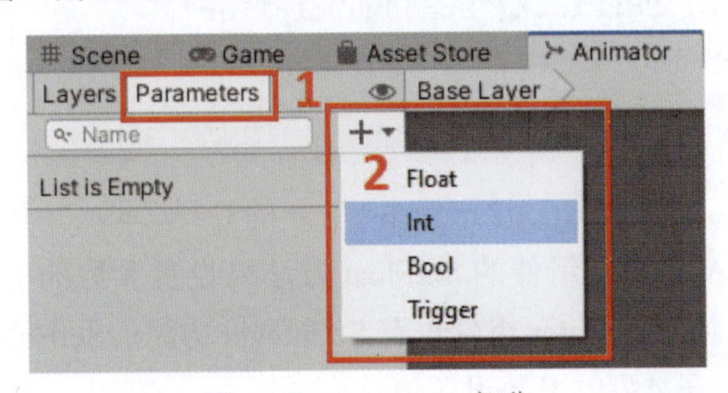

图 4.35　Parameters 部分

为了演示，在此添加一个名为 SpeedMultiplier 的新参数。再次打开 POSE01 动画状态的设置，并在 Multiplier 设置后勾选 Parameter 复选框，可以看到新创建的 SpeedMultiplier 参数出现了，如图 4.36 所示。

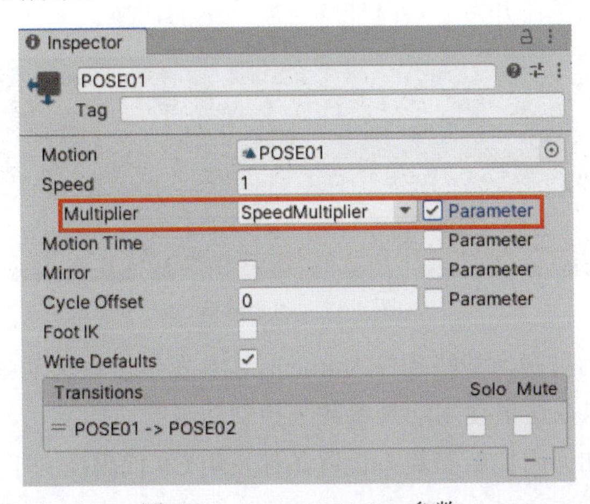

图 4.36　SpeedMultiplier 参数

如前所述，参数可以使用 C# 代码进行访问和赋值。因此，可以创建一个脚本来访问和设置 SpeedMultiplier 参数的值，代码如下所示。

```
using UnityEngine;

public class AnimationParametersTest : MonoBehaviour
{
[SerializeField]
private Animator _animator;
[SerializeField]
private float _speedMultiplier;

    // Start 方法在第一帧之前被调用
    void Start()
    {
        if(_animator == null)
        {
            _animator = GetComponent<Animator>();
        }

        _animator.SetFloat("SpeedMultiplier",
          _speedMultiplier);
    }
}
```

这里创建了一个名为 AnimationParametersTest 的 C# 脚本，并获得对 Animator 组件的引用，然后通过调用 Animator 组件的 SetFloat 方法来设置参数的值，因为需要设置的参数是 float 类型。类似地，Animator 组件也有 SetInteger 方法、SetBool 方法和 SetTrigger 方法，这些方法用于为不同类型的参数设置值。

3. 配置转换

动画参数也可以用于实现动画切换。可以使用动画转换来连接两个动画状态，并在它们之间进行切换，如图 4.37 所示。默认情况下，动画转换会自动在两个连接的动画状态之间切换，但更需要的是在开发游戏时能够控制动画的切换。

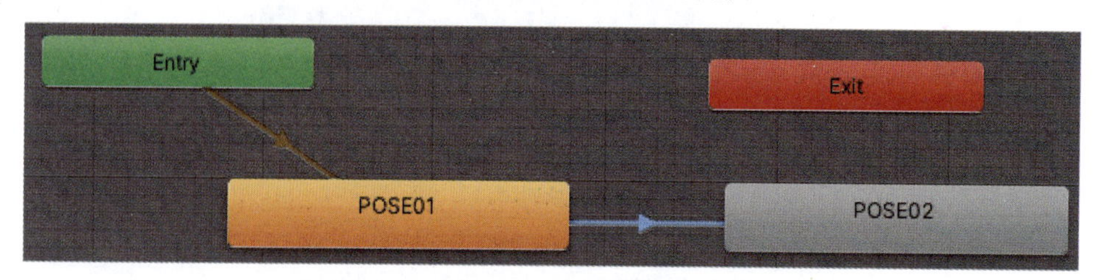

图 4.37　动画转换

可以将转换设置为只有当某些条件为 true 时才会发生，并且动画参数用来确定是否满足这些条件，所以可以在这里使用动画参数来控制动画的切换。

以下步骤演示了如何添加新参数、设置条件及用 C# 代码控制不同动画之间的切换。

（1）切换到 Animator 窗口的 Parameters 部分，创建一个名为 Run 的 Bool 变量参数，其默认值为 false，如图 4.38 所示。

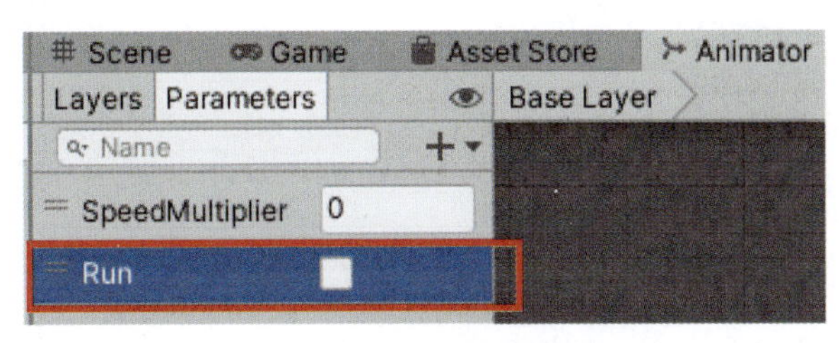

图 4.38 一个新的参数

（2）选择要应用条件的转换，此处选择从 POSE01 到 POSE02 的转换。

（3）在 POSE01->POSE02 转换的 Inspector 窗口中，将该转换命名为 Go To Run，如图 4.39 所示。

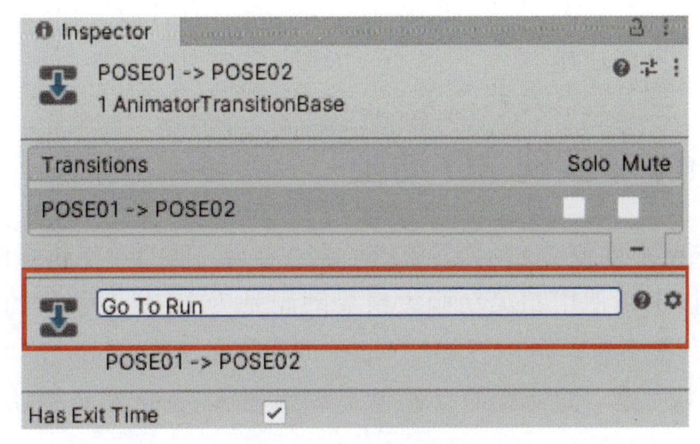

图 4.39 为转换命名

（4）在 Inspector 窗口的底部有该转换的条件列表。通过单击+按钮，为 Go To Run 转换添加一个条件，如图 4.40 所示。

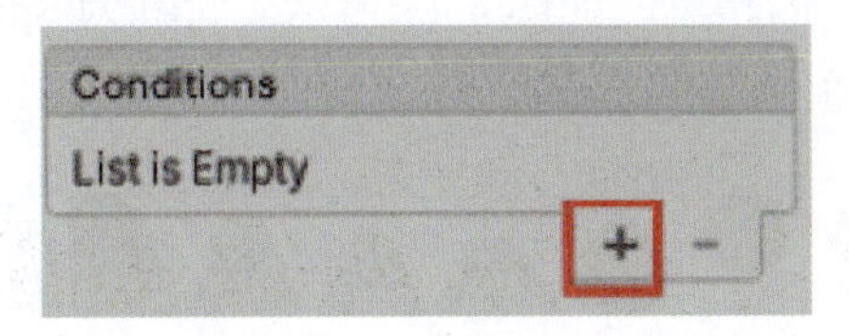

图 4.40 添加一个条件

（5）添加条件后，还需要选择一个参数，参数值被视为条件。将 Run 设置为参数，当 Run 的值为 true 时，可以认为满足了该条件，如图 4.41 所示。

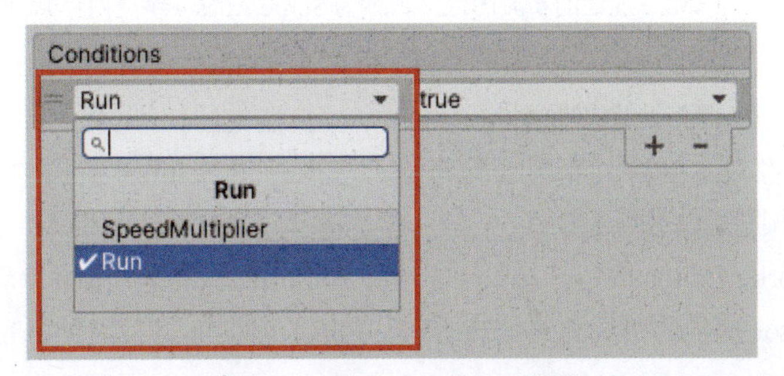

图 4.41 选择一个参数作为条件

（6）Run 的默认值为 false，因此为了从 POSE01 切换到 POSE02，需要创建一个 C# 脚本设置该值，如图 4.42 所示。

```
Unity Message | 0 references
private void Update()
{
    bool canRun = Input.GetKey(KeyCode.R);
    _animator.SetBool("Run", canRun);
}
```

图 4.42　C# 脚本

当用户按下由 KeyCode 标识的键时，Input.GetKey 方法将返回 true，否则将返回 false，然后使用该逻辑值来设置 Run 的值，这样就可以通过按键来控制动画的切换。

本节学习了如何实现 3D 动画，以及如何在 Unity 中通过 C# 代码来控制动画。接下来，将讨论如何实现 2D 动画。

4.4　在 Unity 中实现 2D 动画

本节将在 Unity 中实现 2D 动画。2D 动画的实现不同于 3D 动画的实现。2D 动画的一种常用实现技术是使用精灵动画，精灵动画是为 2D 资源创建的动画剪辑。创建精灵动画的方法有很多种。可以直接在 Unity 编辑器的 Animation 窗口中进行创建，也可以在外部工具中创建，如流行的动画精灵编辑器 Aseprite 和免费的在线精灵编辑器 Piskel。

这里使用由外部工具创建的精灵动画。可以从 Unity Asset Store 下载这个资源，地址为 https://assetstore.unity.com/packages/2d/characters/free-pixel-mob-113577。下载资源后，可以发现图像包含许多不同的精灵，如图 4.43 所示。它称为 Sprite Sheet（精灵表），是一个包含连续精灵的图像，通常用于动画的 2D 资源。

图 4.43　Sprite Sheet

> **注意**
> 如果一个图像包含一组非连续的精灵图像，则称为 Sprite Atlas（精灵图集），它通常用于实现 UI。

通过执行以下步骤将此图像文件导入 Unity 编辑器中。

（1）由于图像包含一系列精灵图像，因此在 Import Settings 窗口中将 Sprite Mode 设置为 Multiple，如图 4.44 所示。

（2）单击 Sprite Editor 按钮，打开 Unity 中的 Sprite Editor（精灵编辑器），如图 4.45 所示。Sprite Editor 提供的工具允许修改 Sprite Sheet，例如，可以将 Sprite Sheet 切分成多个独立的精灵。

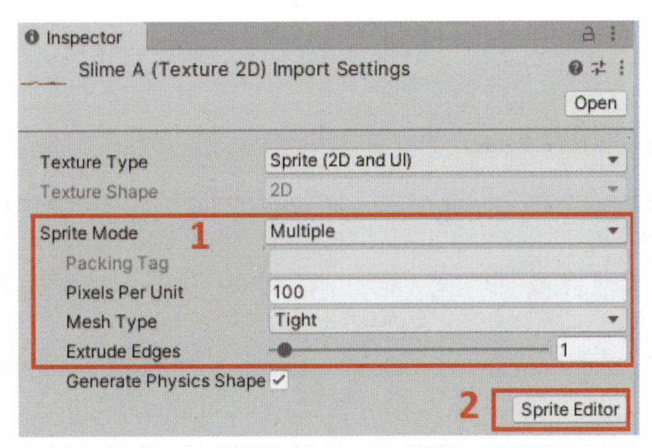

图 4.44　Sprite Sheet 的 Import Settings

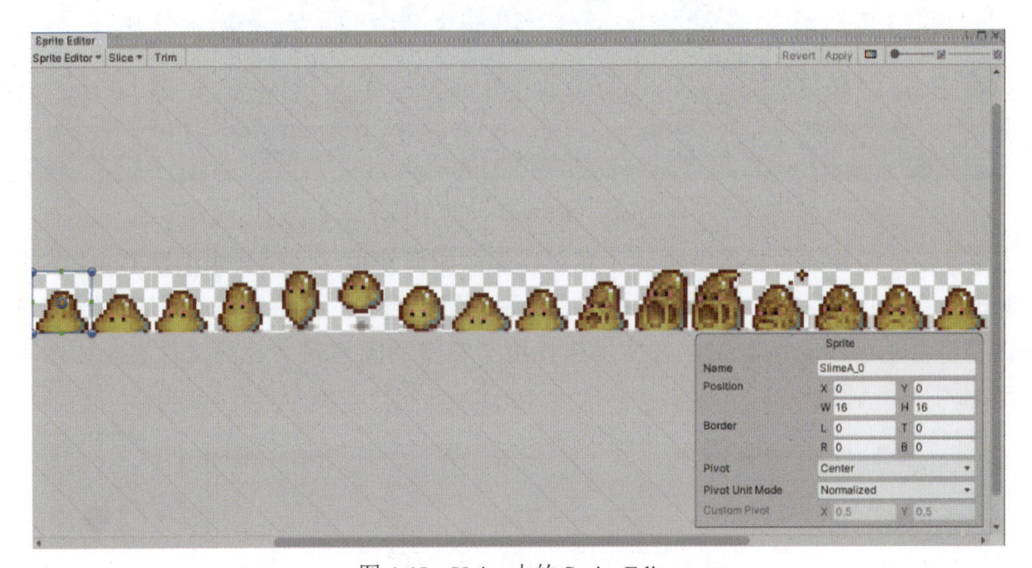

图 4.45　Unity 中的 Sprite Editor

（3）打开 Slice 下拉菜单，将菜单中的 Type 设置为 Grid By Cell Count。由于有 16 个独立的精灵图像，因此在 Grid By Cell Count 的选项中，将 Column 的值改为 16，将 Row 的值改为 1。然后单击下拉菜单底部的 Slice 按钮，关闭 Sprite Editor，如图 4.46 所示。

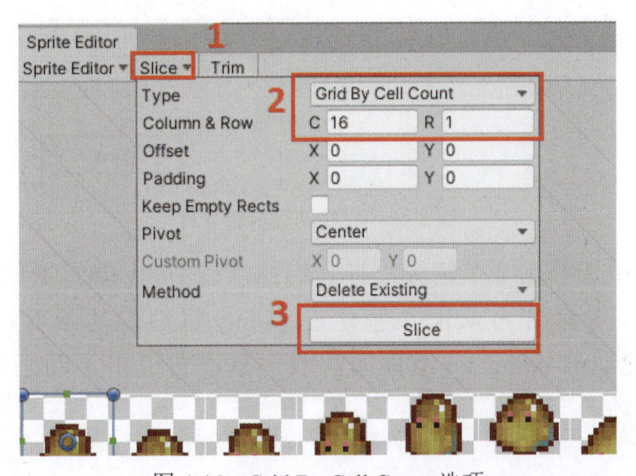

图 4.46　Grid By Cell Count 选项

（4）在 Project 窗口选中 Sprite Sheet 资源，将其展开，可以看到其中的独立的精灵，如图 4.47 所示。

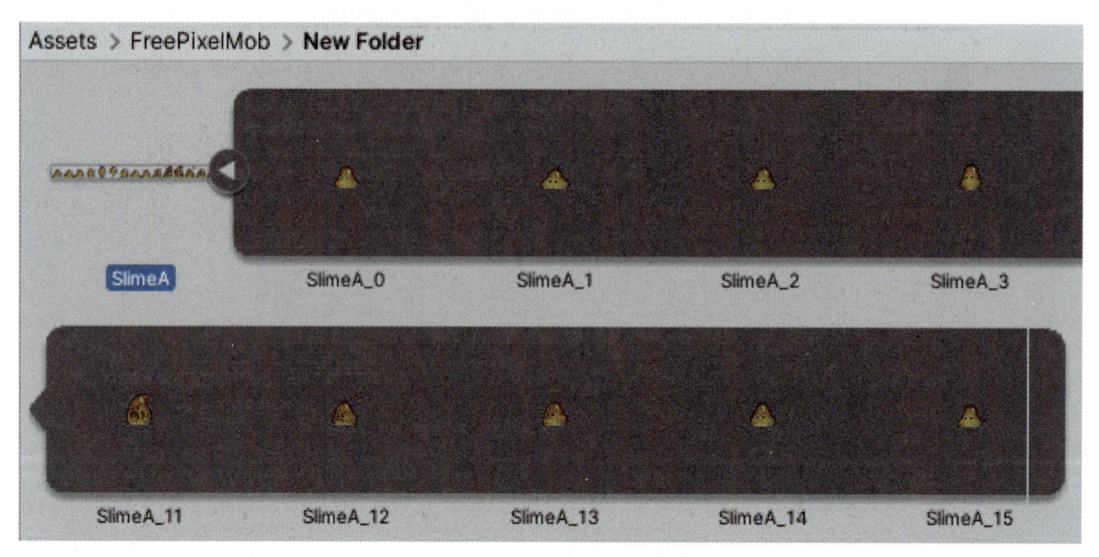

图 4.47　Sprite Sheet 中的精灵

至此，已经导入了资源并创建了精灵。那么如何使用这些精灵来创建 Unity 中的动画剪辑？答案并不复杂，只需要选择组成动画剪辑的精灵，将它们拖动到场景中。Unity 编辑器将自动创建动画剪辑，并要求选择用于存储动画剪辑文件的文件夹，如图 4.48 所示。

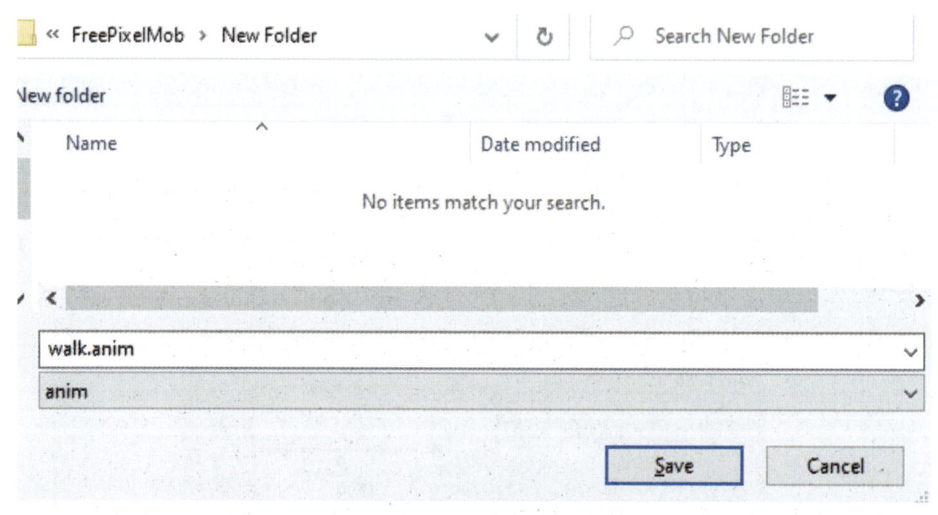

图 4.48　创建动画剪辑文件

从 Spite Sheet 中选择前 8 个精灵，将它们拖动到 Unity 编辑器的 Scene 视图中，然后将动画剪辑文件重命名为 walk 并保存它。Unity 将创建动画剪辑文件和一个动画控制器。还将创建具有 Animator 组件的游戏对象，它引用了动画控制器，如图 4.49 所示。

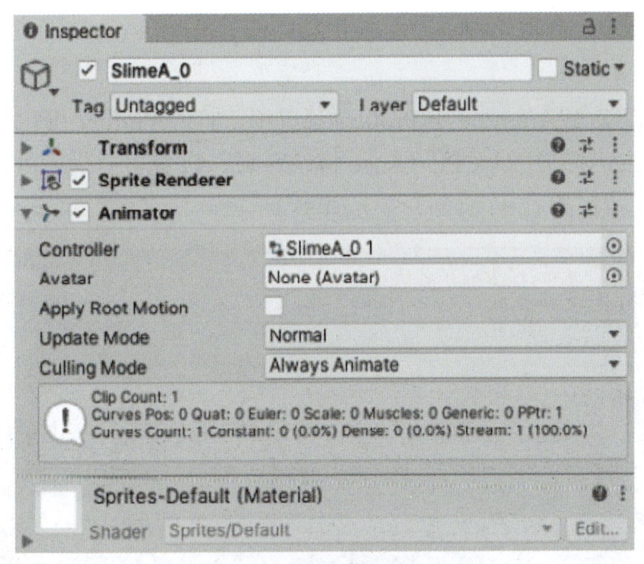

图 4.49　场景中的新游戏对象

现在可以单击 Unity 编辑器中的 Play 按钮运行游戏，播放动画，可以看到 walk 动画正在播放，如图 4.50 所示。

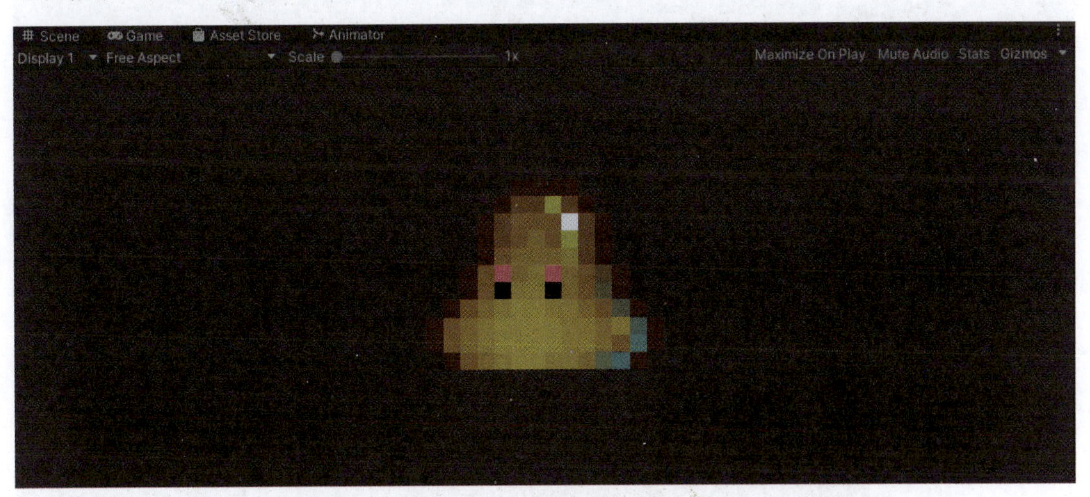

图 4.50　播放 walk 动画

本节讲解了如何实现 2D 动画。接下来将分享一些提高动画系统的性能的技巧。

4.5　提高 Unity 动画系统的性能

在 Unity 中，动画的实现可能会导致过多的内存占用和 CPU 开销。本节将讨论如何避免由动画引起的性能问题。首先介绍 Unity Profiler 工具，以及如何使用该工具来查看与动画相关的性能指标，然后研究如何减少动画的 CPU 开销和内存占用。

4.5.1　Unity Profiler 工具

Unity 编辑器为开发人员提供了 Profiler 工具，可以使用该工具来查看游戏的详细内存使用情况和实时的 CPU 开销。为了查看关于动画的 CPU 开销的性能数据，应该遵循以下步骤。

（1）单击 Window → Analysis → Profiler 菜单项，打开 Profiler 窗口。

（2）单击 Profiler 窗口中的 CPU Usage 模块区域，以查看有关 CPU 开销的性能数据，如 Animator.Update 消耗的 CPU 时间，如图 4.51 所示。

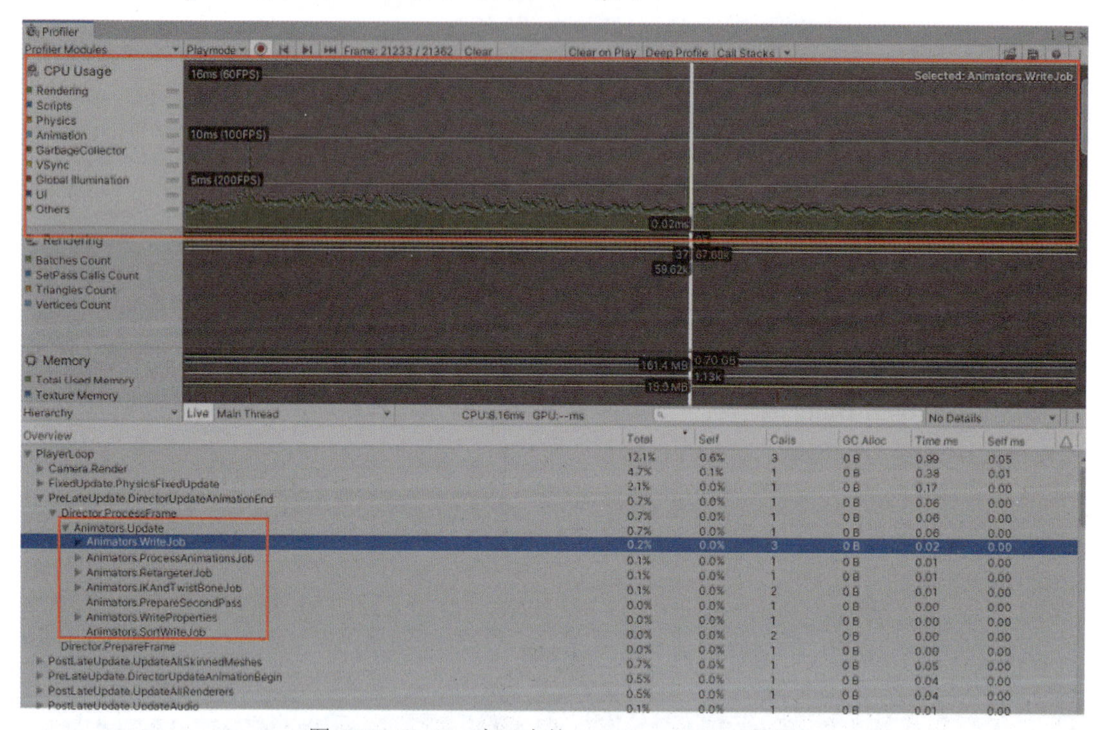

图 4.51　Profiler 窗口中的 Animator. Update 数据

（3）Unity Profiler 工具还允许从 Hierarchy 模式切换到 Timeline 模式，如图 4.52 所示，这在某些情况下更加直观。

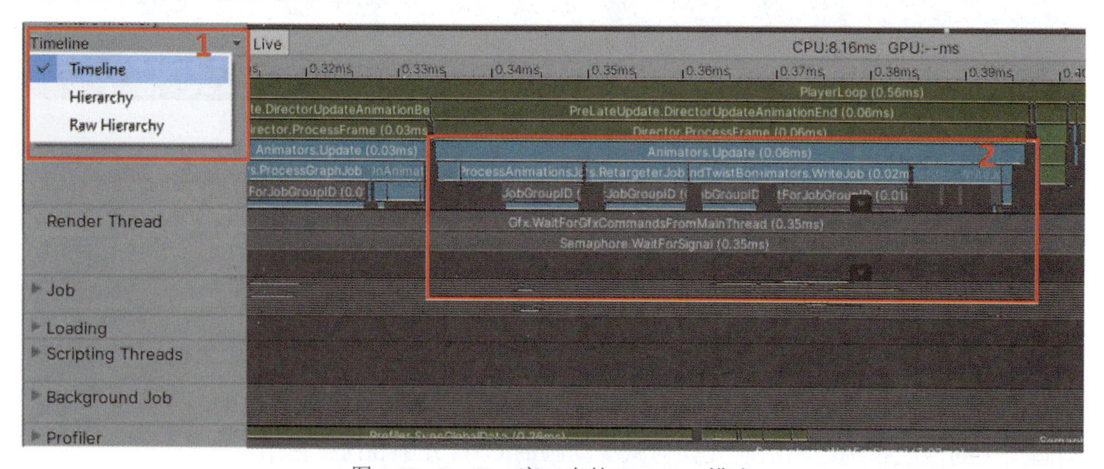

图 4.52　Profiler 窗口中的 Timeline 模式

除了 CPU Usage 模块外，还可以在 Memory 模块中查看游戏的详细内存消耗情况。

（4）单击 Profiler 窗口中的 Memory 模块区域查看内存消耗的性能数据。默认显示模式为 Simple 模式，内存消耗按 Profiler 窗口中的类型计算。例如，Textures 的内存使用量为 161.4 MB，Meshes 的内存使用量为 10.1 MB，如图 4.53 所示。

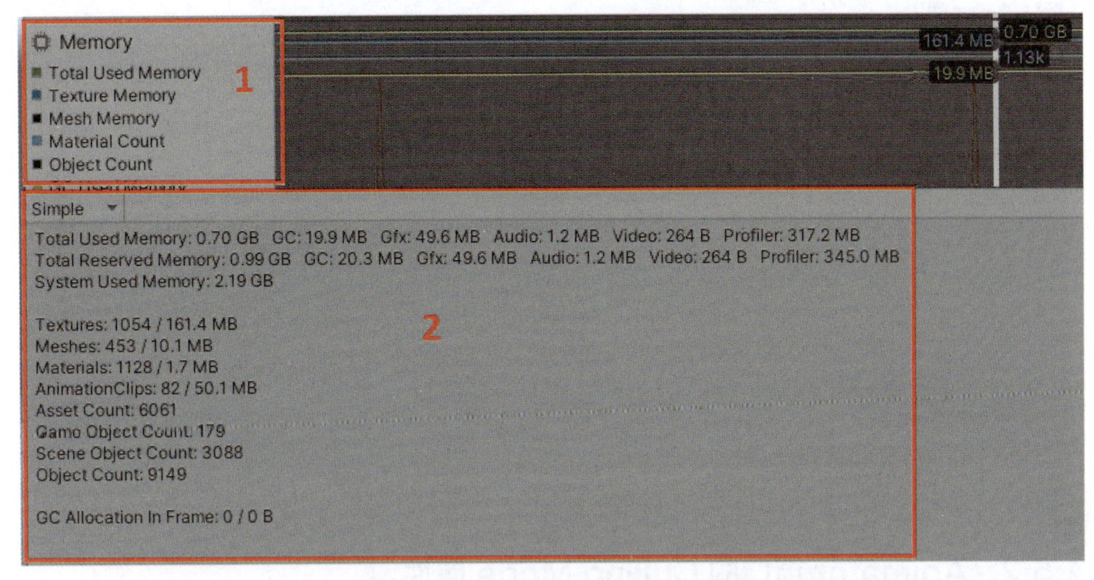

图 4.53　Profiler 窗口中的 Memory 数据

（5）与 Simple 模式相比，Detailed 模式更强大。从左上角的下拉菜单中选择 Detailed 选项从 Simple 模式切换到 Detailed 模式，如图 4.54 所示。

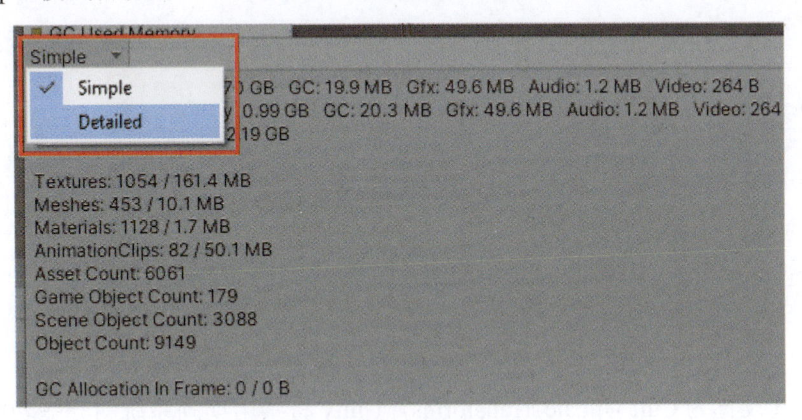

图 4.54　切换到 Detailed 模式

Detailed 模式不像 Simple 模式那样实时显示内存消耗数据，需要手动单击 Take Sample Playmode 按钮来采样当前时间的游戏内存，如图 4.55 所示。

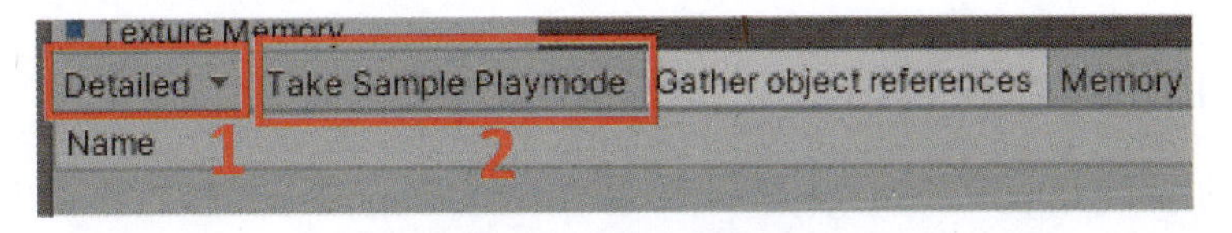

图 4.55　获取内存采样

根据游戏中创建的对象数量或消耗的内存，采样时间有所不同。一旦采样完成，将能看到详细的内存开销。例如，有 82 个动画剪辑占用了 50.1 MB 的内存，如图 4.56 所示。

Detailed ▾ | Take Sample Playmode | Gather object references | Memory usage in the Editor is not the same as it would be in a Player

Name	Memory	Ref cour
▶ Other (490)	0.65 GB	
▶ Not Saved (4187)	178.4 MB	
▼ Assets (4493)	138.2 MB	
▼ AnimationClip (82)	50.1 MB	
WAIT02	5.7 MB	1
WAIT01	4.4 MB	1
WAIT04	3.7 MB	1
WAIT03	3.7 MB	1
WALK00_B	3.2 MB	1
WIN00	2.1 MB	1
REFLESH00	1.9 MB	1
WAIT00	1.9 MB	1
DAMAGED01	1.9 MB	1
LOSE00	1.7 MB	1
JUMP01B	1.5 MB	1
JUMP00	1.4 MB	1
JUMP00B	1.4 MB	1
SLIDE00	1.1 MB	1
WALK00_L	1.0 MB	1
WALK00_R	1.0 MB	1
WALK00_F	1.0 MB	1

图 4.56　Profiler 窗口中的详细内存数据

4.5.2　Animator 窗口的 Culling Mode 属性

为了减少动画的 CPU 开销，应该将 Animator 窗口的 Culling Mode 属性设置为 Cull Update Transforms 或 Cull Completely，如图 4.57 所示。

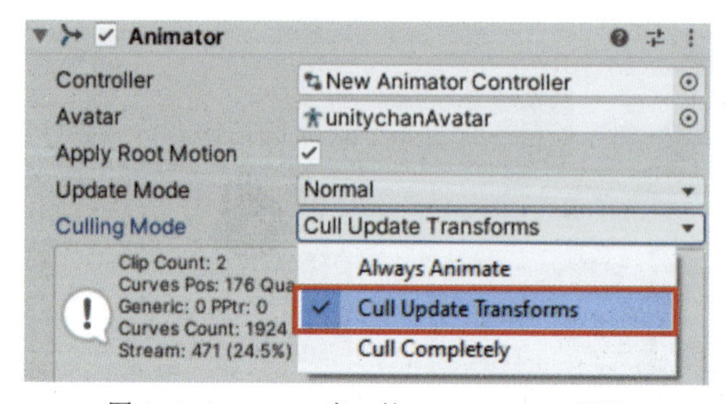

图 4.57　Animator 窗口的 Culling Mode 属性

如果将其设置为 Cull Update Transforms，Unity 将禁用动画系统的一些功能。例如当 Animator 在屏幕上不可见时，禁用 Retarget（重定向）、IK 变换。如果将其设置为 Cull Completely，Unity 将在 Animator 不可见时完全禁用动画。因此，可以实现降低 CPU 开销的目标。

4.5.3　Anim.Compression

可以在动画的 Import Settings 窗口设置 Anim.Compression 来节约内存，如图 4.58 所示。

如果将其设置为 Keyframe Reduction，Unity 将减少导入时的关键帧，并在文件中存储动画时压缩关键帧。如果设置为 Optimal，将由 Unity 决定如何压缩：减少关键帧或使用密集格式。

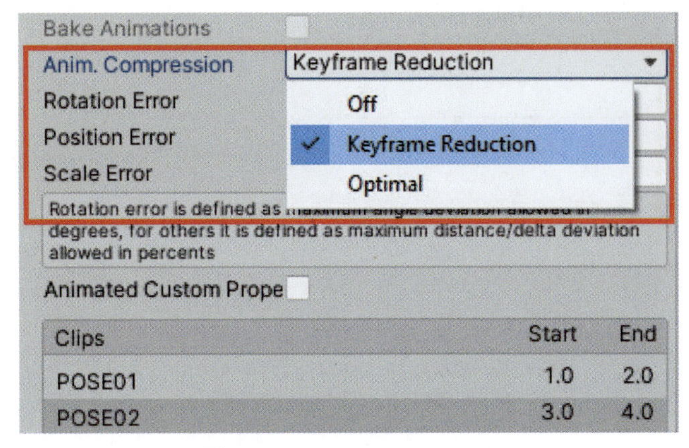

图 4.58　Anim. Compression

4.6　本章小结

本章首先介绍了 Unity 动画系统的一些最重要的概念，如动画剪辑、动画控制器、Avatar 和 Animator 组件。然后，演示了如何在 Unity 中实现 3D 动画，包括如何将动画资源导入 Unity 编辑器，如何在动画剪辑上创建动画事件，以及如何设置动画参数并通过 C# 代码控制动画，等等。接着，讨论了如何在 Unity 中实现 2D 动画。2D 动画的实现不同于 3D 动画的实现。2D 动画的一种常见实现技术是使用精灵动画，这是为 2D 资源创建的动画剪辑。最后，探讨了在 Unity 中实现动画的一些最佳实践，以优化由动画系统造成的性能问题。

第 5 章 使用 Unity 物理系统

游戏中的物理模拟不仅是实现游戏真实感的不可或缺的功能，还可以提高游戏的趣味性和可玩性。一般来说，物理模拟决定了物体如何移动及物体间如何相互碰撞，如玩家和墙壁之间的碰撞及重力的影响。作为一个流行的游戏引擎，Unity 为开发者提供了各种工具，允许开发者在游戏中集成物理模拟功能。

5.1 技术要求

可以在 GitHub 上找到本章的完整代码示例，资源地址为 https://github.com/PacktPublishing/Game-Development-with-Unity-for-.NET-Developers。

5.2 Unity 物理系统中的概念

模拟是游戏的一个有用的功能。Unity 为不同目的提供了不同的工具。例如，如果想开发一个 3D 游戏，那么可以使用 Nvidia PhysX 引擎集成的内置 3D 物理系统。如果想在 2D 游戏中添加物理模拟，那么可以选择与 Box2D 引擎集成的内置 2D 物理系统。

> **注意**
> PhysX 是一个开源的、实时的物理引擎中间件 SDK，由 Nvidia 开发，是 Nvidia GameWorks 软件套件的一部分。Box2D 是一个免费的开源 2D 物理模拟器引擎。

除了这些内置的物理系统，Unity 还提供了物理引擎包，包括 Unity Physics 包和 Havok Physics for Unity 包。它们不同于内置的物理系统，它们需要使用 Unity Package Manager 单独安装，并且在具有 Unity 的面向数据的技术栈（DOTS）的项目中使用。第 9 章介绍 DOTS。

> **注意**
> Havok Physics 主要用于视频游戏，允许在 3D 空间中实现刚体的实时碰撞和动态模拟。

本章将重点讨论内置的物理系统。下面先学习 Unity 物理系统中的基本概念。

5.2.1 Collider（碰撞体）

与渲染功能类似，物理引擎也需要掌握游戏场景中的游戏对象的形状，以便正确地进行物理模拟。在开发一个 Unity 项目时，可以使用 Collider 组件来定义用于物理碰撞计算的游戏对象的形状。

需要注意的是，由 Collider 定义的形状不必与模型的形状完全相同，甚至可以创建一个不需要模型显示的 Collider。例如，可以在场景中创建一个 Cube 对象，Unity 将自动创建一个 Collider 组件并附加到这个 Cube 对象上。然后，可以从 Inspector 窗口修改 Collider 的形状，如图 5.1 所示。Collider 的形状与模型的形状不同。

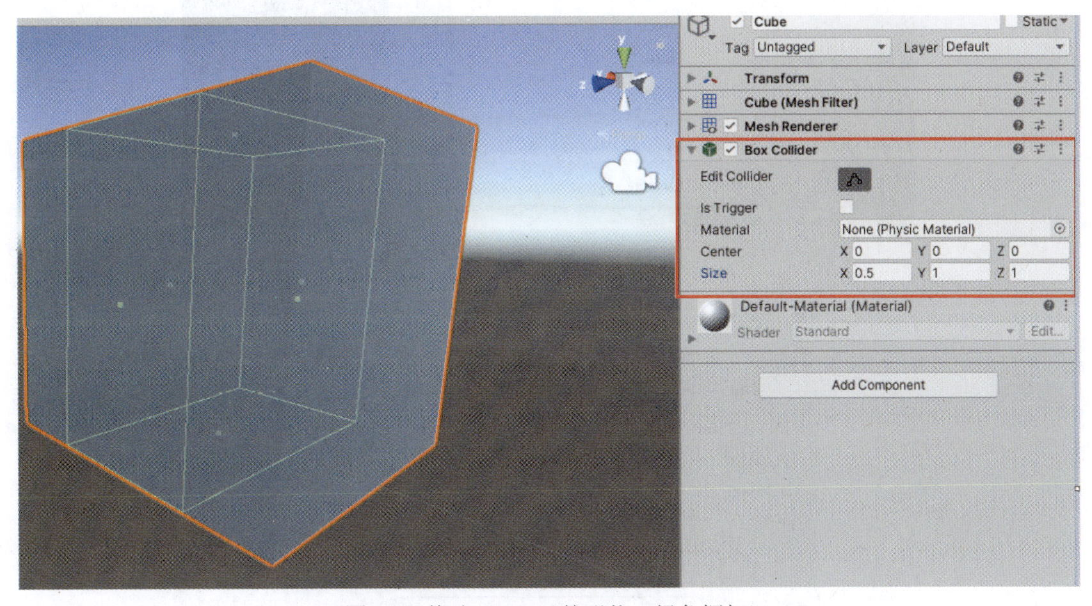

图 5.1　修改 Collider 的形状（绿色框架）

为了降低物理模拟的复杂度和提高游戏的性能，经常使用一些粗糙的形状，如 Box Collider（箱式碰撞体）和 Sphere Collider（球体碰撞体）。

1. 基础碰撞体

Unity 为游戏开发者提供了一组基础碰撞体，包括 Sphere Collider 和 Box Collider。Box Collider 是 Unity 中最常用的碰撞体之一。它将被自动创建并分配给场景中的 Cube 对象，如图 5.1 所示。还可以手动添加一个 Box Collider 到一个游戏对象，如图 5.1 所示。

（1）单击 Create Empty 菜单项，在场景中创建一个游戏对象，如图 5.2 所示。

（2）选择创建的游戏对象，单击 Inspector 窗口中的 Add Component 按钮，如图 5.3 所示。

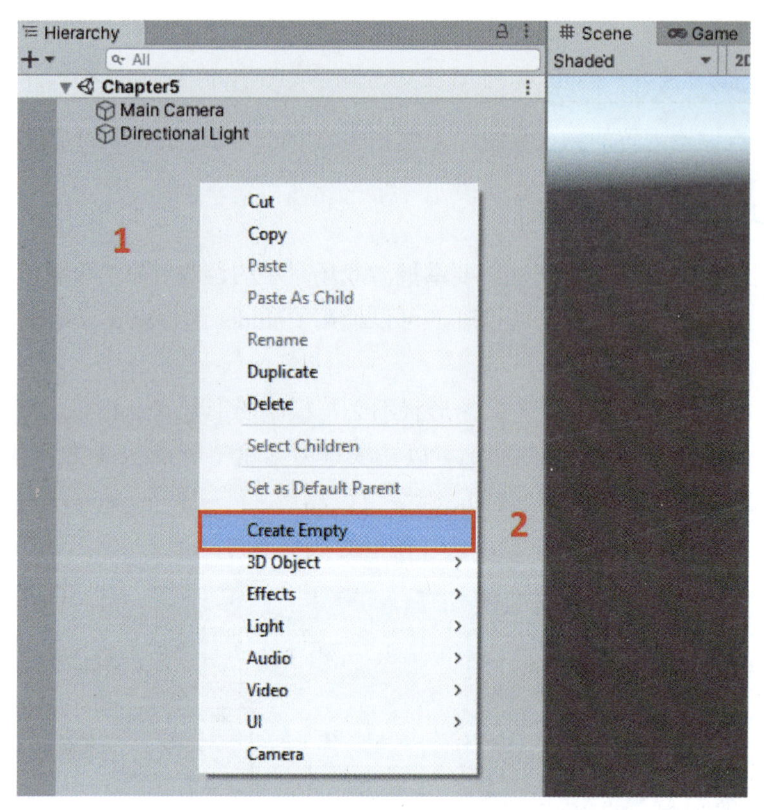

图 5.2　创建一个游戏对象

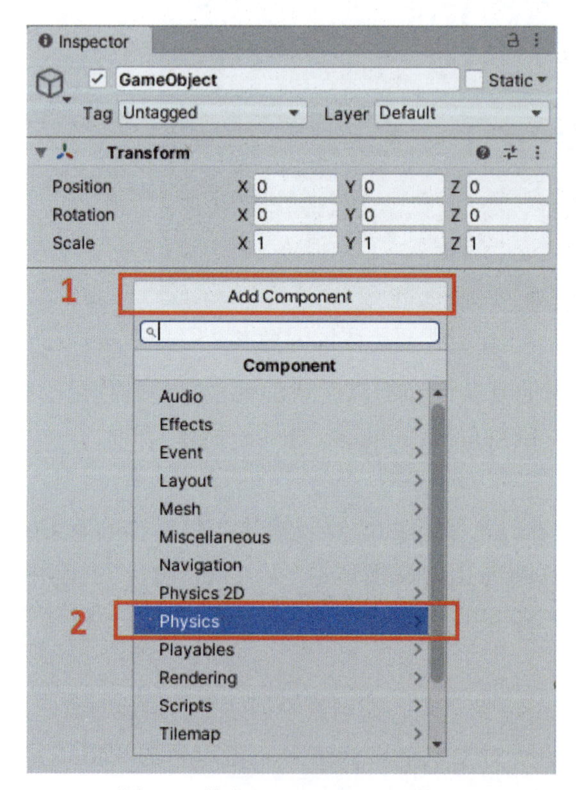

图 5.3　单击 Add Component 按钮

（3）可以通过选择 Physics → Box Collider 选项或在搜索框中输入 Box Collider，将 Box Collider 组件添加到该游戏对象，如图 5.4 所示。

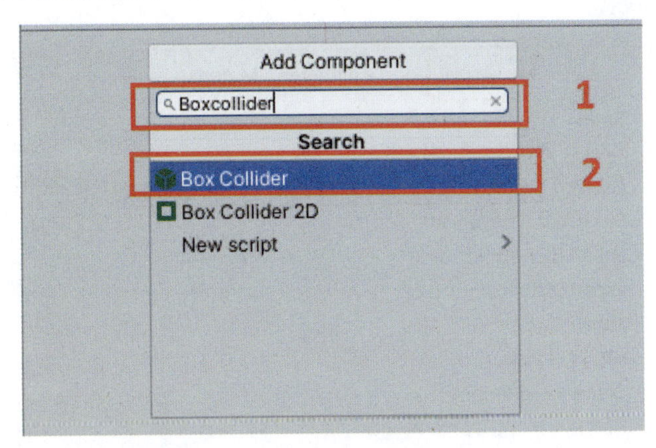

图 5.4　添加 Box Collider 组件

Box Collider 组件的属性如图 5.5 所示。

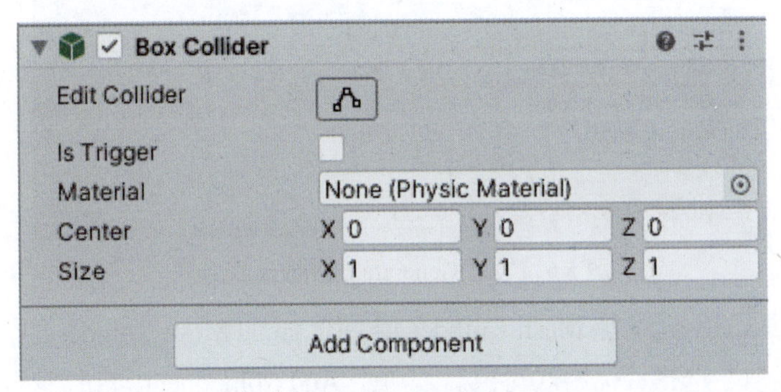

图 5.5　Box Collider 组件的属性

单击顶部的 Edit Collider 按钮可以在场景中编辑此碰撞体的形状。Is Trigger 复选框如果被勾选，意味着该碰撞体将被用作触发器。Material 属性用于引入物理材质的实例，它的默认值为空，可以分配一个物理材质的实例来调整碰撞体的摩擦和弹力效果。Center 属性和 Size 属性分别用于修改此碰撞体的位置和大小。

与 Box Collider 类似，Unity 还提供了其他的基础碰撞体，如 Sphere Collider。

在对物理碰撞模拟的精度要求不高的情况下，可以使用基础碰撞体。如果游戏需要精确的物理碰撞模拟，那么可以使用 Mesh Collider。

2. Mesh Collider（网格碰撞体）

有时，需要开发一些对物理模拟精度要求很高的游戏项目。在这种情况下，游戏对象的物理形状通常需要与游戏对象的模型网格的形状一致，这就是为什么需要 Mesh Collider。

有不同的方法可以添加一个 Mesh Collider 到一个游戏对象。因为 Mesh Collider 需要网格的信息，所以，第一种添加 Mesh Collider 的方法是将模型导入 Unity 编辑器。勾选 Generate Colliders 复选框，以导入自动附加 Mesh Collider 的网格，如图 5.6 所示。

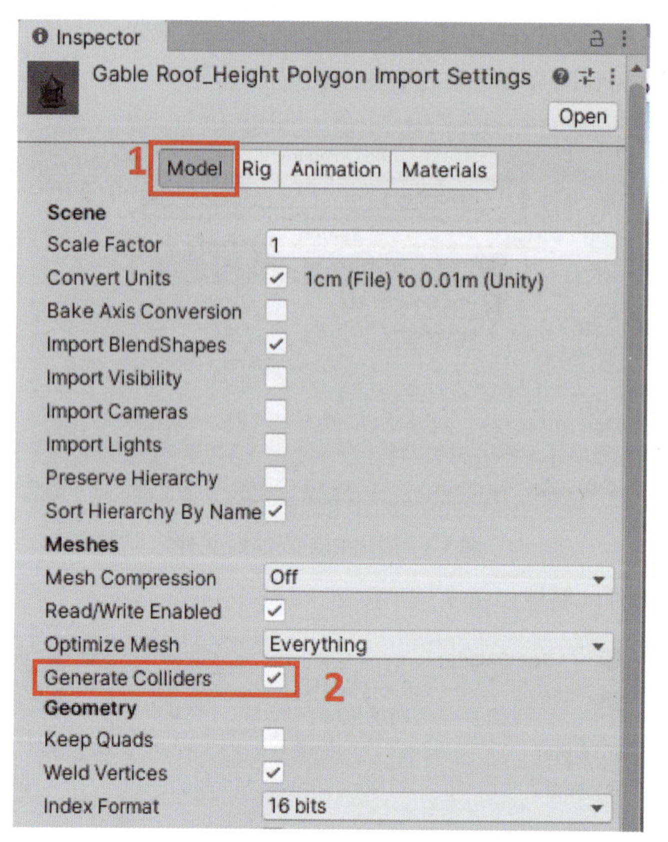

图 5.6　勾选 Generate Colliders 复选框

第二种方法是手动添加Mesh Collider组件。添加Mesh Collider的步骤与添加Box Collider的步骤类似。选择目标游戏对象后，单击Add Component按钮，然后选择Physics → Mesh Collider选项将Mesh Collider添加到游戏对象中，如图5.7所示。

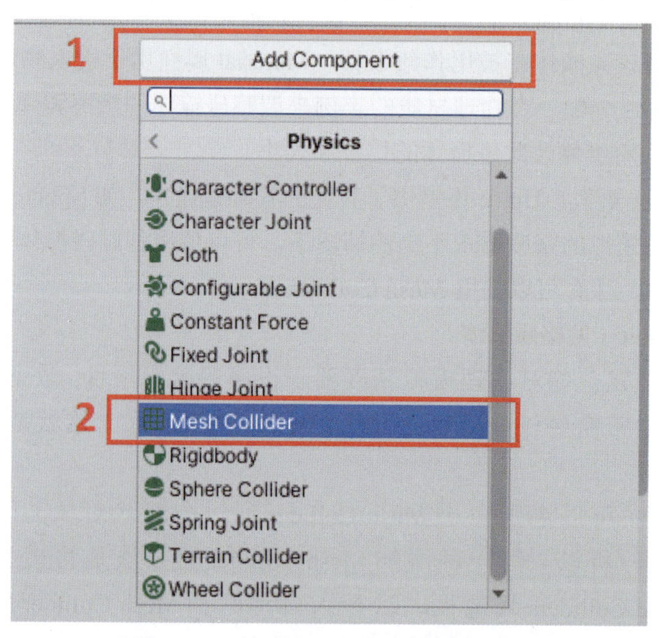

图 5.7　添加 Mesh Collider 到游戏对象

由于模型的网格可能由许多顶点和三角形组成，并Mesh Collider将基于网格生成，因此Mesh Collider的计算成本比之前介绍的碰撞体更高。在默认情况下，Unity不计算Mesh Collider之间的碰撞，只计算Mesh Collider和基本碰撞体之间的碰撞，如Box Collider和Sphere Collier。

为了实现Mesh Collider之间的碰撞检测，需要勾选Mesh Collider的Convex复选框来降低其复杂度，如图5.8所示。

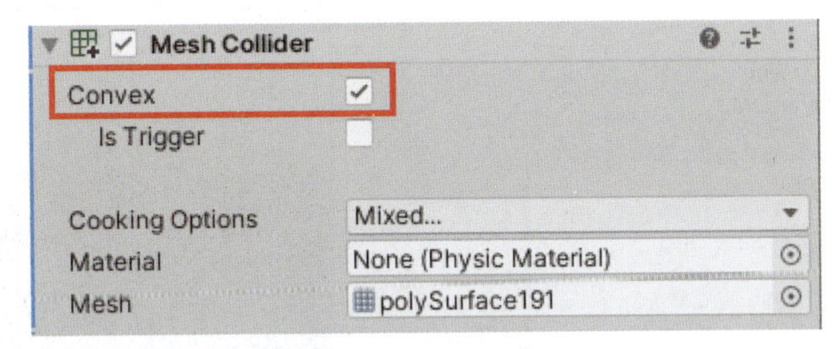

图5.8　勾选Mesh Collider的Convex复选框

通过启用此复选框，Mesh Collider将被限制为255个三角形。如果同时查看场景中的游戏对象，可以看到Mesh Collider只与模型的网格大致相同，复杂度已经大大降低，如图5.9所示。

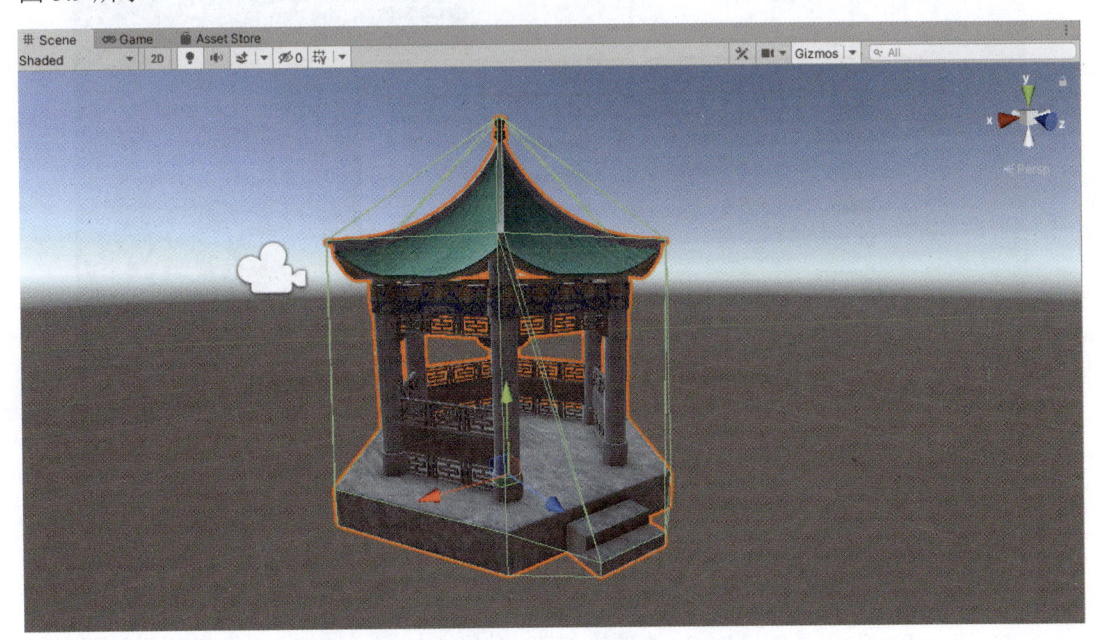

图5.9　启用Convex复选框后的Mesh Collider

然而，如果现在运行游戏，就会发现并没有物理效果的应用。例如，物体不会因为重力而坠落。这是因为还缺少一个重要的组件——Rigidbody。

5.2.2　Rigidbody（刚体）

Rigidbody是在Unity中应用物理效果不可或缺的组件。通过给游戏对象添加Rigidbody，可以为游戏对象添加物理学控制，如对其施加重力。Rigidbody通常与Collider一起使用，如果两个 Rigidbody 相互碰撞，除非两个游戏对象都有 Collider，否则它们之间不会产生碰撞效应，而是会相互穿过。

向场景中的游戏对象添加一个 Rigidbody 组件，步骤如下。

（1）在 Hierarchy 窗口中右击，在弹出的菜单中选择 3D Object → Cube 选项，在场景中创建一个 Cube 对象，如图 5.10 所示。

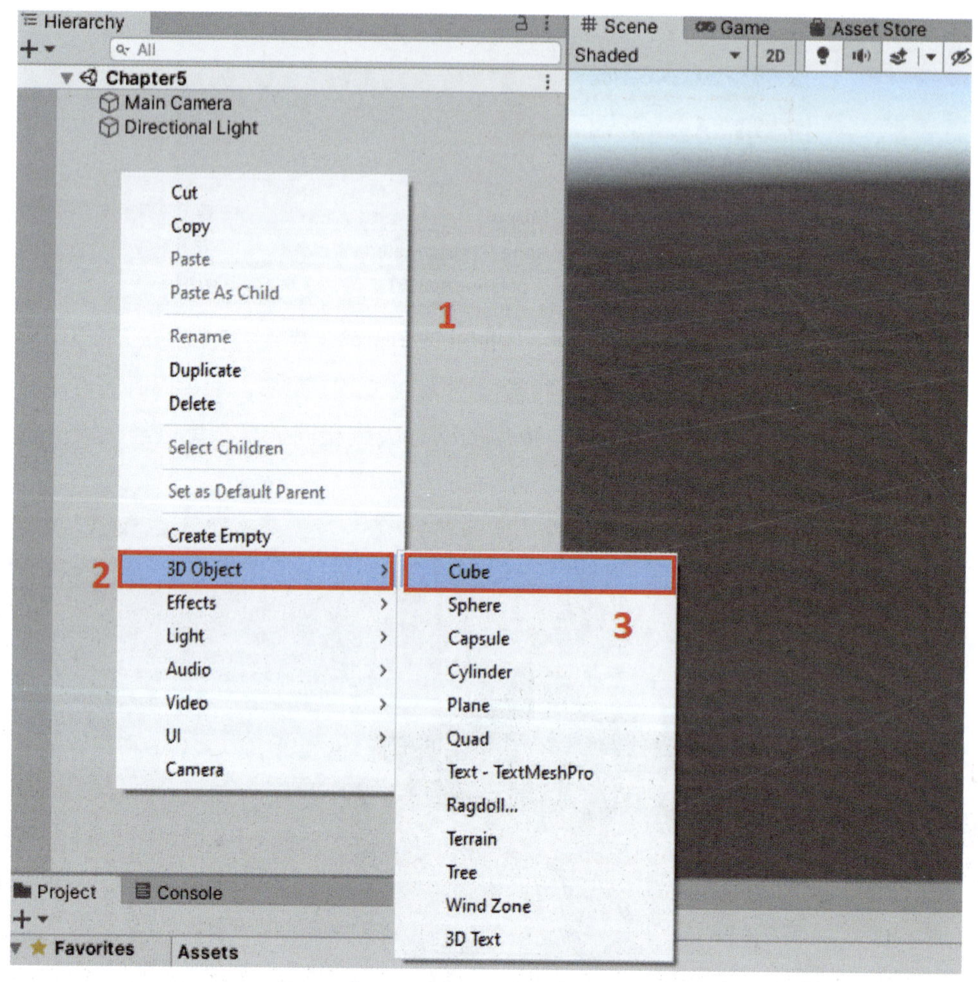

图 5.10　创建一个 Cube 对象

（2）选择新创建的 Cube 对象，并在 Inspector 窗口中单击 Add Component 按钮，如图 5.11 所示。在 Cube 对象上添加了 Box Collider。

（3）选择 Physics → Rigidbody 选项给 Cube 对象添加一个 Rigidbody 组件，如图 5.12 所示。

添加的 Rigidbody 组件的属性如图 5.13 所示。

Use Gravity 属性被默认勾选，这意味着该 Rigidbody 组件将重力应用到 Cube 对象上。如果此时运行游戏，可以发现 Cube 对象会在重力的作用下坠落。Mass 属性决定了 Rigidbody 相互碰撞时的反应。Drag 属性决定对象在力的作用下移动时受到的空气

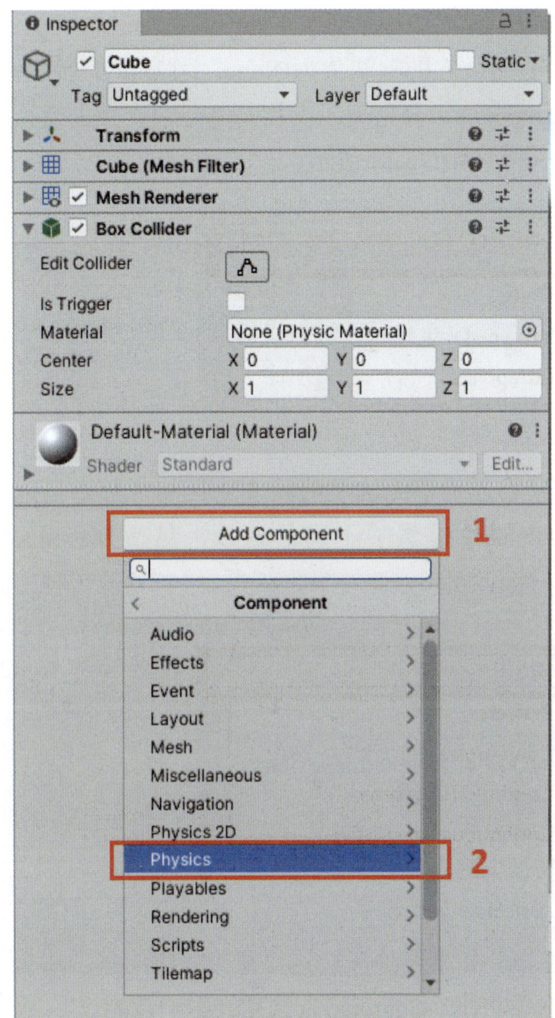

图 5.11 单击 Add Component 按钮

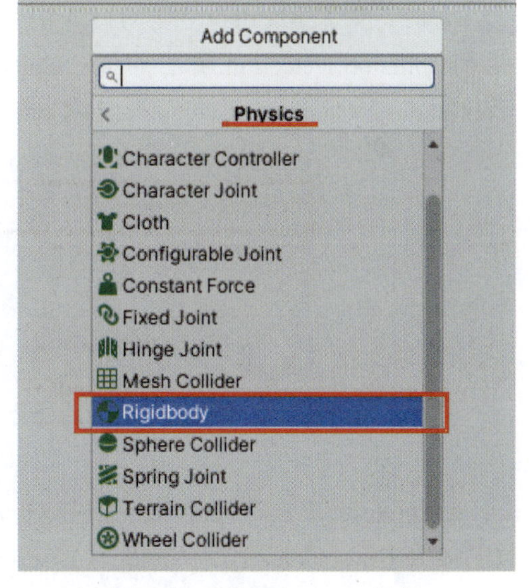

图 5.12 添加 Rigidbody 组件

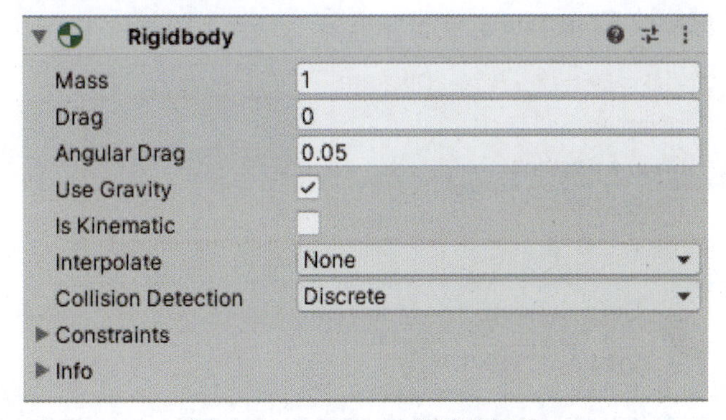

图 5.13 Rigidbody 组件的属性

阻力的大小，默认情况下，该值为0，这意味着当 Cube 对象通过力移动时没有空气阻力。Angular Drag 属性与 Drag 属性相似，不同之处在于，它决定了当物体在扭矩作用下旋转时空气阻力对物体的影响程度。Is Kinematic 属性决定了游戏对象是否由 Unity 物理系统控制。默认情况下，它是禁用的。如果启用它，那么游戏对象将不再由物理学驱动。Interpolate 属性在 Rigidbody 运动不稳定时很有用，它的默认值为 None，但 Unity 允许为此属性选择不同的选项，如 Interpolate 或 Extrapolate，分别表示变换是基于前一帧的变换进行平滑，还是基于后一帧的估计变换进行平滑，如图 5.14 所示。

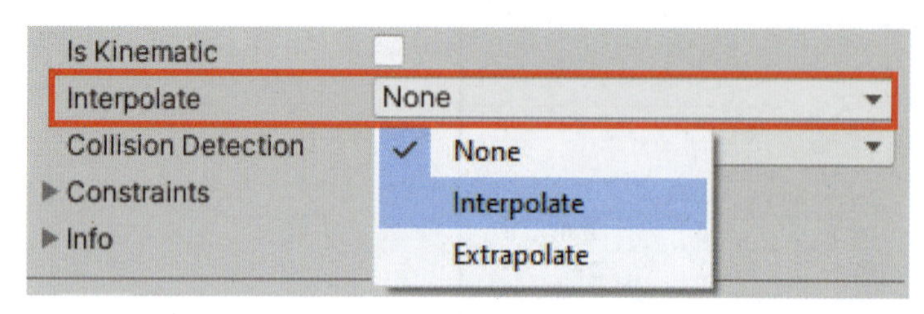

图 5.14　Interpolate 属性选项

有时，如果 Rigidbody 移动得太快，导致物理引擎无法及时检测到碰撞，那么可以调整 Collision Detection 属性的值。Unity 为该属性提供了不同的选项，包括 Discrete、Continuous、Continuous Dynamic 和 Continuous Speculative，如图 5.15 所示。

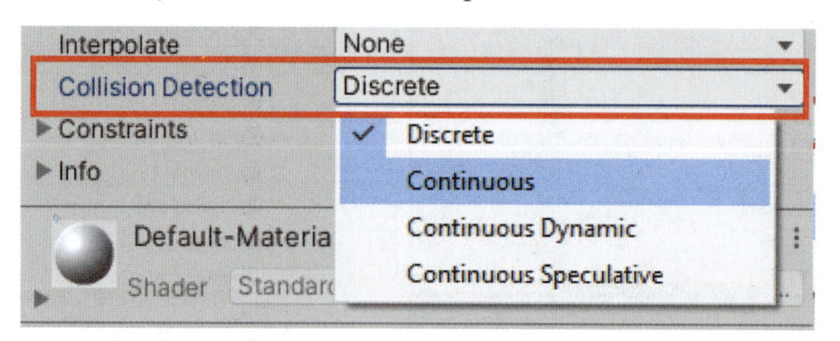

图 5.15　Collision Detection 属性选项

Discrete 选项是默认值，用于检测正常碰撞。如果要处理快速对象碰撞的问题，那么可以选择 Continuous 选项，但是与 Discrete 选项相比，Continuous 选项会影响性能。

如果要限制 Rigidbody 的运动，例如限制 Rigidbody 向某个方向移动或不能在某个轴上旋转，则可以通过修改 Constraints 属性来实现，如图 5.16 所示。

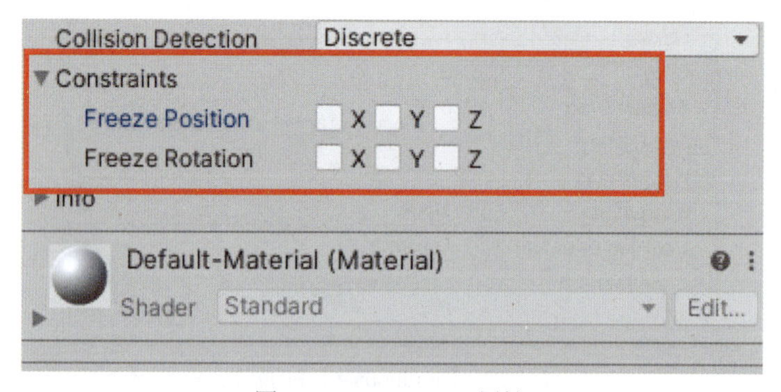

图 5.16　Constraints 属性

可以选择一个轴来阻止 Rigidbody 沿其移动。

通过 Rigidbody 组件可以向游戏对象添加物理效果，但有时不希望游戏对象根据物理模拟的结果移动，而只是希望能够检测到两个对象之间的碰撞并触发一些事件。这是游戏中常见的功能，例如玩家在进入某个区域后触发相应的逻辑。接下来将介绍的 Trigger 可以实现这些需求。

5.2.3　Trigger（触发器）

除了提供碰撞效果外，Collider 也可以被用作 Trigger。当启用 Trigger 时，Rigidbody 碰撞时没有碰撞效果，但物理效应仍然有效。例如，一个 Trigger 仍然可以在重力的影响下落，但它不会与其他 Rigidbody 发生碰撞。

在开发 Unity 项目时，Trigger 用于检测来自其他游戏对象的外部交互，并在脚本中执行 OnTriggerEnter 方法、OnTriggerStay 方法或 OnTriggerExit 方法的代码。这 3 个方法代表了交互的 3 个阶段，即进入、停留和退出。5.3 节将介绍关于这些方法的更多细节。下面创建一个 Trigger，步骤如下。

（1）选择之前创建的 Cube 对象，打开 Inspector 窗口。

（2）启用附加到此 Cube 对象的 Box Collider 组件的 Is Trigger 属性，如图 5.17 所示。

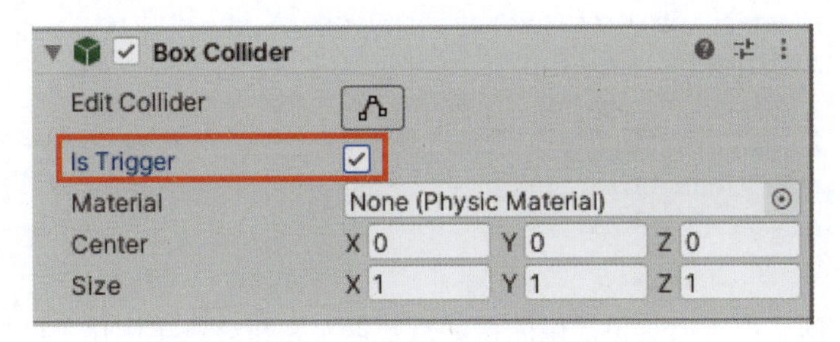

图 5.17　启用 Is Trigger 属性

Cube 对象被设置为 Trigger，它将不再阻挡其他 Rigidbody。可以利用这个 Trigger 来创建游戏关卡。例如，当玩家触摸到这个 Cube 对象时，就会触发一个陷阱。

Unity 还提供了用于 2D 的物理组件。如果想开发一款 2D 游戏，并且需要在游戏中应用物理效果，那么也可以用同样的方式添加这些物理组件的 2D 版本。

通过本节，了解了 Unity 物理系统的一些概念，如 Collider、Rigidbody 和 Trigger。接下来，将继续探索如何使用 C# 脚本来与物理系统进行交互。

5.3　使用物理系统编写脚本

本节将探讨如何通过 C# 脚本与物理系统进行交互，分别介绍针对 Collider、Trigger 和 Rigidbody 的 C# 方法。

5.3.1　Collider 的方法

当 Collider 不作为 Trigger 时，Rigidbody 之间的碰撞就会发生。当碰撞发生时，有 3 种方法可以被调用，它们的参数为 Collision 类的对象，提供了一些描述碰撞的信息，如接触点和碰撞的冲击速度。

1. OnCollisionEnter 方法

当两个 Collider 刚开始接触时 OnCollisionEnter 方法被调用。如果希望这个物体受到物理碰撞的影响，并在碰撞发生时执行一些游戏逻辑时，该方法很有用。例如，在游戏中，当子弹击中目标时，可以产生相应的爆炸效果，C# 代码片段如下所示。

```
using UnityEngine;

public class CollisionTest : MonoBehaviour
{
[SerializeField]
private Transform _explosionPrefab;

    private void OnCollisionEnter(Collision collision)
    {
        var contact = collision.contacts[0];
        var rotation =
          Quaternion.FromToRotation(Vector3.up,
          contact.normal);
        var position = contact.point;
        Instantiate(_explosionPrefab, position, rotation);
        Destroy(gameObject);
    }
}
```

这段代码访问了由碰撞对象提供的接触点数据，并在该点实例化了爆炸资源。

2. OnCollisionStay 方法

只要两个物体发生碰撞，OnCollisionStay 方法就会每帧调用一次。由于该方法在物体碰撞期间被调用，因此它适合实现一些将持续一段时间的逻辑。例如，假设正在开发一款直升机游戏，希望直升机脚架接触地面时，引擎以最大强度的 60% 运行，代码如下所示。

```
using UnityEngine;

public class CollisionTest : MonoBehaviour
{
    private void OnCollisionStay(Collision collision)
    {
        if (collision.gameObject.name == "Ground")
        {
            // 将引擎强度降到 60%
        }
    }
}
```

3. OnCollisionExit 方法

当两个 Collider 停止接触时，OnCollisionExit 方法将被调用。如果某些内容是通过

OnCollisionEnter 方法在物体开始碰撞时生成的，并且想在物体结束碰撞时销毁，就可以使用 OnCollisionExit 方法，代码如下所示。

```
using UnityEngine;

public class CollisionTest : MonoBehaviour
{
    private bool _isGrounded;

    private void OnCollisionEnter(Collision collision)
    {
        _isGrounded = true;
    }

    private void OnCollisionExit(Collision collision)
    {
        _isGrounded = false;
    }
}
```

这段代码演示了怎样使用 OnCollisionExit 方法重置 _isGrounded 字段为 false。

5.3.2 Trigger 的方法

事实上，Trigger 是使用 Collider 实现的，只需要在 Collider 组件中勾选 Is Trigger 选项即可。此时，Collider 将不再产生物理碰撞效果，而是激活 Trigger 事件。

Trigger 有 3 个常用的方法：OnTriggerEnter、OnTriggerStay 和 OnTriggerExit。当两个游戏对象碰撞时，这 3 个方法可以被调用，它们的参数是 Collider 类的对象，提供这次碰撞涉及的其他 Collider 的信息。

1. OnTriggerEnter 方法

OnTriggerEnter 方法在当前 Collider 开始接触另一个 Collider 时被调用。此时，应该已经启用了 Is Trigger 选项。当需要触发对周围元素的某些操作，但不想产生物理碰撞效果时，此方法非常有用。例如，可以使用该方法在游戏中实现一个陷阱。

该方法的使用很简单，只需要在这个方法的定义中包含将被触发的游戏逻辑，代码片段如下所示。

```
using UnityEngine;

public class TriggerTest : MonoBehaviour
{
    private void OnTriggerEnter(Collider other)
    {
        Debug.Log($"{this} enters {other}");
    }
}
```

当该游戏对象与另一个游戏对象发生碰撞时，Console 窗口将打印出字符串，表明：{this} 对应的游戏对象 enters {other} 对应的游戏对象。

2. OnTriggerStay 方法

OnTriggerStay 方法与 OnCollisionStay 方法类似，当其他 Collider 接触这个 Trigger 时，将在所有帧中调用 OnTriggerStay 方法。该方法也适用于在游戏中实现类似陷阱的玩法。例如，玩家进入有毒的雾气中，将会持续受到伤害。只需要在 OntriggerStay 方法中定义触发过程中的游戏逻辑即可，代码片段如下所示。

```
using UnityEngine;

public class TriggerTest : MonoBehaviour
{
    private void OnTriggerStay(Collider other)
    {
        Debug.Log($"{this} stays {other}");
    }
}
```

3. OnTriggerExit 方法

当其他 Collider 离开 Trigger 时，将调用 OnTriggerExit 方法。此方法适用于某些任务，例如销毁其他 Collider 进入此 Trigger 时创建的游戏对象、重置状态，等等。下面的代码片段显示了在 OnTriggerExit 方法中如何销毁游戏对象。

```
using UnityEngine;

public class TriggerTest : MonoBehaviour
{
    private void OnTriggerExit(Collider other)
    {
        Destroy(other.gameObject);
    }
}
```

5.3.3 Rigidbody 的方法

Rigidbody 组件提供了与物理系统直接交互的能力，可以使用 C# 脚本中 Rigidbody 组件提供的方法来对该 Rigidbody 施加力，也可以对模拟爆炸效果的 Rigidbody 施加力。

需要注意的是，第 2 章提到过在脚本中建议使用 FixedUpdate 方法进行物理更新，因此应该在 FixedUpdate 函数中调用 Rigidbody 的方法来应用物理效果。接下来就探索一些常用的方法。

1. AddForce 方法

AddForce 方法是最常用的与物理学相关的方法之一。可以调用该方法对 Rigidbody 施加一个力。AddForce 的方法签名如下。

```
public void AddForce(Vector3 force,
  [DefaultValue("ForceMode.Force")] ForceMode mode);
```

该方法需要两个参数，即世界坐标中的力矢量和要应用的力的类型。AddForce 方法允许定义一个力矢量，并选择如何将这个力应用于游戏对象，以影响游戏对象如何移动。第一个参数 force 是矢量类型，它指定了将力应用于该对象的方向。第二个参数 mode 是 ForceMode 类型，它决定了施加的力的类型。ForceMode 是一种枚举类型，它定义了 4 种不同类型的力。默认情况下，AddForce 方法将使用 Rigidbody 的质量向 Rigidbody 添加一个持续的力。下面将详细介绍不同类型的力模式。

ForceMode 是在 UnityEngine 命名空间中定义的，可以在以下代码中看到它的定义：

```
namespace UnityEngine
{
    //
    // 使用 ForceMode 指定如何使用 Rigidbody.AddForce 方法施加力
    public enum ForceMode
    {
        //
        // 向 Rigidbody 施加一个持续的力，考虑 Rigidbody 的质量
        Force = 0,
        //
        // 向 Rigidbody 施加一个瞬时的力，考虑 Rigidbody 的质量
        Impulse = 1,
        //
        // 给 Rigidbody 添加一个瞬时的速度，忽略 Rigidbody 的质量
        VelocityChange = 2,
        //
        // 给 Rigidbody 添加一个持续的加速度，忽略 Rigidbody 的质量
        Acceleration = 5
    }
}
```

可以看到，有 4 种类型的力模式：Force、Impulse、VelocityChange 和 Acceleration。

第一种模式是 Force，它是默认模式。在这种模式下，必须施加更大的力来推动或扭曲质量较大的物体，因为该模式取决于 Rigidbody 的质量。它会给 Rigidbody 施加一个持续的力。

第二种模式是 Impulse，AddForce 方法将对 Rigidbody 施加一个瞬时的力。该模式适用于模拟爆炸或碰撞产生的力。与 Force 模式一样，Impulse 模式也取决于 Rigidbody 的质量。

第三种模式是 VelocityChange。如果选择该模式，那么 Unity 将通过一次函数调用立即应用速度变化。需要注意的是，VelocityChange 模式不同于 Impulse 模式和 Force 模式，VelocityChange 模式不依赖于 Rigidbody 的质量，这意味着 VelocityChange 模式将以同样

的方式改变每个 Rigidbody 的速度。

最后一种模式是 Acceleration。如果选择该模式，那么 Unity 就会向 Rigidbody 添加一个持续的加速度。与 VelocityChange 模式一样，Acceleration 模式也忽略 Rigidbody 的质量，这意味着 AddForce 方法将以同样的方式移动每个 Rigidbody。

至此，已经了解了 AddForce 方法可用的不同力模式。接下来，创建一个 C# 脚本，并通过调用 AddForce 方法对 Cube 对象施加一个力，代码如下。

```
using UnityEngine;

public class RigidbodyMethods : MonoBehaviour
{
[SerializeField]
private Rigidbody _rigidbody;
[SerializeField]
private float _thrust = 50f;

    private void Start()
    {
        _rigidbody = GetComponent<Rigidbody>();
    }

    private void FixedUpdate()
    {
        if (Input.GetKey(KeyCode.F))
        {
            _rigidbody.AddForce(transform.forward *
              _thrust);
        }

        if (Input.GetKey(KeyCode.A))
        {
            _rigidbody.AddForce(transform.forward *
              _thrust, ForceMode.Acceleration);
        }
    }
}
```

可以通过按 F 键对 Rigidbody 施加持续的力，并通过按 A 键对 Rigidbody 施加持续的加速度。

2. MovePosition

有时，只需要移动游戏对象，而不需要处理力。Rigidbody 的 MovePosition 方法可以实现这个目标。MovePosition 的方法签名如下。

```
public void MovePosition(Vector3 position);
```

该方法需要一个矢量参数以提供 Rigidbody 对象移动到的新位置。为了使 Rigidbody

平滑移动，经常使用插值来实现帧之间的平滑过渡。由于 MovePosition 是 Rigidbody 的一种方法，因此仍然在 FixedUpdate 方法中进行调用，示例代码如下所示。

```
using UnityEngine;

public class RigidbodyMethods : MonoBehaviour
{
[SerializeField]
private Rigidbody _rigidbody;
[SerializeField]
private float _speed = 50f;

    private void Start()
    {
        _rigidbody = GetComponent<Rigidbody>();
    }

    private void FixedUpdate()
    {
        var direction = new
          Vector3(Input.GetAxis("Horizontal"), 0,
          Input.GetAxis("Vertical"));

        _rigidbody.MovePosition(transform.position +
          direction * Time.deltaTime * _speed);
    }
}
```

这段代码中，以用户输入作为移动方向，并将该移动应用于当前位置。为了实现平滑移动，将该移动向量乘以 deltaTime 和 speed。

5.4　制作一个基于物理系统的简单游戏

前面已经学习了 Unity 物理系统的相关内容并且研究了怎样用 C# 代码与物理系统交互，本节将使用学到的知识在 Unity 中创建一个简单的基于物理的乒乓球游戏。

首先，创建一个 Plane 对象作为乒乓球桌，具体步骤如下。

（1）在 Hierarchy 窗口中右击，打开菜单。

（2）选择 3D Object → Plane 选项，在编辑器中创建一个 Plane 对象，如图 5.18 所示。

（3）将该 Plane 对象重命名为 Table。

（4）选择 Table 对象，打开其 Inspector 窗口，将 Scale 的 Z 值修改为 2，可以看到该对象默认具有 Mesh Collider 组件，如图 5.19 所示。

（5）通过选择 3D Object → Cube 选项创建 4 个 Cube 对象作为球桌的边框。默认情况下，每个 Cube 对象都添加了 Box Collider 组件。

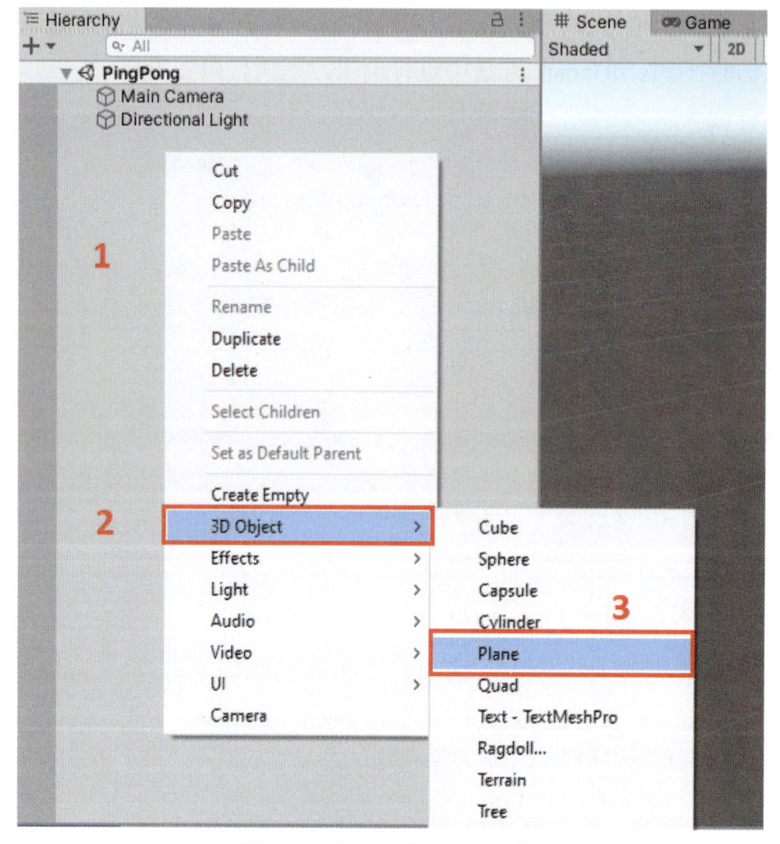

图 5.18　创建一个 Plane 对象

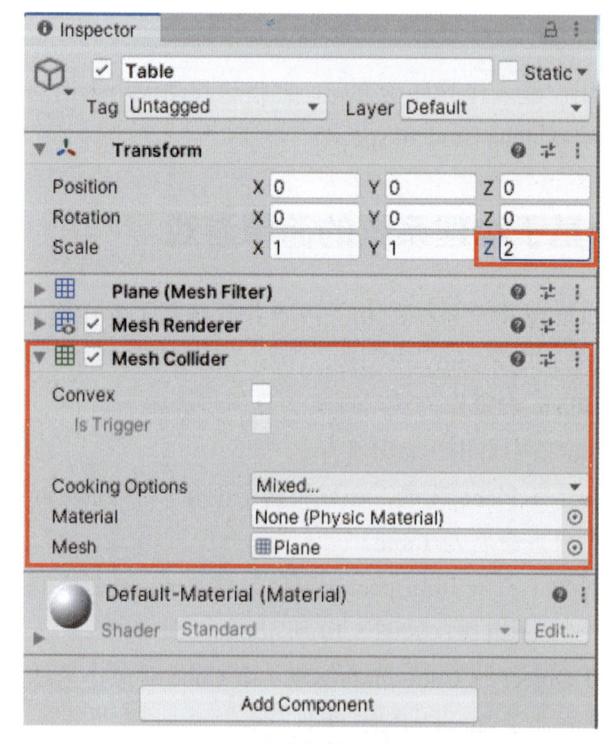

图 5.19　Table 对象的 Inspector 窗口

（6）通过使用编辑器中的工具可以轻松地调整这4个Cube对象的位置、大小和旋转，以完成球桌边框的制作，如图5.20所示。

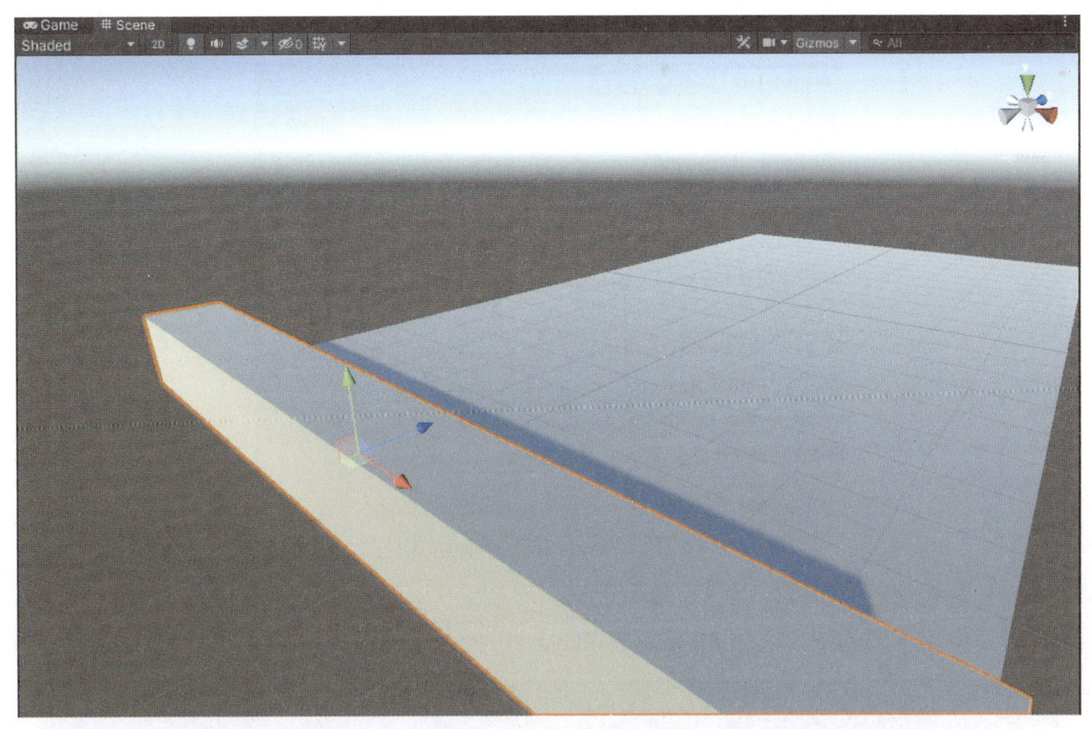

图5.20　制作球桌的边框

为了使球桌看起来更形象，可以在球桌和边框上使用不同的材料。完成的乒乓球桌如图5.21所示。

图5.21　乒乓球桌

接下来，创建两个玩家：Player1和Player2。为了保持简单，使用两个Cube对象作为玩家，步骤如下。

（1）选择3D Object → Cube选项，在场景中创建一个Cube对象。

（2）将 Cube 对象重命名为 Player1。

（3）调整 Player1 的位置和大小。例如，可以将 Scale 的 X 值修改为 3，如图 5.22 所示。

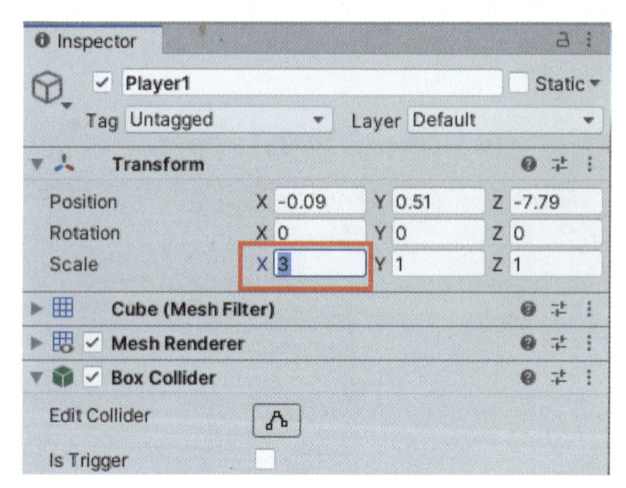

图 5.22 Player1 的 Inspector 窗口

（4）重复前面的步骤，创建另一个玩家。

（5）使用不同的颜色区分 Player1 和 Player2，如图 5.23 所示。

图 5.23 Player1 和 Player2

然后，在游戏中添加一个乒乓球，步骤如下。

（1）选择 3D Object → Sphere 选项，在场景中创建一个新的 Sphere 对象。

（2）将 Sphere 对象重命名为 Ball。

（3）选择 Ball 对象，打开其 Inspector 窗口，可以看到默认添加了 Sphere Collider 组件，如图 5.24 所示。

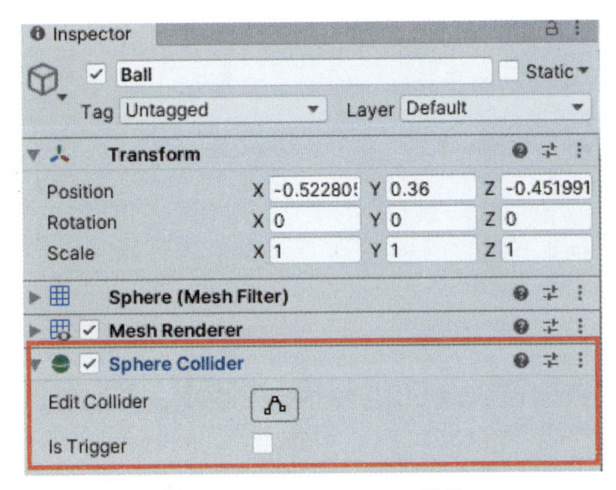

图 5.24　Sphere Collider 组件

（4）单击 Add Component 按钮并选择 Physics → Rigidbody 选项，向这个 Ball 对象添加 Rigidbody 组件，如图 5.25 所示。

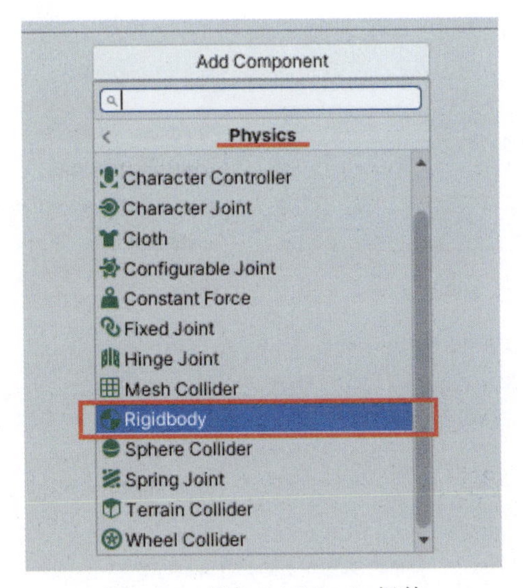

图 5.25　添加 Rigidbody 组件

（5）将该 Rigidbody 组件的 Interpolate 属性从 None 改为 Interpolate，使其根据前一帧的变换进行平滑，如图 5.26 所示。

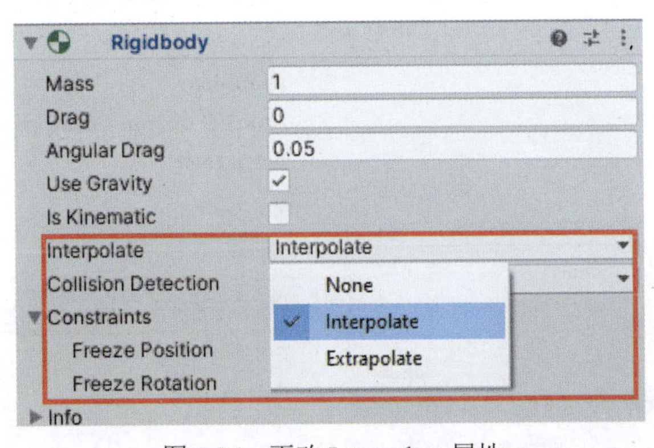

图 5.26　更改 Interpolate 属性

（6）将该 Rigidbody 组件的 Collision Detection 属性从 Discrete 更改为 Continuous Dynamic，以便能够正确地处理快速移动的乒乓球，如图 5.27 所示。

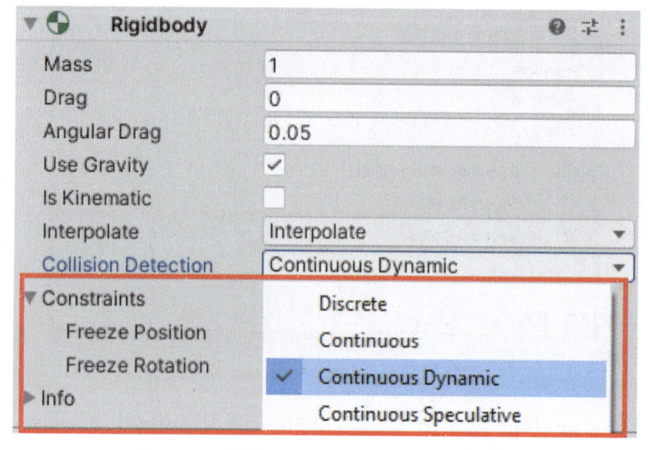

图 5.27　更改 Collision Detection 属性

（7）由于现实世界中的乒乓球在遇到障碍物时会弹跳，为了模拟这种弹跳效果，需要单击 Project 窗口中的 Create → Physic Material 选项来创建物理材质，如图 5.28 所示。

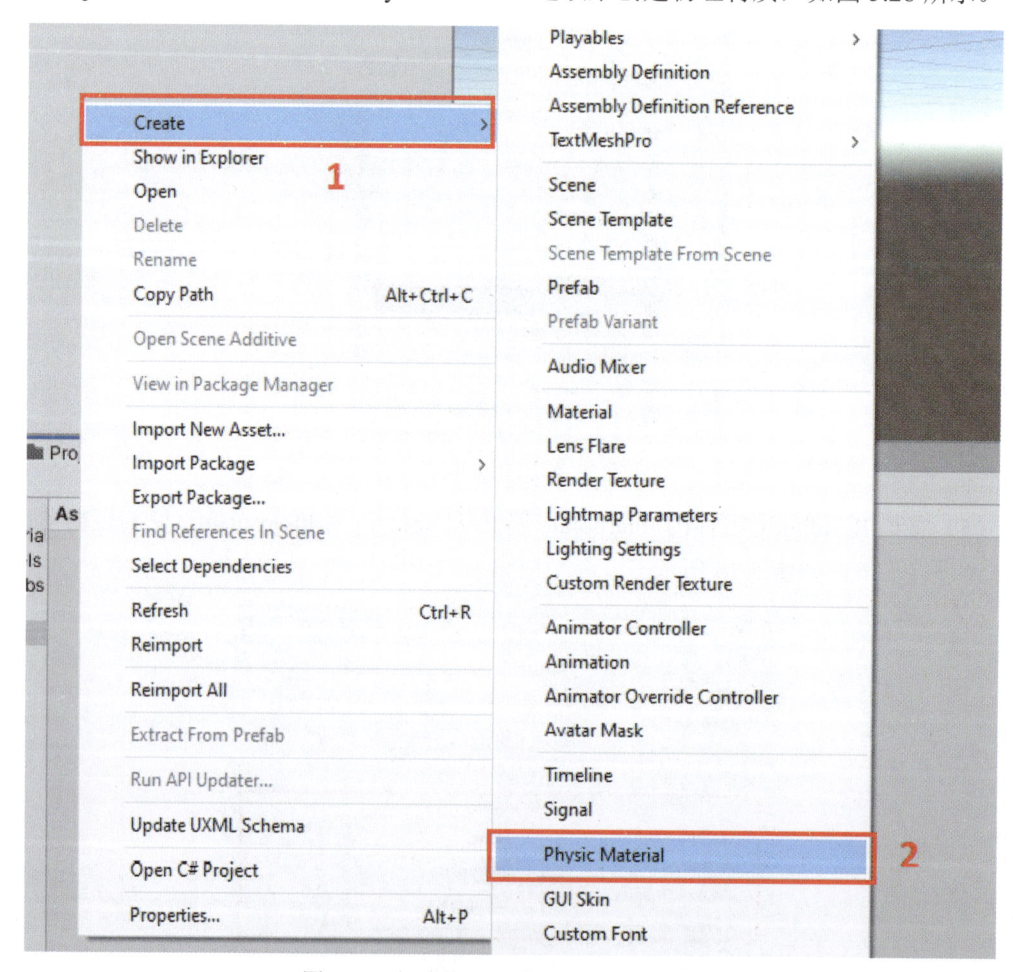

图 5.28　创建物理材质（Physic Material）

（8）选择新创建的物理材质，打开 Inspector 窗口，将 Dynamic Friction 和 Static Friction 从 0.4 更改为 0，将 Bounciness 从 0 更改为 1。此外，将 Friction Combine 设置为 Multiply，将 Bounce Combine 设置为 Maximum，如图 5.29 所示。

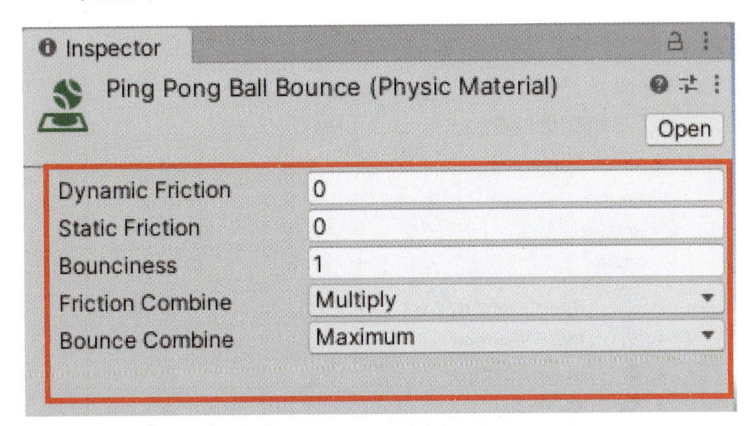

图 5.29　设置物理材质

（9）将该物理材质分配给 Sphere Collider 的 Material 选项，如图 5.30 所示。

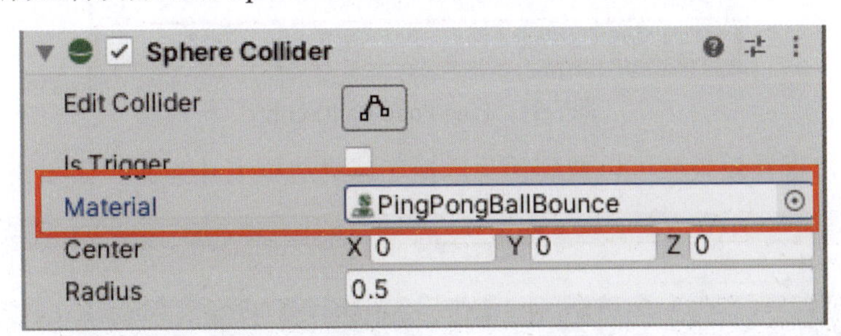

图 5.30　为 Sphere Collider 分配物理材质

现在已经设置好了一个用于游戏的乒乓球。下面创建一个 C# 脚本来对球施加力，使其移动，代码如下所示。

```
using UnityEngine;

public class PingPongBall : MonoBehaviour
{
    [SerializeField] private Rigidbody _rigidbody;
    [SerializeField] private Vector3 _initialImpulse;

    private void Start()
    {
        _rigidbody.AddForce(_initialImpulse,
          ForceMode.Impulse);
    }
}
```

在该脚本中，使用了 AddForce 方法和 Impulse 力模式来对球施加瞬时力。力的方向和大小由 _initialImpulse 变量提供，该变量可以在编辑器中进行设置。

现在将此脚本附加到球上，并为 _initialImpulse 变量赋值。如图 5.31 所示，_initialImpulse 变量的值为 (8,0,8)，这意味着给乒乓球的 Rigidbody 组件添加了一个指向球桌右下角的瞬时力。

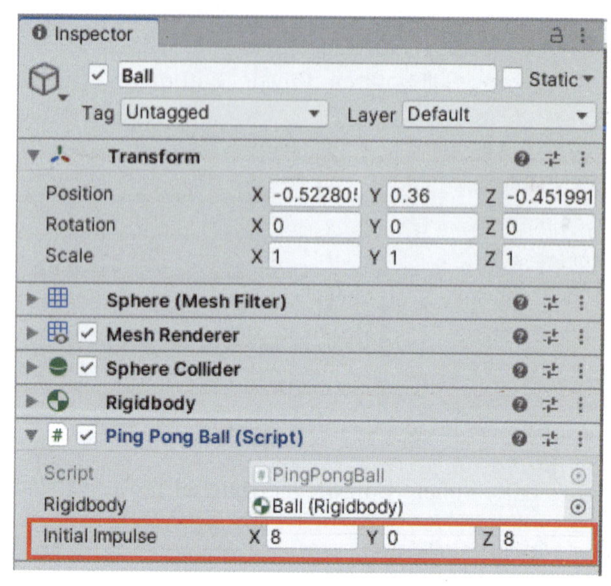

图 5.31　Ping Pong Ball(Script)

运行游戏，查看效果。可以看到乒乓球撞在球桌边框上并弹起，如图 5.32 所示。

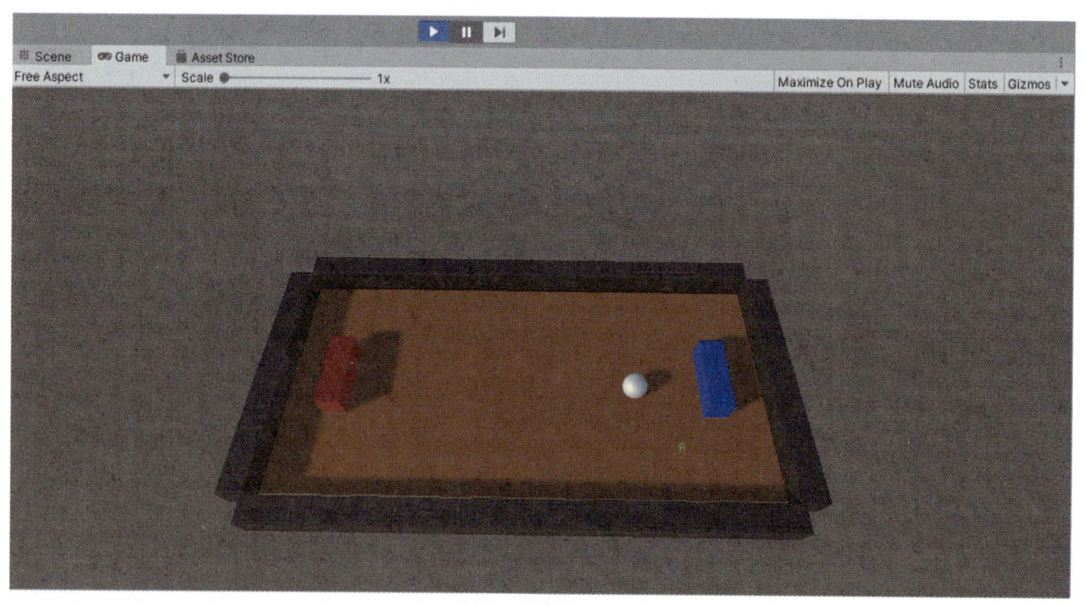

图 5.32　球被弹起

接下来，为玩家对象添加更多的逻辑，以便在游戏中控制他们。在开始为玩家对象编写 C# 代码之前，应该先向每个对象添加一个 Rigidbody 组件，并设置 Rigidbody 组件属性。如图 5.33 所示，将 Rigidbody 组件的 Mass 设置为 1000，并取消 Use Gravity 选项来禁用重力。

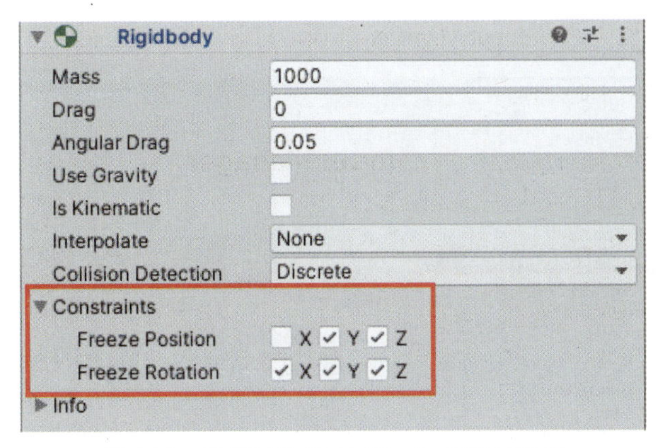

图 5.33　玩家对象的 Rigidbody 组件的设置

此处限制了 Rigidbody 的运动。由于玩家对象只会沿着 X 轴移动而不会旋转，因此只需保持 Rigidbody 沿着 X 轴移动不受约束即可。

然后，为这两个玩家配置控件，步骤如下所示。

（1）在编辑器中选择 Edit → Project Settings 选项，如图 5.34 所示，打开 Project Settings 窗口。

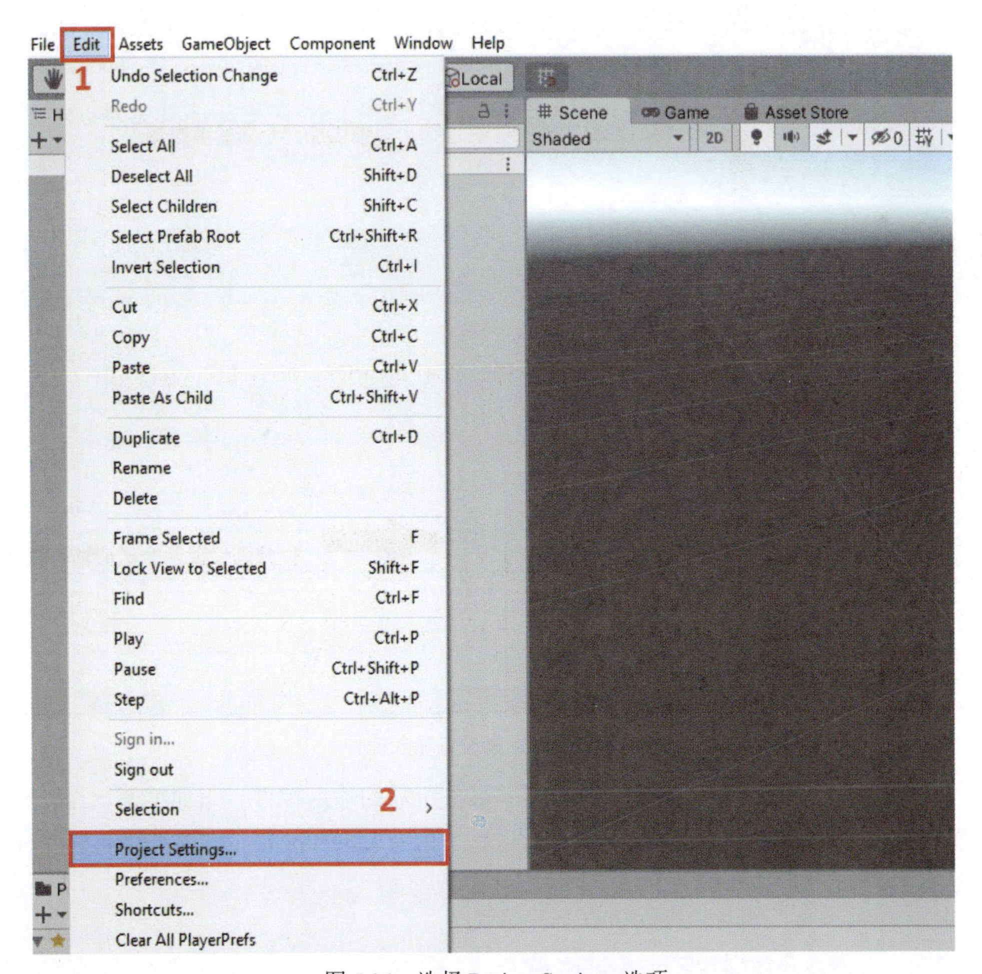

图 5.34　选择 Project Settings 选项

（2）从左侧导航栏中选择 Input Manager 选项，打开 Input Manager 窗口，如图 5.35 所示。

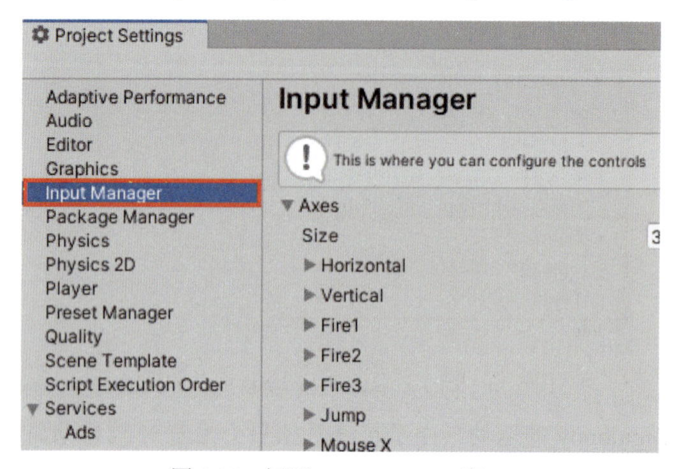

图 5.35　打开 Input Manager 窗口

（3）在该窗口中定义 Player1 和 Player2 的输入轴和相关动作，以便分别使用上下方向键以及 W 键和 S 键来控制这两个玩家对象的移动，如图 5.36 所示。

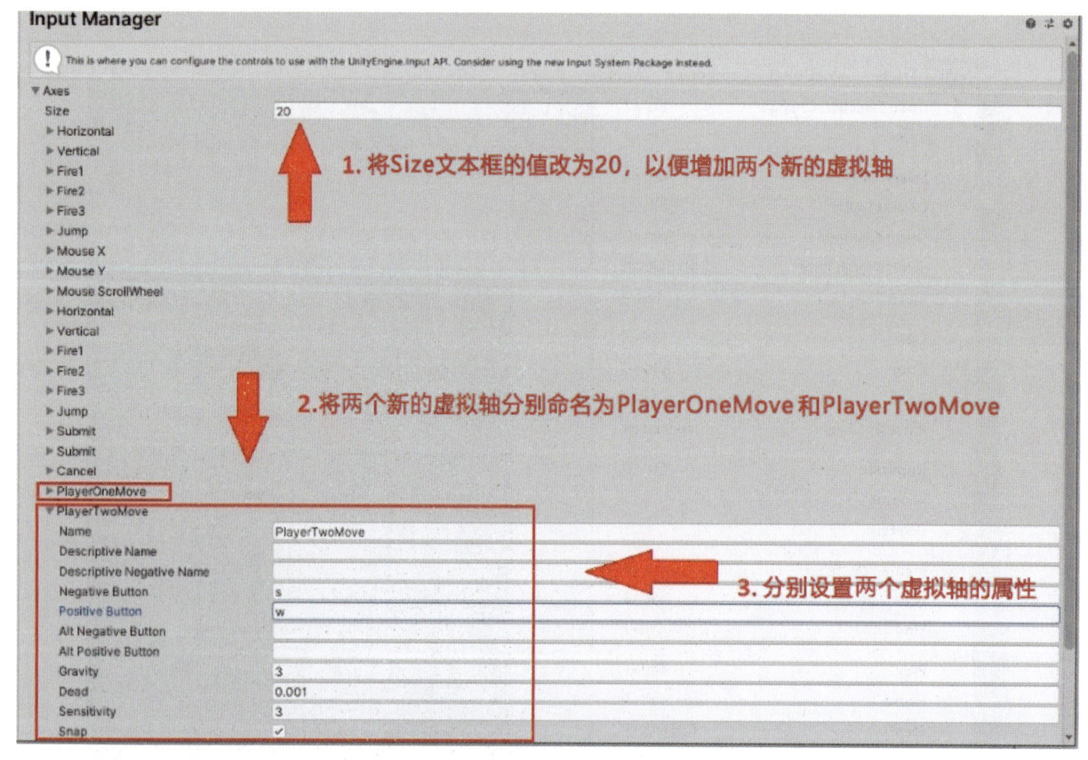

图 5.36　为玩家设置输入控件

至此，已经设置了 Rigidbody 组件和玩家对象所需的输入控件。下面编写一个 C# 脚本来控制游戏中的玩家对象，代码如下所示。这里，使用 MovePosition 方法来移动玩家对象。

```
using UnityEngine;

public class Player : MonoBehaviour
```

```
{
[SerializeField]
private Rigidbody _rigidbody;
[SerializeField]
private float _speed = 10f;
[SerializeField]
private bool _isPlayerOne;

    private void Start()
    {
        _rigidbody = GetComponent<Rigidbody>();
    }

    private void FixedUpdate()
    {
        var inputAxis = _isPlayerOne ? "PlayerOneMove" :
         "PlayerTwoMove";
        var direction = new
         Vector3(Input.GetAxis(inputAxis), 0, 0);
        _rigidbody.MovePosition(transform.position +
         direction * Time.deltaTime * _speed);
    }
}
```

该脚本首先确定对象是哪个玩家，获得相应的输入设置，然后根据玩家的输入确定对象的运动方向。将该脚本分别添加到两个玩家对象上，并运行游戏。

如图 5.37 所示，现在可以使用 W 键和 S 键以及上下方向键来控制 Player1 和 Player2 的移动，玩家击中乒乓球时乒乓球会弹跳。

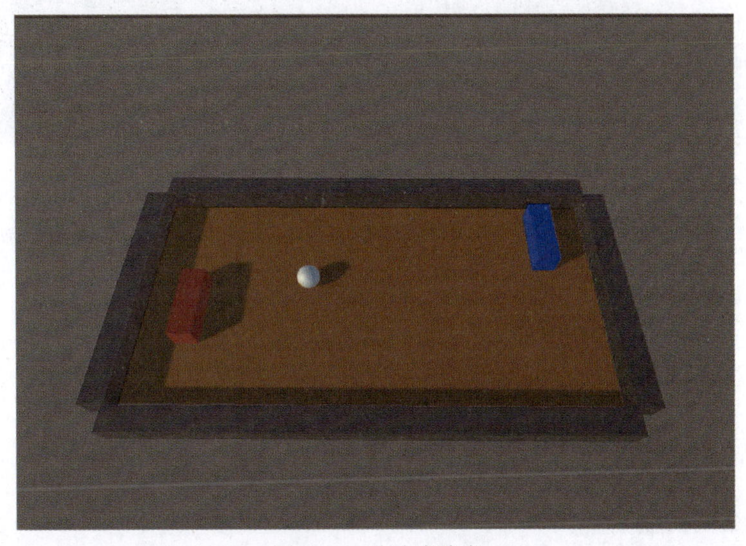

图 5.37　乒乓球游戏

本节制作了一个简单的基于物理系统的游戏，下面将介绍如何在 Unity 游戏开发中提高物理系统的性能。

5.5　提高物理系统的性能

物理模拟需要大量的计算，特别是在对物理精度要求较高的情况下。因此，了解如何正确地使用 Unity 物理系统和减少不必要的计算开销是非常重要的。

5.5.1　Unity Profiler

首先，学习如何使用工具来查看和定位由 Unity 物理系统造成的性能瓶颈。通过 Unity 编辑器中的 Profiler 工具就可以轻松地查看各种性能数据，并定位与物理系统相关的性能问题。

以 5.4 节的乒乓球游戏为例，查看游戏的性能数据，步骤如下。

（1）在编辑器中单击 Play 按钮来运行游戏，如图 5.38 所示。

图 5.38　在编辑器中运行游戏

（2）单击 Window → Analysis → Profiler 选项或按 Ctrl+7 快捷键（在 macOS 为按 Command+7 键）打开 Profiler 窗口。

（3）单击 Profiler 窗口中的 CPU Usage 模块区域，查看 CPU 开销的性能数据，如 FixedUpdate.PhysicsFixedUpdate 消耗的 CPU 时间，如图 5.39 所示。

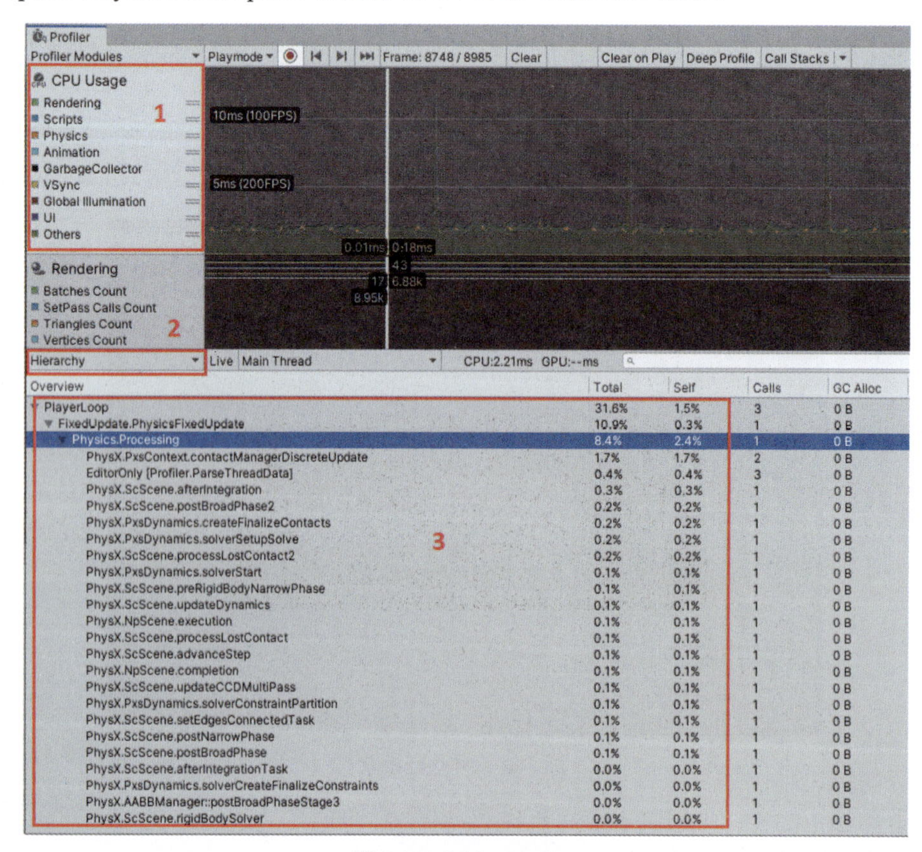

图 5.39　Unity Profiler

除了 CPU Usage 模块外，还可以查看物理系统的详细信息，如 Rigidbody 的数量和特定时刻的 Contacts 数量，如图 5.40 所示。

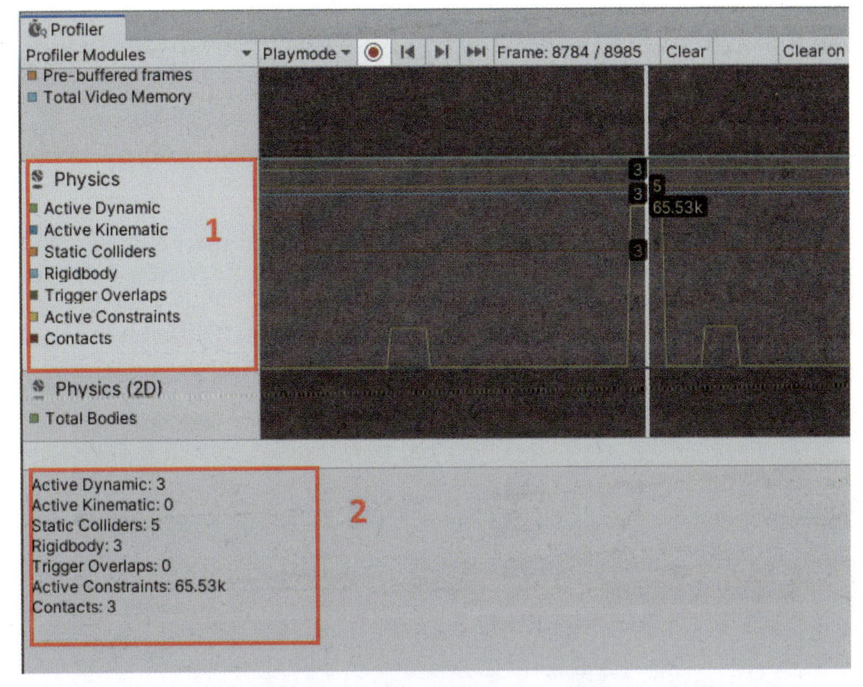

图 5.40　Profiler 中的 Physics 数据

接下来，将介绍一些提高物理系统性能的技巧。

5.5.2　增加固定时间间隔

降低物理计算成本的一个方法是减少物理系统每秒的更新次数。可以执行以下步骤来增加 Fixed Timestep 设置，以实现该目标。

（1）通过在编辑器中选择 Edit → Project Settings 选项，打开 Project Settings 窗口。

（2）从左侧导航栏中选择 Time 选项，打开 Time 窗口，如图 5.41 所示。

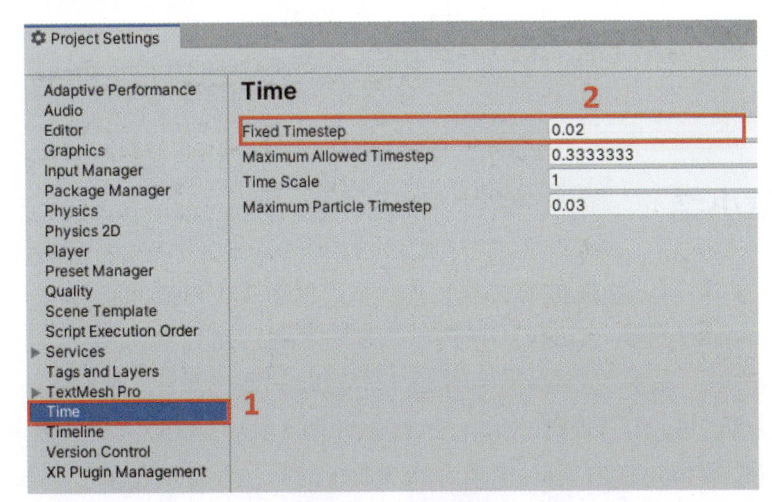

图 5.41　Time 设置

（3）默认的 Fixed Timestep 值为 0.02，这意味着物理系统将每秒更新 50 次。为了减少每秒的更新次数，可以增加这个值。

5.5.3 减少不必要的分层碰撞检测

默认情况下 Unity 使用低效的物理碰撞检测模式，也就是对所有游戏对象都执行碰撞检测。通过修改 Unity 的 Physics 设置中的 Layer Collision Matrix 字段，可以为不同的游戏对象设置不同的层来减少碰撞检测的次数。修改步骤如下。

（1）在编辑器中选择 Edit → Project Settings 选项，打开 Project Settings 窗口。

（2）从左侧导航栏中选择 Physics 选项，打开 Physics 窗口。

（3）可以在 Physics 窗口底部找到 Layer Collision Matrix，如图 5.42 所示。默认情况下所有游戏对象之间都发生碰撞，所以应该只在该矩阵中启用需要碰撞检测的层。

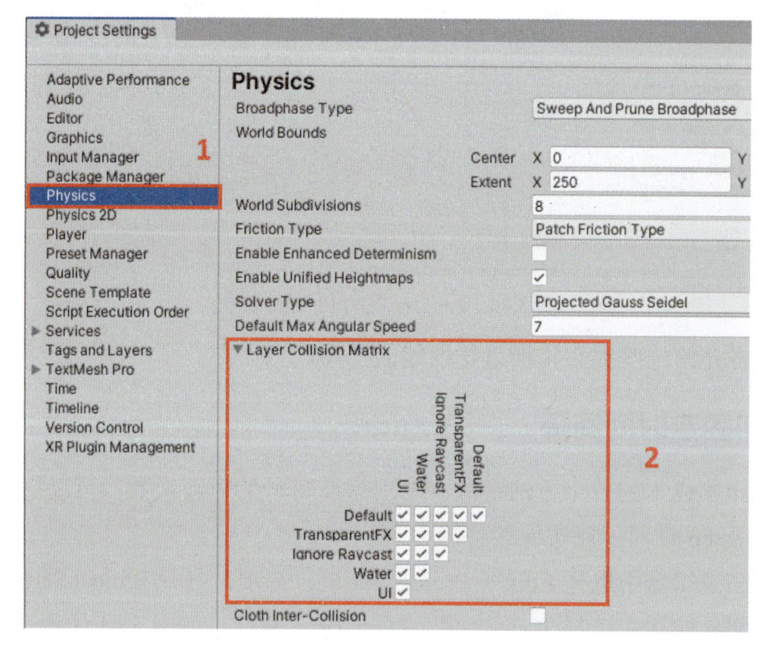

图 5.42　Layer Collision Matrix

本节介绍了如何使用 Unity Profiler 工具来查看物理系统的性能数据，并探讨了如何提高物理系统的性能。

5.6 本章小结

本章首先介绍了 Unity 提供的物理解决方案，包括两个内置的物理解决方案：Nvidia PhysX 引擎和 Box2D 引擎。Unity 还提供了物理引擎包：Unity Physics 包和 Havok Phisics for Unity 包。然后，探索了 Unity 物理系统中一些最重要的概念，如 Collider、Rigidbody 和 Trigger。接着，讨论了如何在 Unity 中创建一个脚本与 Unity 物理系统进行交互。此外，演示了如何在 Unity 中实现一个基于物理系统的乒乓球游戏。最后，探讨了在 Unity 中应用物理模拟来优化由物理系统引起的性能问题的一些解决方案。

第 6 章 在 Unity 项目中集成音频和视频

在游戏开发中经常被忽视的一个特性是声音。正确地使用音效可以提高游戏的沉浸感，与游戏背景相匹配的背景音乐可以触发玩家的情感共鸣。游戏中的视频也是一种增加游戏乐趣的方式。通过本章的学习，将能够在 Unity 中正确有效地实现音频和视频，为游戏添加更多的真实感和乐趣。

6.1 技术要求

可以在 GitHub 中找到完整的代码示例，资源地址为 https://github.com/PacktPublishing/Game-Development-with-Unity-for-.NET-Developers。

6.2 Unity 音频系统和视频系统中的概念

Unity 提供了音频和视频功能，支持实时混音和 3D 空间音效，并允许游戏在不同的平台上播放视频。本节将介绍 Unity 音频系统和视频系统中的重要概念。

6.2.1 Audio Clip（音频剪辑）

为了在 Unity 中播放音频，需要先将一个音频文件导入 Unity 编辑器中。音频数据将被保存在 Unity 的一个音频剪辑对象中。可以从 Unity Asset Store 下载和导入 Ultra Sci-Fi Game Audio Weapons Pack Vol.1，资源链接为 https://assetstore.unity.com/packages/audio/sound-fx/weapons/ultra-sci-fi-game-audio-weapons-packvol-1-113047，如图 6.1 所示。

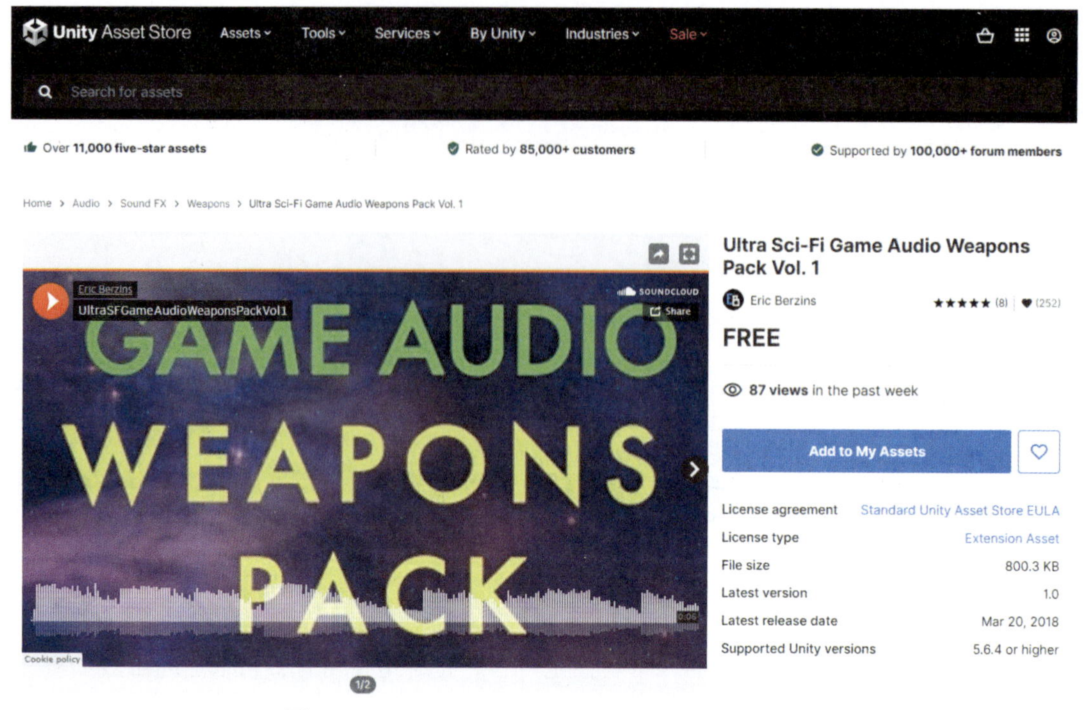

图 6.1　Ultra Sci-Fi Game Audio Weapons Pack Vol.1

该包包含的音频文件的格式为 wav。Unity 中除了可以导入 wav 文件外，还支持导入 aif、mp3、ogg、xm、mod、it 及 s3m 文件。

导入这些音频文件后，可以选择其中一个，打开 Import Settings 窗口，如图 6.2 所示。

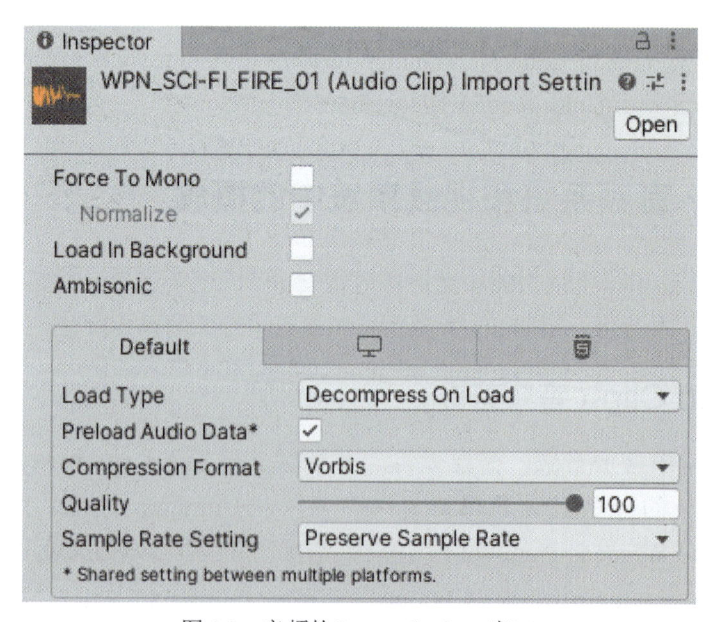

图 6.2　音频的 Import Settings 窗口

可以看出，Unity 支持单声道和多声道音频资源，最多 8 个声道。Unity 还提供了许多导入选项，下面介绍一些重要的选项。

1. Load Type（加载方式）

Unity 为游戏开发者提供了 3 种在运行时加载音频资源的方式。可以通过修改 Import Settings 窗口中的 Load Type 来确定 Unity 如何加载此音频文件，如图 6.3 所示。

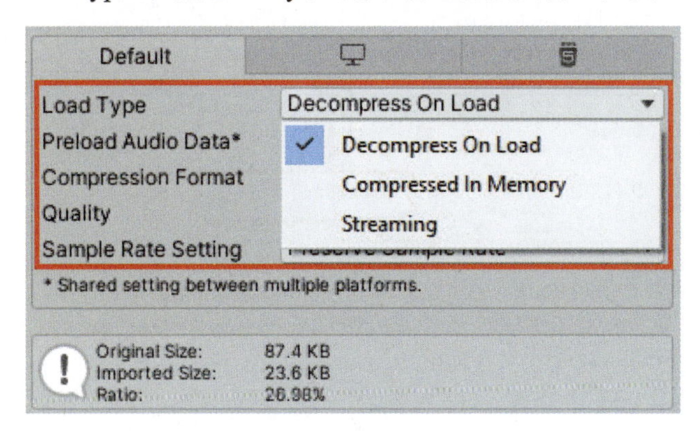

图 6.3　Load Type

可以看到，这 3 种方式如下。

（1）Decompress On Load：这是 Load Type 的默认值。如果音频文件很小，如 UI 声音或脚步声，应该选择此选项。通过这种方式，音频文件将以其原始大小被解压缩和解码到内存中。其优点是可以以最小的使用率按需使用 CPU。

（2）Compressed In Memory：与 Decompress On Load 相比，选择这种方法，Unity 会将压缩的音频数据存储在内存中，并要求 CPU 在播放音频时对其进行解压缩和解码。

（3）Streaming：与前两种方式完全不同。如果选择这种方式，Unity 不会将音频数据加载到内存中，而是从磁盘上进行流式传输。该方式使用最少的内存，但以最高的 CPU 使用率和磁盘使用率为代价。

2. Compression Format（压缩格式）

Compression Format 对于音频资源也非常重要。Unity 支持多种音频压缩格式，根据不同的目标平台有不同的格式。例如，如果目标平台为 Windows，则可以使用如图 6.4 所示的格式。

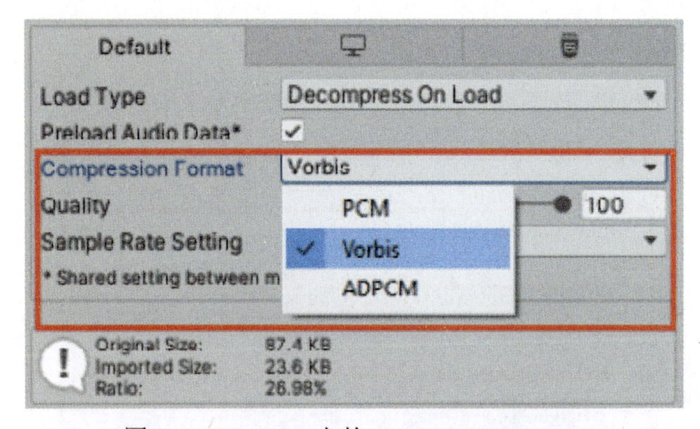

图 6.4　Windows 上的 Compression Format

如果目标平台是 Android，除了 Vorbis 格式外，还支持 MP3 格式，如图 6.5 所示。

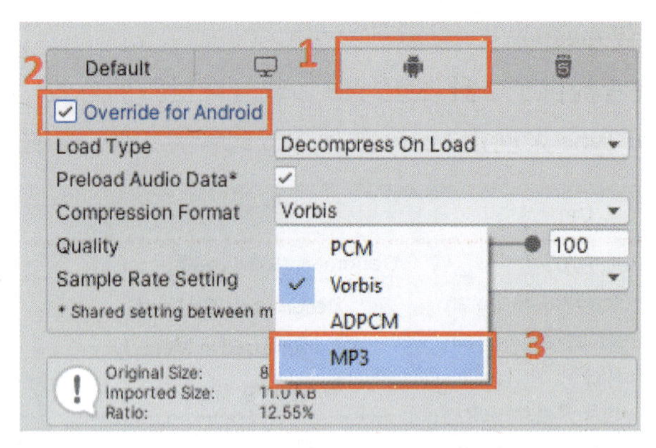

图 6.5　Android 上的 Compression Format

Compression Format 包括以下 4 种类型。

（1）PCM 格式：PCM 格式是一种无损、未压缩的格式，是计算机中数字音频的标准形式。该格式质量高但文件占用存储空间大。如图 6.6 所示，当选择 PCM 格式时，导入的音频文件的大小等于其原始大小。

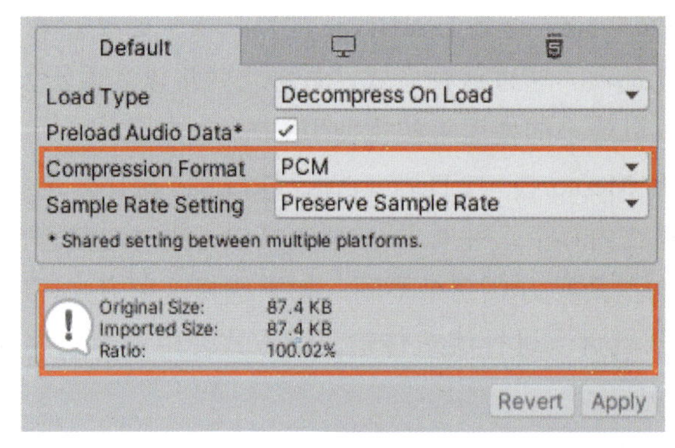

图 6.6　PCM 格式

（2）Vorbis 格式：这是 Compression Format 的默认值。Vorbis 是一种非常有效的音频压缩格式。与 PCM 格式相比，这种压缩使文件更小，但质量较低。如果选择 Vorbis 选项，那么导入的音频文件的大小远小于其原始大小，如图 6.7 所示。还有一个 Quality 滑块，允许调整压缩质量。

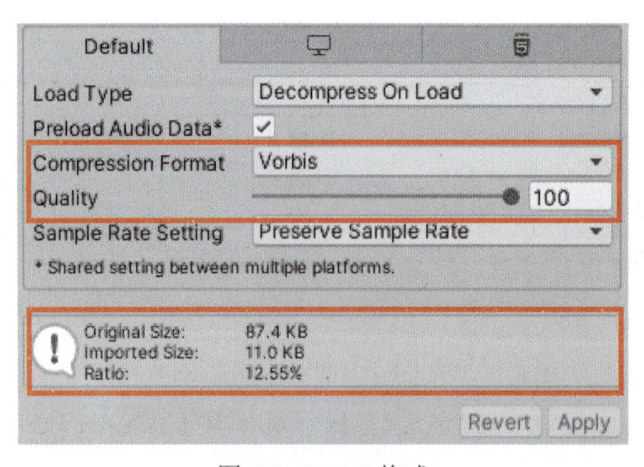

图 6.7　Vorbis 格式

（3）ADPCM 格式：ADPCM（Adaptive Differential Pulse-Code Modulation，自适应差分脉冲编码调制）是一种有损压缩格式。与 Vorbis 不同的是，它的压缩比不能在 Unity 中进行调整，如图 6.8 所示。压缩文件的大小总是比 PCM 的大小小 3.5 倍。

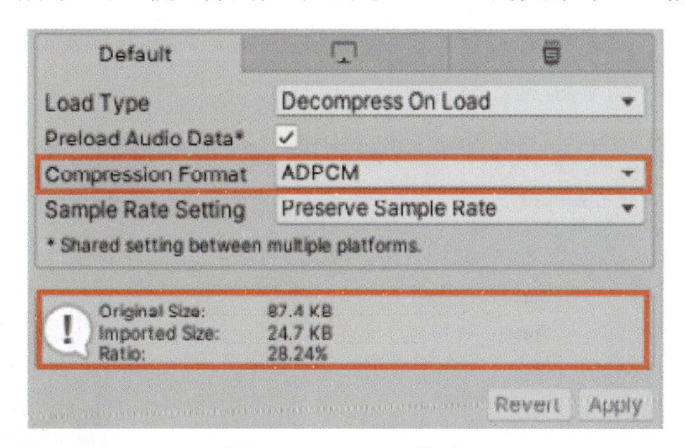

图 6.8　ADPCM 格式

（4）MP3 格式：这是可以在移动平台上使用的格式，如 Android。MP3 格式类似于 Vorbis 格式，这是一种非常高效的音频压缩格式。如图 6.9 所示，Quality 滑块允许调整压缩质量。

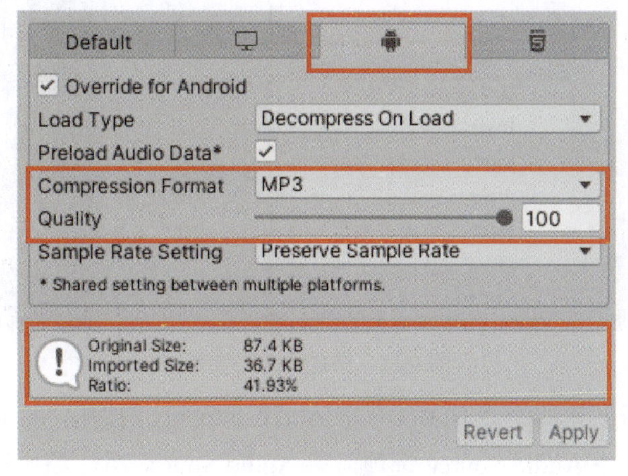

图 6.9　MP3 格式

设置这些音频文件的 Import Settings 后，就可以将它们作为音频剪辑导入 Unity 编辑器中。可以在 Project 窗口中找到这些音频剪辑，并且音频剪辑的图标可以显示其波形，如图 6.10 所示。

图 6.10　音频剪辑

6.2.2　Audio Source（音频源）

为了播放刚刚在游戏场景中创建的音频剪辑，还需要设置一个音频源。然后，这个音频剪辑可以被拖动到音频源中，或从 C# 脚本中使用。可以按照以下步骤创建音频源。

（1）在 Hierarchy 窗口中右击，打开菜单。

（2）选择 Create Empty 选项以在场景中创建游戏对象，如图 6.11 所示。注意，作为音频源的游戏对象不一定是静态对象。在许多情况下需要移动音频源，例如模拟在游戏中发射炮弹的效果。为了简单起见，这里将不会为这个游戏对象添加运动逻辑。

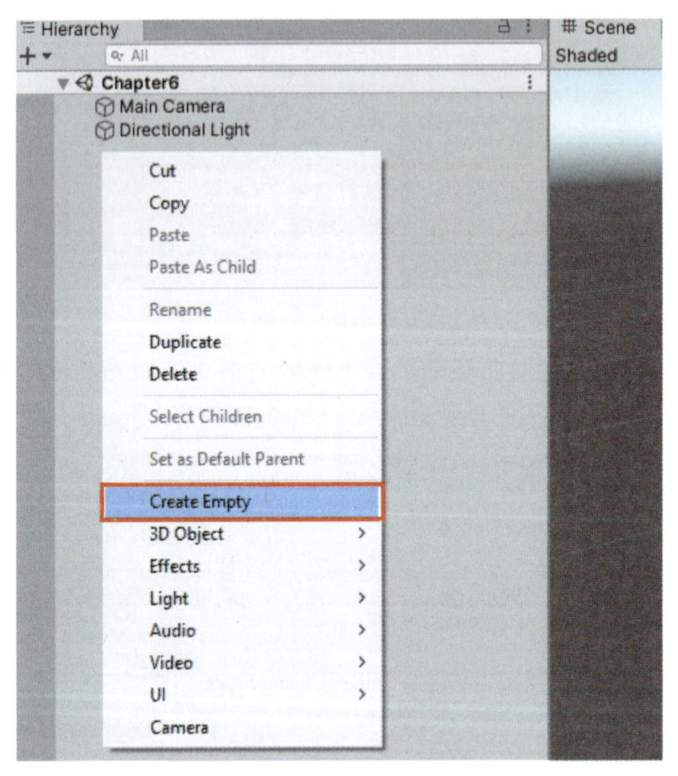

图 6.11　创建一个音频源

（3）选择这个新创建的游戏对象，单击 Add Component 按钮，打开组件列表。

（4）选择 Audio → Audio Source 选项，将 Audio Source 组件添加到此游戏对象上，如图 6.12 所示。

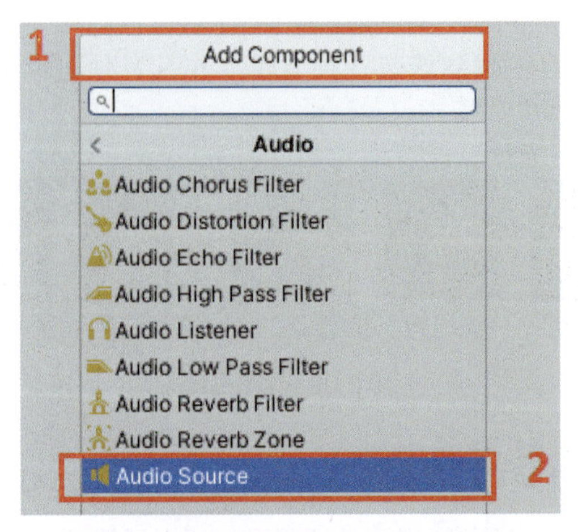

图 6.12　添加 Audio Source 组件

现在，已经在游戏场景中创建了一个 Audio Source 组件。此 Audio Source 组件的属性如图 6.13 所示。

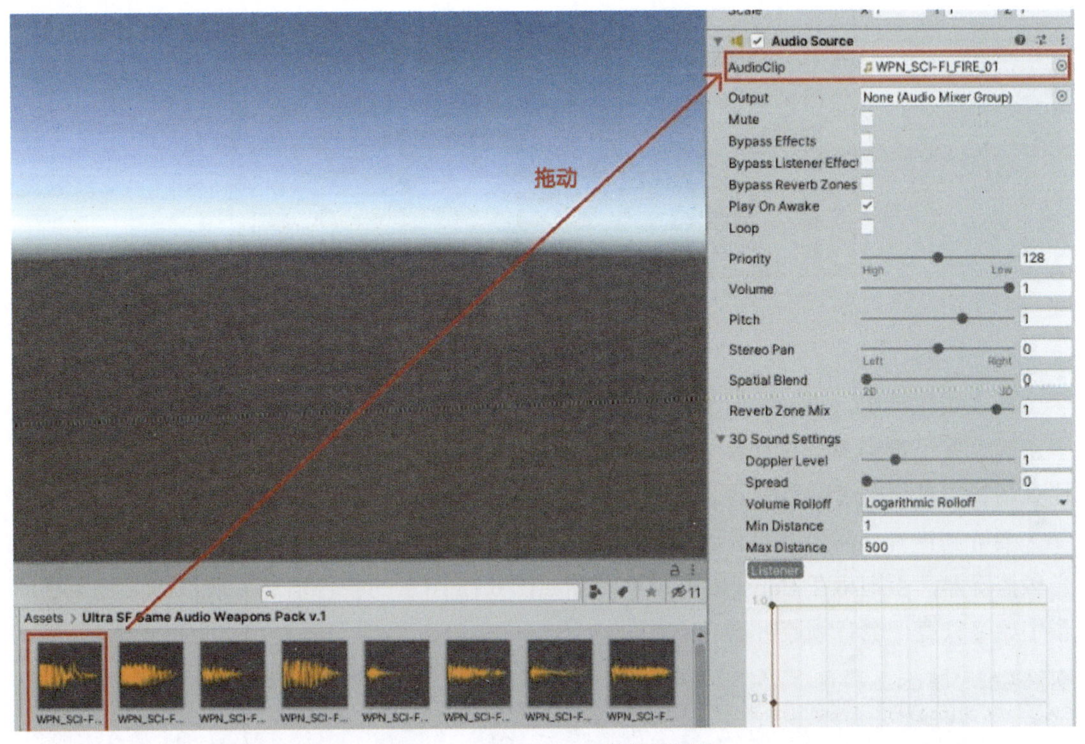

图 6.13　Audio Source 组件的属性

下面对这些属性进行讲解。

（1）AudioClip：Audio Source 组件的第一个属性是对音频剪辑的引用，可以在编辑器中直接将音频剪辑资源拖动到此字段中。

（2）Output：一般情况下不必设置此属性，因为默认情况下，音频源的输出将被场景中的音频监听器接收。仅当要将声音输出到音频混音器组时，才会设置此属性。

（3）Play On Awake：该选项默认被启用，这意味着声音在加载场景时开始播放。如果不希望音频源在加载场景时发出声音，而是通过代码控制音频的播放，则可以禁用此选项，在 C# 脚本中调用 Play 方法。

除了音频源之外，为了在场景中发出声音，还需要一个音频监听器接收来自音频源的声音。

6.2.3　Audio Listener（音频监听器）

一般来说，不需要担心场景中没有音频监听器，因为在创建场景时，音频监听器将默认添加到场景中的主摄像机上，如图 6.14 所示。

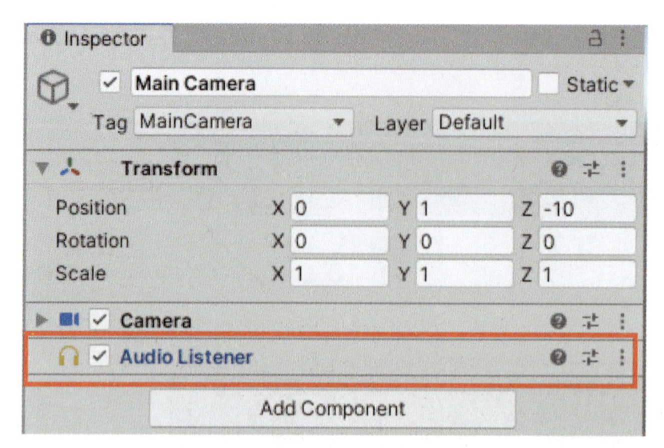

图 6.14　Audio Listener

在现实生活中，声音被听者听到，而音频监听器是 Unity 中的听者。如果在游戏场景中正确设置了音频源，并且音频剪辑可用，但在运行游戏时无法听到声音，那么应该首先检查场景中是否有音频监听器。通常，音频监听器是与相机相连的。

要听到声音，需要确保有音频监听器可用，但需要注意的是场景中不能有一个以上的音频监听器，否则将在 Console 窗口中看到如图 6.15 所示的警告消息，所以需要确保在场景中始终只有一个音频监听器。

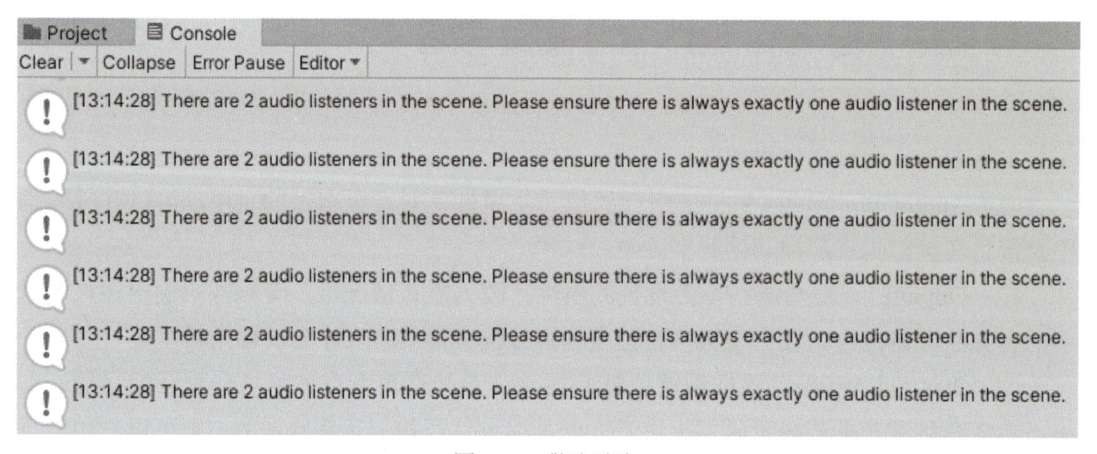

图 6.15　警告消息

在介绍了 Unity 中音频的一些重要概念之后，接下来讨论 Unity 中与视频相关的概念。

6.2.4　Video Clip（视频剪辑）

与音频剪辑类似，需要将外部视频文件导入 Unity 编辑器中来生成视频剪辑。Unity 支持典型的视频文件扩展名，如 mp4、mov、webm 和 wmv。导入视频文件后，可以选择打开 Import Settings 窗口，如图 6.16 所示。

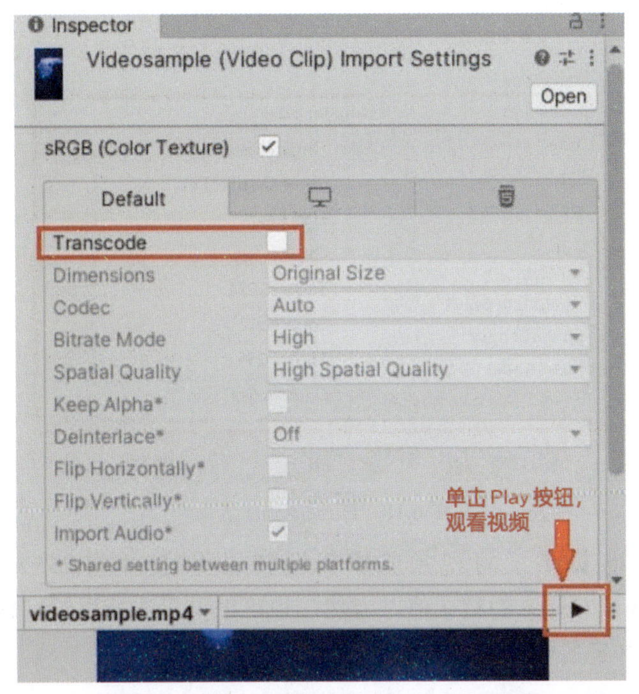

图 6.16　视频剪辑的 Import Settings 窗口

默认情况下，Transcode 选项是禁用的，这意味着 Unity 将使用默认设置来导入此视频文件。如果启用此选项，Unity 将允许修改这些设置。在 Import Settings 窗口的底部，也可以通过单击▶按钮直接预览视频。

选择 Transcode 选项，如图 6.17 所示。

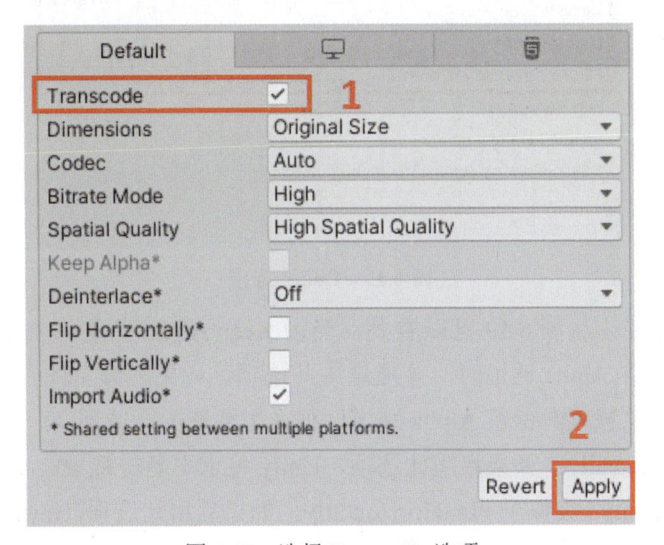

图 6.17　选择 Transcode 选项

下面介绍其中的一些导入设置。

（1）Dimensions：默认情况下，Unity 不会调整原始视频的大小。如果需要在 Unity 中调整视频文件的大小，就可以更改 Dimensions 选项。该选项有一个预设列表，如 Half Res，也可以自定义大小，如图 6.18 所示。

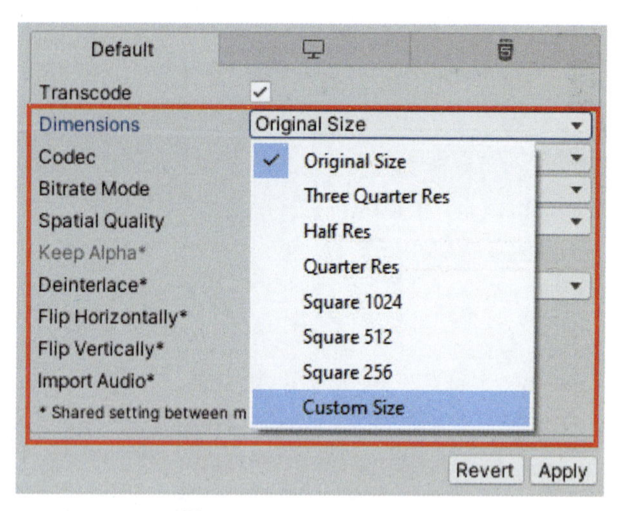

图 6.18　Dimensions 选项

（2）Codec：Unity 提供了将视频剪辑资源转码为 H264、H265 或 VP8 的选项，如图 6.19 所示。Auto 是 Codec 的默认值。当然，也可以自己选择视频编解码器。H264 是最好的本地支持硬件加速的视频编解码器。

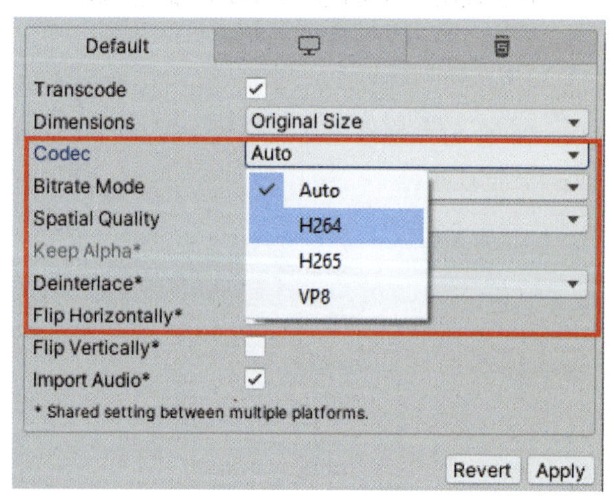

图 6.19　Codec 选项

（3）Keep Alpha：从图 6.19 可以看到，当前 Keep Alpha 不是一个可选项。这是因为只有当视频文件包含 Alpha 通道时，才能选中此选项。如果视频文件包含 Alpha 通道，并且希望在游戏中播放视频时保留 Alpha 通道，那么需要选中此选项。

（4）Flip Horizontally：如果启用此选项，Unity 将水平翻转视频，将左侧切换到右侧。

（5）Flip Vertically：类似于 Flip Horizontally，如果启用此选项，Unity 将垂直翻转视频，使其倒置。

（6）Import Audio：如果原始视频文件包含音轨，那么可以通过此选项来决定是否导入视频的音轨。

完成导入设置后，可以单击 Apply 按钮来对视频进行转码。完成视频转码过程可能需要一些时间，如图 6.20 所示。

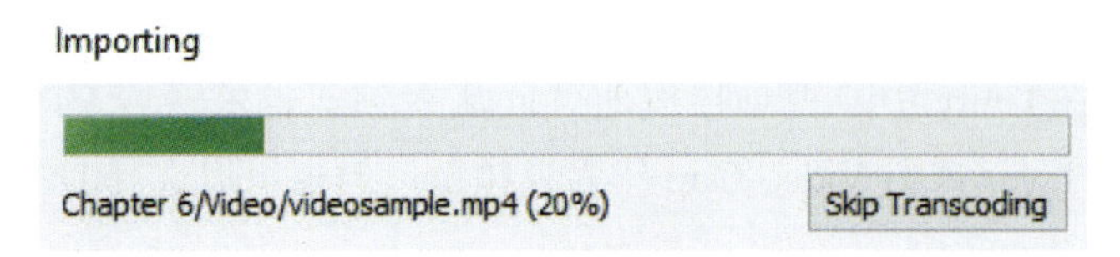

图 6.20 视频转码

现在已经将视频文件导入 Unity 编辑器中，接下来需要设置一个视频播放器来播放视频剪辑。

6.2.5 Video Player（视频播放器）

创建视频播放器的步骤如下。

（1）在 Hierarchy 窗口中右击，打开菜单。

（2）选择 Create Empty 选项创建游戏对象，并将此游戏对象重命名为 VideoPlayer。

（3）选择新创建的游戏对象，单击 Add Component 按钮，打开组件列表。

（4）选择 Video → Video Player 选项，将 Video Player 组件添加到此游戏对象，如图 6.21 所示。

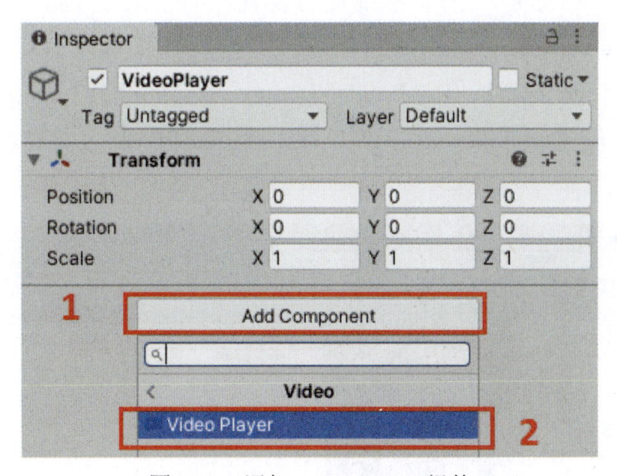

图 6.21 添加 Video Player 组件

此 Video Player 组件的属性如图 6.22 所示。

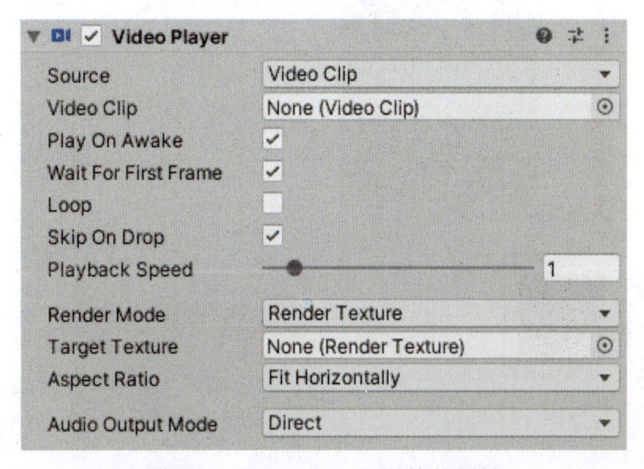

图 6.22 Video Player 组件的属性

下面讲解其中的一些属性。

（1）Source：在 Unity 中，视频播放器可以从视频剪辑资源或 URL 中播放视频。默认情况下，Video Player 需要 Video Clip 作为视频源，但也可以选择 URL 作为视频源，如图 6.23 所示。

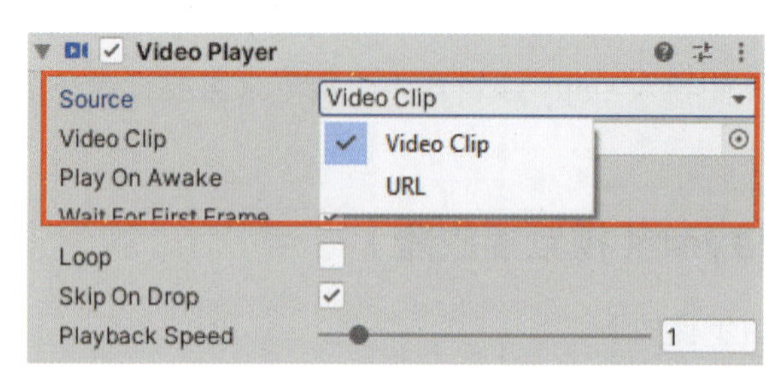

图 6.23　选择 Source 的类型

（2）Play On Awake：默认情况下，该选项是启用的，这意味着视频将在加载场景时开始播放。可以禁用此选项，并在 C# 脚本中调用 Play 方法，以便在运行时的某一点触发视频播放。

（3）Playback Speed：可以通过调整该滑块来提高或降低播放速度，默认值为 1。

（4）Render Mode：这是一个非常重要的设置。如果只设置了 Video Player，将视频剪辑资源拖动到 Source 属性，然后运行游戏，会发现什么都没有发生。这是因为 Video Player 中的 Render Mode 的默认值为 Render Texture，这意味着应该先创建并分配一个渲染纹理给 Video Player 的 Target Texture 属性。然后 Video Player 会将视频输出到这个渲染纹理中，如图 6.24 所示。

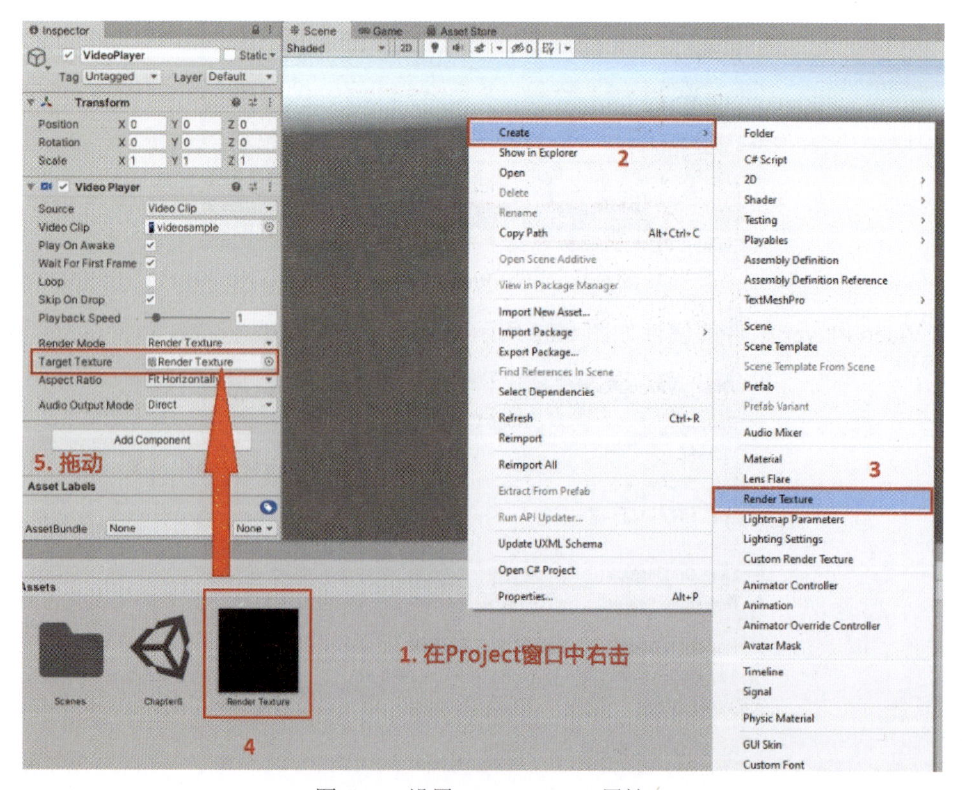

图 6.24　设置 Target Texture 属性

然而，视频不会在游戏场景中播放。为了在游戏场景中播放此视频，可以在场景中创建一个 Raw Image UI 元素，并将此渲染纹理分配给 Raw Image UI 元素，如图 6.25 所示。

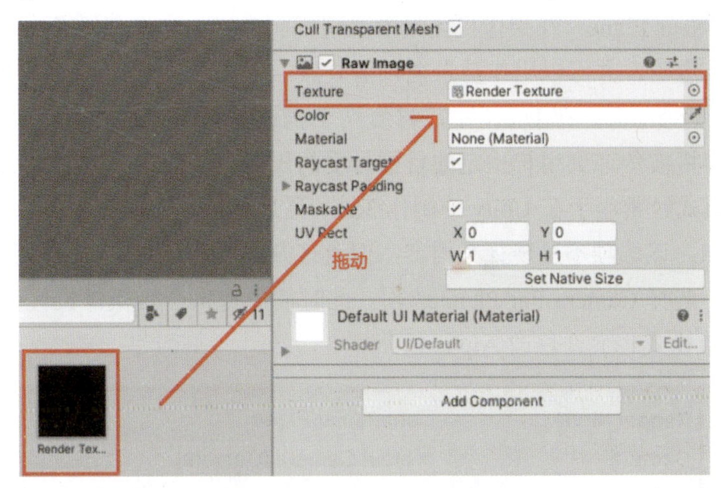

图 6.25　Raw Image UI 元素

再一次运行游戏，视频将按照预期进行播放，如图 6.26 所示。

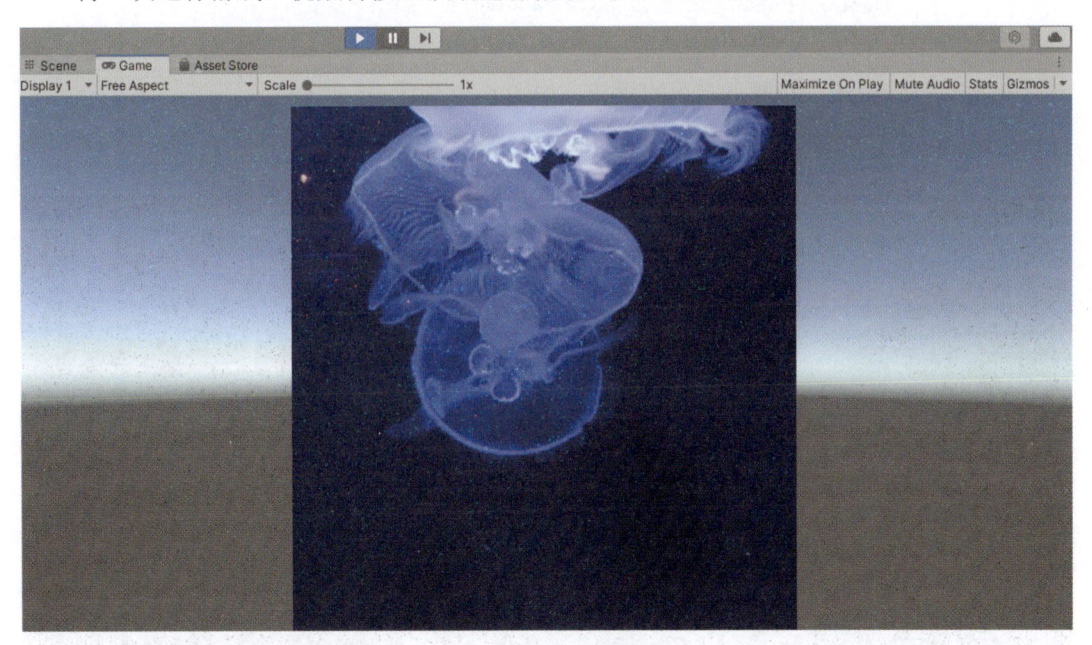

图 6.26　播放视频

Render Mode 还包含其他选项，如图 6.27 所示。

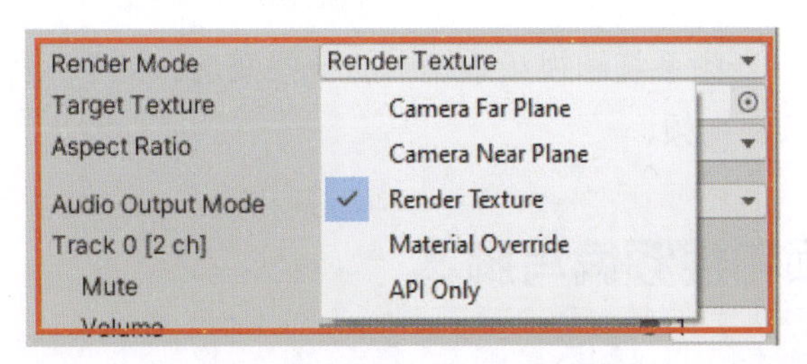

图 6.27　Render Mode 的选项

① Camera Far Plane：在摄像机场景后呈现视频内容，允许开发者修改 Alpha 通道的值，使视频内容透明，并可以用作背景视频播放器。

② Camera Near Plane：在摄像机场景前呈现视频内容，允许开发者修改 Alpha 通道的值，使视频内容透明，并可以用作前景视频播放器。

③ Material Override：在 Unity 中，材质用于描述模型表面的外观。如果选择了此选项，则视频内容将被传递到用户指定的目标材质的属性中，而不是在屏幕上或在渲染纹理中绘制。这种模式经常用于在 Unity 中制作 360° 全景视频。

④ Only API：该选项不呈现视频内容，但允许开发者通过 API 访问视频内容。

作为示例，选择 Camera Far Plane 选项。此时需要提供一台摄像机代替渲染纹理。如图 6.28 所示，该模式也允许修改 Alpha 值。

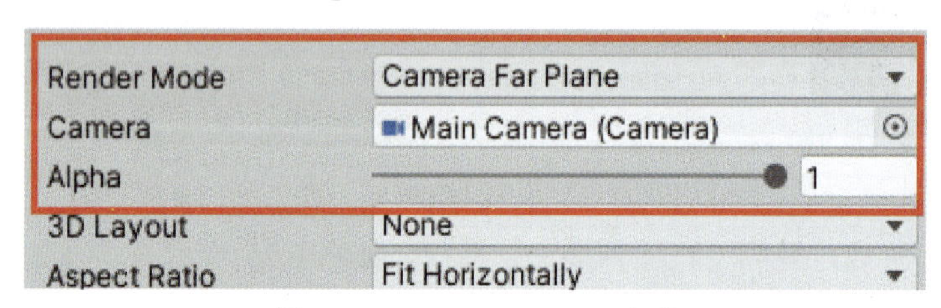

图 6.28　Camera Far Plane 选项

如果运行该游戏，视频就会再次播放，如图 6.29 所示。

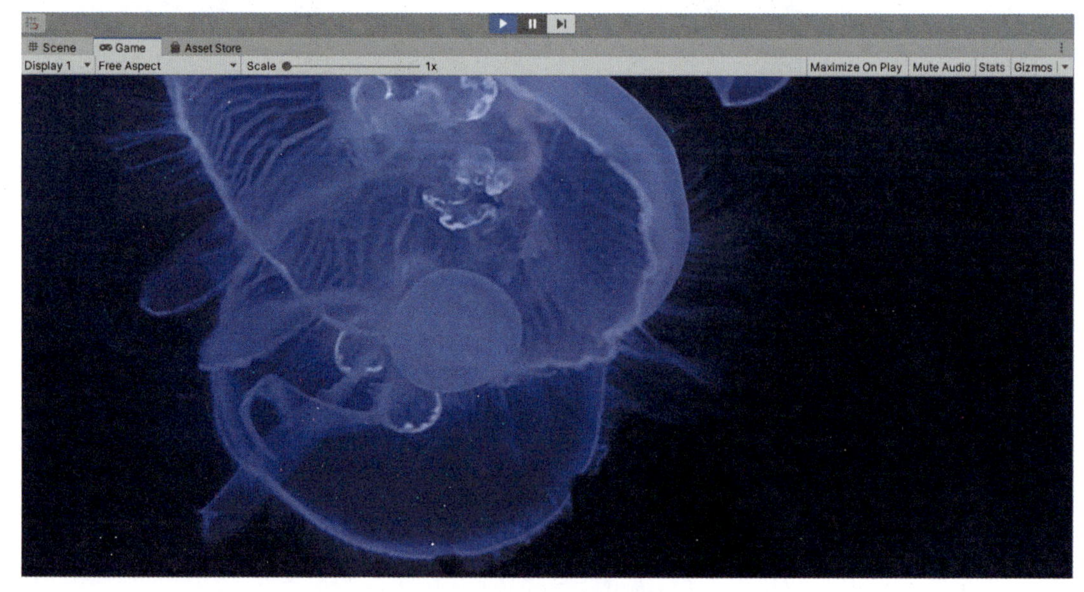

图 6.29　再次播放视频

本节了解了 Unity 音频系统和视频系统中的一些概念。接下来探讨如何在 Unity 中编写 C# 代码来控制音频和视频。

6.3　使用音频和视频编写脚本

本节将探讨如何通过 C# 脚本与音频系统和视频系统进行交互。

6.3.1 AudioSource.Play

Play 的方法签名如下。

```
public void Play();
```

调用这个方法来播放一个音频剪辑是非常简单和直接的。但是，如果需要处理更复杂的场景，如延迟音频剪辑的播放，那么可以调用 PlayDelayed 方法，该方法以秒为单位，在指定的延迟时间后播放音频剪辑。

> **注意**
> Play 方法有一个重载版本，具有一个 delay 参数。但该版本现在已被弃用。建议开发者使用 PlayDelayed 方法，而不是旧的 Play(delay) 方法。

以下是 PlayDelayed 的方法签名：

```
public void PlayDelayed(float delay);
```

PlayDelayed 方法需要一个参数 delay，参数值用于指定播放的延时（以秒为单位）。

下面新建一个 C# 脚本，首先获得对场景中的音频源的引用，然后通过调用 Play 方法来播放分配给它的音频剪辑，具体代码如下。

```
using UnityEngine;

public class AudioPlayer : MonoBehaviour
{
[SerializeField]
private AudioSource _audioSource;

    private void Start()
    {
        if(_audioSource == null)
        {
            _audioSource = GetComponent<AudioSource>();
        }
    }

    public void OnClickPlayAudioButton()
    {
        _audioSource.Play();
    }
}
```

然后，将此脚本拖动到场景中的 Audio Source 游戏对象上，此脚本将作为一个新组件附加到游戏对象上，如图 6.30 所示。

这里，可以手动将 AudioSource 组件拖动到 Audio Player 组件的 Audio Source 字段，得到对 AudioSource 组件的参考。如果忘记为它赋值，那么可以使用 GetComponent<AudioSource>() 方法来获取代码中的 AudioSource 组件。

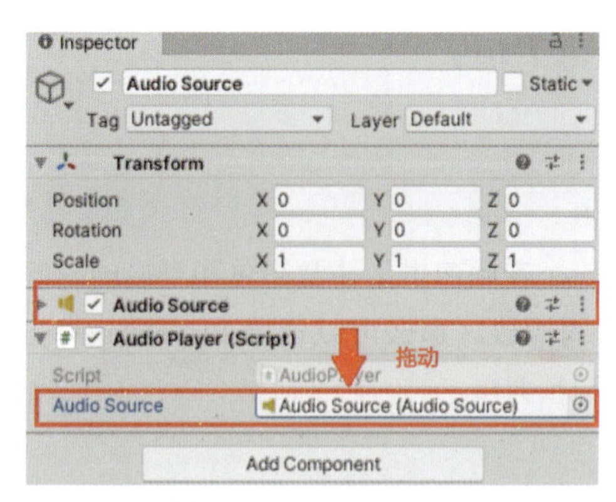

图 6.30　将脚本附加到游戏对象上

接下来，在场景中创建一个 UI 按钮，并将按钮与 OnClickPlayAudioButton 方法绑定，如图 6.31 所示。这样，当按钮被单击时，Audio Source 将播放音频剪辑。

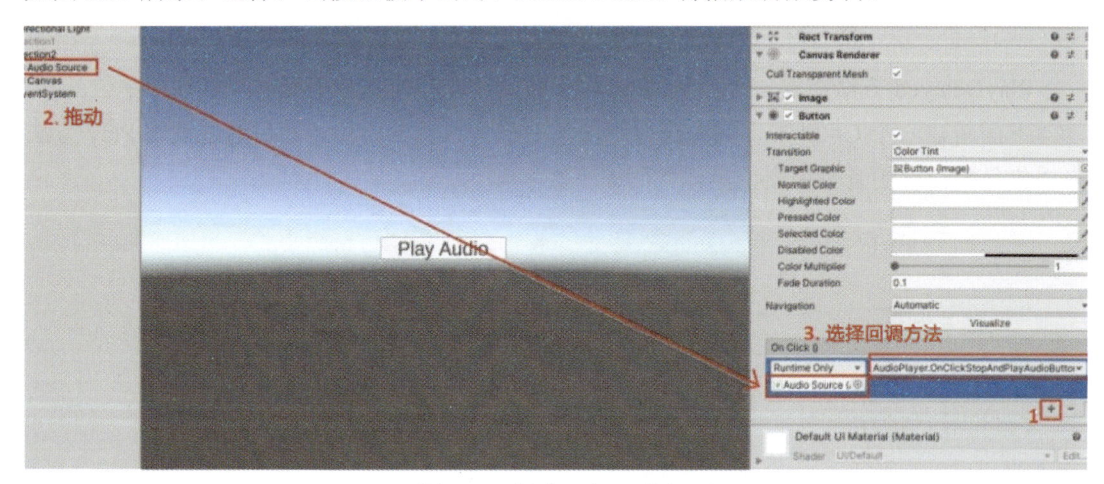

图 6.31　创建一个 UI 按钮

现在运行游戏，单击按钮来播放场景中的声音效果。这个方法在实现音效时非常有用，例如当玩家开枪时可以播放子弹的声音，等等。

6.3.2　AudioSource.Pause

AudioSource 可用于播放背景音乐。在某些情况下，希望暂停背景音乐，例如当玩家进入一个不同的场景或触发一个新的情节时。此时，可以考虑使用 Pause 方法来暂停播放背景音乐剪辑。

Pause 的方法签名如下所示。

```
public void Pause();
```

可以在之前创建的 AudioPlayer 类中创建另一个函数，具体如下。

```
public void OnClickPauseAudioButton()
{
    _audioSource.Pause();
}
```

由于之前下载的资源包只包含短时间的音效，为了演示暂停背景音乐的功能，可以从 Unity Asset Store 下载和导入 Free Music Tracks For Games，如图 6.32 所示。下载地址为 https://assetstore.unity.com/packages/audio/music/free-music-tracks-for-games-156413。

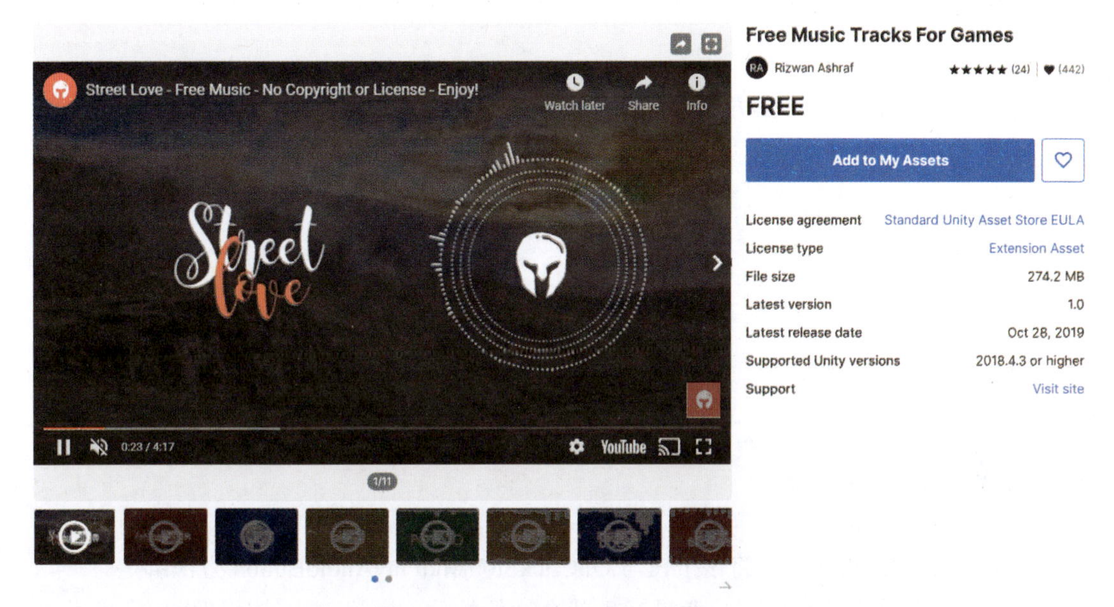

图 6.32 Free Music Tracks For Games

用新的背景音乐剪辑替换原来 AudioSource 引用的音效剪辑。接下来，创建另一个 UI 按钮，并将该按钮与新创建的 OnClickPauseAudioButton 方法进行绑定。

现在运行游戏。如果单击第一个按钮，将播放背景音乐；如果单击第二个按钮，可以暂停音乐。

AudioSource 还提供了 UnPause 方法用来取消被暂停的播放，以及 isPlaying 属性用来检查当前的音频剪辑是否正在播放。

以下是 UnPause 的方法签名：

```
public void Unpause();
```

可以使用它们来实现更灵活的暂停和继续播放音乐的功能，代码片段如下所示。

```
public void OnClickPauseAudioButton()
{
    if(_audioSource.isPlaying)
    {
        _audioSource.Pause();
    }
    else
    {
        _audioSource.UnPause();
    }
}
```

这样，单击第二个按钮将暂停播放音乐，再单击将继续播放音乐。

6.3.3 AudioSource.Stop

在某些情况下，希望停止游戏的背景音乐，然后从头开始播放，而不是先暂停再继续播放。AudioSource 的 Stop 方法可以实现该功能。Stop 的方法签名如下所示。

```
public void stop();
```

在 C# 脚本中创建另一个方法来停止背景音乐并从头开始播放，代码如下所示。

```
public void OnClickStopAndPlayAudioButton()
    {
    if(_audioSource.isPlaying)
    {
        _audioSource.Stop();
    }
    else
    {
        _audioSource.Play();
    }
}
```

创建第三个 UI 按钮，并将该按钮与 OnClickStopAndPlayAudioButton 方法绑定。

运行游戏，单击这个按钮，背景音乐就会开始播放，再次单击该按钮以停止背景音乐，第三次单击该按钮，背景音乐将从头开始播放。

6.3.4 VideoPlayer.Clip

默认情况下，VideoPlayer 组件将播放它引用的视频剪辑。然而，通常需要在游戏运行时更改视频，而不是创建许多不同的 Video Player 实例。所以，可以通过 C# 代码来修改 VideoPlayer 的 clip 属性具体如下。

```
using UnityEngine;
using UnityEngine.Video;

public class VideoManager : MonoBehaviour
{
[SerializeField]
private VideoPlayer _videoPlayer;
[SerializeField]
private VideoClip _videoClip;

    void Start()
    {
        if (_videoPlayer == null)
        {
            _videoPlayer = GetComponent<VideoPlayer>();
        }
    }
```

```
        public void OnClickChangeVideoClip()
        {
            _videoPlayer.clip = _videoClip;
        }
    }
```

该例中，新建了一个名为 VideoManager 的 C# 脚本，它将获得对目标 VideoPlayer 组件的引用和对视频剪辑资源的引用。还有一个名为 OnClickChangeVideoClip 的方法，该方法将被绑定到一个 UI 按钮来更换在播放的视频剪辑。

与设置 Audio Source 相比，设置 Video Player 要稍微复杂一些，因为还需要为 Video Player 选择 Render Mode。为简单起见，这里选择 Camera Near Plane 选项，并使用场景中的 Main Camera 来渲染视频剪辑的每一帧，如图 6.33 所示。

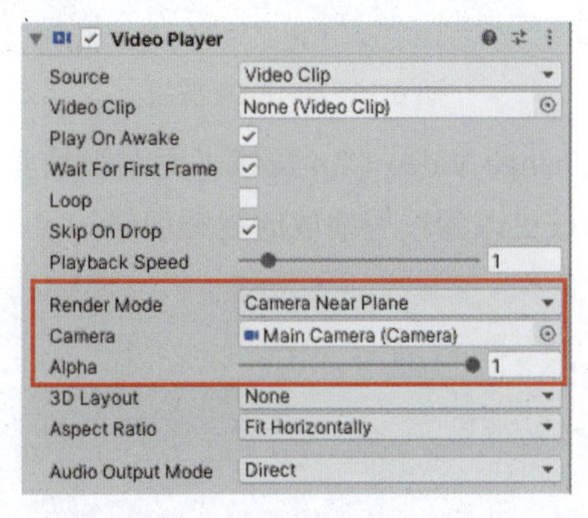

图 6.33　Video Player

之后，还需要将新创建的脚本 VideoManager 分配给同一个游戏对象。如图 6.34 所示，不仅为 VideoManager 脚本分配了对 Video Player 的引用，而且还为其分配了对视频剪辑资源的引用。

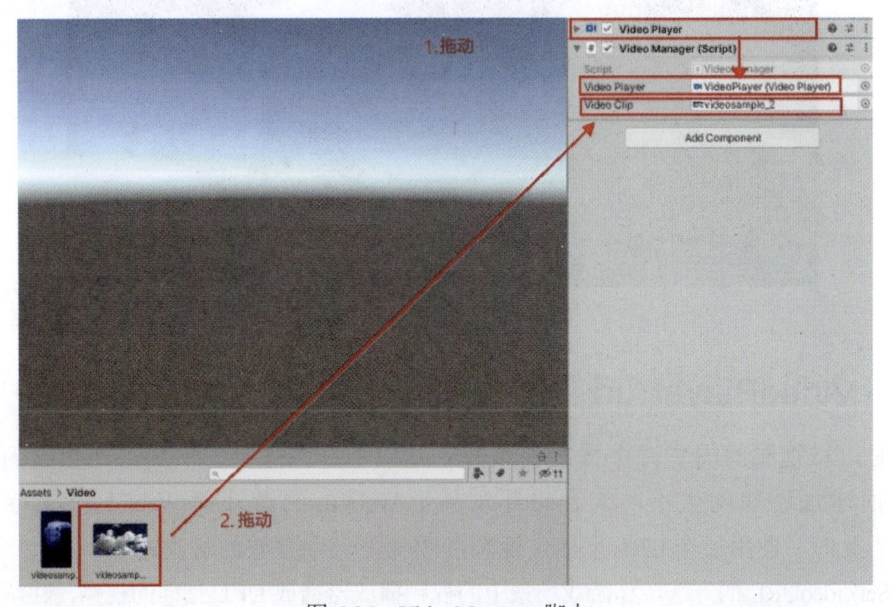

图 6.34　VideoManager 脚本

下面创建一个UI按钮，并将该按钮与OnClickChangeVideoClip方法绑定，如图6.35所示。

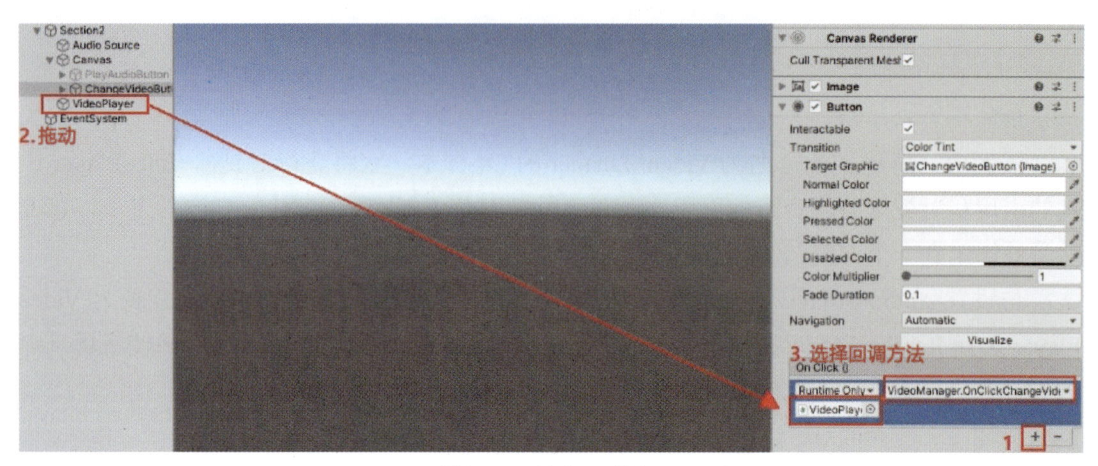

图6.35　创建UI按钮

运行游戏，然后单击Change Video Clip按钮来更改视频剪辑。如图6.36所示，Video Player组件的视频剪辑可以被更改为希望播放的视频剪辑。

图6.36　更改视频剪辑

6.3.5　VideoPlayer.url

有时，从视频剪辑资源中播放视频并不是一个好的选择。例如，不想因为包含视频文件而增加游戏的大小，或者想开发基于WebGL的游戏而WebGL不支持视频剪辑资源。此时，使用一个URL来提供视频资源就是一个有效的解决方案。添加一个名为OnClickSetVideoURL的方法，让游戏场景中的视频播放器播放URL指向的视频，代码如下。

```
    [SerializeField] private string _videoURL;
    …
        public void OnClickSetVideoURL()
        {
            _videoPlayer.url = _videoURL;
        }
```

还需要创建一个 UI 按钮，并将该按钮与 OnClickSetVideoURL 方法绑定。运行游戏，单击 Set Video URL 按钮，从该 URL 中播放视频，如图 6.37 所示。

图 6.37　Set Video URL 按钮

> **注意**
> Unity 不支持播放来自 YouTube 的视频，所以可以在其他平台上托管视频资源，如 Azure Cloud。

6.3.6　VideoPlayer.Play

在 6.3.4 节和 6.3.5 节的示例中，无论是设置了视频剪辑资源还是视频 URL，Video Player 都会自动播放该视频，这是因为在默认情况下启用 Play On Awake 选项，如图 6.38 所示。

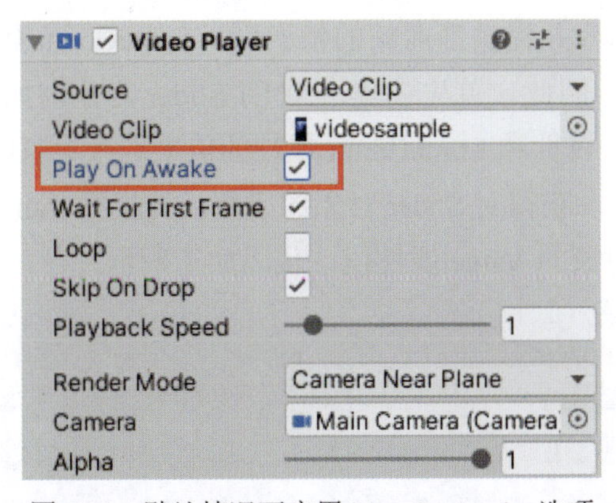

图 6.38　默认情况下启用 Play On Awake 选项

通常，更倾向于能够自己控制播放视频的时间。因此，禁用此选项并在脚本中使用 C# 代码来控制播放，代码片段如下所示。

```
public void OnClickPlay()
{
    _videoPlayer.Play();
}
```

创建第三个 UI 按钮，并与 OnClickPlay 方法绑定。

这次，如果运行游戏并单击 Change Video Clip 按钮或 Set Video URL 按钮，将不会自动播放视频，还需要单击 Play Video 按钮来调用 Video Player 的 Play 方法来播放视频，如图 6.39 所示。

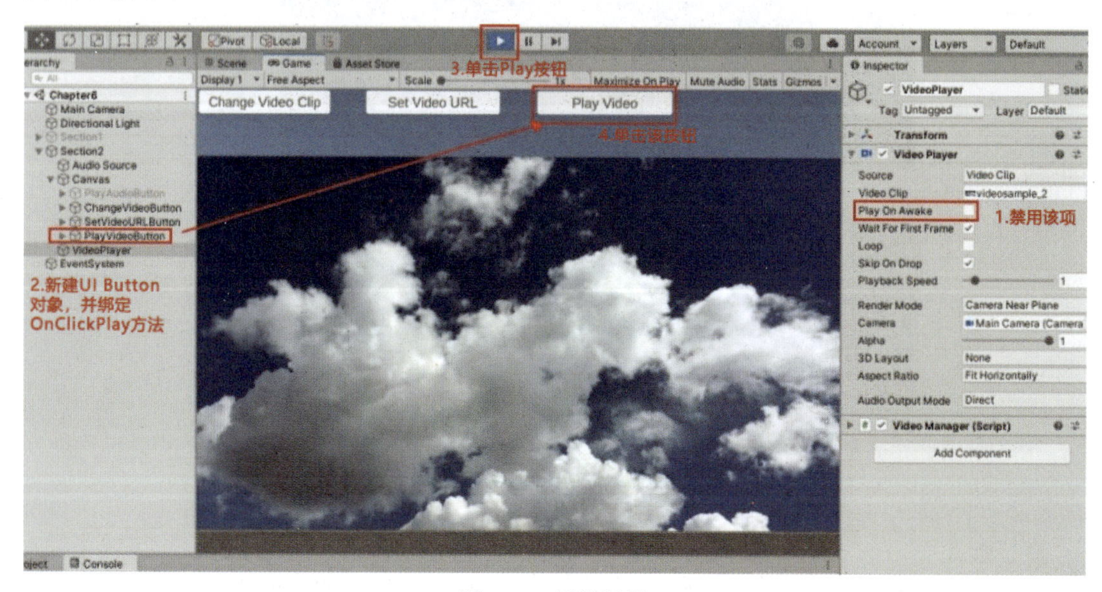

图 6.39　播放视频

6.3.7　VideoPlayer.frame 和 VideoPlayer.frameCount

对于控制视频播放，视频进度条是一个很有用的功能。接下来讨论如何使用 Video Player 的 frame 属性和 frameCount 属性来实现视频进度条。

frame 属性可以被修改并提供当前帧的帧索引。frameCount 属性为只读属性，它提供当前视频内容中的帧数。因此，首先创建一个 UI Slider 对象，如图 6.40 所示，然后根据 VideoPlayer 组件的 frame 属性和 frameCount 属性的值来修改对象的 Value 属性值。

还需要修改 C# 脚本以获得对 Slider 对象的引用，并根据 frame 属性的值和 frameCount 属性的值来更新 Slider 对象的 Value 属性值，代码如下所示。

```
using UnityEngine;
using UnityEngine.Video;
using UnityEngine.UI;

```

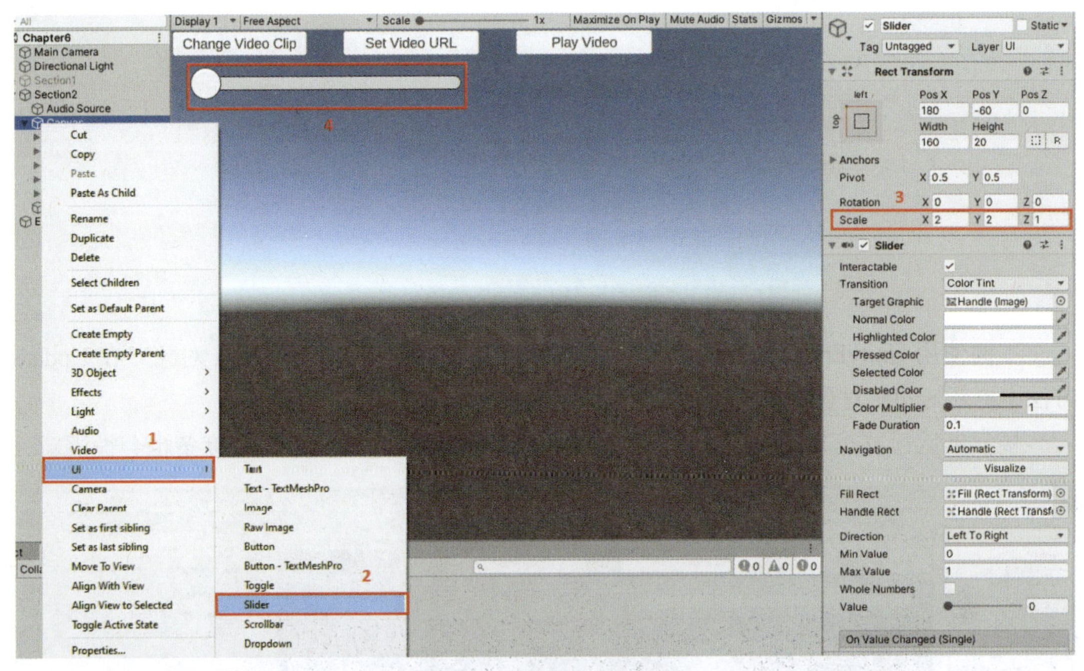

图 6.40 创建 Slider 对象

```
public class VideoManager : MonoBehaviour
{
    [SerializeField] private VideoPlayer _videoPlayer;
    [SerializeField] private VideoClip _videoClip;
    [SerializeField] private string _videoURL;
    [SerializeField] private Slider _progressBar;

    void Start()
    {
        if (_videoPlayer == null)
        {
            _videoPlayer = GetComponent<VideoPlayer>();
        }
    }

    private void Update()
    {
        _progressBar.value = (float)_videoPlayer.frame /
          (float)_videoPlayer.frameCount;
    }

    public void OnClickChangeVideoClip()
    {
        _videoPlayer.clip = _videoClip;
    }

    public void OnClickSetVideoURL()
```

```
        {
            _videoPlayer.url = _videoURL;
        }

        public void OnClickPlay()
        {
            _videoPlayer.Play();
        }
    }
```

本例使用 UnityEngine.UI 命名空间，因为需要从代码中访问 UI Slider 对象。在 Update 方法中更新 Slider 对象的 Value 属性值。

接下来运行游戏并播放视频。如图 6.41 所示，随着视频的播放，进度条也会被更新。

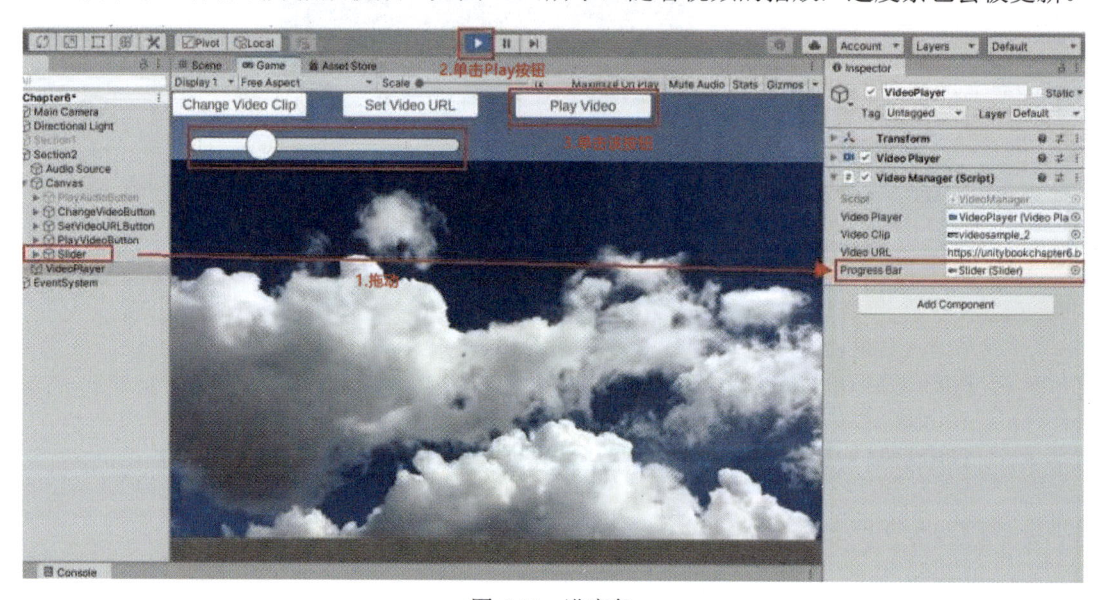

图 6.41 进度条

本节探索并演示了使用 C# 代码来控制音频和视频，例如如何播放音频和视频，如何暂停音频和视频，以及如何实现进度条。但是，如果使用 Unity 开发一个 Web 应用程序，那么可能会遇到其他问题。

6.4 使用 Unity 开发 Web 应用程序的注意事项

Unity 是一个跨平台的游戏引擎，这意味着可以在不同的平台上部署使用相同的代码库和资源的游戏，包括 WebGL。如果正在使用 Unity 为 Web 平台开发游戏，则有一些关于实现视频播放器的注意事项需要说明。

6.4.1 URL

首先，WebGL 上不支持 VideoPlayer.clip 属性，也就是说，可以通过在编辑器中播放视频剪辑资源中的视频内容来实现视频播放器解决方案。但是，一旦将 Web 应用程序构建并部署到服务器上并运行它，视频将不会被播放，即使所需的视频资源被打包部署到服务器上。

如图 6.42 所示，当运行 Web 应用程序并单击 Play Video 按钮时，视频不会被播放。

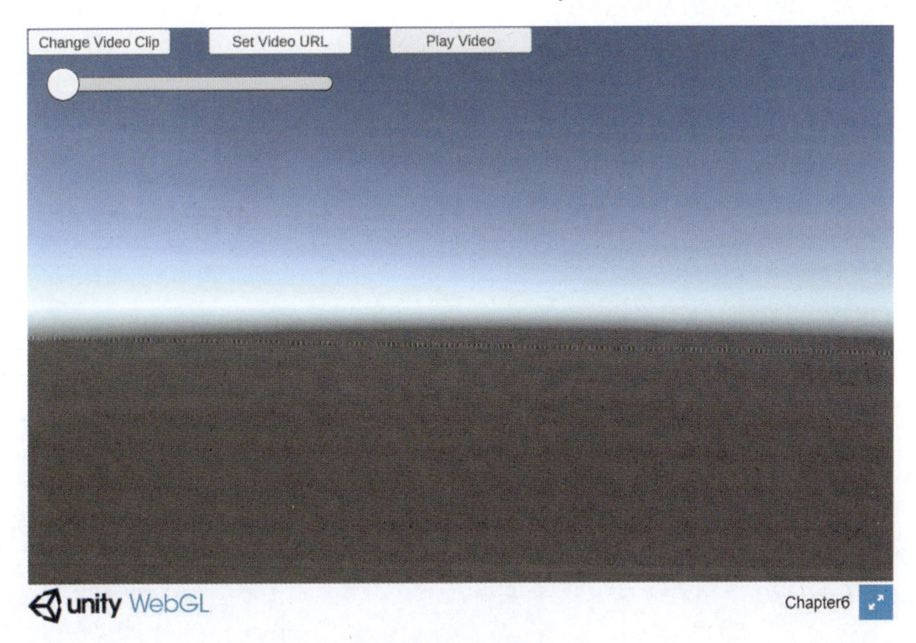

图 6.42 WebGL

在这种情况下，必须通过 VideoPlayer.url 属性提供一个视频源。如果视频文件已经托管在另一个云平台上，那么可以直接使用 6.3.5 节中介绍的方法来播放 URL 指向的视频。此外，VideoPlayer.url 属性还支持本地绝对路径或相对路径。因此，也可以一起构建和部署视频文件和其他游戏内容。需要注意的是，在这种情况下，不再使用 Unity 的视频剪辑资源，而是直接使用原始的视频文件，并将这些视频文件放在一个名为 StreamingAssets 的文件夹中。

注意

StreamingAssets 是 Unity 项目的一个特殊文件夹名称。此文件夹中的文件以其原始格式提供。

可以在项目的根目录中创建一个文件夹，将其重命名为 StreamingAssets，然后将原始的视频文件放入该文件夹中。如图 6.43 所示，该视频文件是以其原始格式保存的，并没有被转换为 Unity 视频剪辑资源。

图 6.43 StreamingAssets 文件

接下来，创建一个 C# 脚本来演示如何让 Video Player 加载这个视频文件并在浏览器中播放它，代码如下所示。

```
using System.IO;
using UnityEngine;
using UnityEngine.Video;

public class VideoManagerForWeb : MonoBehaviour
{
    [SerializeField] private VideoPlayer _videoPlayer;
    [SerializeField] private string _videoFileName;

    void Start()
    {
        if (_videoPlayer == null)
        {
            _videoPlayer = GetComponent<VideoPlayer>();
        }
    }

    public void OnClickSetVideoURL()
    {
        _videoPlayer.url =
          Path.Combine(Application.streamingAssetsPath,
          _videoFileName);
    }
}
```

在此脚本中，通过访问 Application.streamingAssetsPath 属性在运行时获取文件夹的路径，并将路径分配给 VideoPlayer 的 url 属性。

现在，将游戏构建并部署为一个 Web 应用程序，而不是在编辑器中运行它，然后在浏览器中运行游戏。视频将在浏览器中按预期播放，如图 6.44 所示。

图 6.44　在浏览器中播放视频

6.4.2 帧率

当使用 Unity 开发 WebGL 应用程序时，还需要注意视频的帧率。在 Unity 中，帧率表示为每秒的帧数。

打印在编辑器中使用的示例视频的视频长度、视频帧数和视频帧率信息，如图 6.45 所示，该视频的帧数是 213，视频长度是 7.1 s，帧率是 30 FPS。

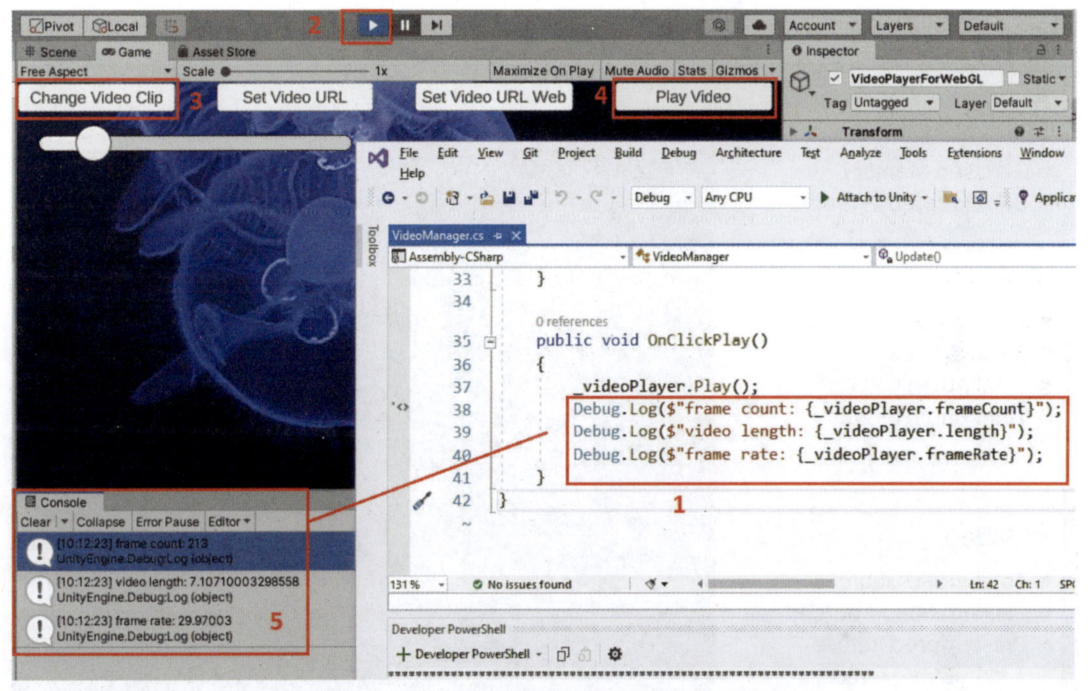

图 6.45　帧率

然而，由于 WebGL 平台上的底层实现，即用于 HTML5 <video> 的 JavaScript API 没有公开帧率信息，即使视频的实际帧率为 30 FPS，帧率也始终被处理成 24 FPS。因此，视频总是 24 FPS，在实现 WebGL 的视频进度条时应该注意这一点。

本节讨论了由于 Web 平台的一些限制，在使用 Unity 开发视频功能时需要注意的事情。接下来，将探讨如何使用 Unity 提供的 Profiler 工具来定位由音频引起的性能问题，以及如何解决它们。

6.5 提高音频系统的性能

在游戏开发中，音频的重要性经常被忽视，有时这也反映在性能优化中。游戏开发者通常会在其他性能领域投入更多的精力，如图形渲染的性能优化。但随着游戏变得越来越复杂，音频也会导致性能问题，如内存使用等。本节将探讨如何在 Unity 中优化音频性能。

6.5.1 Unity Profiler

首先，学习如何使用 Unity Profiler 工具来查看和定位由 Unity 中的音频系统造成的性能瓶颈，步骤如下。

（1）单击 Window→Analysis→Profiler 选项或按快捷键 Ctrl+7（macOS 上为按 command+7），打开 Profiler 窗口。

（2）单击 Profiler 窗口中的 Audio 模块区域，查看音频系统的性能数据。可以了解正在播放的音频源数量、正在使用的音频剪辑数量及用于音频的内存量，等等，如图 6.46 所示。

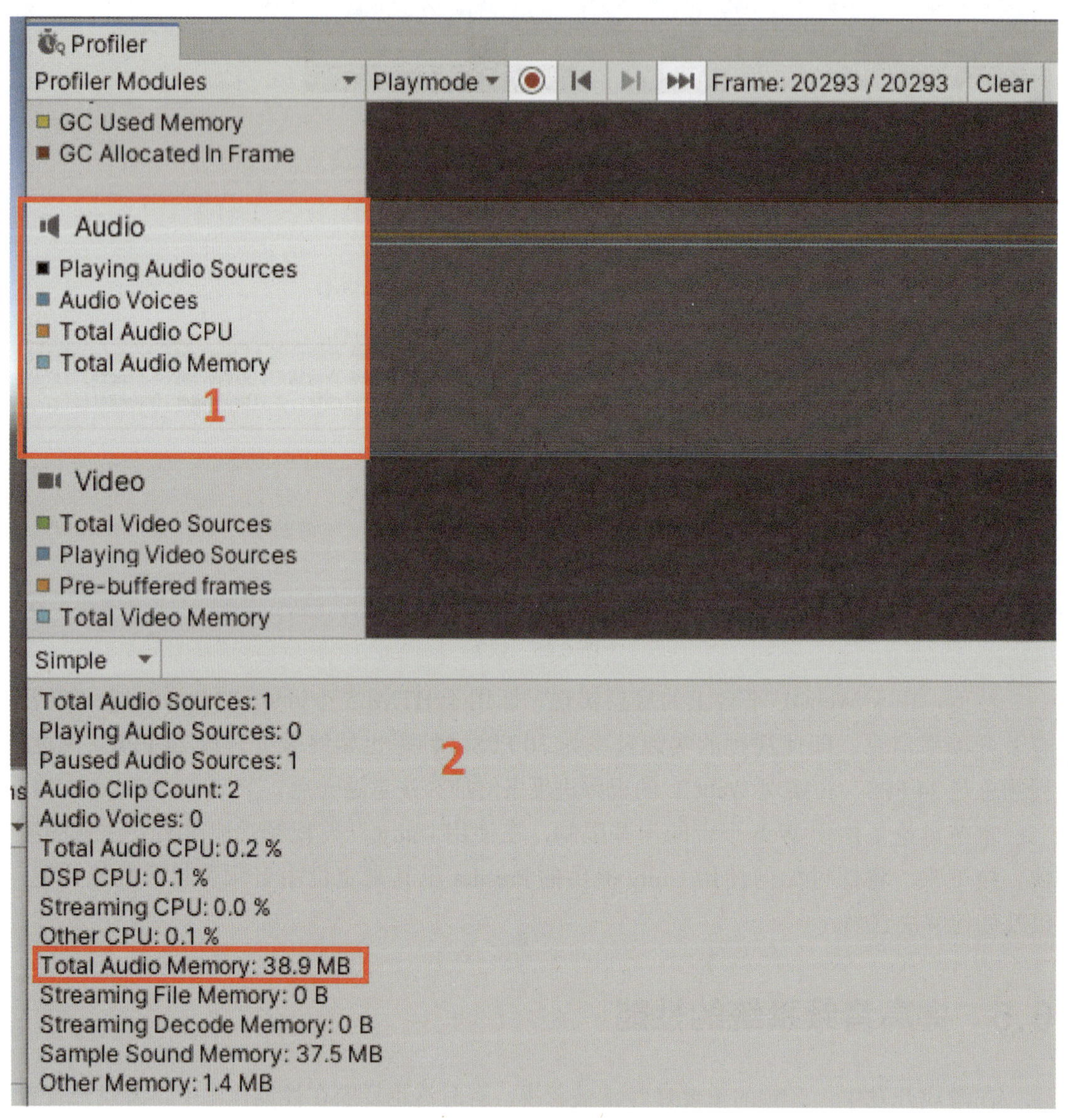

图 6.46　查看音频系统的性能数据

可以看到，Total Audio Memory 的值为 38.9 MB，这很糟糕，因为目前只有一个 Audio Source 在播放声音。因此，可以单击 Simple 下拉菜单，切换到 Detailed 视图，如图 6.47 所示。

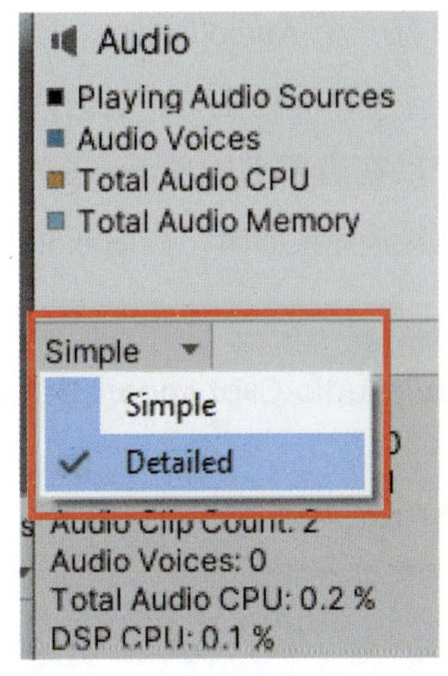

图 6.47　切换到 Detailed 视图

（3）在 Detailed 视图中可以获得更多关于音频系统的信息，并识别出占用 38.9 MB 内存的特定音频资源，如图 6.48 所示。

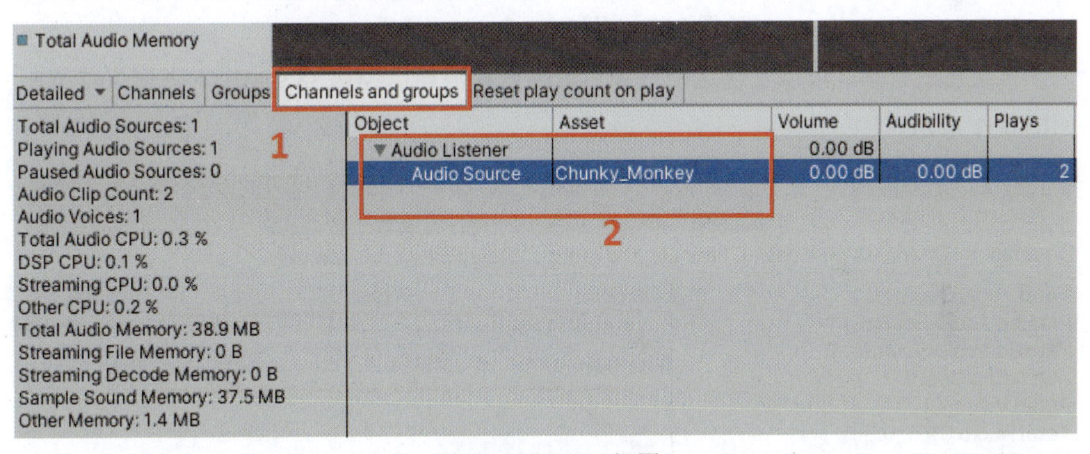

图 6.48　Detailed 视图

接下来，介绍如何减少此音频资源所占用的内存。

6.5.2　使用 Force To Mono 来节省内存

检查该音频资源，会发现这个音频资源是立体声，如图 6.49 所示。

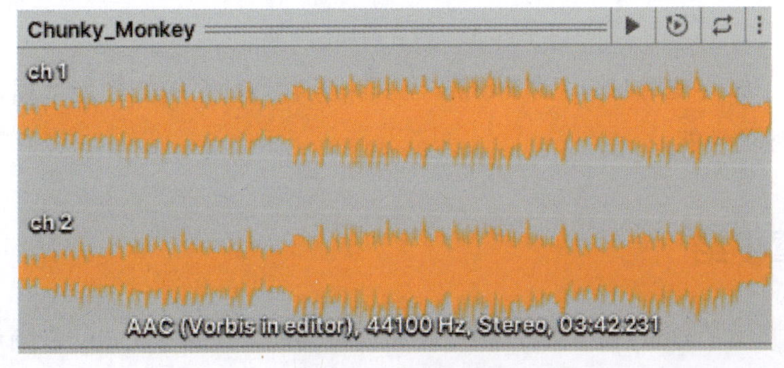

图 6.49　音频资源

然而，由于在游戏场景中只有一个 Audio Source，这意味着声音是从一个点发出的，此时使用立体声是没有效果的，但内存消耗是单声道的两倍。因此，如果游戏不需要立体声，并且需要减少内存消耗，可以在音频剪辑的 Import Settings 中启用 Force To Mono 选项，将立体声音频剪辑转换为单声道音频剪辑，如图 6.50 所示。

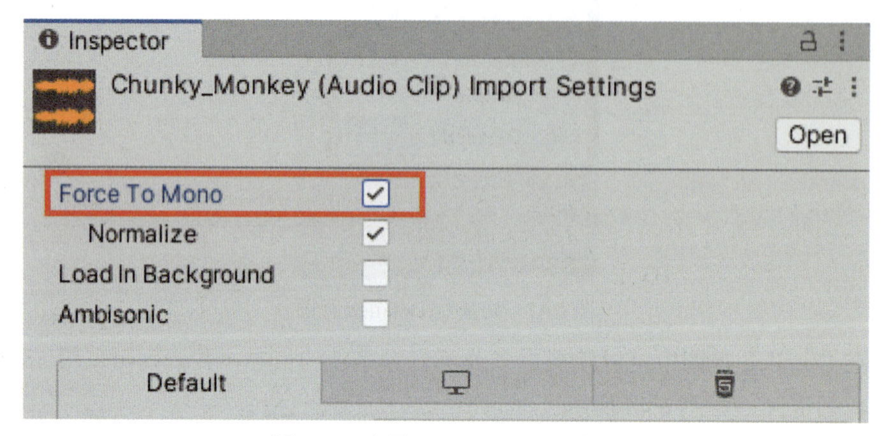

图 6.50 启用 Force To Mono 选项

再次播放音频，可以发现这个音频剪辑的内存消耗已经从 38.9 MB 下降到 20.2 MB，如图 6.51 所示。

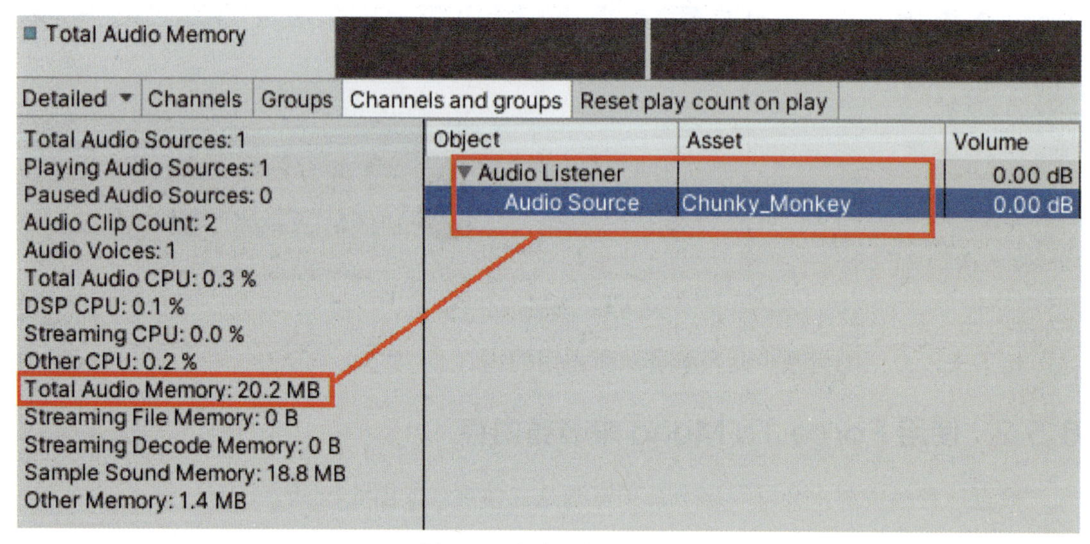

图 6.51 内存消耗已下降

本节介绍了如何使用 Unity 的 Profiler 工具来查看音频系统的性能数据，并探讨了如何优化音频系统的性能。

6.6 本章小结

本章首先介绍了 Unity 提供的音频功能和视频功能，探讨了 Unity 音频系统和视频系统中的一些最重要的概念，如 Audio Clip、Audio Source、Audio Listener、Video Player 等。还讨论了如何在 Unity 中创建脚本与 Unity 的音频系统和视频系统进行交互。然后，演示了如何为 Web 平台实现视频，因为 WebGL 不支持 Unity 的视频剪辑资源，并且由于底层实现的原因，视频帧率总是被处理为 24 FPS。最后，探讨了如何在 Unity 中查看和定位由音频系统造成的性能瓶颈。

第 3 部分
Unity 高级脚本编程

本部分将介绍 Unity 中的高级主题，如 Unity 中的可编程渲染管线、面向数据的技术堆栈 (DOTS) 和序列化。此外，还将介绍如何使用 Azure 进行资源管理和在云中托管玩家数据。

第 7 章
理解 Unity 中计算机图形学的数学原理

数学是游戏开发中经常讨论的话题。虽然 Unity 已经为游戏开发者提供了许多辅助方法来降低在 Unity 中使用数学的复杂性，但仍然需要具备一些计算机图形学的基本数学知识，如坐标系、向量、矩阵和四元数。

7.1 从使用坐标系开始

与许多文件一样，大多数模型文件都是二进制文件。当一个游戏引擎（如 Unity）需要渲染一个模型时，模型的数据（如模型的顶点数组和顶点数组的索引）将通过游戏引擎的渲染管线进行提取和处理。

> **注意**
> 可以在 https://www.khronos.org/opengl/wiki/Rendering_Pipeline_Overview 上找到计算机图形学中更多关于渲染管线的信息。

图形渲染管线主要包括两个功能：将对象的 3D 坐标转换为屏幕空间中的 2D 坐标；为屏幕上的每个像素着色。最后，在 2D 屏幕上渲染 3D 模型。

在渲染管线的处理过程中，将涉及大量的坐标系转换工作，如图 7.1 所示。本节将介绍关于坐标系的知识。

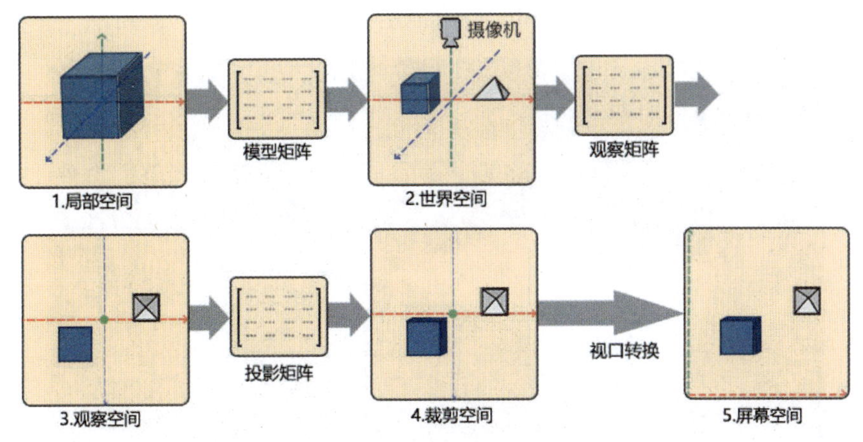

图 7.1　坐标系转换过程

7.1.1　理解左手坐标系和右手坐标系

坐标系是一个几何系统，通常使用数字来确定一个点在空间中的位置。在数学中，有许多不同类型的坐标系统，如数轴坐标系、笛卡儿坐标系和极坐标系。在计算机图形学中，笛卡儿坐标系是最常用的。笛卡儿坐标系在日常生活中也很常见，即用 x 轴、y 轴和 z 轴来描述物体的坐标信息，如图 7.2 所示。当用于描述 3D 空间时，笛卡儿坐标系可以是左手坐标系或右手坐标系，也就是说，可以通过用左手和右手来区分这两者。

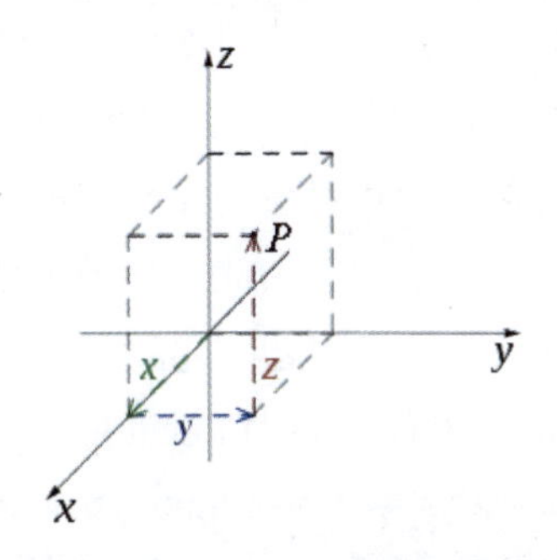

图 7.2　笛卡儿坐标系

可以通过将拇指指向 x 轴，食指指向 y 轴，中指指向 z 轴来区分左手坐标系和右手坐标系，如图 7.3 所示。

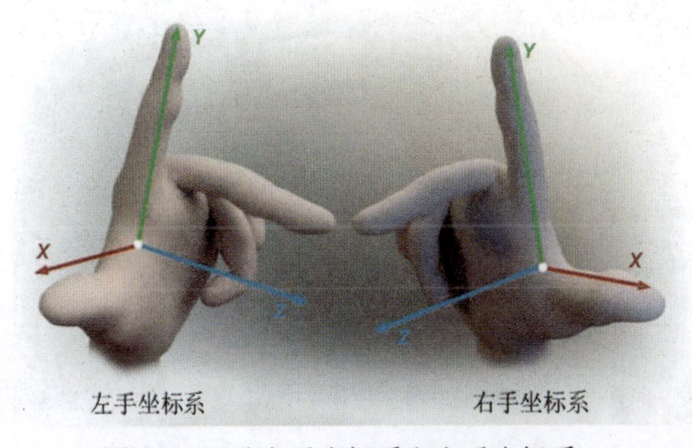

图 7.3　区分左手坐标系和右手坐标系

查看 Unity 编辑器，可以看到 Unity 使用了左手坐标系，如图 7.4 所示。

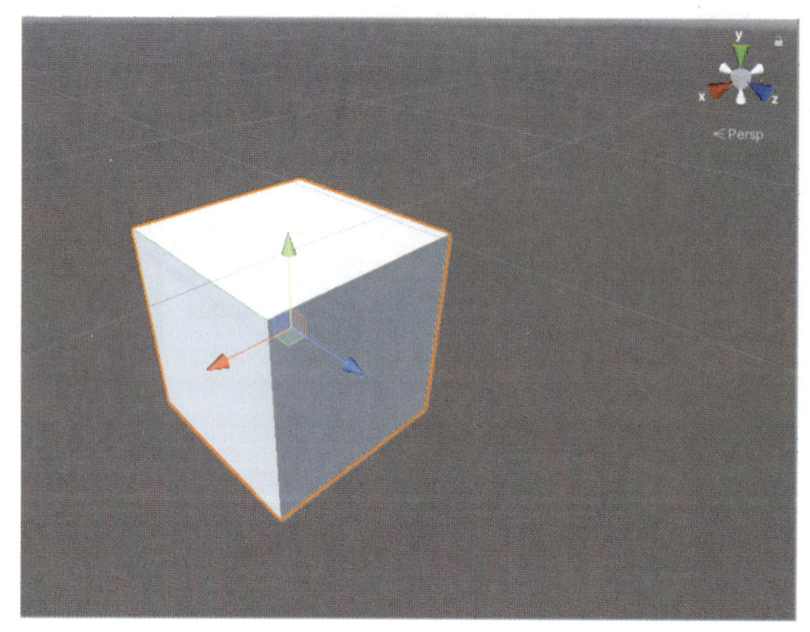

图 7.4　Unity 中的左手坐标系

7.1.2　局部空间

坐标空间是在坐标系中存在 3D 位置和变换的空间，如局部空间和世界空间。在 Unity 中，需要经常使用局部空间或世界空间。局部空间与父子关系的概念有关，也就是说，在游戏对象的层次结构中使用了游戏对象的父节点的原点和坐标轴。父游戏对象的位置、旋转和缩放将影响其定义的局部空间。因此，当处理单个游戏对象的转换时，局部空间不起作用，在处理一组游戏对象的转换中它才起到作用。

如图 7.5 所示，这 5 个 Cube 对象都是名为 LocalSpace 的游戏对象的子对象。

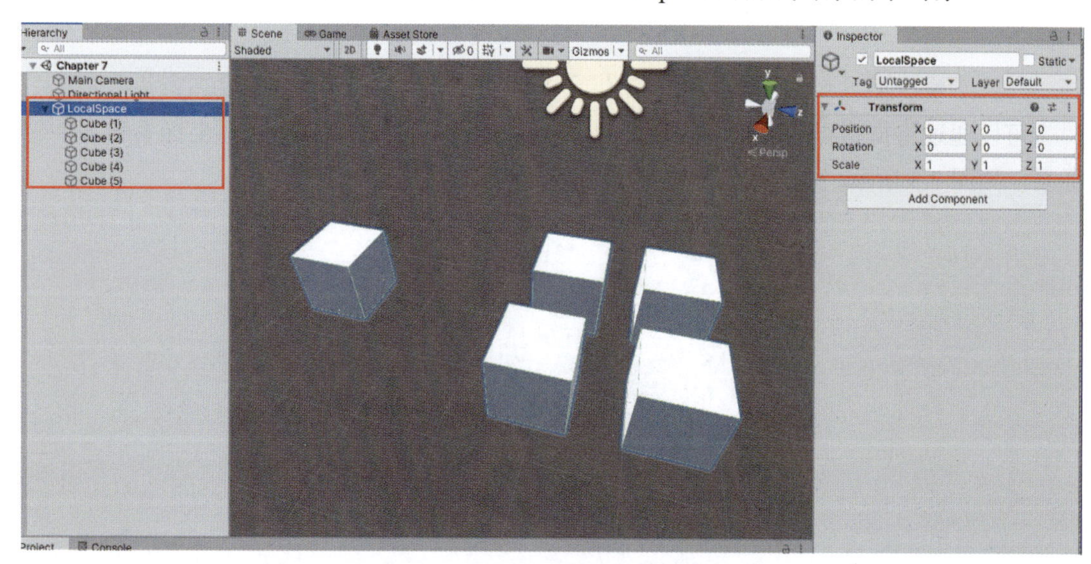

图 7.5　LocalSpace 的游戏对象的子对象

可以看到，父游戏对象的 Position 和 Rotation 的值为 0。现在，沿着 y 轴向下移动 2 个单位，并围绕 y 轴旋转 45°。

如图 7.6 所示，这些 Cube 对象都沿着 y 轴向下移动 2 个单位，并绕着 y 轴旋转 45°。但是，如果在 Inspector 窗口中查看单个 Cube 对象的 Position 和 Rotation，可以看到这些值没有改变，如图 7.7 所示。这是因为当前它们位于由其父对象定义的局部空间中，并且单个 Cube 对象相对于其父对象的位置和旋转没有改变。

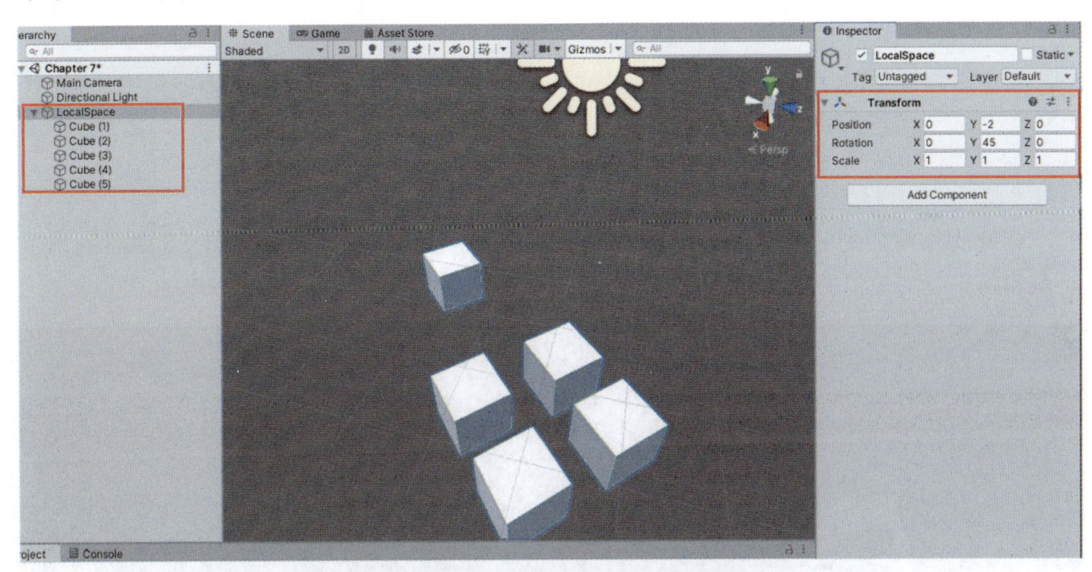

图 7.6　所有立方体都进行了移动和旋转

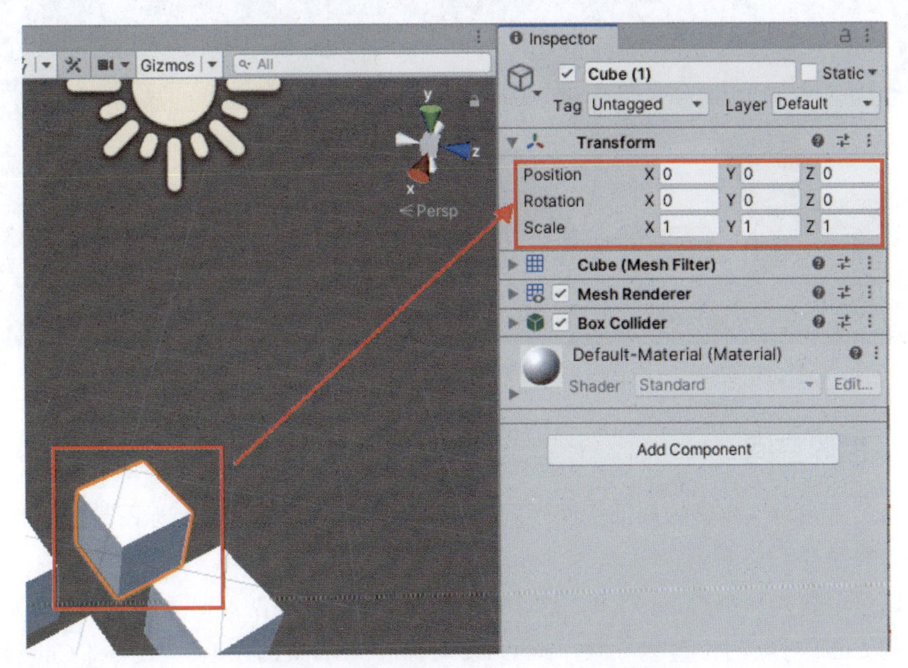

图 7.7　子对象相对于父对象未发生移动和旋转

可以在运行时通过 C# 代码更改子对象的局部位置、局部旋转和局部缩放，代码如下所示。

```
public class LocalSpaceTest : MonoBehaviour
{
    private Vector3 _localPosition = new Vector3(-2, 0, 0);
    private Vector3 _localScale = new Vector3(1, 2, 1);
    private Transform _transform;

    private void Start()
    {
        _transform = gameObject.transform;
        _transform.localPosition = _localPosition;
        _transform.localScale = _localScale;
    }
}
```

将此脚本附加到名为Cube (1)的子对象中，并运行该游戏。可以从图7.8中看到，子对象相对于父对象沿 x 轴移动2个单位，并且相对于父对象沿 y 轴放大2倍。

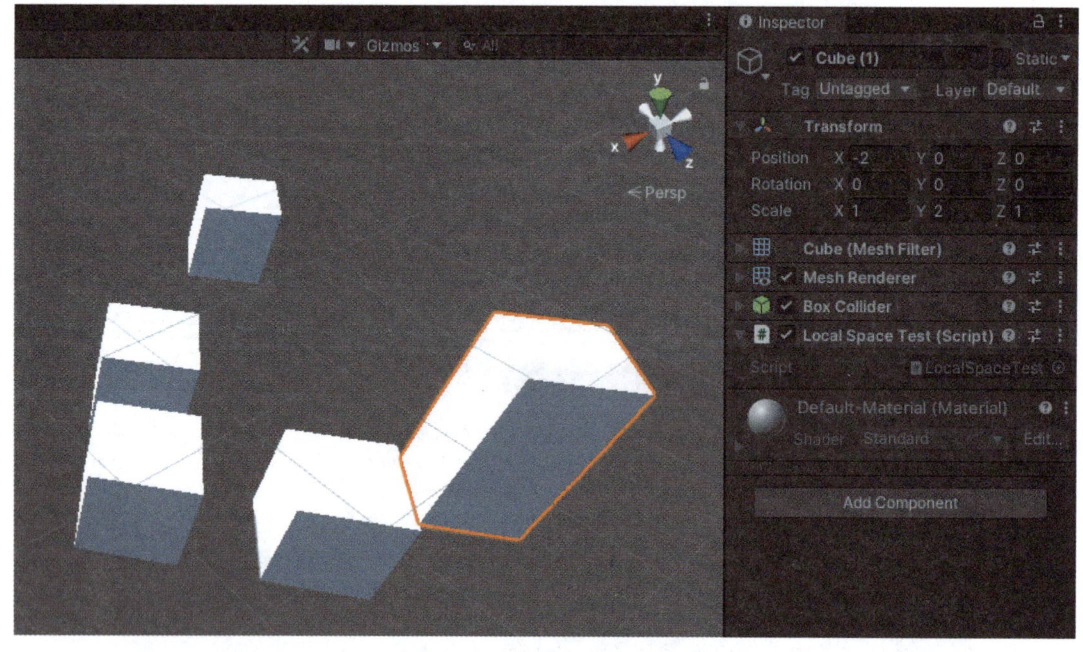

图7.8 改变局部位置和局部缩放

7.1.3 世界空间

与由父游戏对象定义的局部空间不同，世界空间是整个场景的坐标系。场景的中心是世界空间的原点。

在场景中新建一个Cube对象，这个Cube对象不是其他游戏对象的子对象。如图7.9所示，当Cube对象的位置为0时，该Cube对象位于场景的中心。如果将Cube对象位置的 x 值从0更改为1，那么该Cube对象将沿着世界空间的 x 轴向前移动1个单位，如图7.10所示。

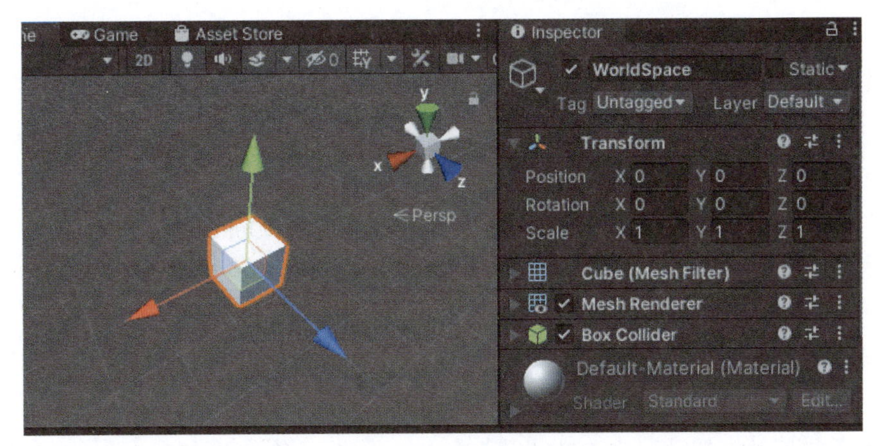

图 7.9　世界空间

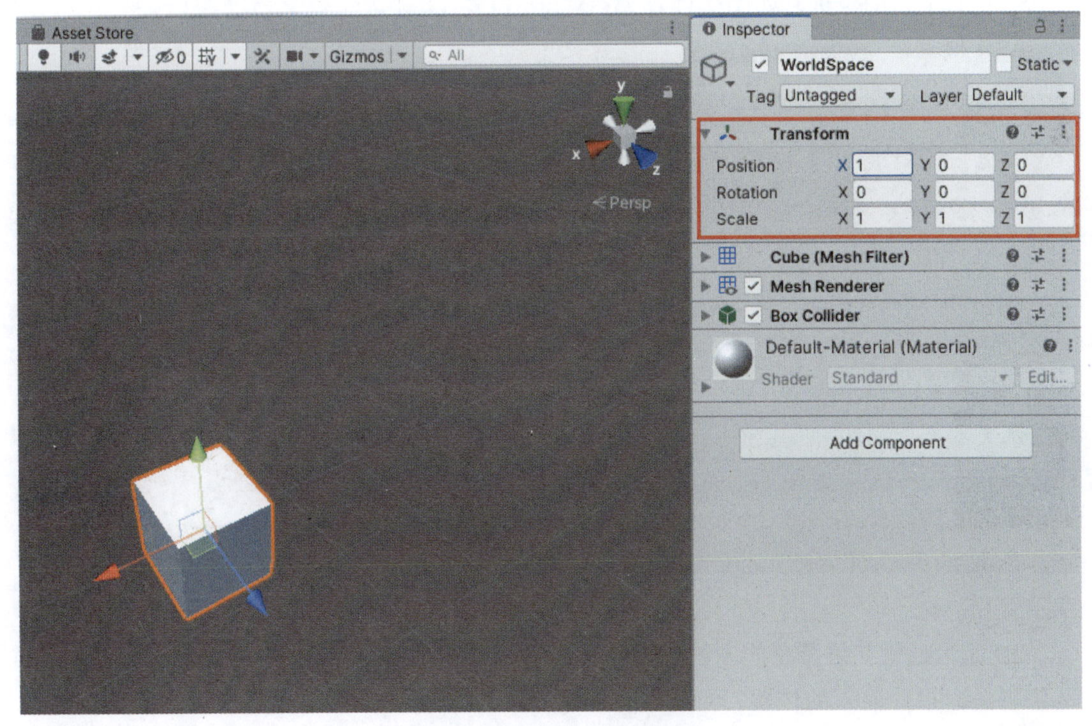

图 7.10　在世界空间中移动

还可以在 C# 脚本中修改世界空间中的游戏对象的位置、旋转和缩放，代码段如下所示。

```
using UnityEngine;

public class WorldSpaceTest : MonoBehaviour
{
    void Start()
    {
        transform.position = new Vector3(0, 1, 0);
    }
}
```

position 属性是 transform 的世界空间位置。除了直接修改 position 或 rotation 属性外，还可以调用以下方法来同时修改对象的 position 和 rotation 属性：

```
public void SetPositionAndRotation(Vector3 position, Quaternion
  rotation);
```

可以看到，该方法需要一个 Vector3 类型的参数和一个 Quaternion 类型的参数。

7.1.4 屏幕空间

坐标系可以用来确定空间中的一个点。这不仅指 3D 空间，也指 2D 空间。屏幕空间是由观看者的屏幕定义的空间，这意味着屏幕空间会将内容投射到屏幕上。

在屏幕空间中，坐标为 2D 的坐标，(0, 0) 是左下角的坐标，(screen.width, screen.height) 是右上角的坐标，如图 7.11 所示。

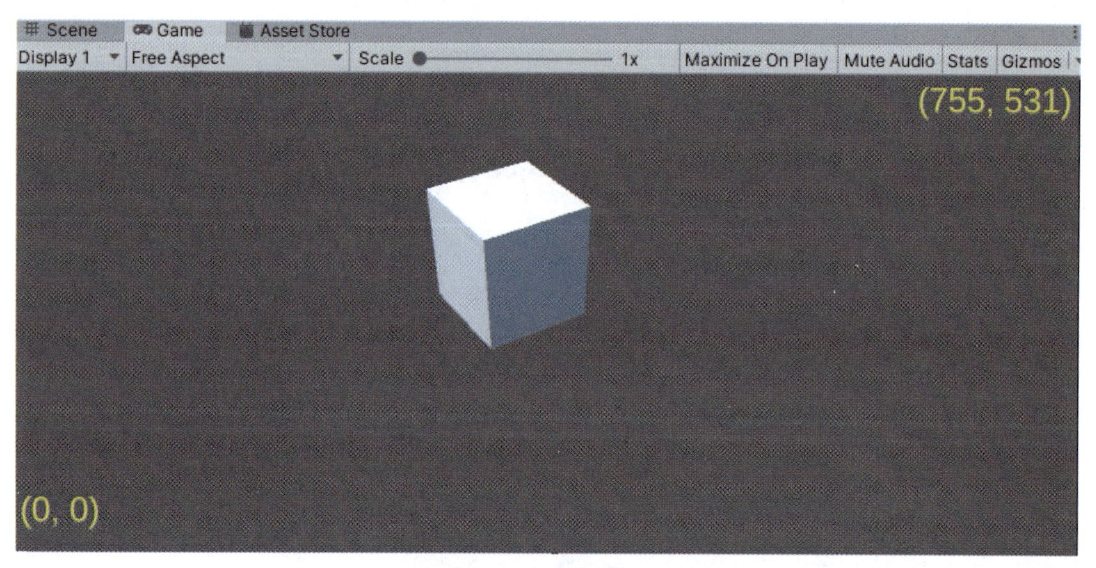

图 7.11　屏幕空间

2D 元素通常在屏幕空间中被描述，其中最常见的是 UI。屏幕空间的另一个常见用途是获取鼠标指针输入的位置，因为鼠标指针在屏幕上移动。以下代码片段演示了如何在 C# 脚本中获取鼠标的位置。

```
using UnityEngine;

public class ScreenSpaceTest : MonoBehaviour
{
    void Update()
    {
        Vector2 mousePosition = Input.mousePosition;
        Debug.Log($"Mouse Position: {mousePosition}");
    }
}
```

Input 类的 mousePosition 属性将返回屏幕空间中的当前鼠标位置，Debug.Log($"Mouse

Position: {mousePosition}"); 将把该鼠标位置打印到 Console 窗口，如图 7.12 所示。

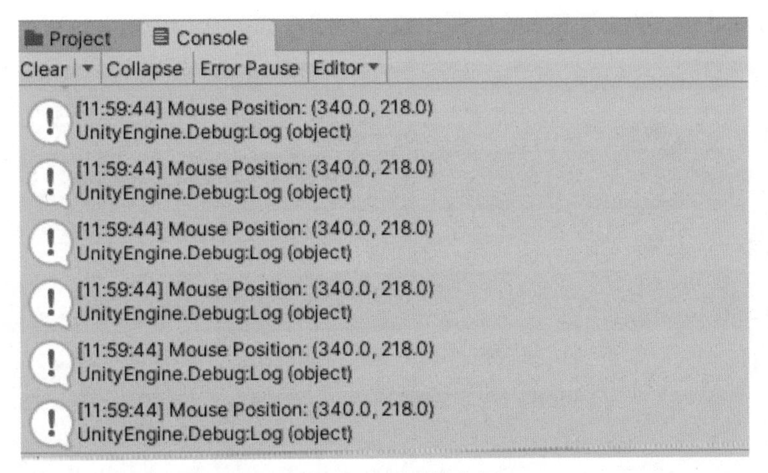

图 7.12　打印鼠标位置

在获得鼠标的屏幕空间位置后，可以使用 Unity 的 Camera 类提供的方法将屏幕空间位置转换为世界空间位置。此外，Unity 允许从相机创建一条射线，通过一个屏幕点进入游戏世界。这可以帮助处理游戏中常见的情况，例如需要知道玩家在 3D 游戏世界中点击了什么，即使玩家实际上只能点击 2D 屏幕。

相关方法的签名如下：

```
public Ray ScreenPointToRay(Vector3 pos);
public Vector3 ScreenToWorldPoint(Vector3 position);
```

ScreenPointToRay 方法非常有用，因为它从指出世界空间中鼠标位置相机返回一个 Ray 对象。该方法可以和物理系统中的 Collider 组件结合使用，因为可以使用该方法向 Collider 组件发射射线，得到该 Collider 组件的细节。该方法也可以用来在 Scene 视图中画线来帮助调试。

接下来，检测鼠标的单击位置是否有 Collider，如果有 Collider，则在 Scene 视图中画一条红线，代码如下所示。

```
Ray _ray;

private void FixedUpdate()
{
  _ray =
    Camera.main.ScreenPointToRay(Input.mousePosition);

  if (Physics.Raycast(_ray, out RaycastHit hit, 50))
  {
      Debug.DrawLine(_ray.origin, hit.point,
        Color.red);
  }
}
```

可以看到，调用 ScreenPointToRay 方法从场景中主相机的位置创建一条指向鼠标方向的射线，然后使用这条射线通过调用 Physics.Raycast 方法来检测场景中的 Collider。最后调用 Debug.DrawLine 方法在 Scene 视图中绘制红线，如图 7.13 所示。

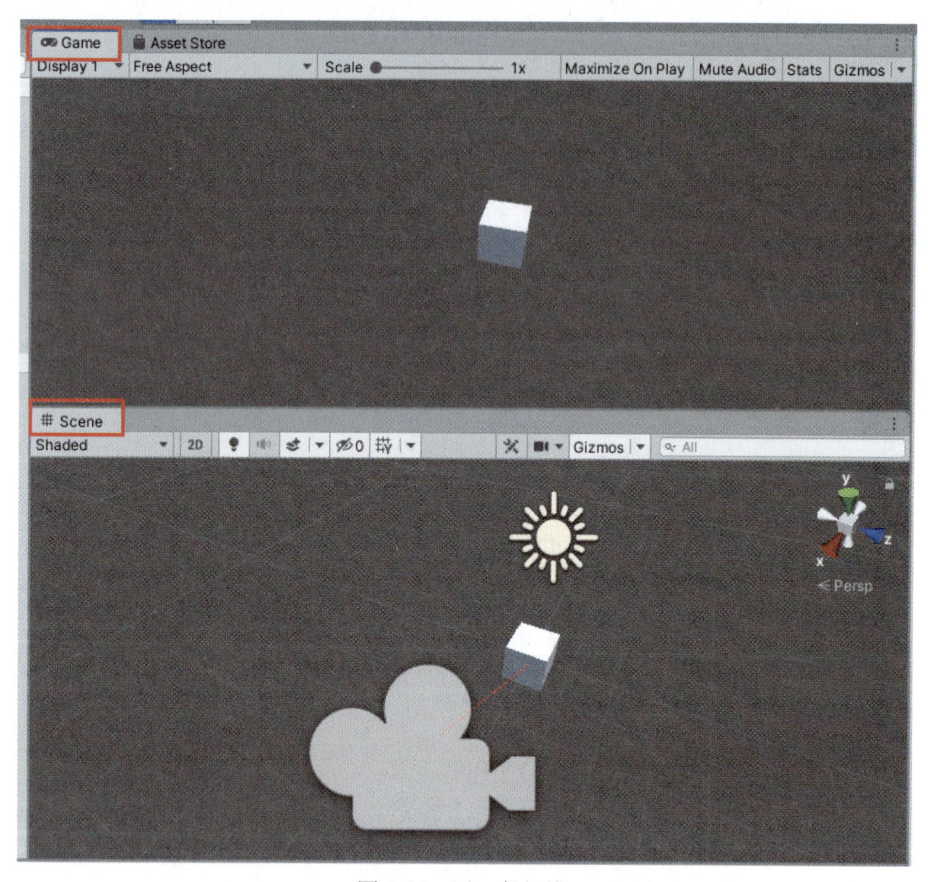

图 7.13　画一条红线

在图 7.13 中，上面是 Game 视图，它是运行游戏的窗口，下面是 Scene 视图，它是用于调试的窗口。

7.2　使用向量

在游戏开发中，使用向量来定义方向和位置。如图 7.14 所示，在两点之间画了一条线来表示一个向量。在这种情况下，向量从原点开始，即点 *B* (0, 0) 到点 *A* (6, 2)。

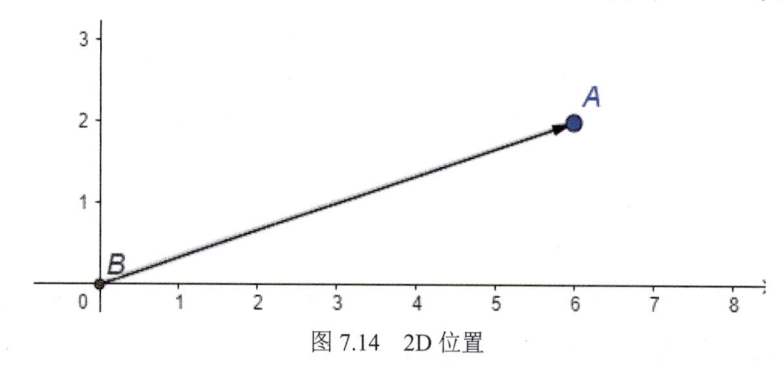

图 7.14　2D 位置

可以看到，这个向量由两个分量组成，即 x 和 y，分别表示沿 x 轴和沿 y 轴到原点的距离。因此，这个向量可以用来定义点 A 在空间中相对于原点的位置。还可以计算出这两点之间的距离，称为大小，一个2D向量的大小是 ($x\times x+y\times y$) 的平方根。

在 Unity 中，使用 Vector2 结构类型来表示 2D 向量和点。Vector2 的 magnitude 属性返回这个 2D 向量的大小。

3D 向量类似于 2D 向量，但需要考虑 z 轴的值。3D 向量的大小是 ($x\times x+y\times y+z\times z$) 的平方根。

Unity 提供了 Vector3 结构类型来表示 3D 向量和点。如果查看场景中游戏对象的 Inspector 窗口，会发现对象的 Position、Rotation 和 Scale 属性均为 Vector3 类型，如图 7.15 所示。

Transform			
Position	X 0	Y 0	Z 0
Rotation	X 0	Y 0	Z 0
Scale	X 1	Y 1	Z 1

图 7.15　对象的 Position、Rotation 和 Scale 属性

7.2.1　向量相加

由于向量可以用来描述位置，因此向量也可以用来描述随时间变化的位置。移动物体的速度，即该物体在给定方向上的速度。

如图 7.16 所示，假设一个物体当前位于点 A，其速度为每分钟 (1, 1)，这意味着该物体将在 x 轴上移动 1 单位，在 y 轴上移动 1 单位。把它当前的位置向量和速度向量相加以计算 1 分钟后的位置：

```
(6, 2) + (1, 1) = (7, 3)
```

1 分钟后，该物体的新位置为 (7, 3)。

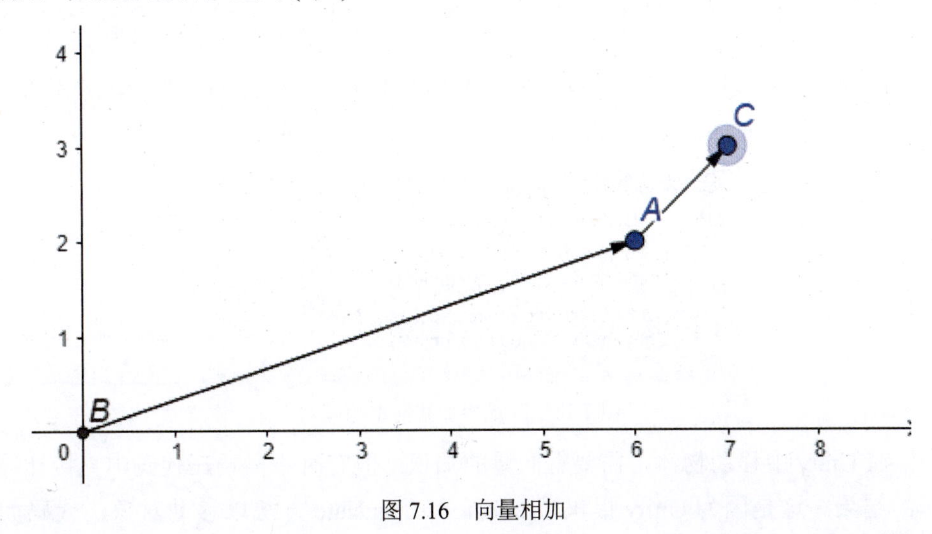

图 7.16　向量相加

7.2.2 向量相减

向量减法和向量加法非常相似。可以反转第二个向量的方向，并使用向量加法。仍然使用 7.2.1 节的例子，假设一个移动的物体当前位于点 A，其速度为每分钟 (–1，–1)，这意味着该物体将在 x 轴上移动 –1 个单位，在 y 轴上移动 –1 个单位，如图 7.17 所示。

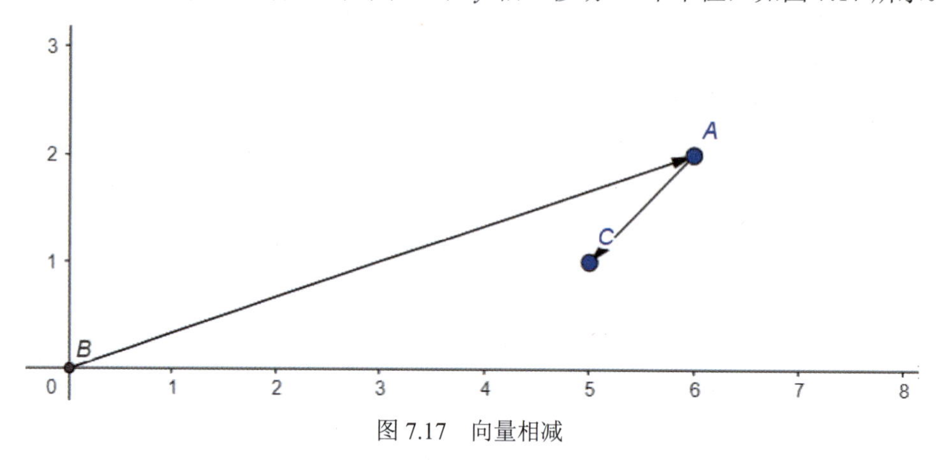

图 7.17 向量相减

把对象当前的位置向量和速度向量相减，计算 1 分钟后的最终位置：

```
(6, 2) - (1, 1) = (6, 2) + (-1, -1) = (5, 1)
```

1 分钟后，该物体的新位置为 (5, 1)。

在 Unity 中，可以在 C# 代码中实现向量加法和向量减法，代码如下所示。

```
private void Start()
{
    var vector1 = new Vector3(1, 1, 1);
    var vector2 = new Vector3(1, 2, 3);
    var addVector = vector1 + vector2;
    var subVector = vector1 - vector2;

    Debug.Log($"Addition: {addVector}");
    Debug.Log($"Subtraction: {subVector}");
}
```

在上面的代码片段中，创建了两个 3D 向量 (1, 1, 1) 和 (1, 2, 3)。然后，分别将它们相加和相减，并将结果打印到 Console 窗口中，结果如图 7.18 所示。

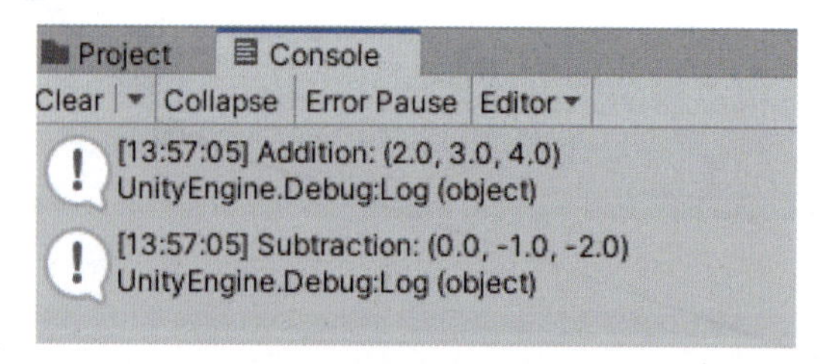

图 7.18 向量相加和向量相减

为了在 Unity 中移动物体，需要有向量的知识。但有时不需要在代码中直接计算向量加减法的结果。这是因为 Unity 提供了 transform.Translate 方法以移动对象，代码如下所示。当然，仍然需要通过一个向量参数来提供速度。

```
private void Update()
{
    transform.Translate(_speed * Time.deltaTime *
      Vector3.forward);
}
```

上面的代码片段演示了如何通过调用 transform.Translate 方法来移动对象。

7.2.3　点积运算

除了向量加法和向量减法外，游戏开发中 3D 的三维向量运算还包括点积运算和叉积运算。

首先，学习 Unity 中的点积。点积（或标量积）采用两个向量，并返回单个标量值。假设有两个 3D 向量，分别为 vector1 和 vector2，点积的计算过程非常简单，如下所示：

$$\text{标量值} = (x1 \times x2) + (y1 \times y1) + (z1 \times z2)$$

在游戏开发中，经常使用向量点积运算来判断这两个向量是否相互垂直。如果点积运算的结果为 0，则这两个向量相互垂直；如果结果为正值，则两个向量之间的夹角小于 90°；如果结果为负值，则两个向量之间的夹角大于 90°。

接下来，在 Unity 编辑器中创建两个 3D 向量来演示如何使用向量点积运算。如图 7.19 所示，绿线表示第一个向量 (0, 5, 0)，黄线表示第二个向量 (5, 0, 5)。这两个向量的点积运算的结果如下：

$$0 = (0 \times 5) + (5 \times 0) + (0 \times 5)$$

可以看到这两个向量是相互垂直的。

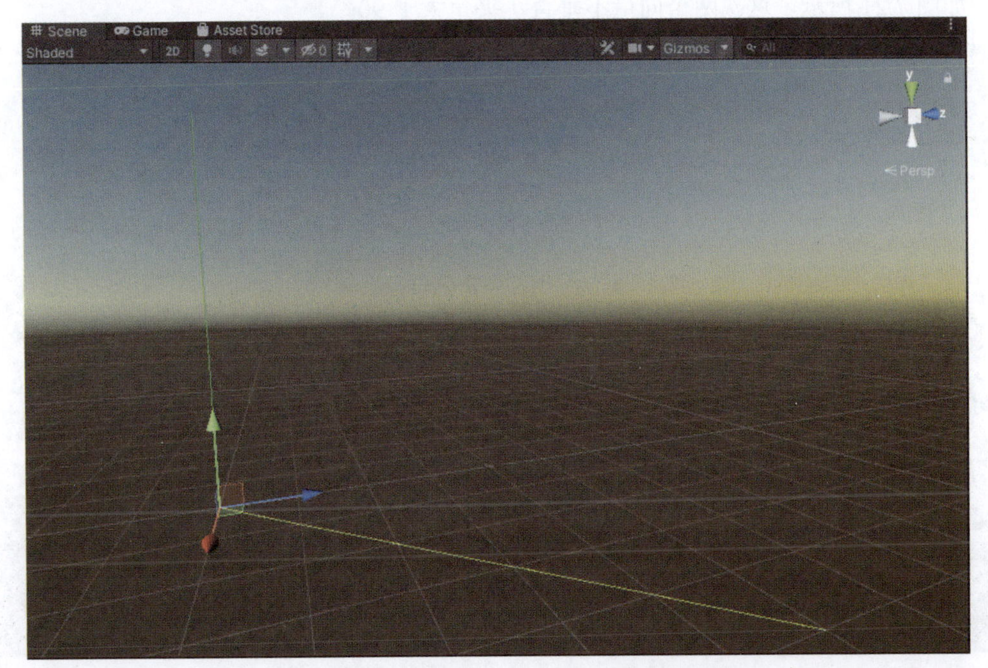

图 7.19　Unity 编辑器中的两个相互垂直的 3D 向量

如果第一个向量为 (0, 5, 5)，则这两个向量的点积运算的结果如下：

```
25 = (0 × 5) + (5 × 0) + (5 × 5)
```

如图 7.20 所示，这次两个向量不垂直，夹角小于 90°。

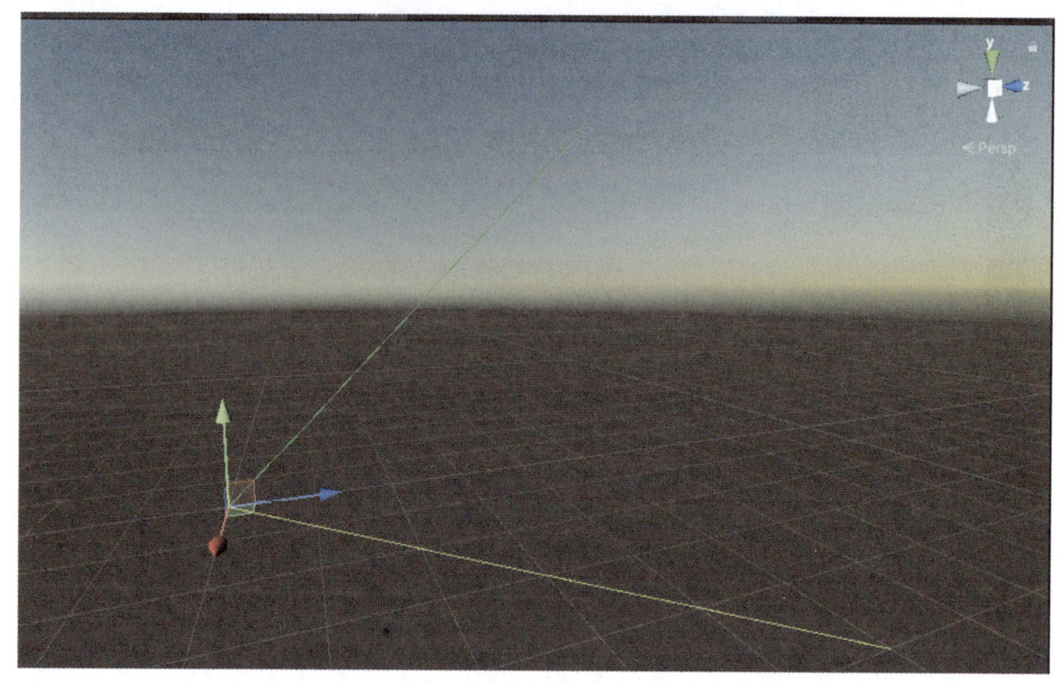

图 7.20 Unity 编辑器中夹角小于 90° 的两个 3D 向量

如果第一个向量为 (0, 1, –1)，则这两个向量的点积运算的结果如下：

```
-5 = (0 × 5) + (1 × 0) + (-1 × 5)
```

如图 7.21 所示，这次两个向量不垂直，夹角大于 90°。

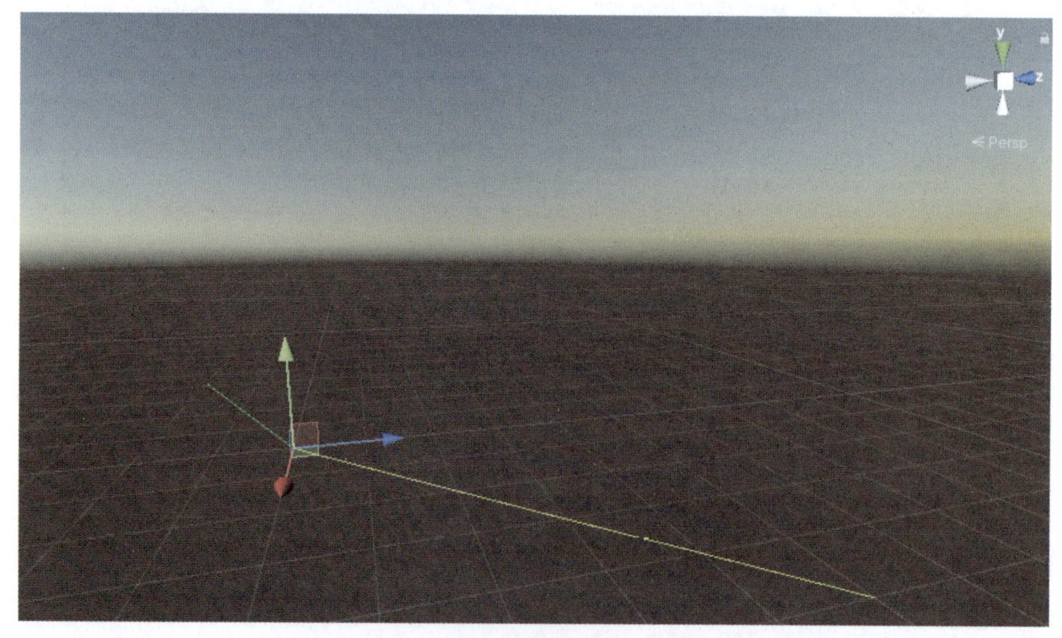

图 7.21 Unity 编辑器中夹角大于 90° 的两个 3D 向量

Unity 提供了一个方法来计算两个 3D 向量的点积运算的结果，具体如下：

```
public static float Dot(Vector3 lhs, Vector3 rhs);
```

这是一个静态方法，可以在 C# 代码中直接调用，代码如下所示。

```
public class VectorTest : MonoBehaviour
{
    private Vector3 _vectorA = new Vector3(0, 1, -1);
    private Vector3 _vectorB = new Vector3(5, 0, 5);

    private void Start()
    {
        var result = Vector3.Dot(_vectorA, _vectorB);
        Debug.Log(result);
    }
}
```

7.2.4　叉积运算

叉积运算也采用两个向量，但返回另一个向量，而不是单个标量值。这个向量与两个原始向量相互垂直。与点积相比，叉积的计算过程更加复杂，如图 7.22 所示。

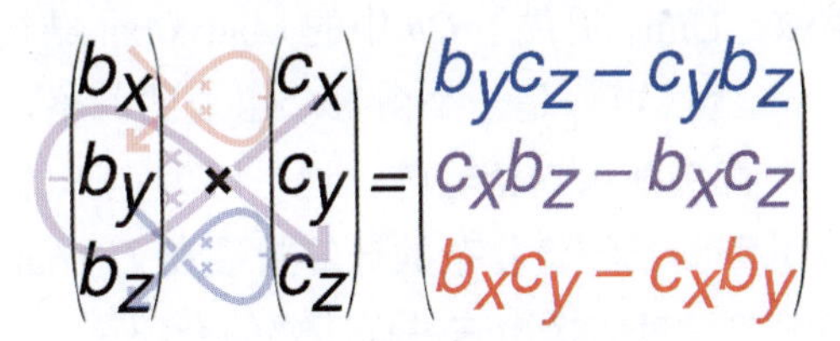

图 7.22　叉积的计算过程

Unity 提供了一个有用的方法来计算两个 3D 向量的叉积运算的结果，具体如下：

```
public static Vector3 Cross(Vector3 lhs, Vector3 rhs);
```

该方法是一个静态函数，可以直接在 C# 代码中调用它，代码如下所示。

```
void FixedUpdate()
{
    var vector1 = new Vector3(0, 1, 0);
    var vector2 = new Vector3(1, 0, 1);
    Debug.DrawLine(Vector3.zero, vector1, Color.green);
    Debug.DrawLine(Vector3.zero, vector2,
      Color.yellow);
    var resultVector = Vector3.Cross(vector1, vector2);
    Debug.DrawLine(Vector3.zero, resultVector,
      Color.cyan);
}
```

在这个代码片段中，计算了 vector1 和 vector2 的叉积结果，同时，也在 Unity 编辑器中绘制了这三个向量，如图 7.23 所示。

图 7.23　叉积

7.3　使用变换矩阵

在游戏开发中，变换矩阵也是一个常见的术语。具体来说，使用变换矩阵来编码转换，包括平移、旋转和缩放。Unity 提供了 C# 中的 Matrix4x4 结构类型来表示标准的 4×4 变换矩阵。如图 7.24 所示，变换矩阵是一个由数字组成的网格。虽然变换矩阵是一个常见的术语，但很少在脚本中直接使用这个矩阵。这是因为矩阵的计算相对烦琐，而 Unity 作为一个易于使用的游戏引擎，已经将复杂的计算封装在了 Transform 类中，使用时只需要调用一些方法。因此，本节只对变换矩阵进行简要的介绍。

$$\begin{pmatrix} 1 & 0 & 0 & 0 \\ 0 & 1 & 0 & 0 \\ 0 & 0 & 1 & 0 \\ 0 & 0 & 1 & 0 \end{pmatrix}$$

图 7.24　一个 4×4 矩阵

7.3.1　平移矩阵

可以通过使用平移矩阵来移动对象。图 7.25 显示了一个平移矩阵，以及如何通过与平移矩阵相乘来移动原始向量。

$$\begin{pmatrix} 1 & 0 & 0 & T_x \\ 0 & 1 & 0 & T_y \\ 0 & 0 & 1 & T_z \\ 0 & 0 & 0 & 1 \end{pmatrix} \cdot \begin{pmatrix} x \\ y \\ z \\ 1 \end{pmatrix} = \begin{pmatrix} x+T_x \\ y+T_y \\ z+T_z \\ 1 \end{pmatrix}$$

图 7.25　平移矩阵

创建一个 C# 脚本，演示如何通过在 Unity 中直接使用矩阵来移动对象，代码如下所示。

```
using UnityEngine;

public class MatrixTest : MonoBehaviour
{
    void Start()
    {
        var translationMatrix = new Matrix4x4(
            new Vector4(1, 0, 0, 0),
            new Vector4(0, 1, 0, 0),
            new Vector4(0, 0, 1, 0),
            new Vector4(3, 2, 1, 1)
        );

        var newPosition =
          translationMatrix.MultiplyPoint
          (transform.position);

        transform.position = newPosition;
    }
}
```

在这段代码中，使用了 4 个 Vector4 实例来创建一个 Matrix4x4 结构类型的实例。需要注意的是，用于创建矩阵的每个 Vector4 实例都表示矩阵的一列，而不是一行。因此，该代码创建了一个如图 7.26 所示的矩阵。

$$\begin{pmatrix} 1 & 0 & 0 & 3 \\ 0 & 1 & 0 & 2 \\ 0 & 0 & 1 & 1 \\ 0 & 0 & 0 & 1 \end{pmatrix}$$

图 7.26　创建一个矩阵

然后，通过调用 Matrix4x4 的 MultiplyPoint 方法来计算对象的新位置，其中，参数为对象的原始位置。最后，将对象的位置向量值设置为这个新的向量。如果在原点处创建一个对象并运行此脚本，则结果是该对象被移动到点 (3, 2, 1)，如图 7.27 所示。

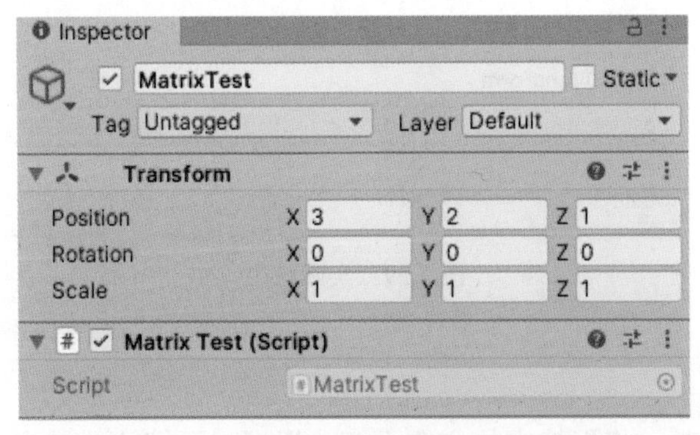

图 7.27　移动对象

7.3.2 旋转矩阵

类似地，矩阵也可以用于旋转对象，即旋转矩阵。在 C# 脚本中创建一个 Matrix4x4 实例，但不调用它的构造方法，而调用以下方法：

```
public static Matrix4x4 Rotate(Quaternion q);
```

Rotate 方法是 Matrix4x4 的静态方法，它创建并返回一个旋转矩阵。这个方法需要一个四元数类型的参数。

使用 Matrix4x4 来旋转对象，代码如下所示。

```
var rotation = Quaternion.Euler(0, 90, 0);
var rotationMatrix = Matrix4x4.Rotate(rotation);
var newPosition =
  rotationMatrix.MultiplyPoint(transform.position);
transform.position = newPosition;
```

这段代码把点从其原始位置移动到围绕 y 轴旋转 90° 的位置。将此对象的原始位置设置为 (1, 0, 0)，然后运行该代码。该对象的新位置为 (0, 0, –1)，如图 7.28 所示。

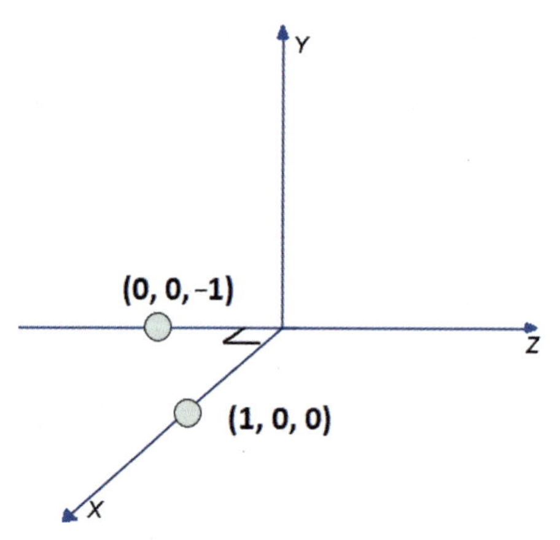

图 7.28　对象的新位置

可以看到，实际结果与预期一致，如图 7.29 所示。

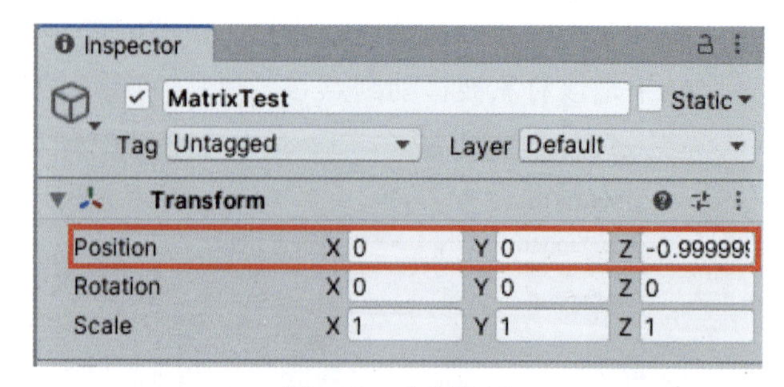

图 7.29　实际结果

7.3.3 缩放矩阵

当缩放一个向量时，将保持它的方向不变，根据想要缩放的量来改变它的长度。也可以使用缩放矩阵来缩放一个远离原点的点。可以想象一个模型由许多顶点组成。当缩放一个模型时，实际上是扩展或缩小了构成它的顶点的位置。

Unity 提供了以下方法，可以直接在 C# 脚本中创建一个缩放矩阵：

```
public static Matrix4x4 Scale(Vector3 vector);
```

Scale 方法是 Matrix4x4 的静态函数，它创建并返回一个缩放矩阵，代码如下所示。

```
private void ScalingMatrixTest()
{
    var scale = new Vector3(3, 2, 1);
    var scalingMatrix = Matrix4x4.Scale(scale);
    var newPosition =
      scalingMatrix.MultiplyPoint(transform.position);
    transform.position = newPosition;
}
```

可以看到，创建了一个 Vector3 来表示缩放因子。然后，通过调用 Matrix4x4.Scale 函数来创建一个缩放矩阵。最后，把这个矩阵应用到一个点上。

在场景中创建一个游戏对象，并将该游戏对象定位在 (1, 1, 0) 上，如图 7.30 所示。

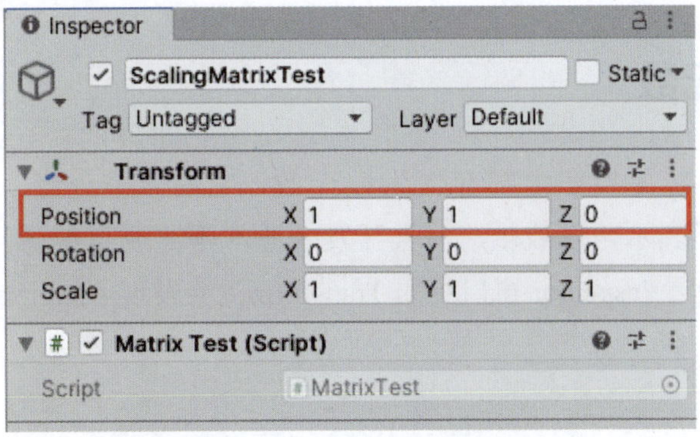

图 7.30　在 (1, 1, 0) 的游戏对象

将脚本附加到该游戏对象并运行脚本。如图 7.31 所示，该对象的新位置为 (3, 2, 0)。这是因为这个缩放矩阵将点从其原始位置沿 x 轴增加 3 倍，沿 y 轴增加 2 倍，如图 7.32 所示。

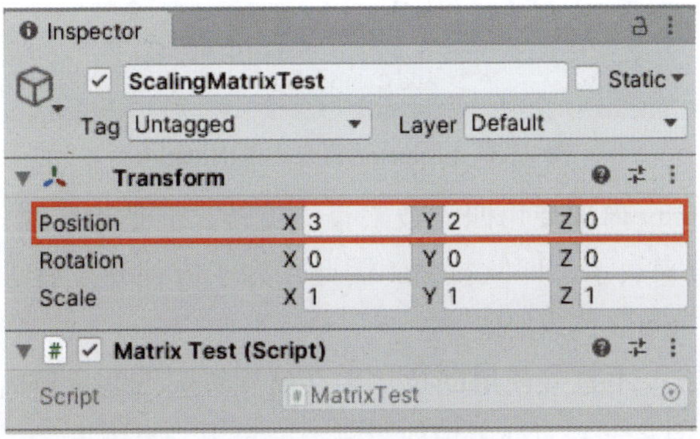

图 7.31　对象的新位置值

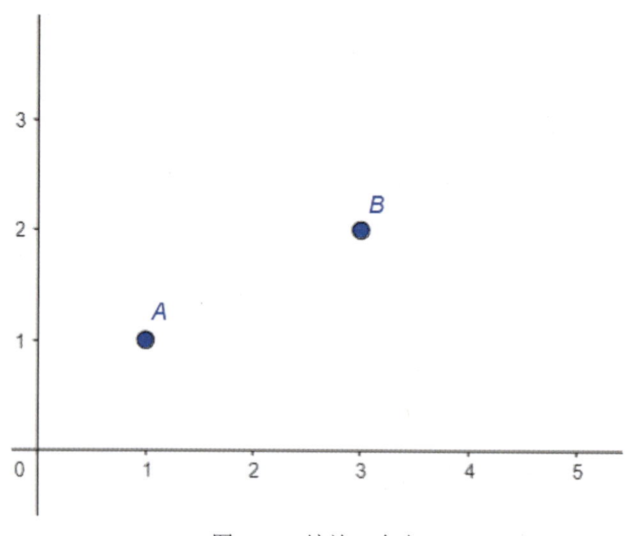

图 7.32 缩放一个点

在 Unity 开发中，矩阵是相对低级的运算。Unity 提供了许多方法来掩盖矩阵的复杂性。开发者通常不直接使用矩阵，但作为一个重要的概念，仍然需要理解围绕它的一些概念。

7.4 使用四元数

在 Unity 中，旋转变换在内部存储为四元数，它有 4 个分量，即 x、y、z 和 w。然而，这 4 个分量并不表示角度或轴，而且开发者通常不需要直接访问它们。这会让人感到困惑，因为如果查看 Inspector 窗口中的 Transform，会发现 Rotation 显示为 Vector3，如图 7.33 所示。

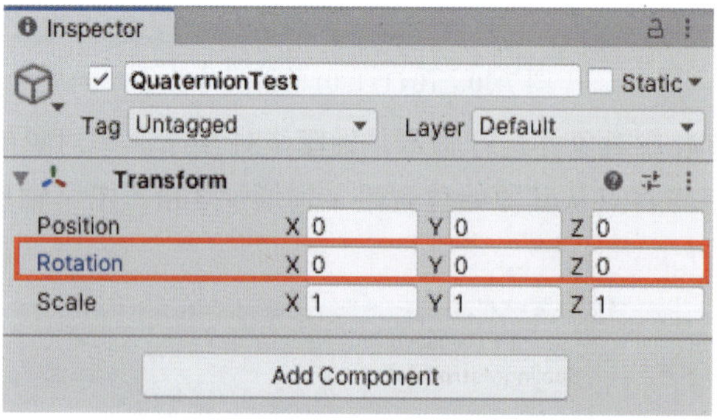

图 7.33 Inspector 窗口中的 Rotation

这是因为虽然 Unity 内部使用四元数来存储旋转，但是除了四元数外，旋转也可以用 x、y 和 z 的角度值来表示，即欧拉角。因此，为了方便开发者进行编辑，Unity 会在 Inspector 窗口中显示等效欧拉角的值。

那么，为什么 Unity 不直接使用欧拉角来存储旋转呢？欧拉角由三个轴的角度组成，其格式很容易阅读，但它受到万向节锁的影响，丢失了“自由度”。而使用四元数旋转不会引起万向节锁的问题因此 Unity 使用四元数在内部存储旋转。注意，一个四元数的 4 个分量并不代表角度，所以不会单独修改一个分量的值，直接修改一个四元数是非常复杂的。Unity 在 Quaternion 结构类型中提供了许多内置 C# 方法，可以轻松地管理四元数旋转。可以根据其目的将这些方法分为三组，即创建旋转、操纵旋转和使用欧拉角。

7.4.1　创建旋转

LookRotation 方法的方法签名如下。

```
public static Quaternion LookRotation(Vector3 forward,
  [DefaultValue("Vector3.up")] Vector3 upwards);
```

这是一个静态方法，可以传入参数为它指定向前和向上的方向，它将根据传入的参数返回正确的旋转值。

在下面的示例中，设置了一个 Scene，其中有两个对象，分别命名为 target 和 player，并创建了一个名为 LookAtScript.cs 的 C# 脚本。然后，将这个脚本附加到 player 对象上，如图 7.34 所示。蓝色的立方体代表 player 对象，红色的球体代表 target 对象。

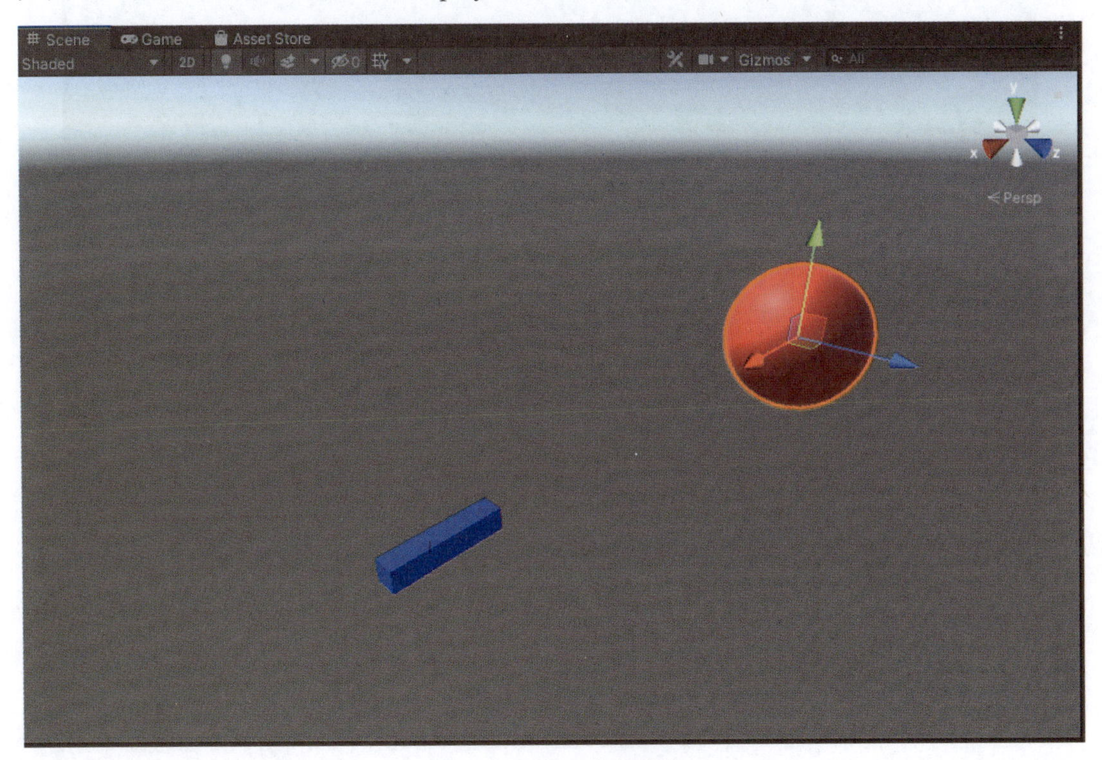

图 7.34　Scene 中的对象

在下面的脚本中，将演示如何实现无论 target 移动到哪里，Player 都始终面对 target 对象的功能。

```
using UnityEngine;

public class LookAtTest : MonoBehaviour
```

```
{
    [SerializeField] private Transform _targetTransform;

    private void Update()
    {
        if (_targetTransform == null) return;
        var dir = _ targetTransform.position -
          transform.position;
        transform.rotation = Quaternion.LookRotation(dir);
    }
}
```

首先计算从player对象到target对象的方向，然后调用Quaternion.LookRotation方法计算旋转量。最后，移动target对象，player对象也移动到面对target对象的位置，如图7.35所示。

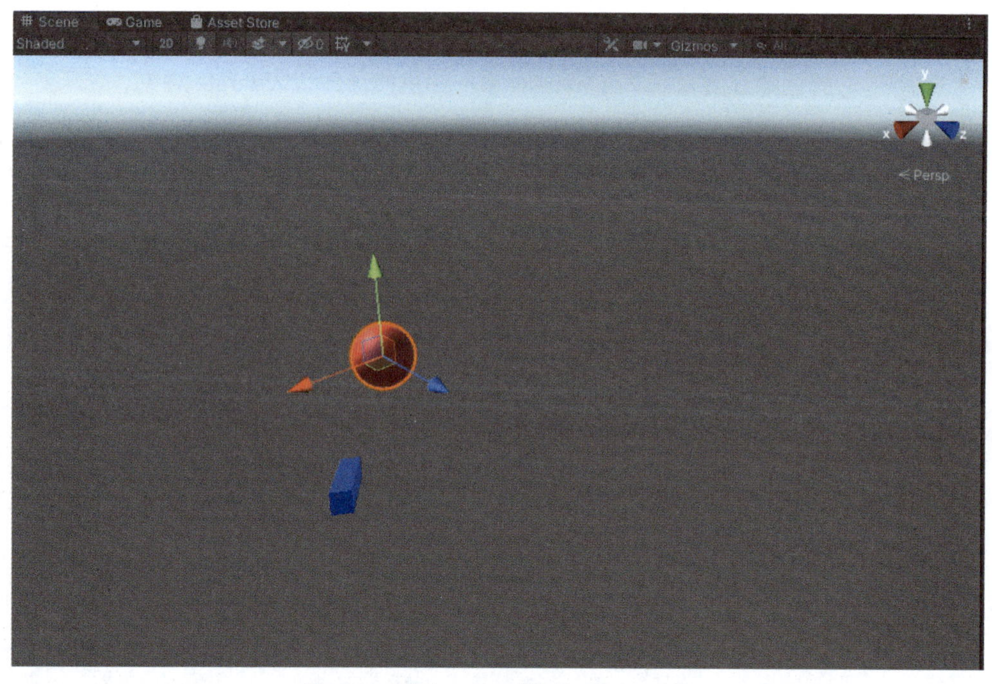

图7.35　面对target对象的player对象

7.4.2　操纵旋转

有一些方法可以用来操纵旋转，Quaternion.Slerp是其中之一。以下是该方法的方法签名：

```
public static Quaternion Slerp(Quaternion a, Quaternion b,
  float t);
```

这是一个静态方法。调用Quaternion.Slerp的结果是对象将开始缓慢旋转，然后变得越来越快。

在下面的示例中，仍然使用7.4.1节中设置的Scene，这次新建一个名为OrbitScript.cs的C#脚本。然后，把这个脚本附加到player对象上来实现重力轨道效应，如图7.36所示。

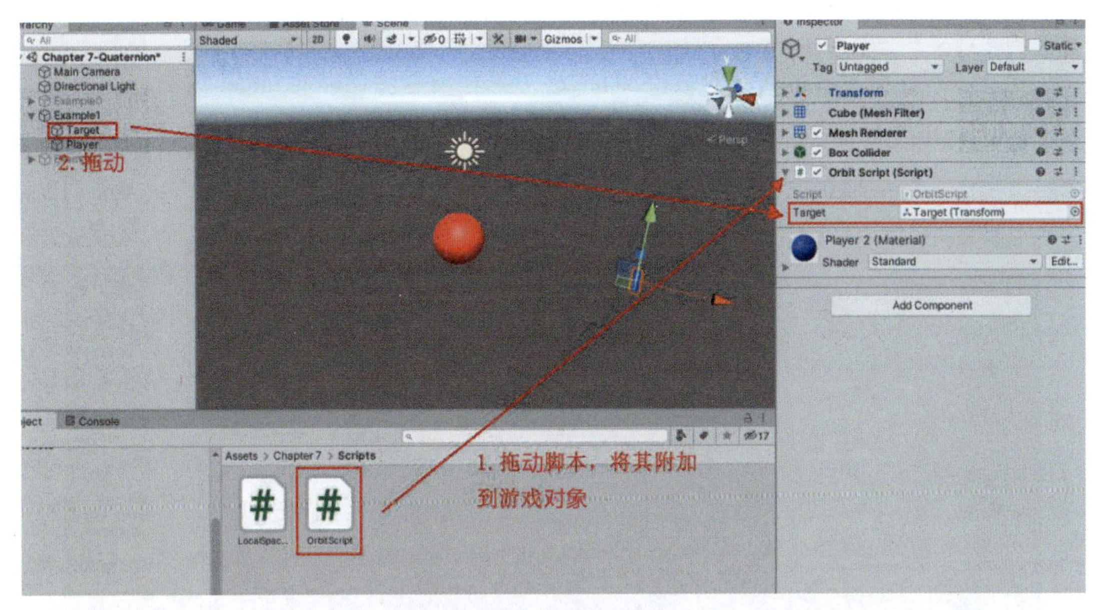

图 7.36　将脚本附加到游戏对象

OrbitScript.cs 脚本的代码如下所示。

```
using UnityEngine;

public class OrbitScript : MonoBehaviour
{
    [SerializeField] private Transform _target;

    void Update()
    {
        if (_target == null) return;

        var dir = _target.position - transform.position;

        var targetRotation = Quaternion.LookRotation(dir);
        var currentRotation = transform.localRotation;

        transform.localRotation =
          Quaternion.Slerp(currentRotation, targetRotation,
          Time.deltaTime);
        transform.Translate(0, 0, 5 * Time.deltaTime);
    }
}
```

在这个脚本中，重用了 LookAtScript.cs 中的一些代码。首先计算了 player 对象面向 target 对象的角度。但与之前的脚本不同的是，并没有直接修改 player 对象的旋转，而是用两个临时变量，即 targetRotation 和 currentRotation，分别保存了 target 对象的旋转和 player 对象的当前旋转。然后调用 Quaternion.Slerp 方法，使 player 对象逐渐转向 target 对象，这也是实现重力轨道效应的关键。最后，调用 transform.Translate 方法，以保持 player

对象继续前进。

运行游戏，会发现 player 对象围绕 target 对象移动并转向面对 target 对象，如图 7.37 所示。

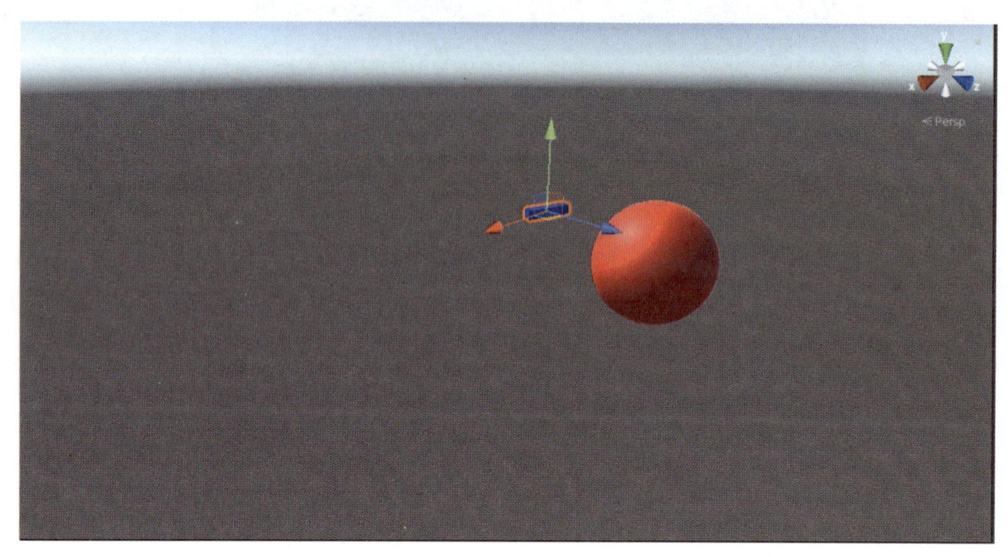

图 7.37　player 转向 target

7.4.3　使用欧拉角

如果在某些情况下想使用欧拉角，那么 Unity 也允许将欧拉角转换为四元数。但不要试图从四元数中取回欧拉角，并在修改欧拉角的值后再将其应用到四元数，因为这可能会出现问题。

Quaternion.Euler 是用来将欧拉角转换为四元数的方法之一。以下是其方法签名：

```
public static Quaternion.Euler(Vector3 euler);
```

该方法需要一个 Vector3 类型的参数，该参数提供了围绕 x 轴的角度、围绕 y 轴的角度和围绕 z 轴的角度。基于这些数据，该方法返回相应的四元数旋转。

下面的代码片段演示了如何在脚本中正确地使用欧拉角。

```
using UnityEngine;

public class EulerAnglesTest : MonoBehaviour
{
    private float _xValue;

    private void Update()
    {
        _xValue += Time.deltaTime * 5;
        var eulerAngles = new Vector3(_xValue, 0, 0);
        transform.rotation = Quaternion.Euler(eulerAngles);
    }
}
```

在这段代码中，创建了围绕 x 轴旋转的欧拉角，然后调用 Quaternion.Euler 函数将欧拉角转换为四元数。将此脚本附加到一个 Cube 对象上，并运行该游戏。将发现该 Cube 对象将围绕 x 轴旋转，如图 7.38 所示。

图 7.38　立方体围绕 x 轴旋转

7.5　本章小结

本章首先介绍了计算机图形学中坐标系的概念，然后讨论了 Unity 使用的坐标系。然后，讨论了向量的概念，以及如何在 Unity 中执行向量运算，如向量加法、向量减法、点积和叉积。还介绍了矩阵的概念，并演示了如何使用矩阵在 Unity 中进行平移、旋转和缩放。最后，探讨了如何在四元数中创建旋转和操纵旋转，并演示了如何在脚本中正确地使用欧拉角。

第 8 章 Unity 中的可编程渲染管线

第 7 章学习了在计算机图形学中使用的数学概念，这些概念是一般的计算机图形学知识，所有的 3D 软件和游戏引擎都使用这些数学概念。对于一个游戏引擎来说，渲染是最重要的功能之一。本章将特别探讨 Unity 提供的渲染功能。

本章将了解什么是可编程渲染管线（Scriptable Render Pipeline，SRP），以及如何在项目中启用基于可编程渲染管线的通用渲染管线（Universal Render Pipeline，URP）和高清渲染管线（High Definition Render Pipeline，HDRP）。然后，将介绍如何使用通用渲染管线资源来配置渲染管线，以及如何使用 Volume 框架来将后期处理效果应用到游戏中。还将学习如何创建可应用于通用渲染管线的自定义着色器和材质，如何使用 Unity 的 Frame Debugger 工具来查看渲染过程的信息，以及如何使用 SRP Batcher 来减少项目中绘制调用（draw call）的数量。

8.1 可编程渲染管线简介

自 2004 年首次发布以来，Unity 游戏引擎已经发展成为世界上使用最广泛的实时内容创作平台。大量的游戏都是使用 Unity 游戏引擎开发的。同时，Unity 正在迅速应用于传统行业的内容设计和制作过程，包括 VR、AR 和 MR 模拟应用，建筑设计展示，汽车设计和制造，甚至影视动画制作。基于计算机图形学的实时渲染技术的发展是 Unity 引擎快速发展和广泛使用的一个重要原因。

在 Unity 2018 之前，开发者只能使用 Unity 提供的内置渲染管线。由于 Unity 引擎是闭源的，因此 Unity 的内置渲染管线对于开发人员来说就像一个黑盒，开发人员无法知道 Unity 引擎内部渲染的具体逻辑实现。此外，使用 Unity 的内置渲染管线开发的游戏将在不同的平台上使用同一组渲染逻辑，开发人员很难为不同的平台定制渲染管线。

随着可编程渲染管线的发布，开发人员可以直接在 GitHub 上查看其代码，并使用 C# 代码来控制渲染过程，为他们的游戏或应用程序定制独特的渲染管线。

> **注意**
> 可以在 GitHub 上找到可编程渲染管线的代码，地址为 https://github.com/Unity-Technologies/Graphics。

可编程渲染管线是 Unity 为开发人员提供的工具箱，开发人员可以通过它在 Unity 中自由地实现特定的渲染功能。为了方便开发人员，Unity 提供了两个基于可编程渲染管线的预构建渲染管线，即通用渲染管线和高清渲染管线。通过使用它们，可以直接修改渲染管线中的特定功能，而不必从头开始实现新的管线，还可以获得优秀的渲染结果和持续的更新支持。因此，当使用 Unity 开发游戏时，有 3 种渲染管线可供选择，即早期的内置渲染管线、通用渲染管线和高清渲染管线。当然，也可以选择基于可编程渲染管线开发自己的渲染管线。

以下是在 GitHub 上使用通用渲染管线或高清渲染管线制作的一些开源项目，可供下载使用。

8.1.1　Fontainebleau Demo 项目

Fontainebleau Demo 项目是用高清渲染管线制作的。如图 8.1 所示，该项目以第一人称模式在森林中行走。可以在 https://github.com/Unity-Technologies/FontainebleauDemo 找到该项目。

图 8.1　Fontainebleau Demo 项目

8.1.2　Spaceship Demo 项目

Spaceship Demo 项目是一个可玩的 AAA 第一人称模式演示版本，如图 8.2 所示。

图 8.2　Spaceship Demo 项目

在这个开源项目中，可以看到如何实现 GPU 加速的粒子效果，如逼真的火焰、烟雾和电火花视觉效果。可以在 https://github.com/Unity-Technologies/SpaceshipDemo 找到该项目。

8.1.3 BoatAttack Demo 项目

如果想在游戏中使用通用渲染管线，那么这个开源项目值得尝试。如图 8.3 所示，这是一个赛艇游戏，使用通用渲染管线制作。可以在 https://github.com/UnityTechnologies/BoatAttack 找到该项目。

图 8.3　BoatAttack Demo 项目

除了 GitHub 上的开源项目外，Unity 还在 Unity Asset Store 为开发人员提供了免费资源，供学习和使用。

8.1.4 The Heretic: Digital Human 项目

如图 8.4 所示，Unity Asset Store 中的 The Heretic: Digital Human 项目是一个免费

的项目，展示了如何制作一个拥有真实皮肤、眼睛、眉毛等的数字人。可以在https://assetstore.unity.com/packages/essentials/tutorial-projects/the-heretic-digital-human-168620找到该项目。

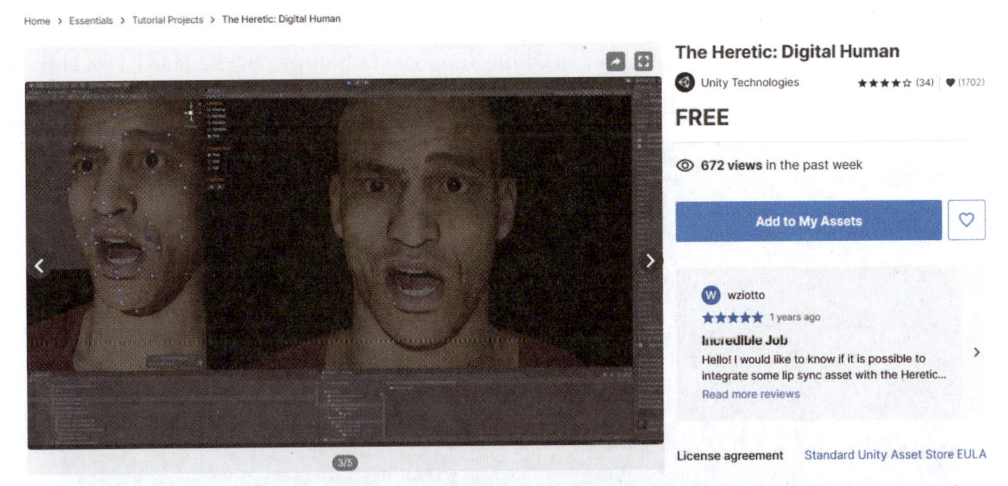

图 8.4 Unity Asset Store 中的 The Heretic: Digital Human 项目

8.1.5 The Heretic: VFX Character 项目

Unity Asset Store中的The Heretic：VFX Character项目也可以免费下载。如图8.5所示，这个项目演示了如何在Unity中使用高清渲染管线创建一个基于VFX的角色。可以在https://assetstore.unity.com/packages/essentials/tutorial-projects/the-heretic-vfx-character-168622找到该项目。

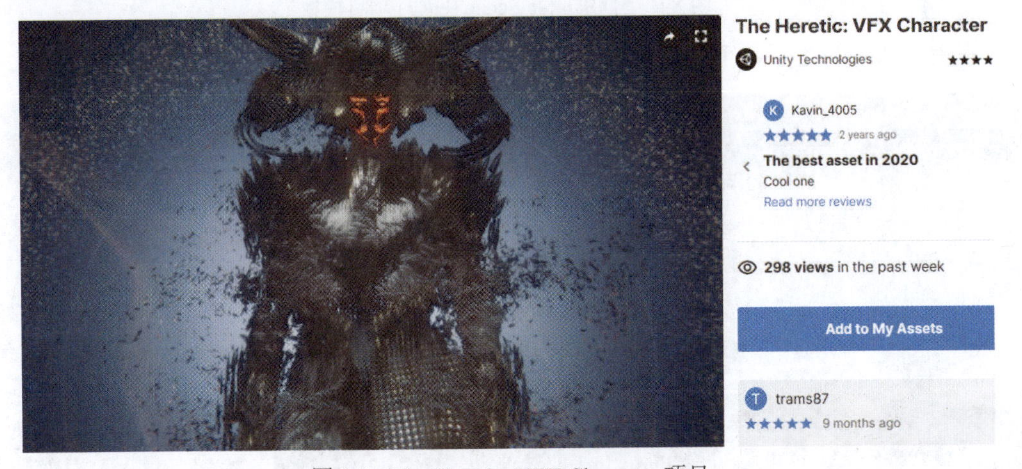

图 8.5 The Heretic: VFX Character 项目

在介绍了基于可编程渲染管线的开源项目和免费项目之后，将简要介绍两个基于可编程渲染管线的预构建渲染管线，即通用渲染管线和高清渲染管线。

8.1.6 通用渲染管线

通用渲染管线是基于Unity中可编程渲染管线的预构建渲染管线。顾名思义，该渲染管线可以在 Unity 支持的所有平台上使用。不同的管线不能混合，因此，一旦选择使用通用渲染管线，将不能使用内置渲染管线和高清渲染管线。

Unity 默认使用早期的内置渲染管线，但是可以以不同的方式在项目中启用通用渲染管线。

如果想开发一个项目，那么可以使用由 Unity Hub 提供的 3D Sample Scene (URP) 项目模板来创建一个通用渲染管线项目。如图 8.6 所示，3D Sample Scene (URP) 项目模板将项目设置配置为在项目中使用通用渲染管线。

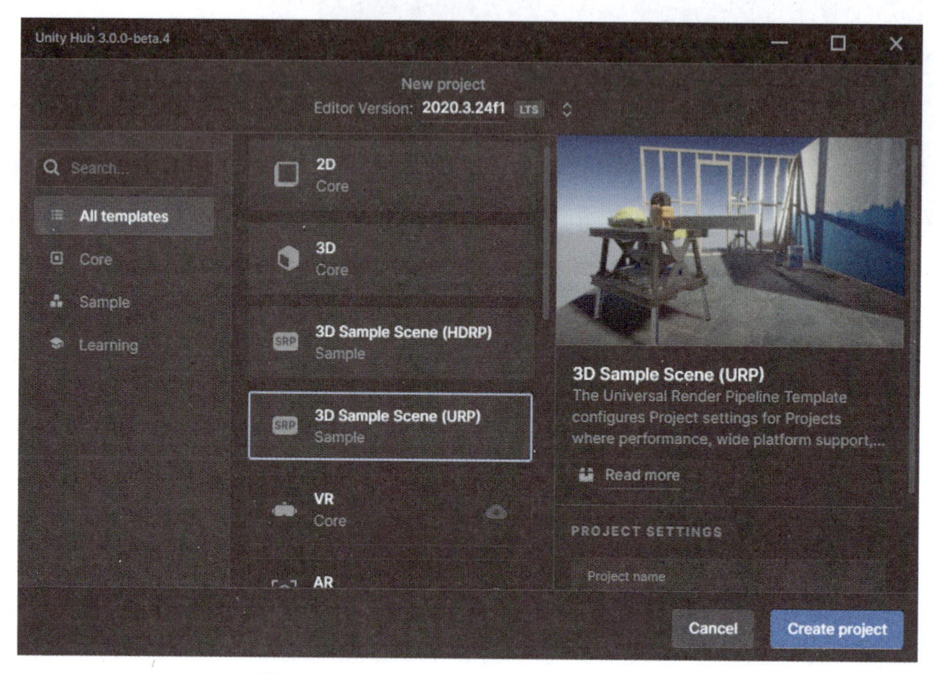

图 8.6　3D Sample Scene (URP) 项目模板

在创建新项目之后，可以查看使用通用渲染管线渲染的示例场景，如图 8.7 所示。

图 8.7　使用通用渲染管线的示例场景

但是，如果想将现有项目从内置渲染管线切换到通用渲染管线，那么使用通用渲染管线重新创建新项目显然不适用。此时，可以选择使用 Unity Package Manager 来安装通用渲染管线。

单击 Unity 编辑器工具栏中的 Window → Package Manager 选项，可以打开 Package Manager 窗口，如图 8.8 所示。

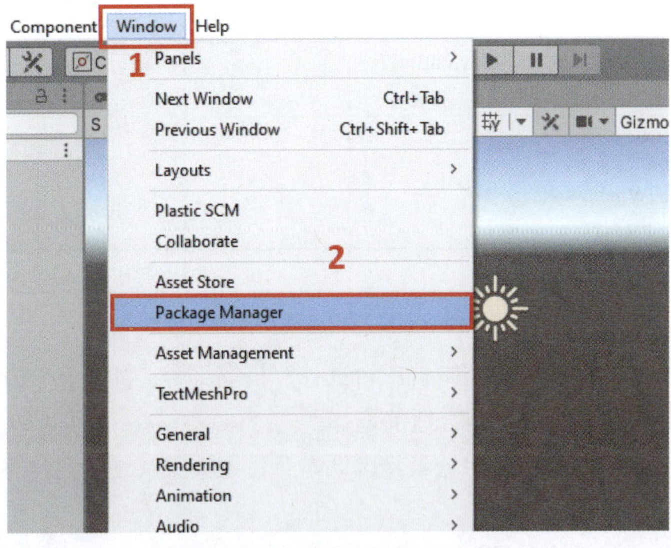

图 8.8　打开 Package Manager 窗口

可以在包列表中找到 Universal RP 包，并将其安装到项目中，如图 8.9 所示。

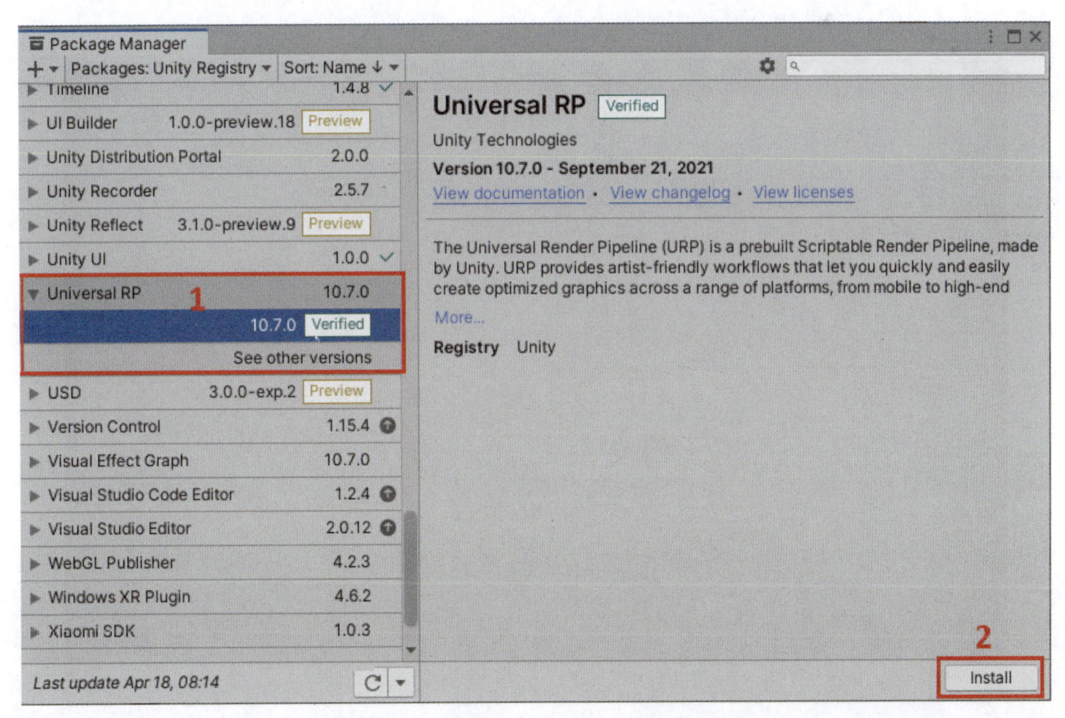

图 8.9　找到并安装 Universal RP 包

本节简要介绍了通用渲染管线及如何在项目中安装它。8.2 节将详细介绍如何使用它。

8.1.7　高清渲染管线

与通用渲染管线不同，高清渲染管线不用于 Unity 支持的所有平台，它只支持高端平台。图 8.10 展示了高清渲染管线支持的平台。

Microsoft	Sony	macOS	Linux	Google
Xbox One	PlayStation 4	使用Metal graphics的macOS	具有Vulkan的Linux	Stadia
Xbox Series X 和 Xbox Series S	PlayStation 5			
具有 DirectX 11（或 DirectX 12）和 Shader Model 5.0 的Windows 和 Windows 应用商店				
具有Vulkan的Windows				

图 8.10　高清渲染管线支持的平台

高清渲染管线目前主要用于控制台或台式计算机等平台。如果正在开发一个面向移动端的项目，那么高清渲染管线不是合适的选择。

由于希望介绍尽可能多的使用场景，因此本章将主要关注通用渲染管线的使用，对高清渲染管线只做简要介绍。

如果准备开发一个新的项目，可以使用由 Unity Hub 提供的 3D Sample Scene (HDRP) 项目模板来创建一个高清渲染管线项目。如图 8.11 所示，3D Sample Scene (HDRP) 项目模板将项目设置配置为使用高清渲染管线。

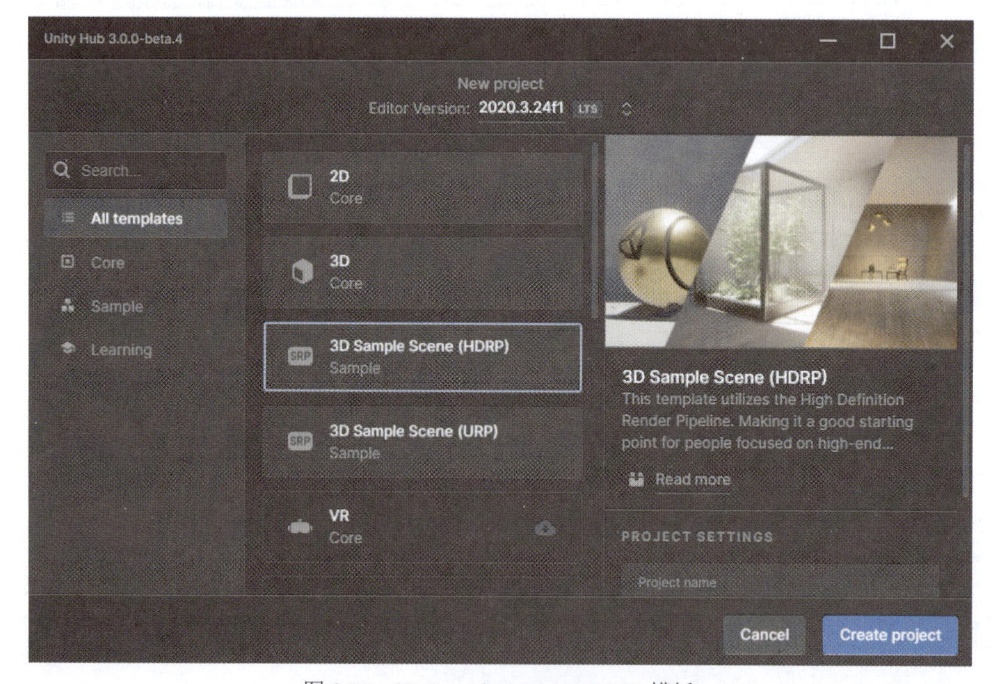

图 8.11　3D Sample Scene (HDRP) 模板

在创建新项目后，可以查看使用高清渲染管线渲染的示例场景，如图 8.12 所示。

图 8.12 高清渲染管线渲染的示例场景

也可以使用 Unity Package Manager 来安装 High Definition RP 包。可以在包列表中找到 High Definition RP 包，并将其安装到项目中，如图 8.13 所示。

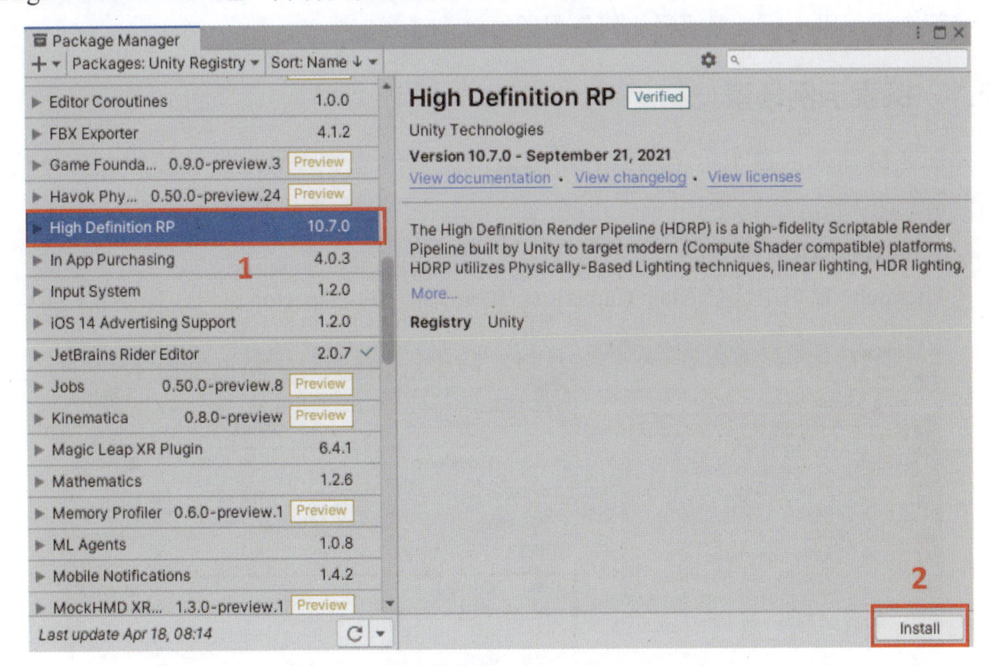

图 8.13 找到并安装 High Definition RP 包

本节简要介绍了高清渲染管线及如何在项目中安装它。

8.2 使用 Unity 的通用渲染管线

Unity 开发人员广泛使用通用渲染管线。它不仅用于为 PC 或视频游戏机开发游戏，也可以用于开发手机游戏。可以通过 Unity Hub 项目模板创建一个通用渲染管线项目。通过项目模板，Unity将自动设置所有的渲染管线资源。该项目还包含一个示例场景，如图8.14所示。

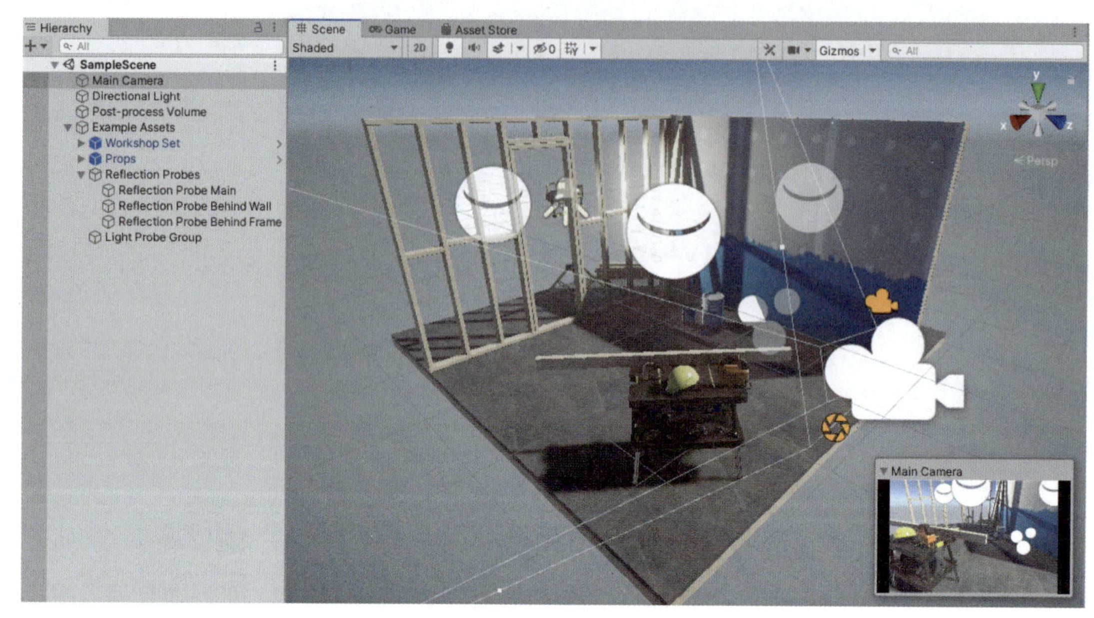

图8.14　通用渲染管线的示例场景

接下来将使用该场景来解释如何使用通用渲染管线。

8.2.1　探索示例场景

如图8.14所示，这个示例场景并不复杂，但它包含了通用渲染管线的大部分功能，下面分别介绍。

1. Main Camera 对象

在Hierarchy窗口中选择Main Camera选项来打开它的Inspector窗口，如图8.15所示。

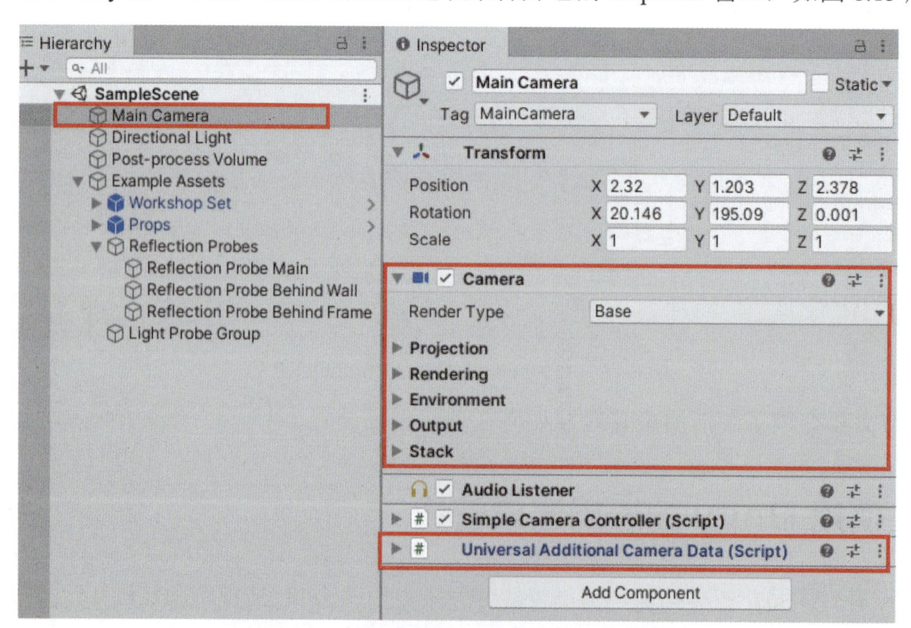

图8.15　Main Camera对象的Inspector窗口

在 Main Camera 对象上有一个 Camera 组件，该组件提供与相机对象相关的所有功能，包括设置背景、剔除遮罩、防锯齿设置、相机的透视设置等。如果使用通用渲染管线，Unity 不允许从相机中删除 Universal Additional Camera Data（Script）组件，因为该组件用于在内部存储数据。

2. Directional Light 对象

在该示例场景中，Directional Light 对象用于模拟太阳光。可以通过修改附着到场景中 Directional Light 对象上的 Light 组件的设置，来修改光的 Color、Intensity 和 Shadow Type。还可以修改 Directional Light 对象的 Transform 组件的 Rotation 属性，以调整光源的方向，如图 8.16 所示。

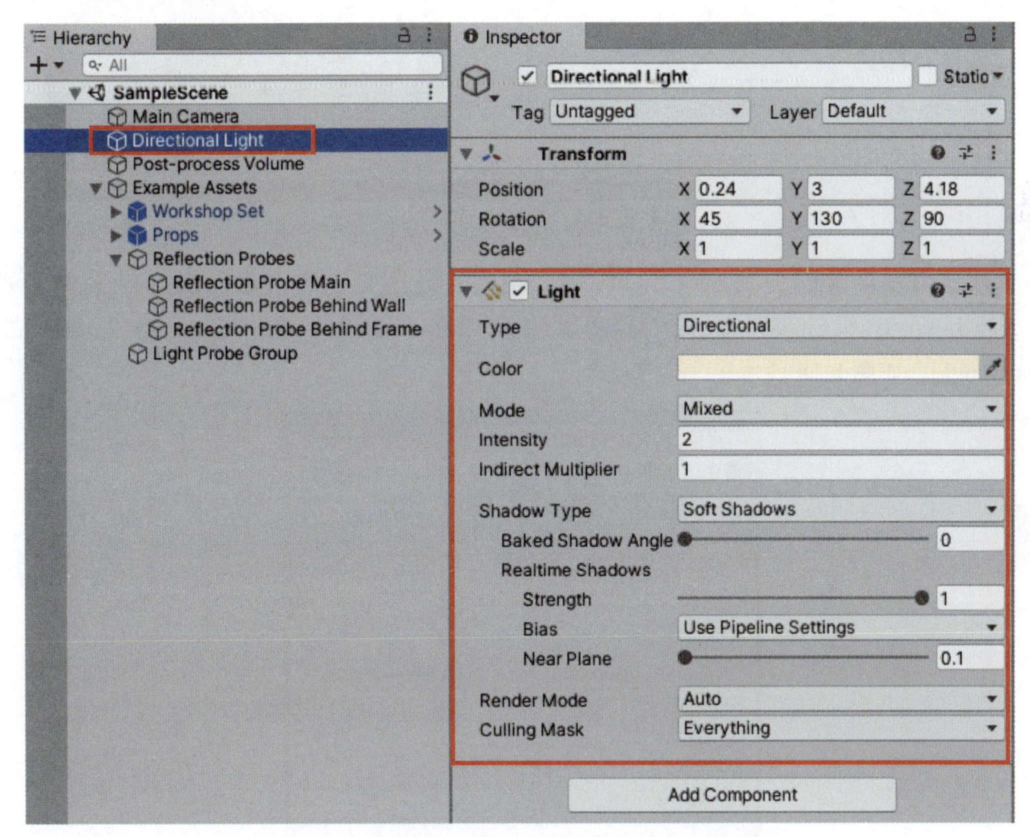

图 8.16　设置 Directional Light 对象的 Light 组件

在本例中，此光源的 Intensity 的值为 2，并使用了 Soft Shadows。

3. Spot Light 对象

Unity 中有 4 种类型的光源，分别是 Directional Light、Point Light、Spot Light 和 Area Light。该示例场景中，除了用于模拟太阳光的 Directional Light 对象外，还有用于模拟聚光灯的 Spot Light 对象。如图 8.17 所示，Unity 中的 Spot Light 对象的效果就像现实世界中的聚光灯一样。Unity 中的 Spot Light 对象的设置类似于 Directional Light 对象的设置。

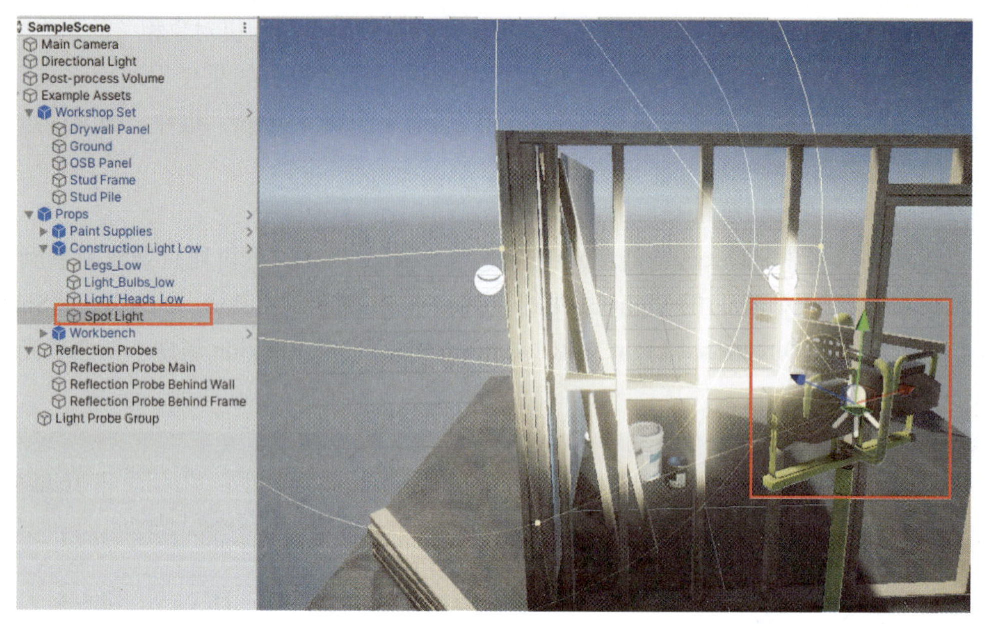

图 8.17　Spot Light 对象

可以通过修改附加到 Spot Light 对象的 Light 组件的设置来修改 Spot Light 对象的 Color、Intensity 和 Shadow Type，还可以修改该 Spot Light 对象的 Range 和 Inner/Outer Spot Angle，如图 8.18 所示。

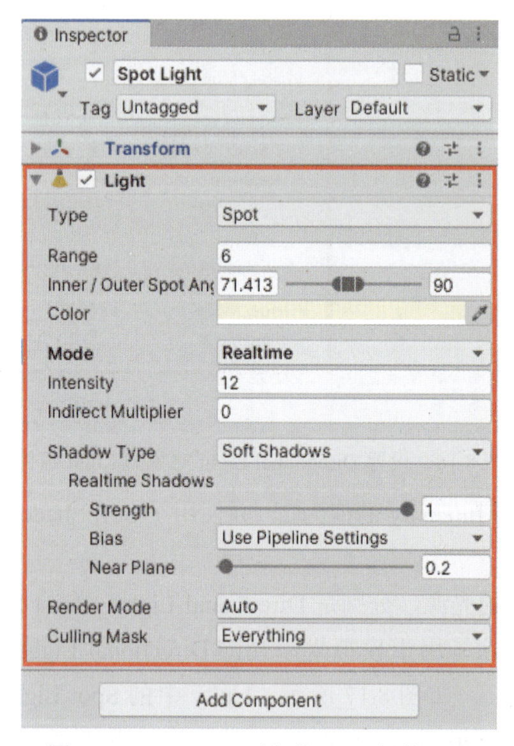

图 8.18　Spot Light 对象的 Light 组件设置

4. Post-process Volume 对象

在游戏开发中，后期处理是一种技术，通常用于为渲染的图像添加各种效果，常见的效果包括色调映射（tone mapping）、景深（depth of field）、泛光（bloom）、抗锯齿（anti-aliasing）和运动模糊（motion blur）。

通用渲染管线提供了 Volume 组件和 Volume Profile 对象，以用于管理应用于渲染图像的不同的后期处理效果，如图 8.19 所示。使用 Volume 组件的一个优点是组件和特定的设置可以解耦。Volume 组件上的所有设置都来自关联的 Volume Profile 对象。

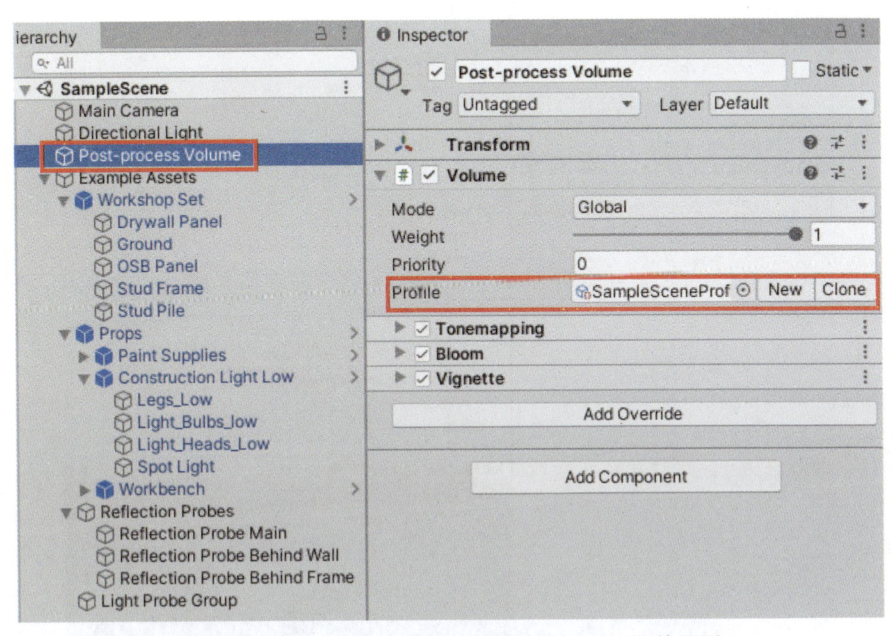

图 8.19　Post-process Volume 对象的 Volume 组件设置

在该示例场景中，应用了 Tonemapping、Bloom 和 Vignette 效果。禁用 Post-process Volume 时，可以看到没有后期处理的原始渲染图像的状态。图 8.20 显示了示例场景的原始图像和后期处理图像的对比。

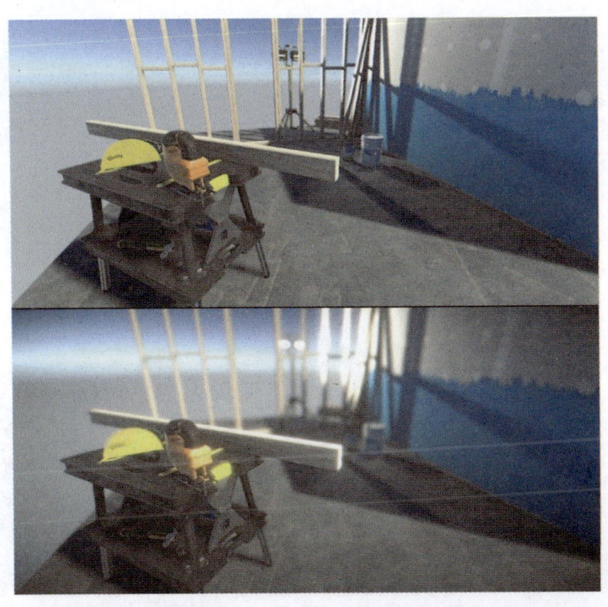

图 8.20　原始图像（上方）和后期处理图像（下方）

5. Reflection Probes

Reflection Probes 可以通过对场景中模型的周围环境进行采样，为场景中的相关模型提供有效的反射信息，从而使场景中的模型表面具有真实的反射效果。在该示例场景中，可以看到有 3 个反射探针作为 Reflection Probes 游戏对象的子对象，如图 8.21 所示。

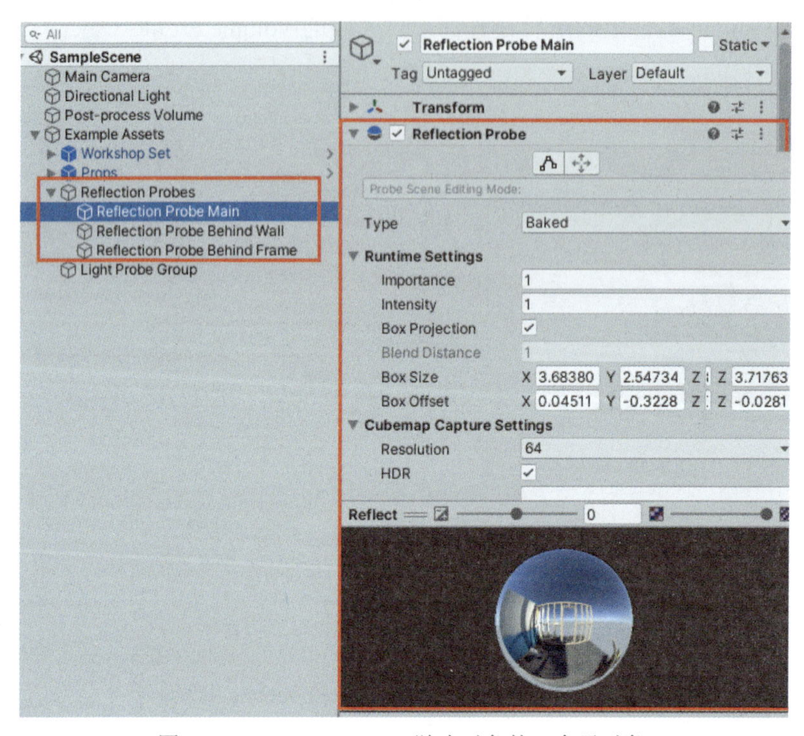

图 8.21　Relection Probes 游戏对象的 3 个子对象

如果选择其中一个反射探针，则相应的反射探针将显示在 Scene 视图中，并显示反射信息，如图 8.22 所示。

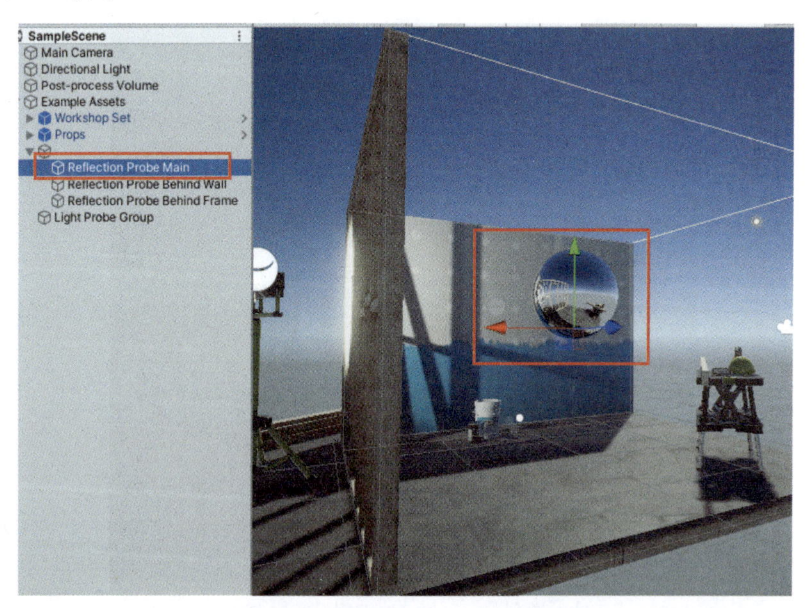

图 8.22　查看场景中的反射信息

由于在不同位置的反射探针会获得不同的反射信息，因此为了正确地利用反射信息，需要将其放置在适当的位置。虽然“适当的位置”的定义因场景而异，但一般的指导原则是，应该将反射探针放置在场景中将被显著反射的大型物体附近。例如，在场景中墙壁的中心和角落周围的区域中放置反射探针。当然，这并不意味着要忽略场景中所有较小的对象。例如，与墙壁相比，场景中的篝火是一个小的对象，但反射篝火中的火对于创建场景的真实渲染同样重要。

8.2.2 通用渲染管线资源

由于该示例项目是使用通用渲染管线模板创建的，Unity 已经自动设置，以使通用渲染管线正常工作。然而，如果已有项目使用内置渲染管线进行开发，想切换到使用通用渲染管线，或者项目使用通用渲染管线进行开发，但想切换为使用另一个渲染管线，那么有必要知道如何在 Unity 中进行设置。

> **注意**
> 本章使用通用渲染管线中的前向渲染路径。渲染路径指一系列与照明和阴影相关的操作。Unity 的内置渲染管线提供了不同的渲染路径，包括前向渲染路径和延迟渲染路径。在通用渲染管线 12.0.0 版本之后，开发人员也可以在管线中使用延迟渲染路径，但这超出了本章的范围。若对此主题感兴趣，可以在 https://docs.unity3d.com/Packages/com.unity.render-pipelines.universal@12.0/manual/rendering/deferred-rendering-path.html 和 httes://docs.unity3d.com/Packages/com.unity.render-pipelines.universal@12.0/manual/urp-universal-renderer.html#rendering-path-comparison 上找到更多信息。

下面在 Unity 中为项目设置渲染管线，步骤如下。

（1）在 Unity 编辑器工具栏中，单击 Edit → Project Settings 选项打开 Project Settings 窗口。

（2）单击左侧类别列表中的 Graphics 选项，打开 Graphics 面板，如图 8.23 所示。

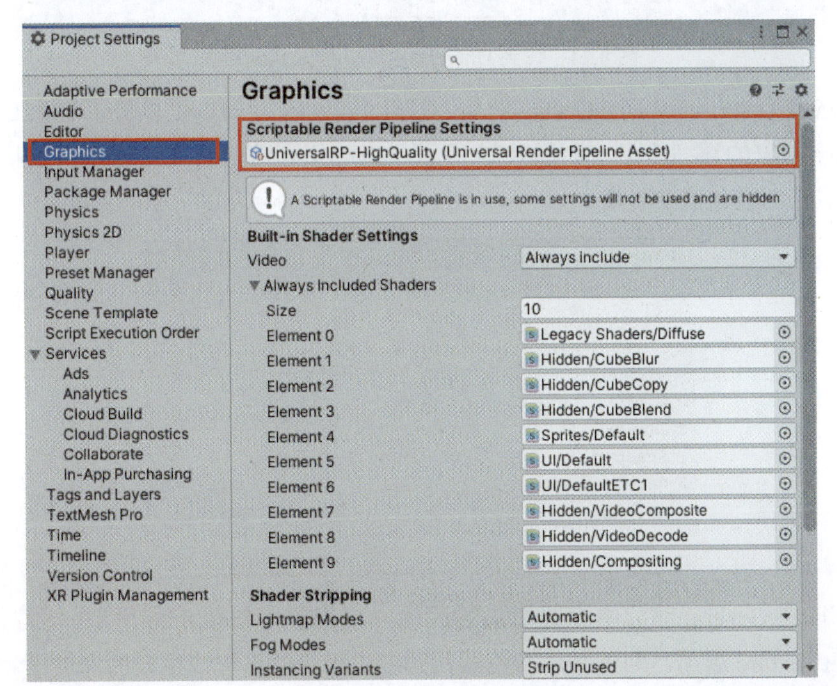

图 8.23 Graphics 面板

其中，Scriptable Render Pipeline Settings 属性的细节如下。

① Scriptable Render Pipeline Settings 属性与名为 UniversalRP-HighQuality 的 Universal Render Pipeline Asset 类型的对象关联，该对象会在使用模板创建此项目时自动创建。

② 如果 Scriptable Render Pipeline Settings 属性设置为 None，则 Unity 将使用默认的内置渲染管线。

（3）可以在项目的 Assets → Settings 文件夹中找到该 UniversalRP-HighQuality 对象，如图 8.24 所示。

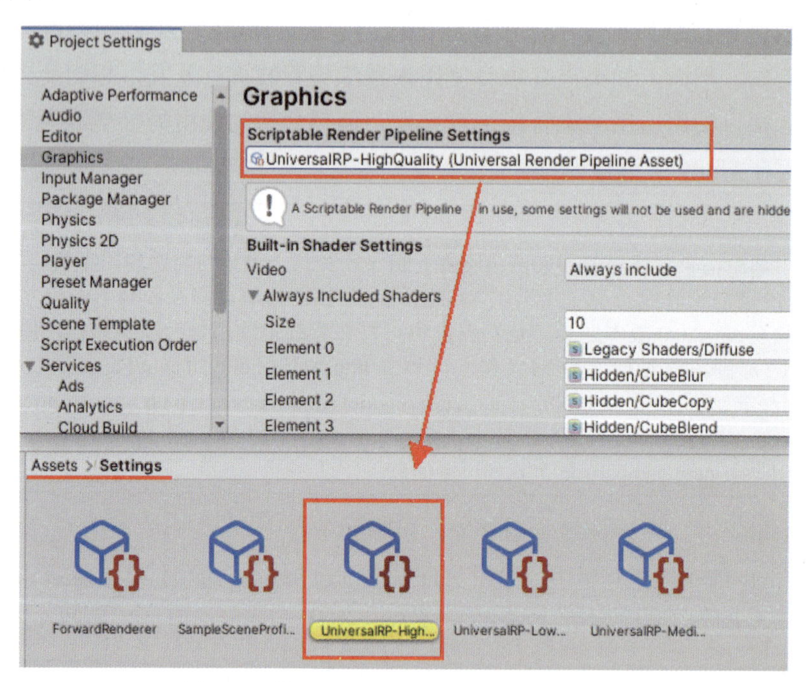

图 8.24　找到 UniversalRP-HighQuality 对象

（4）选择 UniversalRP-HighQuality 对象，打开 Inspector 窗口，可以检查这个 UniversalRP-HighQuality 对象的详细信息。如图 8.25 所示，该对象为当前的通用渲染管线提供了各种设置，如渲染功能和渲染质量。

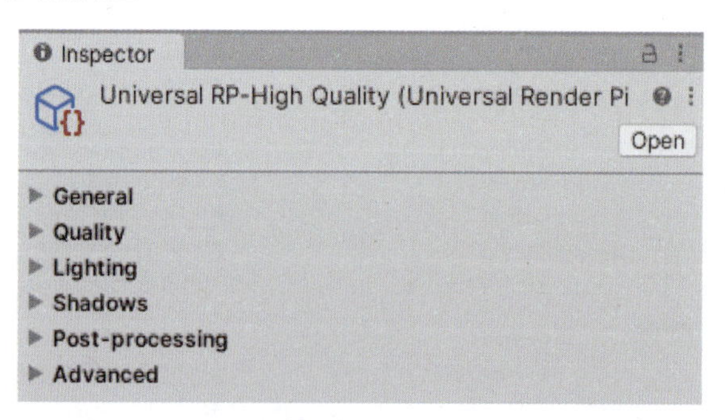

图 8.25　UniversalRP-HighQuality 对象的 Inspector 窗口

① 可以在 General 部分中配置渲染管线的常规设置，如图 8.26 所示。例如，如果启用了 Depth Texture 选项，则可以从着色器代码中访问由渲染管线生成的深度图。

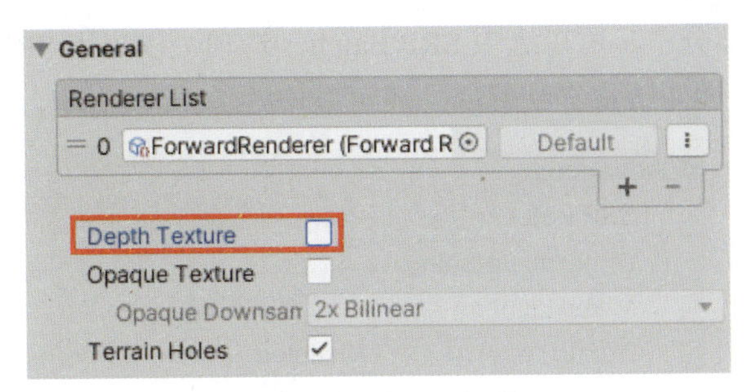

图 8.26 General 部分

> **注意**
> 在游戏开发中，Depth Texture 用于从相机的角度来表示 3D 空间中物体的深度信息。

② 还可以在 Quality 部分控制全局渲染质量，如图 8.27 所示，启用全局 HDR 选项，并设置全局 Anti Aliasing 为 2x。还可以通过调整 Render Scale 滑块来修改渲染分辨率。

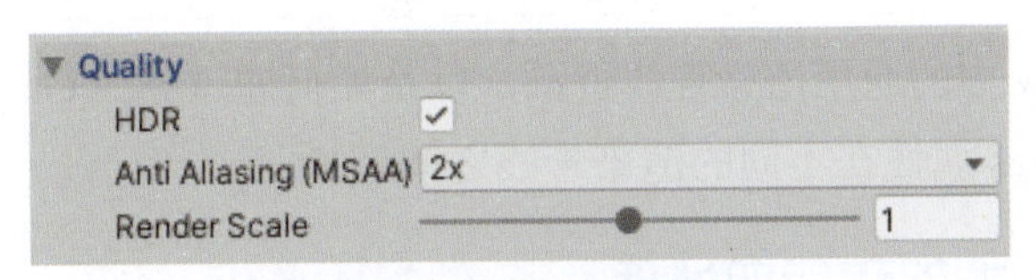

图 8.27 Quality 部分

③ 作为实时渲染的一个非常重要的因素，通用渲染管线的光源也可以在 Lighting 部分进行配置，如图 8.28 所示。Main Light 是游戏场景中最亮的方向光。可以决定是否启用该光源，以及是否允许它投射阴影（Cast Shadows）。

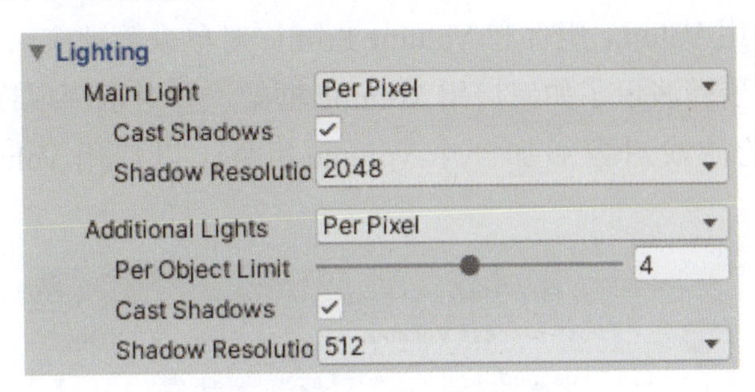

图 8.28 Lighting 部分

④ 在 Shadows 部分中，可以修改参数来调整 Unity 中的阴影，如图 8.29 所示。

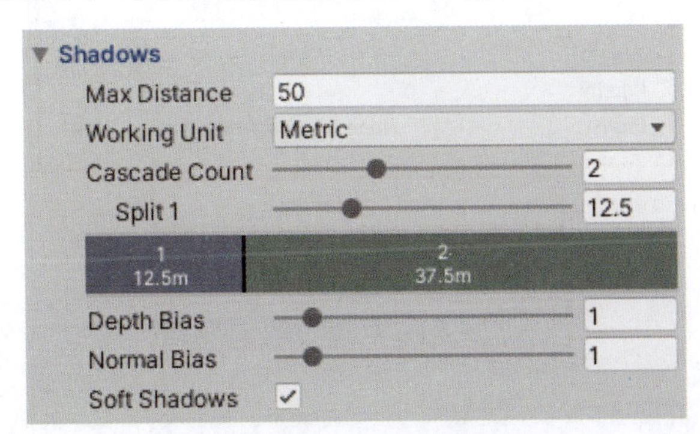

图 8.29 Shadows 部分

⑤ 在 Advanced 部分中，可以选中 SRP Batcher 选项，以启用 SRP Batcher 功能来提高通用渲染管线的性能，8.4 节将详细解释。还可以修改 Debug Level，如图 8.30 所示。

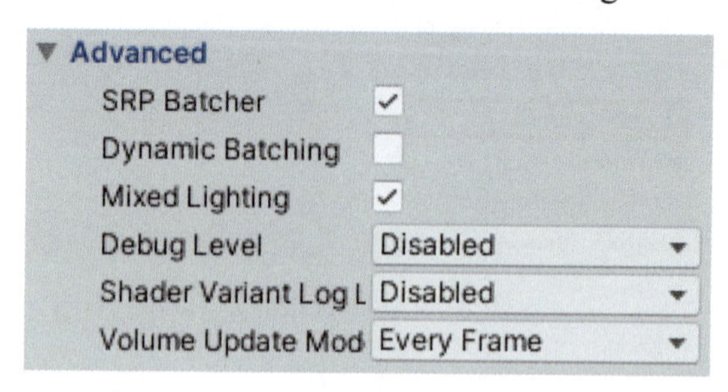

图 8.30　Advanced 部分

> **注意**
> 如果项目中没有通用渲染管线资源，则可以通过在 Unity 编辑器工具栏中单击 Assets → Create → Rendering → Universal Render Pipeline → Pipeline Asset 来创建新资源。

本节介绍了 Unity 中的通用渲染管线资源，以及如何通过更改 Graphics 设置的 Scriptable Render Pipeline Settings 属性在不同的渲染管线之间切换。

8.2.3　Volume 框架和后期处理

Volume 框架由可编程渲染管线提供给游戏开发人员。通过使用该框架，开发人员可以将组件与组件的特定设置解耦。基于可编程渲染管线的渲染管线（如通用渲染管线和高清渲染管线）可以使用此框架。

通用渲染管线使用 Volume 组件和 Volume Profile 对象来管理应用于渲染图像的不同的后期处理效果。以下步骤演示了如何启用 Volume 框架，并对示例项目应用后期处理效果。

（1）向场景中的游戏对象添加一个 Volume 组件，以启用 Volume 框架，如图 8.31 所示。

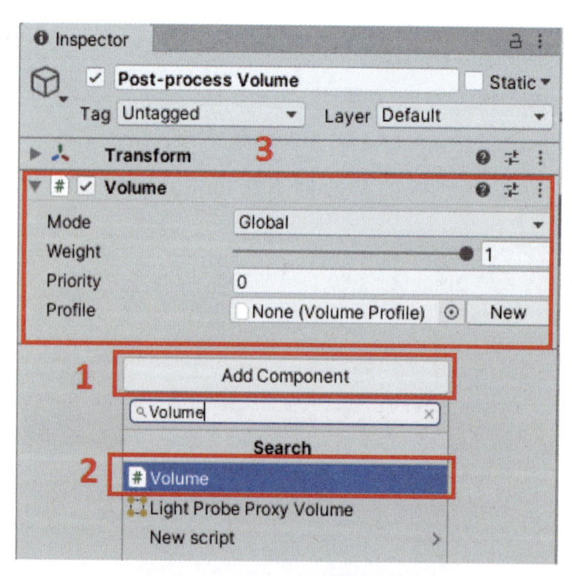

图 8.31　添加一个 Volume 组件

（2）Volume 组件的 Profile 属性为 None，可以单击 New 按钮创建 Volume Profile 文件，也可以为其分配现有的 Volume Profile 文件。在此，创建一个 Volume Profile 文件，如图 8.32 所示。

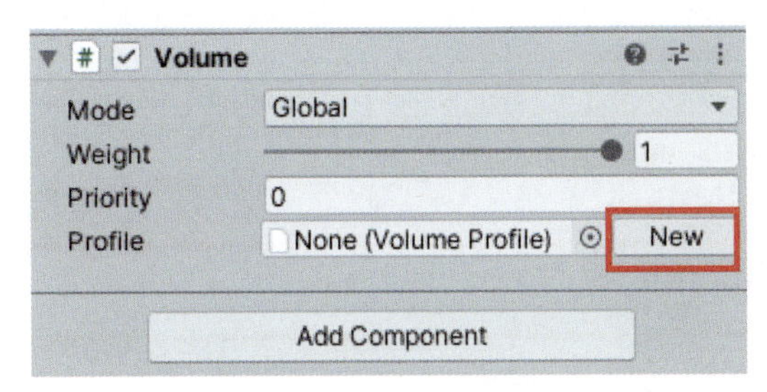

图 8.32　创建一个新的 Volume Profile 文件

（3）单击 Add Override 按钮，打开 Volume Overrides 面板，如图 8.33 所示，然后单击 Post-processing 选项以打开 Post-processing 覆盖列表。

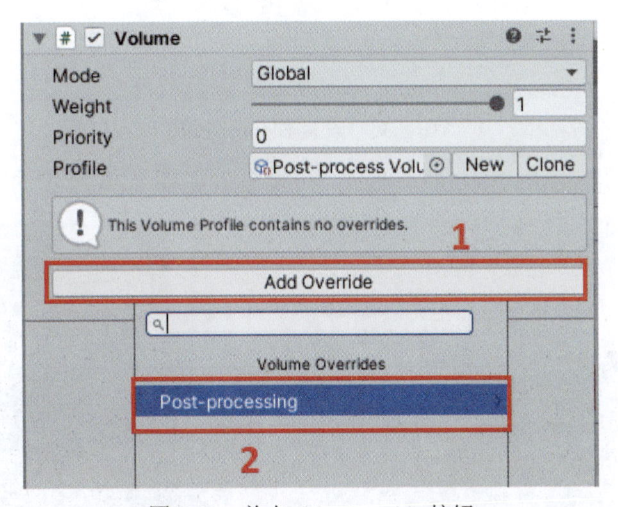

图 8.33　单击 Add Override 按钮

（4）可以在 Post-processing 覆盖列表中看到许多后期处理效果，如图 8.34 所示。选择要应用于渲染图像的效果，如 Bloom。

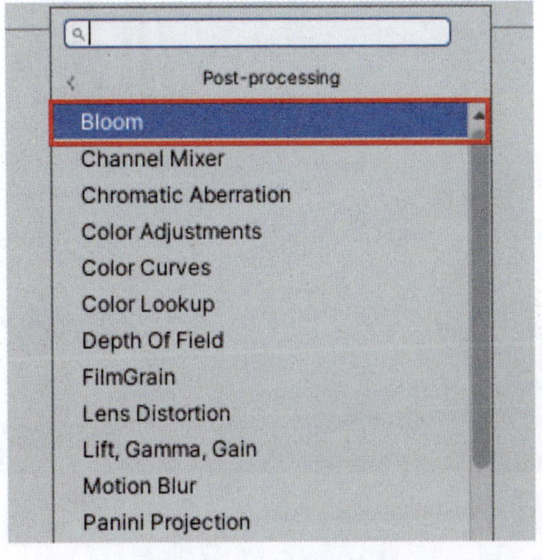

图 8.34　后期处理效果

（5）设置 Bloom 效果，将 Threshold 和 Intensity 分别设置为 0.9 和 4，如图 8.35 所示。

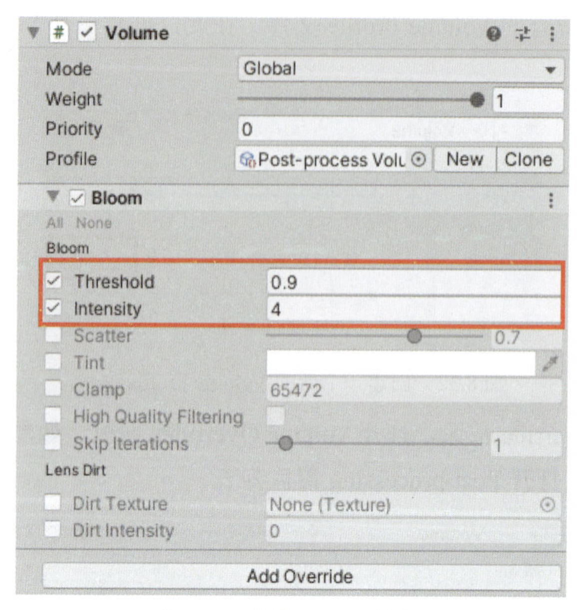

图 8.35　设置 Bloom 效果

切换到游戏视图，应用 Bloom 效果后，可以看到如图 8.36 所示的图像。

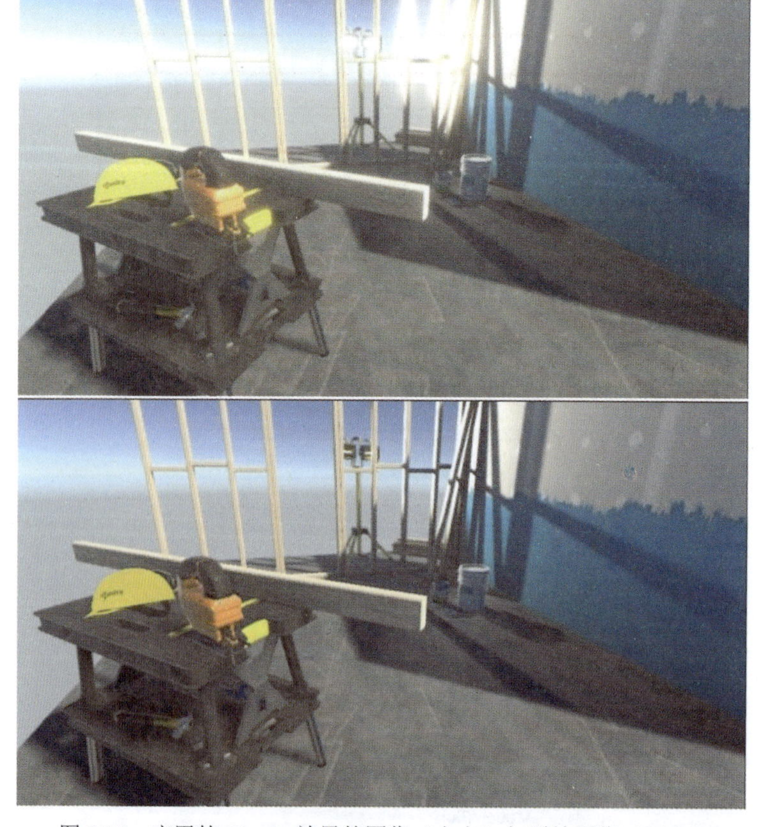

图 8.36　应用的 Bloom 效果的图像（上方）与原始图像（下方）

本节首先探索模板中包含的示例场景，以便学习通用渲染管线的功能。然后，介绍了如何在不同的渲染管线和通用渲染管线资源之间进行切换。最后，演示了如何使用Volume框架在通用渲染管线中实现后期处理。

8.3 通用渲染管线的着色器和材质

着色器和材质对于在Unity中渲染模型至关重要。着色器用于提供计算每个像素的颜色的算法。材质为与之关联的着色器提供各种参数，以确定如何渲染模型，例如提供纹理作为着色器的输入及定义着色器如何对纹理进行采样。

如果在场景中选择一个模型，如安全帽模型，那么材质设置将显示在Inspector窗口中，如图8.37所示。

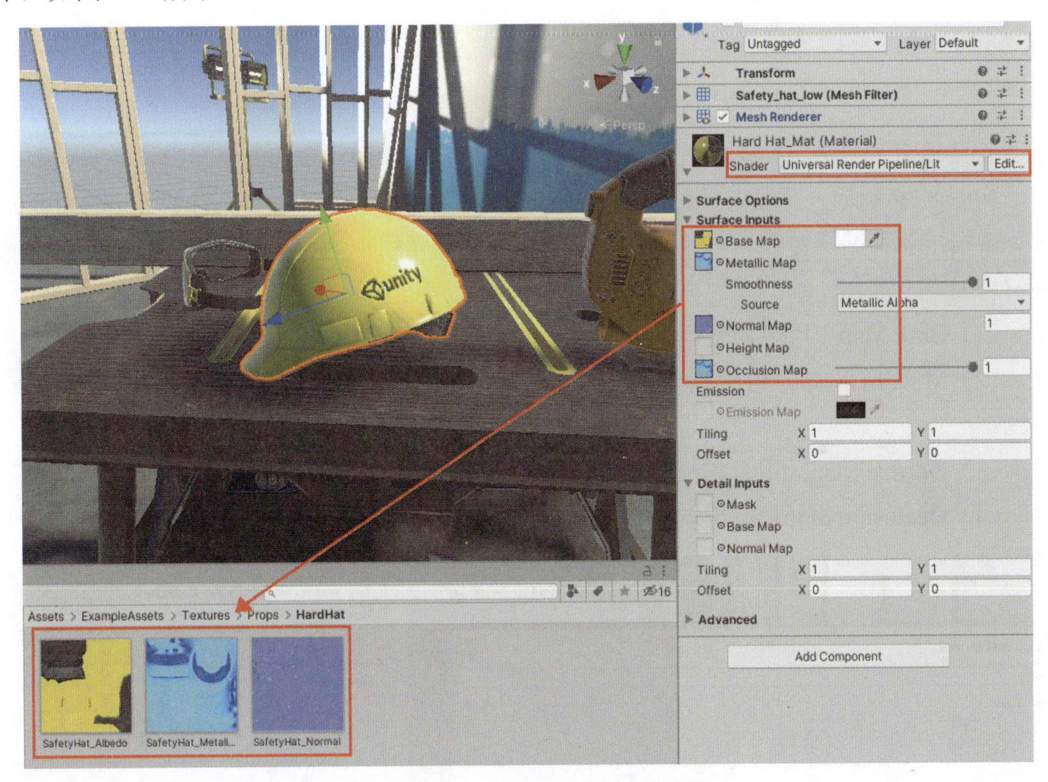

图8.37 Inspector窗口的材质设置

8.3.1 常用着色器

每种材质都可以与指定的着色器关联，并且该着色器所需要的参数将显示在Inspector窗口中。使用通用渲染管线时，常用的着色器是Universal Render Pipeline/Lit，安全帽模型也使用此着色器进行渲染。通过调整各种参数，Universal Render Pipeline/Lit着色器可以用于渲染不同的材质表面，如金属、玻璃和木材。

> **注意**
> 名称中带有Lit的着色器意味着该着色器将执行照明计算。名称中带有Unlit的着色器意味着在计算像素颜色时，着色器不考虑照明因素。

可以通过在 Shader 下拉菜单选择不同的着色器资源来更改与材质关联的着色器，如图 8.38 所示。

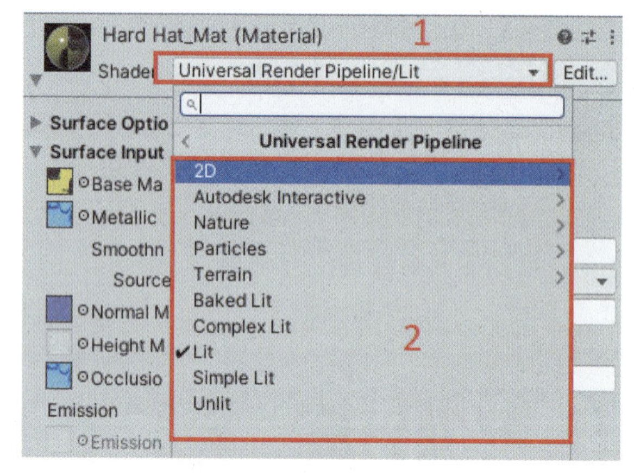

图 8.38　在 Shader 下拉菜单中选择不同的着色器资源

一旦确定了与材质相关的着色器，就可以通过该材质为特定的着色器提供各种参数。

如图 8.39 所示，开发人员可以在 Universal Render Pipeline/Lit 着色器的 Suiface Inputs 部分中指定各种贴图参数。与这些贴图参数相关的纹理用于为着色器提供不同的信息。详细解释如下。

（1）Base Map：用于为着色器提供表面的基本颜色。

（2）Metallic Map：用于向着色器提供金属工作流信息，以确定表面的“金属样”程度。

（3）Normal Map：用于向模型表面添加更多原始模型中不存在的细节。

（4）Occlusion Map：用于向着色器提供信息，以模拟来自环境照明产生的阴影。

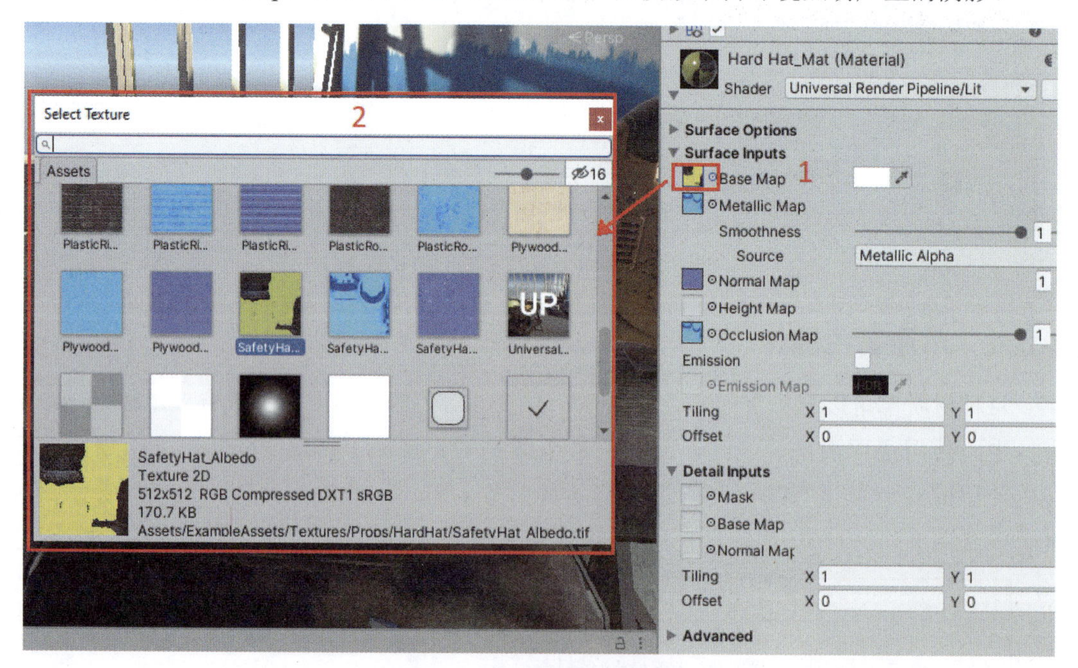

图 8.39　着色器的贴图参数

不同的着色器所需的参数可能不同，由于着色器的算法不同，因此最终的渲染结果也不同。例如，如果将与此材质关联的着色器改为 Universal Render Pipeline/Unlit，那么在 Suiface Inputs 部分中只保留 Base Map 来提供表面的基本颜色，如图 8.40 所示。

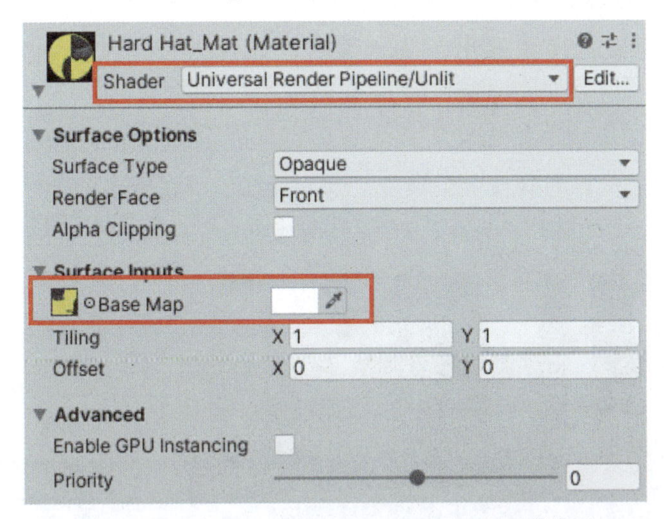

图 8.40　改为 Universal Render Pipeline/Unlit 着色器

使用此材料渲染的安全帽模型将只显示基本颜色，并且不再受到任何照明的影响。可以在图 8.41 中看到安全帽模型和周围其他模型之间的区别。

图 8.41　安全帽模型和周围其他模型之间的区别

8.3.2　将项目中的材质升级为通用渲染管线材质

如果选择使用通用渲染管线，则内置渲染管线将不再可用。这不仅包括内置渲染管线本身，还包括与内置渲染管线一起使用的着色器。因此，当将使用内置渲染管线开发的现有项目更改为使用通用渲染管线时，开发人员经常会遇到“material errors”问题。

例如，将用于渲染安全帽模型的着色器从 Universal Render Pipeline/Unlit 更改为内置的 Standard 着色器，可以看到安全帽模型显示为粉红色，这意味着在材质中存在错误，如图 8.42 所示。

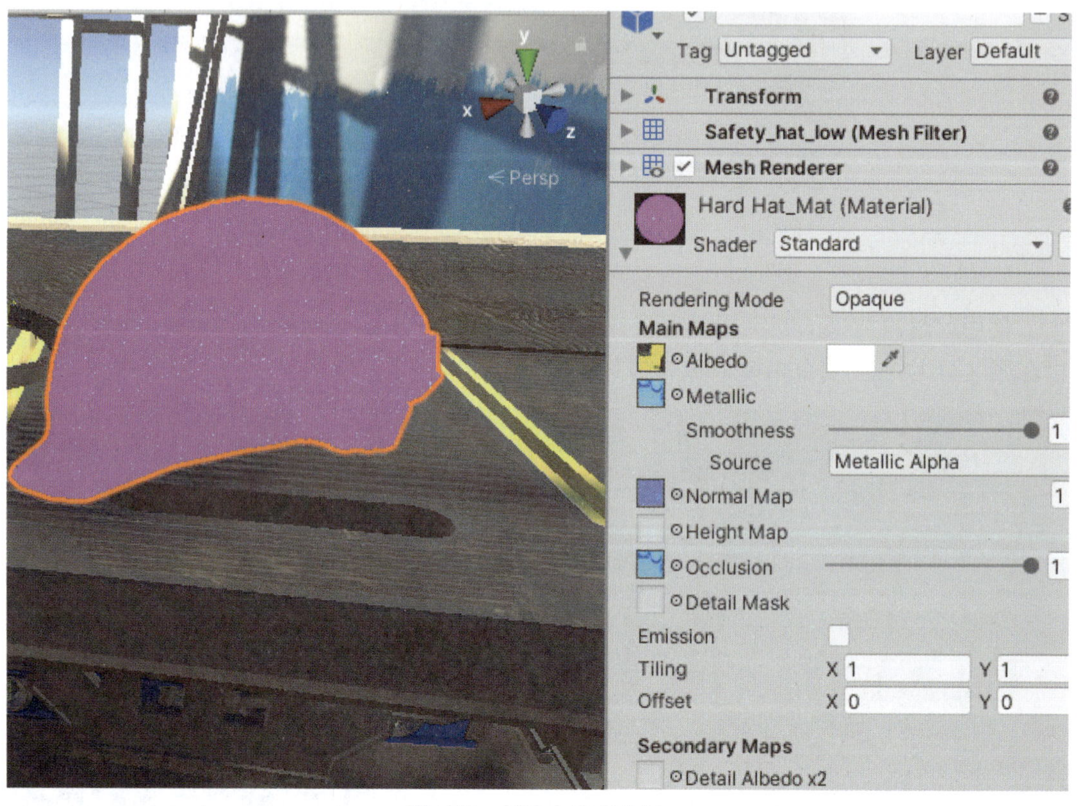

图 8.42　材质中存在错误

因此，如果现有项目正在使用内置渲染管线进行开发，但需要切换为使用通用渲染管线，那么为了确保通用渲染管线能够正常工作，需要将现有材质升级为通用渲染管线材质。

可以手动修改与现有材质关联的着色器，例如使用 Universal Render Pipeline/Lit 着色器替换内置的 Standard 着色器。Unity 还为开发人员提供了一个将现有材质自动升级为通用渲染管线材质的功能，可以通过在 Unity 编辑器工具栏中单击 Edit → Render Pipeline → Universal Render Pipeline → Upgrade Project Materials to UniversalRP Materials 选项来找到该功能，如图 8.43 所示。

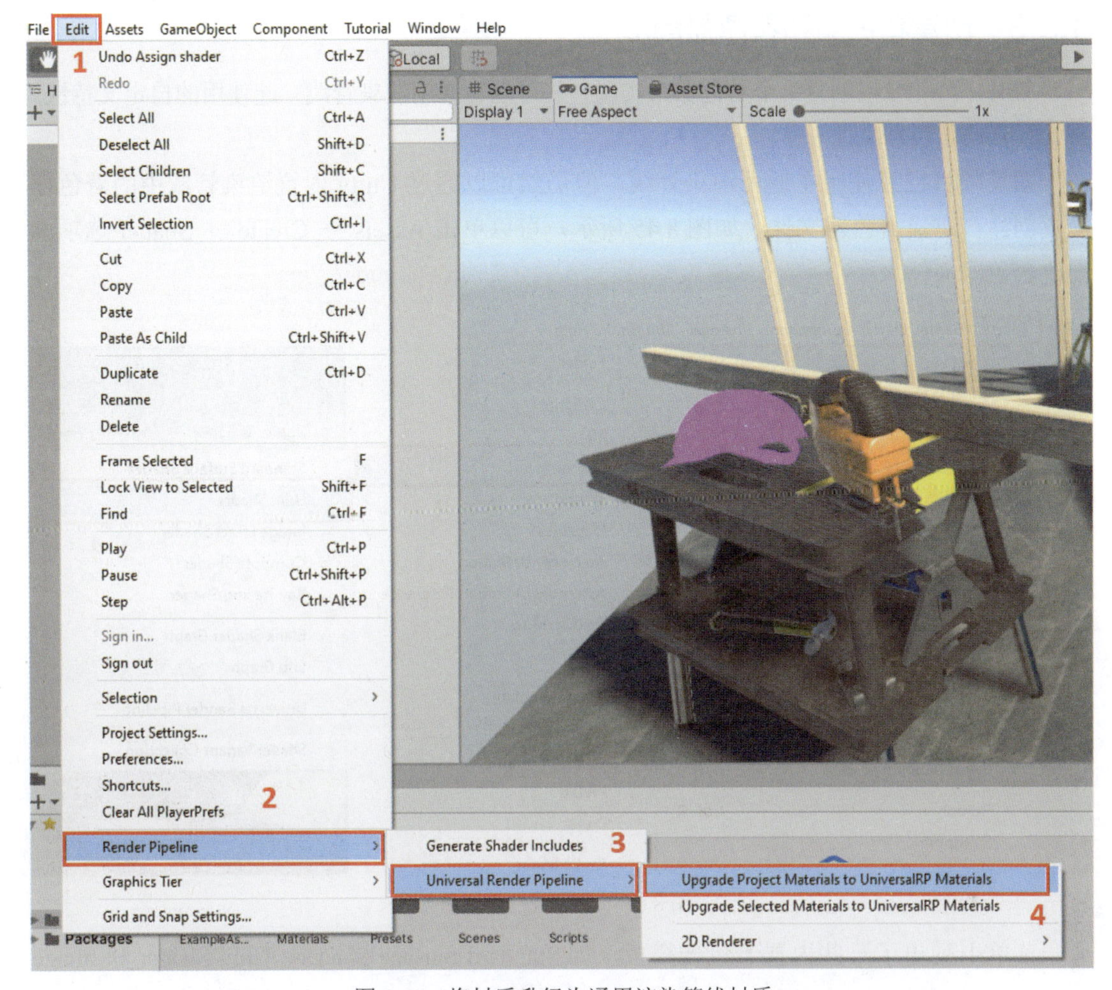

图 8.43 将材质升级为通用渲染管线材质

然后，将弹出 Material Upgrader 窗口，如图 8.44 所示。更改无法取消，因此，如果要将项目中的所有材质升级为通用渲染管线材质，并已备份了项目，那么单击 Proceed 按钮。

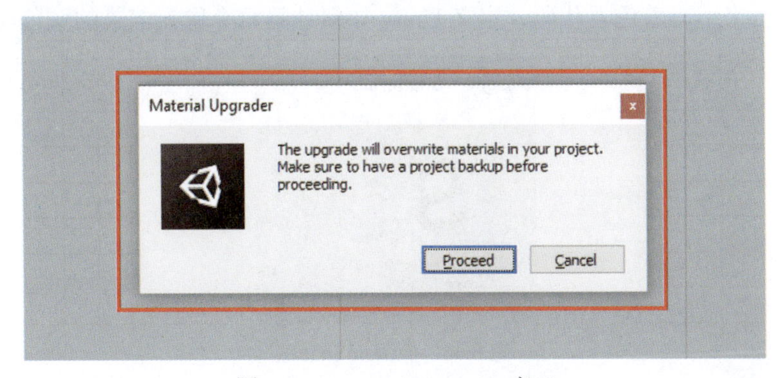

图 8.44 Material Upgrader 窗口

注意

Material Upgrader 工具只能将内置着色器升级为通用渲染管线着色器，但不能升级为由开发人员创建的自定义着色器。因此，自定义着色器仍然需要手动修改。

8.3.3 创建着色器和着色器图形

有时，可能希望创建一个着色器来实现一些可以与通用渲染管线一起使用的自定义特性。

1. 创建着色器文件

即使项目已经使用了通用渲染管线，但仍然可以通过 Unity 内置渲染管线中的着色器模板创建自定义着色器文件。如图 8.45 所示，可以单击 Assets → Create → Shader 选项来创建着色器文件。

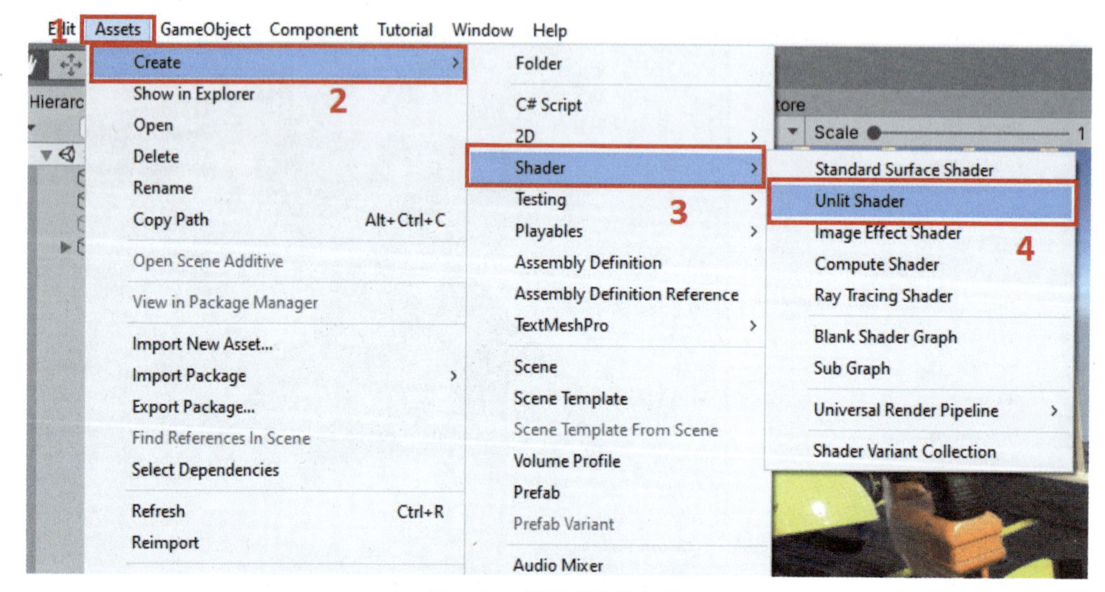

图 8.45 创建着色器文件

菜单中列出了一些内置着色器模板，如 Standard Surface Shader、Unlit Shader 和 Image Effect Shader 等。此处，选择 Unlit Shader 选项来创建一个不考虑照明因素的新着色器文件，并将其命名为 CustomShader。

如图 8.46 所示，可以通过双击它在 IDE 中打开着色器源文件，然后使用 Unity 的 ShaderLab 语言来编写着色器代码，定义 Unity 如何计算每个像素渲染的颜色。

图 8.46 CustomShader

> **注意**
> 如何用 Unity 的 ShaderLab 语言编写着色器代码超出了本章的范围，如果想深入研究，可以在 https://docs.unity.cn/Packages/com.unity.render-pipelines.universal@7.7/manual/writing-custom-shaders-urp.html 上找到更多的信息。

2. 创建着色器图形文件

与创建着色器文件相比，创建着色器图形文件更容易。着色器图形功能在 Unity 2018 中首次引入。在开发着色器图形文件时，不需要编写着色器代码，而是使用可视化节点直接进行开发。

使用着色器图形文件创建一个 Unlit 着色器，步骤如下所示。

（1）如图 8.47 所示，在 Unity 编辑器工具栏中单击 Assets → Create → Shader → Universal Render Pipeline → Unlit Shader Graph 选项来创建一个着色器图形文件，并将其命名为 CustomShaderGraph。

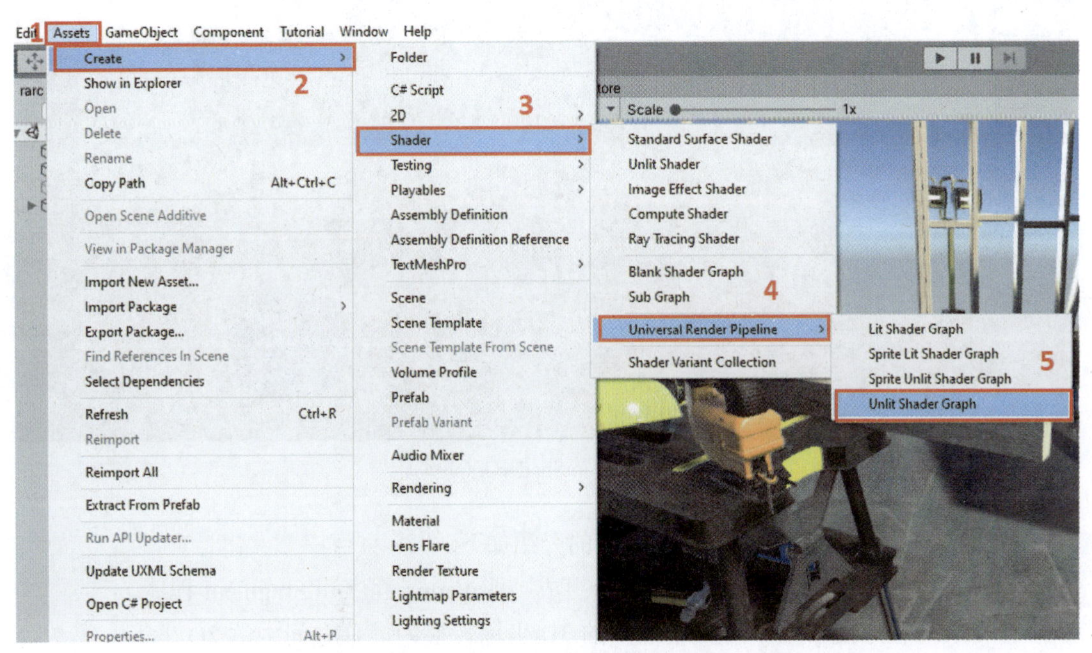

图 8.47 创建一个着色器图形文件

（2）着色器图形文件已经被创建，其后缀为 .shadergragh，如图 8.48 所示。

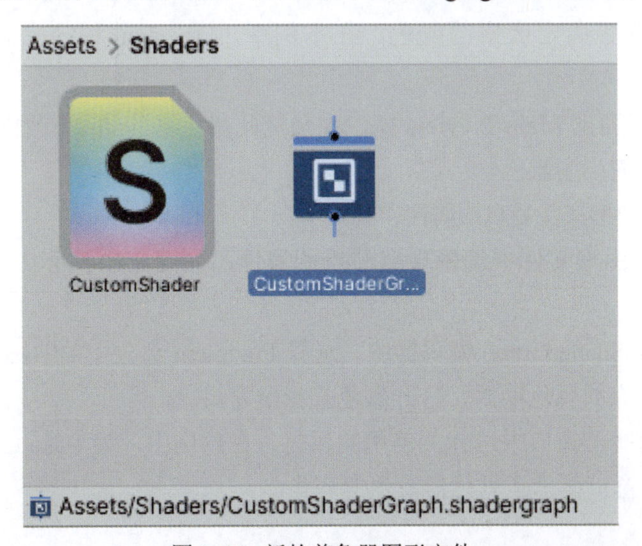

图 8.48 新的着色器图形文件

（3）双击此文件，这次着色器图形文件将不会在IDE中打开，而是在直接显示在Unity编辑器中的可视化的CustomShaderGraph编辑器中打开，如图8.49所示。

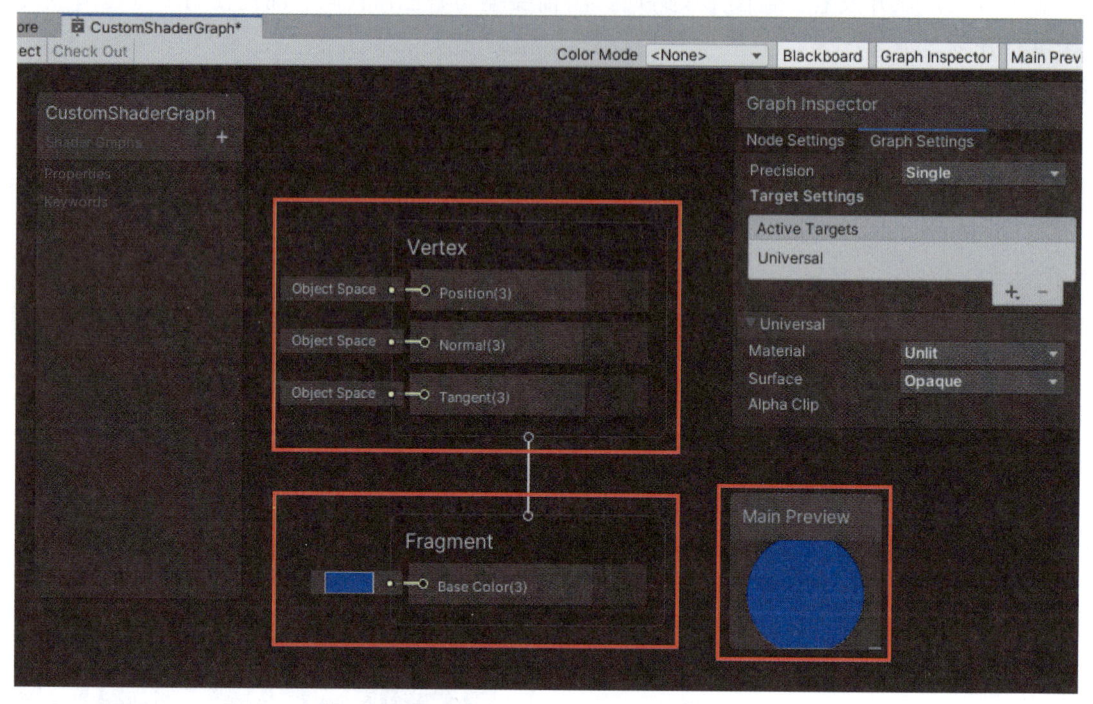

图8.49　CustomShaderGraph编辑器

可视化的CustomShaderGraph编辑器的介绍如下。

① 在Unity中，着色器通常由两部分组成，即Vertex程序和Fragment程序。

② Vertex程序通常用于将模型顶点的3D坐标转换为屏幕空间中的2D坐标。第7章已经介绍了坐标系的知识。在本例中，Vertex程序中有三个节点，即Position、Normal和Tangent。

③ Fragment程序确定像素的颜色。在本例中，Fragment程序只有一个节点，名为Base Color。

④ 可以在右下角的Main Preview窗口中预览此着色器的结果，如图8.49所示，新创建的着色器将像素渲染为蓝色。

3. 编辑着色器图形文件节点的属性

可以在着色器图形文件中编辑现有节点的属性，如图8.50所示，编辑Base Color节点的方式如下。

（1）在CustomShaderGraph编辑器中，选择Fragment部分中的Base Color节点。

（2）单击此节点的颜色输入，打开颜色选择器窗口。

（3）在颜色选择器窗口中选择要使用的颜色。在本例中，为Base Color节点选择了黄色，Main Preview窗口显示了着色器发生的变化。

图 8.50 编辑 Base Color 节点

4. 在着色器图形文件中添加一个新节点

开发着色器通常需要对纹理进行采样，并返回供着色器使用的颜色值。可以执行以下步骤来添加一个新节点，为示例着色器添加采样纹理的能力。

（1）在 CustomShaderGraph 编辑器中右击，然后从弹出菜单中选择 Create Node 选项，如图 8.51 所示。

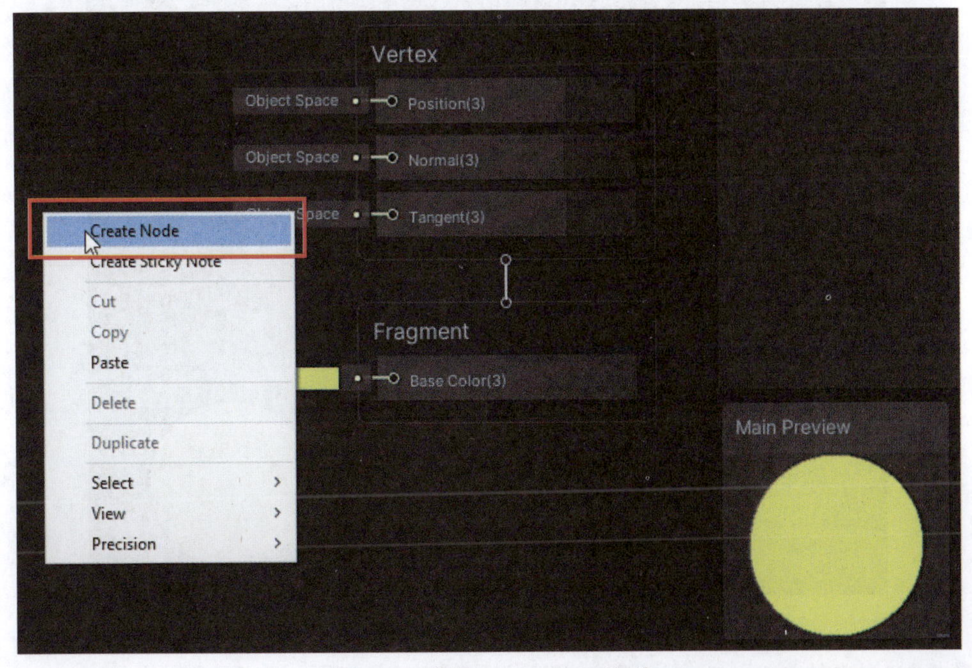

图 8.51 选择 Create Node 选项

（2）在 Create Node 窗口的搜索栏中输入 texture，如图 8.52 所示，然后在结果列表中选择 Sample Texture 2D 选项。

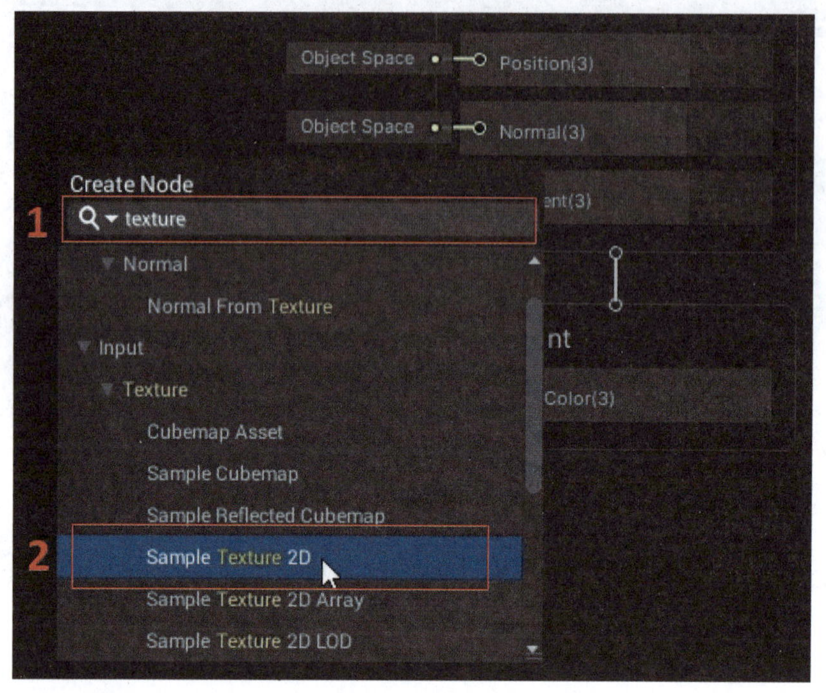

图 8.52　选择 Sample Texture 2D 选项

（3）如图 8.53 所示，创建了一个 Sample Texture 2D 节点。单击此节点的 Texture 槽点以提供纹理资源。

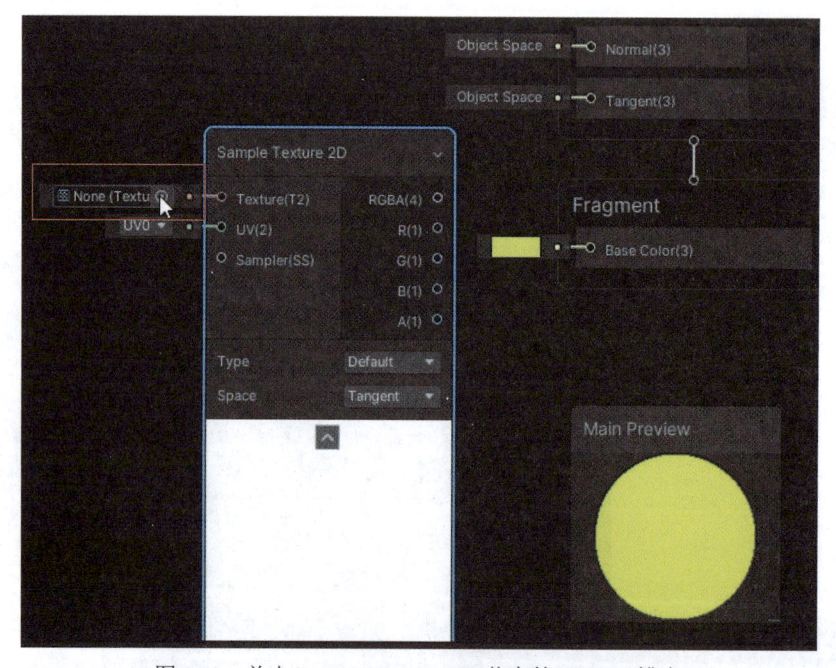

图 8.53　单击 Sample Texture 2D 节点的 Texture 槽点

（4）在弹出的 Select Texture 窗口中选择一个纹理，如图 8.54 所示。

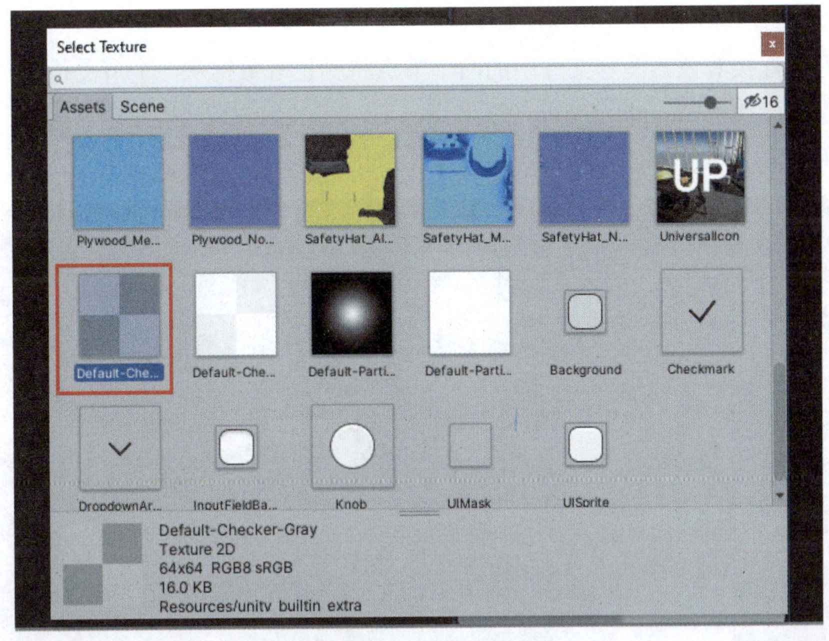

图 8.54　选择一个纹理

（5）Sample Texture 2D 节点从其 Texture 输入中对纹理进行采样，从而获取纹理的颜色，如图 8.55 所示。

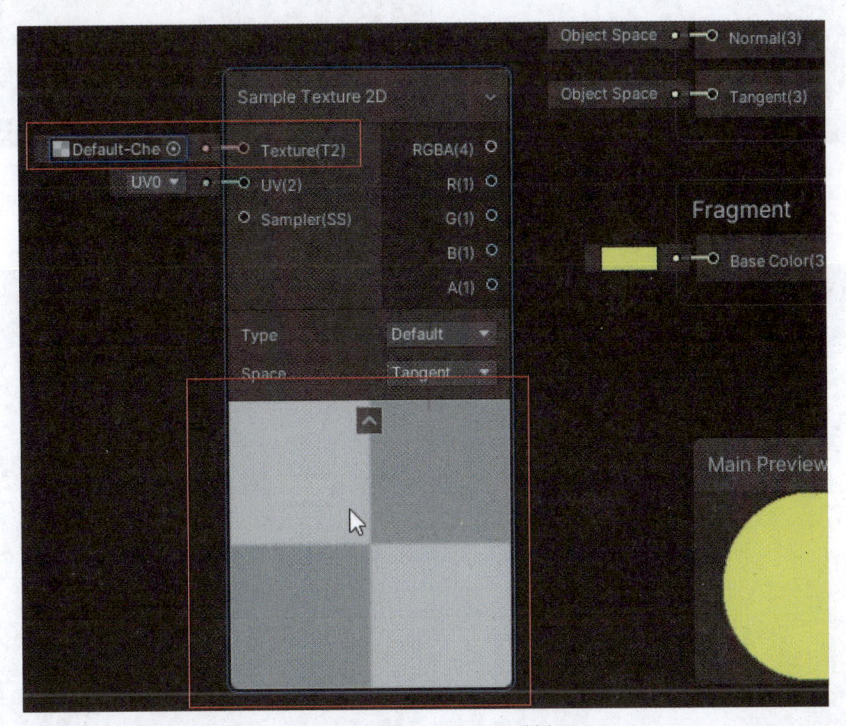

图 8.55　对纹理进行采样

现在，已经在着色器图形文件中添加了一个节点，但是从纹理采样中获得的颜色仍然存储在 Sample Texture 2D 节点中。接下来，需要将其与 Fragment 部分中的 Base Color 节点连接，以便着色器可以使用从此纹理获得的颜色来渲染像素。

5. 连接在着色器图形文件中的两个节点

可以通过连接着色器图形文件中的两个节点将颜色等数据从一个节点传递到另一个节点。使用以下步骤将 Sample Texture 2D 节点与 Base Color 节点连接起来。

（1）单击 RGBA(4) 输出旁边的单选按钮，如图 8.56 所示。

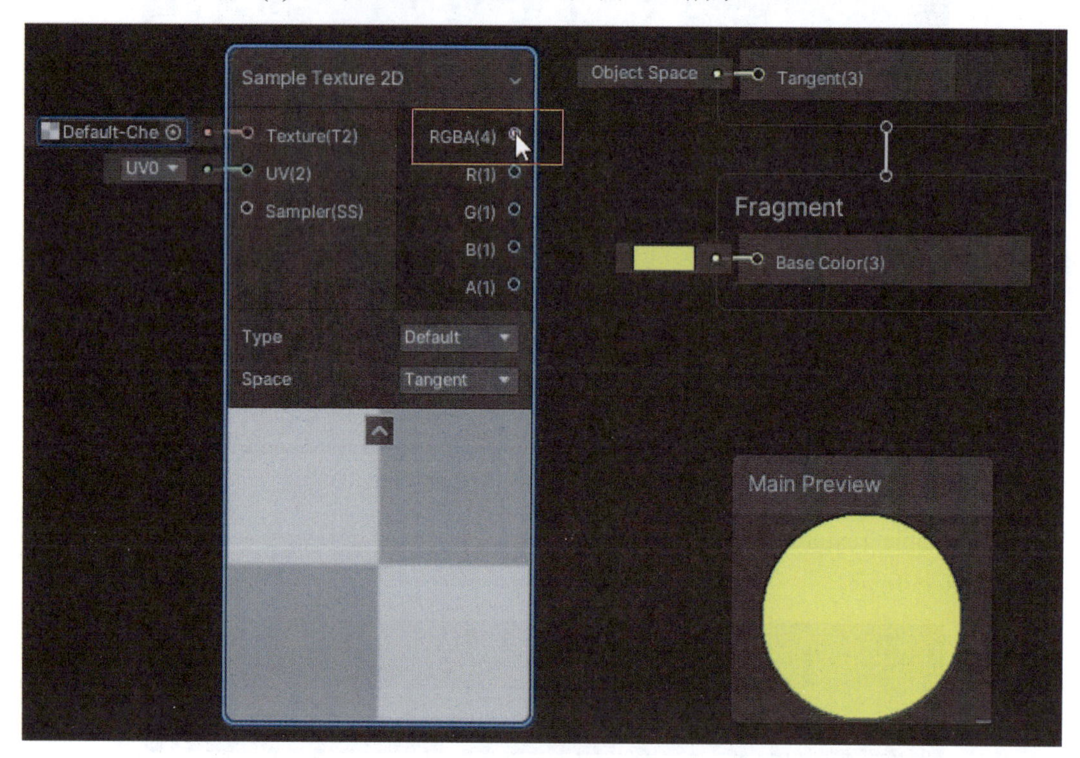

图 8.56　单击单选按钮

（2）会出现一条可以自由拖动的线，如图 8.57 所示。

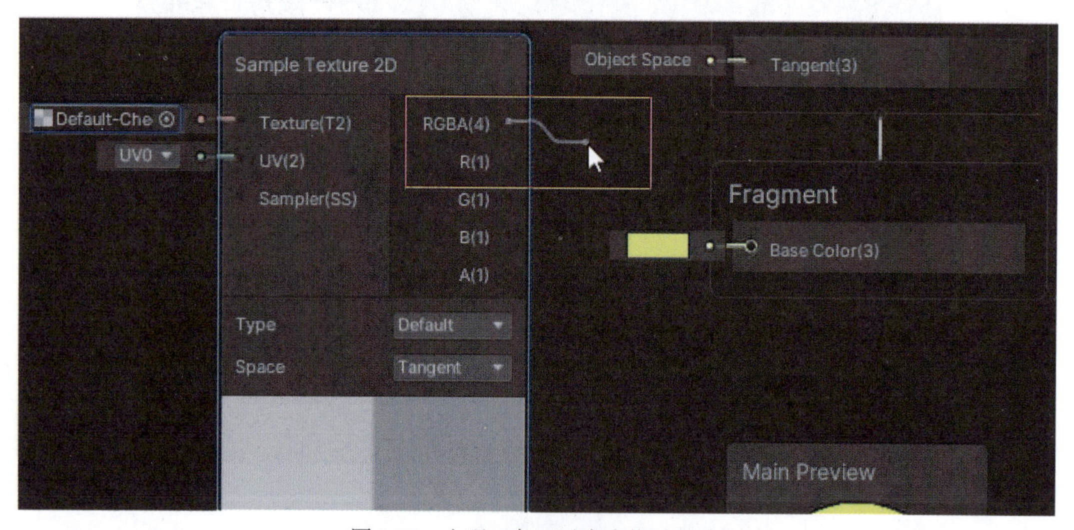

图 8.57　出现一条可以自由拖动的线

（3）将此线拖动到 Base Color 节点的颜色输入中，如图 8.58 所示。连接了这两个节点后，Main Preview 窗口显示着色器已经使用从纹理中获得的颜色渲染了像素。

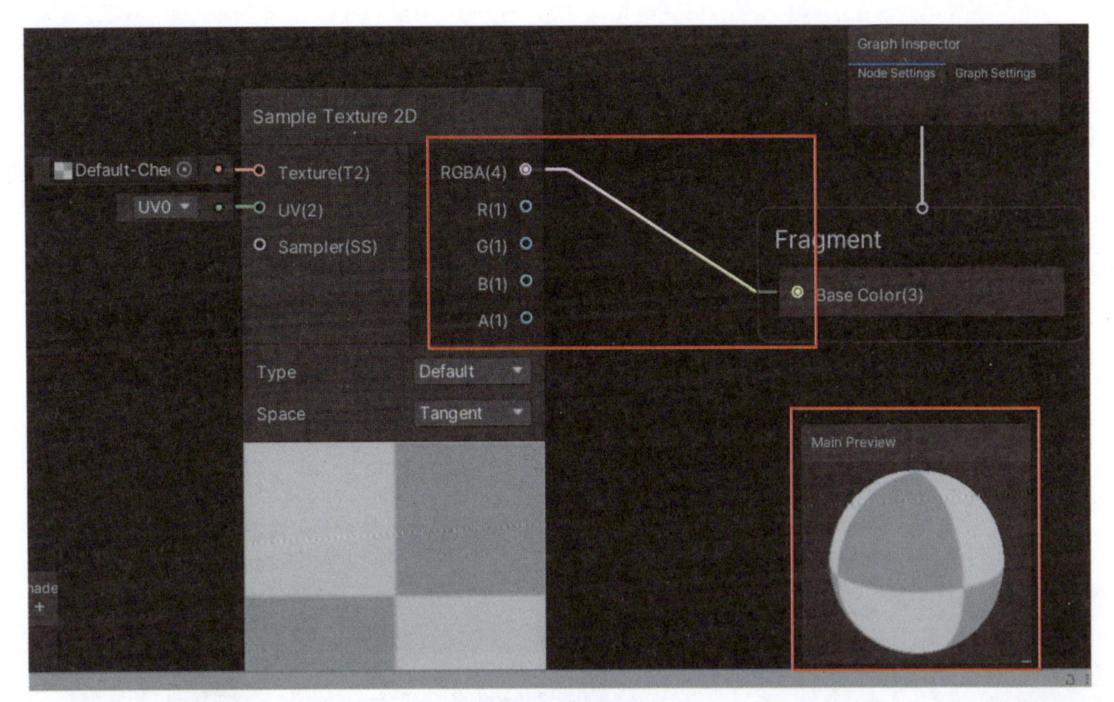

图 8.58　连接两个节点

至此，已经了解了如何创建着色器图形文件，以及如何修改、添加和连接其中的节点。作为开发人员，在使用着色器图形文件时不需要编写着色器代码，Unity 会根据着色器图形文件的内容自动生成着色器代码。

本节介绍了与通用渲染管线的着色器和材质相关的知识，然后演示了如何将内置材质升级为通用渲染管线材质，最后探讨了如何创建可以在通用渲染管线中使用的自定义着色器。接下来，将继续讨论如何查找性能问题并提高通用渲染管线的性能。

8.4　提高通用渲染管线的性能

由于渲染是游戏引擎的主要功能，因此了解如何有效地使用 Unity 的渲染管线是非常重要的。本节将讨论性能问题。

8.4.1　Frame Debugger 工具

下面学习如何使用工具来查看和定位由 Unity 中的渲染造成的性能瓶颈。推荐使用 Unity 编辑器中的 Frame Debugger 工具，利用该工具可以轻松地查看在 Unity 中渲染帧的整个过程，步骤如下。

（1）在 Unity 编辑器中，单击▶图标来运行游戏，如图 8.59 所示。

图 8.59　运行游戏

（2）单击 Unity 编辑器工具栏中的 Window → Analysis → Frame Debugger 选项，如图 8.60 所示，打开 Frame Debug 窗口。

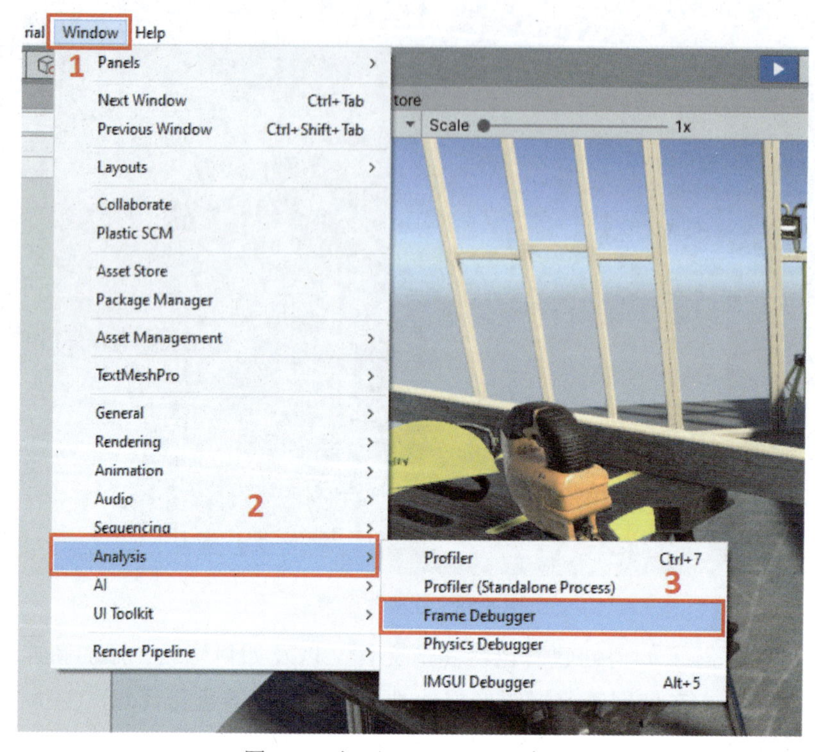

图 8.60　打开 Frame Debug 窗口

（3）如图 8.61 所示，在 Frame Debug 窗口中，单击 Enable 按钮以获取游戏当前帧的快照。

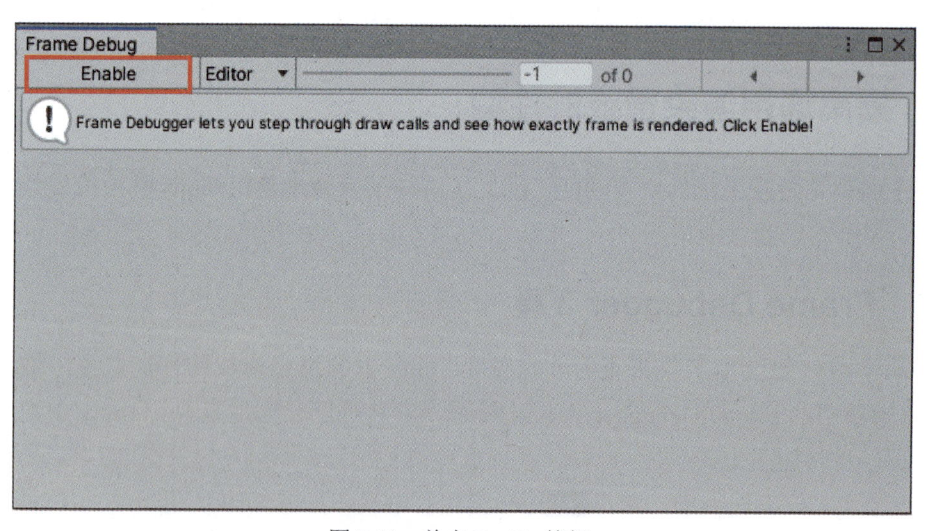

图 8.61　单击 Enable 按钮

（4）可以看到有 109 个 draw call，它们调用图形 API（如 OpenGL、Direct3D、Vulkan）来绘制对象，如图 8.62 所示。也可以选择一个特定的 draw call 来查看它的详细信息。

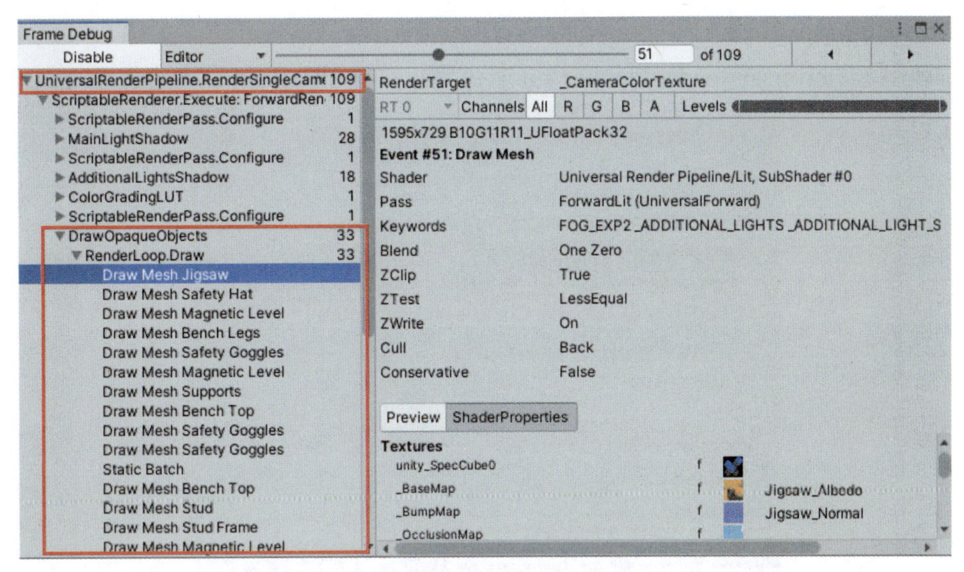

图 8.62 查看 draw call 信息

通过 Frame Debugger 工具，可以理解整个渲染过程，并查看特定绘图调用的信息，这些信息能为提高渲染性能提供参考。例如，在图 8.62 中可以看到，33 个 draw call 被用于渲染不透明的对象，因此应该减少此处的绘制调用数量。接下来，将介绍如何使用 SRP Batcher 来实现该功能。

8.4.2 SRP Batcher

SRP Batcher 是可编程渲染管线提供的一个特性，因此每个基于可编程渲染管线的渲染管线都可以使用该特性来减少绘制调用的次数并提高渲染性能。

为了确保 SRP Batcher 能够在项目中正确工作，需要确保：启用通用渲染管线的 SRP Batcher 功能；项目中的着色器与 SRP Batcher 兼容。

8.2.2 节中提到，可以通过选中项目正在使用的通用渲染管线资源文件的 Advanced 中的 SRP Batcher 选项来启用它，如图 8.63 所示。

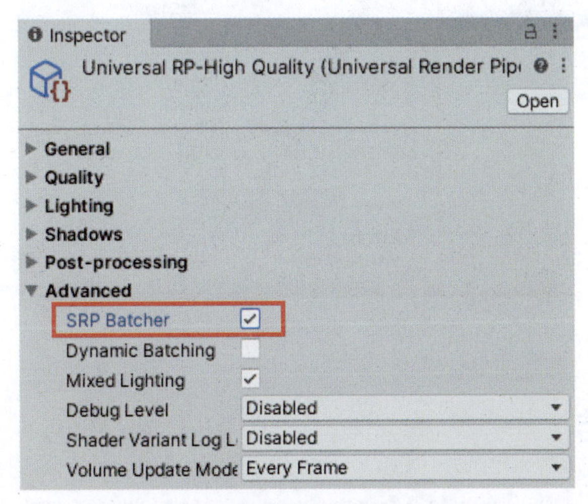

图 8.63 启用 SRP Batcher

然后，在 Inspector 窗口中找到着色器的 SRP Batcher 兼容性状态，如图 8.64 所示。该例中，使用了 Universal Render Pipeline/Lit 着色器，它与 SRP Batcher 兼容。

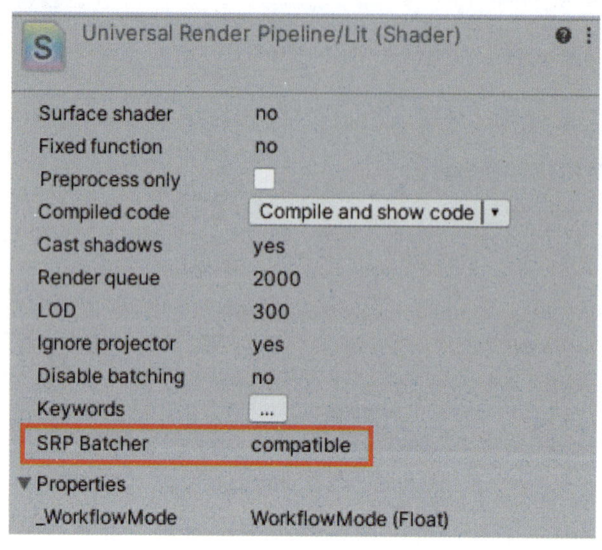

图 8.64　着色器的 SRP Batcher 兼容性状态

现在，运行游戏并再次检查 Frame Debug 窗口。draw call 总数从 109 减少到 91，用于渲染不透明对象的 draw call 总数从 33 减少到 20，每个 draw call 都被标记为 SRP Batch，如图 8.65 所示。

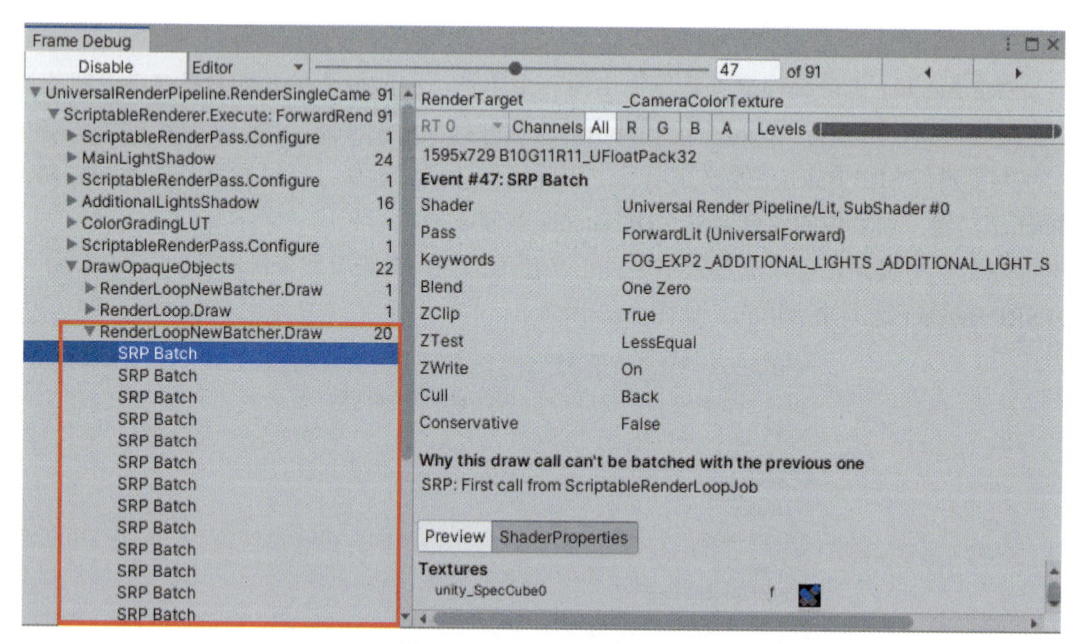

图 8.65　draw call 数量减少

8.5　本章小结

本章介绍了在 Unity 中可选择的 3 种渲染管线，即早期的内置渲染管线和两个基于可编程渲染管线的预制渲染管线——通用渲染管线和高清渲染管线。同时，介绍了一些使用这些渲染管线的开源项目，方便读者学习和使用。然后，讨论了如何在 Unity 中使用通用渲染管线，解释了如何使用通用渲染管线资源来配置渲染管线和 Volume 框架，以将后期处理效果应用于游戏。此外，介绍了着色器和材质的概念，演示了如何将内置材质升级到通用渲染管线材质，并探讨了如何创建可在通用渲染管线中使用的自定义着色器。最后，探讨了如何使用 Unity 的 Frame Debugger 工具来查看渲染过程的信息，以及如何使用 SRP Batcher 来减少 draw call 的数量。通过阅读本章，应该已经了解如何在 Unity 中正确地使用通用渲染管线。

第 9 章
Unity 中面向数据的技术堆栈

Unity 引擎是一个对开发者非常友好的引擎。在开发游戏逻辑时，Unity 的游戏对象 - 组件架构可以帮助开发者快速地进行功能开发，因为给 Unity 的游戏对象添加新行为只需要将相应的组件附加到该游戏对象上。然而，随着如今的游戏变得更加复杂，这种方法虽然对开发者非常友好，特别是对于熟悉传统面向对象编程（Object-Oriented Programming，OOP）模型的人来说，但对于游戏性能和项目可维护性来说并不理想。

因此，Unity 引入了面向数据的技术堆栈（Data-Oriented Technology Stack，DOTS），允许开发者使用面向数据的编程理念代替面向对象的编程理念来编写游戏代码，同时引入多线程功能来优化游戏性能。

通过本章的学习，读者将了解什么是 DOTS，以及使用 DOTS 和传统的 OOP 模式之间的差别。此外，将了解如何使用 Unity 的 C# Job System 实现多线程来提高游戏性能，如何使用 Unity 的实体组件系统（Entity Component System，ECS）以面向数据的方式编写游戏逻辑代码，以及如何使用 Burst 编译器来优化生成的本地 Unity 游戏代码。

9.1 技术支持

本章示例项目可以在 https://github.com/PacktPublishing/Game-Development-with-Unity-for-.NET-Developers/tree/main/Chapter9-DOTS 上下载。

9.2 DOTS 概述

DOTS 是 Unity 中的一种新的编程模式，也是近年来 Unity 开发者社区经常讨论的话题。图 9.1 为基于 DOTS 开发的 Megacity 演示项目。

图 9.1　基于 DOTS 开发的 Megacity 演示项目

具有 .NET 编程经验的开发者都很熟悉 OOP 模式。OOP 模式在软件行业中被广泛采用，在引入 DOTS 之前，使用 Unity 进行游戏开发时也使用 OOP 模式。毫无疑问，使用 OOP 模式是许多程序员的习惯。因此，在讨论 Unity 为什么引入 DOTS 之前，先讲解在 Unity 开发中使用 OOP 模式时可能遇到的问题。

9.2.1　OOP 模式与 DOTS 的比较

可以在维基百科上找到关于 OOP 模式的概念，包括对象 / 类、继承、接口、信息隐藏和多态等。https://en.wikipedia.org/wiki/Object-oriented_design 提供了详细的解释。

当把关注点放在对象 / 类和继承上时，就能发现 OOP 模式和 DOTS 之间的最大区别。在传统的 OOP 模式中，类是一组紧密耦合的数据和作用于该数据的行为，示例代码如下。

```
using UnityEngine;

public class Monster : MonoBehaviour
{
    # region 数据

    private string _name;
    private float _hp;
    private Vector3 _position;
    private bool _isDead;

    #endregion

    #region 行为
    public void Attack(Monster target){}
    public void Move(float speed){}
    public void Die(){}
    #endregion
}
```

这段代码中有一个表示怪物的Monster类，它有一些关于其位置、生命值、名称及是否死亡的数据。此外，这个类还可以在它自己的数据上充当一个真实的对象，每个Monster对象都可以攻击目标、移动或死亡。程序中的物体就像现实世界中的物体一样，它们仿佛有自己的生命，这也符合人类的经验。类的数据和行为可以被扩展，并通过继承重用它的一些代码。

假设在这个示例中，并不需要所有的怪物都会攻击其他的怪物，有些怪物可能会攻击人类。从编程的角度来看，人类和怪物有很多共同之处：位置、生命值及是否已经死亡。但有些怪物可能不会被杀死，人类也不能飞翔。在现实世界中，有一个怪物和人类的超集，即生物。可以把怪物和人类共享的数据放在表示生物的Creature类中，这样他们都可以拥有这些数据，而不需要再次输入它们，代码如下所示。

```
public class Creature : MonoBehaviour
{
    #region 数据

    private string _name;
    private float _hp;
    private Vector3 _position;
    private bool _isDead;

    #endregion
}
public class Monster : Creature
{
    # region 数据

    private bool _canFly;

    #endregion

    #region 行为

    public void Attack(Creature target){}
    public void Move(float speed){}
    public void Die(){}

    #endregion
}
```

如果继续遵循该想法，将会得到一些复杂的类图，其中有一堆不同的生物，如怪物、人类、动物和植物。至此还没有考虑性能，但已经可以发现OOP模式会带来很多麻烦。

下面分析OOP模式是如何滥用硬件的。随着技术的发展，处理器硬件的速度变得越来越快，但经常被忽视的是，如果数据不能从内存提交到处理器，那么无论处理器的速度有多快，都不会以预期的速度工作。高速缓存位于更靠近处理器核心的位置，其存储量更小，速度更快。当处理器发出内存访问请求时，它将首先检查高速缓存中是否有数据。如果其中存在数据（这也被称为缓存命中），则直接返回数据而不访问主存；如果不存在数据，则必须先将主存中的相应数据加载到缓存中，然后返回到处理器。CPU 通常使用具有多个缓存级别的层次结构。例如，在两级缓存系统中，L1 缓存靠近处理器端，L2 缓存靠近内存端。

CPU 缓存是围绕几个假设而设计的。缓存有效的原因主要是在程序运行时对内存的访问具有局部性。局部性包括空间局部性和时间局部性。也就是说，需要执行一系列相关操作的数据片段在内存中可能非常接近，或者刚刚用于一个操作的数据可能很快就会再次用于另一个操作。利用这种局部性，缓存可以实现极高的命中率。

然而，OOP 模式经常滥用硬件。仍然使用 Monster 类作为示例。假设一个 Monster 对象将占用 56 字节的内存，遍历一个怪物列表，并调用 Move 方法来改变怪物的位置属性。伪代码如下：

```
public void Update()
{
    for (var i = 0; i < _monsters.count; i++)
    {
        _monsters[i].Move(speed);
    }
}
```

这段代码实际上每帧都修改一组 Vector3 数据，但是这些数据如何在内存中分配呢？图 9.2 显示了当一个 64 字节的缓存行被分割成 8 字节的数据块时 Monster 对象在内存中的数据分配。

8字节	8字节	8字节	8字节	8字节	8字节	8字节	8字节
Monster0	Vector3 pos						Monster1
Vector3 pos						Monster2	Vector3
pos					Monster3	Vector3 pos	
				Monster4	Vector3 pos		
			Monster5	Vector3 pos			
		Monster6	Vector3 pos				
	Monster7	Vector3 pos					

图 9.2　内存中的数据分配（OOP）

可以看到，每一帧将要修改的位置数据在内存中是不连续的，这意味着游戏不能有效地使用高速存储，即缓存。

与 OOP 模式不同的是，DOTS 是为数据而设计的，并不是对象，DOTS 专注于数据的优先级和组织，以使内存访问尽可能高效。仍然以 Monster 类为例。当移动一个怪物时，因为实际上只需要 12 字节的位置数据，所以代码只需要加载和处理所有怪物的位置数据来移动它们。使用 DOTS 允许将所有位置数据打包到一个数组中，并更有效地分配内存，内存中的数据分配如图 9.3 所示。将数据放置在内存中的连续数组中可以提高数据局部性，从而提高缓存的命中率，进而提高代码性能。

8字节	8字节	8字节	8字节	8字节	8字节	8字节	8字节
Vector3 pos	Vector3 pos	Vector3 pos	Vector3 pos	Vector3 pos	Ve		
ctor3 pos	Vector3 pos	Vector3 pos	Vector3 pos	Vector3 pos	Vector3		
po s	Vector3 pos	Vector3 pos	Vector3 pos	Vector3 pos	Vector3 pos		
Vector3 pos	Vector3 pos	Vector3 pos	Vector3 pos	Vector3 pos	Ve		
ctor3 pos	Vector3 pos	Vector3 pos	Vector3 pos	Vector3 pos	Vector3		
po s	Vector3 pos	Vector3 pos	Vector3 pos	Vector3 pos	Vector3 pos		
Vector3 pos	Vector3 pos	Vector3 pos	Vector3 pos	Vector3 pos	Ve		
ctor3 pos	Vector3 pos	Vector3 pos	Vector3 pos	Vector3 pos	Vector3		
po s	Vector3 pos	Vector3 pos	Vector3 pos	Vector3 pos	Vector3 pos		

图 9.3　内存中的数据分配（DOTS）

那么 DOTS 如何使开发者的代码更有效地运行？Unity 中的 DOTS 不仅是编程模式（从面向对象到面向数据）的改变，实际上它包含了一系列新的技术模块，即 C# Job System、ECS 和 Burst 编译器。它们都由一个或多个 Unity 包组成，可以通过 Unity Package Manager 来安装相应的功能。下面将分别简要介绍这 3 个技术模块。

9.2.2　C# Job System

通过使用 C# Job System，可以在 Unity 中编写有效的异步代码，充分利用硬件。图 9.4 显示了使用 Unity 的 C# Job System 开发的一个演示项目，展示了成千上万的“士兵”攻击敌人。该项目可以 https://github.com/Unity-Technologies/UniteAustinTechnicalPresentation 上找到。

图 9.4　使用 C# Job System 开发的演示项目

9.3 节将详细讲解 Job System。

9.2.3　ECS

ECS 是 Unity 中 DOTS 的核心部分，是围绕使用面向数据的设计构建的。图 9.5 显示了 Unity 使用 ECS 实现的 Megacity 演示项目，开发者可以在 https://unity.com/megacity 下载，下载界面如图 9.6 所示。

图 9.5　Megacity 演示项目

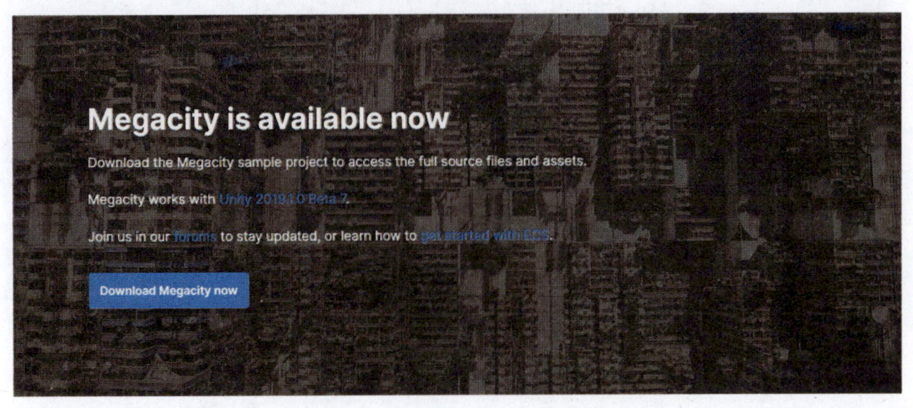

图 9.6　Megacity 的下载页面

9.4 节将对 ECS 进行详细介绍。

9.2.4　Burst 编译器

Unity 中的 Burst 编译器是一种先进的编译技术。使用 DOTS 制作的 Unity 项目可以使用 Burst 技术来提高其运行时性能。Burst 在 C# 的一个子集上工作，称为高性能 C#（High-Performance C#，HPC#），并在 LLVM 编译器框架下应用先进的优化方法来生成高效的二进制文件，从而实现设备资源的有效利用。9.5 节将介绍如何在项目中使用 C# 和 Burst 编译器。

9.3　多线程和 C# Job System

异步编程在开发 .NET 项目时非常常见。但不像许多熟悉 .NET 开发的人员所认为的，Unity 对异步编程的支持起初并不友好。

9.3.1 协程

在 Unity 2017 之前，如果一个游戏开发者想要处理异步操作，常见的场景是等待网络响应。理想的解决方案是在 Unity 中使用协程，代码如下所示。

```
void Start()
{
    var url = "https://jiadongchen.com" ;
    StartCoroutine (DownloadFile (url)) ;
}

private static IEnumerator DownloadFile(string url)
{
    var request = UnityWebRequest.Get(url);
    request.timeout = 10;
    yield return request.SendWebRequest();
    if (request.error != null)
    {
        Debug.LogErrorFormat("error: {0}, url is: {1}",
        request.error, url);
        request.Dispose();
        yield break;
    }

    if (request.isDone)
    {
        Debug.Log(request.downloadHandler.text);
        request.Dispose();
        yield break;
    }
}
```

这段代码使用 StartCoroutine 方法来启动协程，在协程内部，可以使用 yield 语句暂停执行。然而，协程本质上仍然是单线程的，只是跨多个帧的扩展任务，而不是多线程的。

9.3.2 async/await

Unity 2017 中引入了 async/await，允许游戏开发者在游戏中使用 async/await 来编写异步代码。但它不像普通的 .NET/C# 程序，这是因为 Unity 引擎自己管理这些线程，而且大多数逻辑运行在 Unity 的主线程上，其中不仅包括作为脚本的 C# 代码，还包括引擎的 C++ 代码。可以使用 Unity Profiler 工具来查看 CPU 的时间轴，如图 9.7 所示，Unity 引擎默认在主线程中运行脚本。

在这个场景中有 50 个游戏对象，每个游戏对象都附加了一个 MainThreadExample 脚本。可以看到，这 50 个脚本的 Update 方法是逐个执行的。

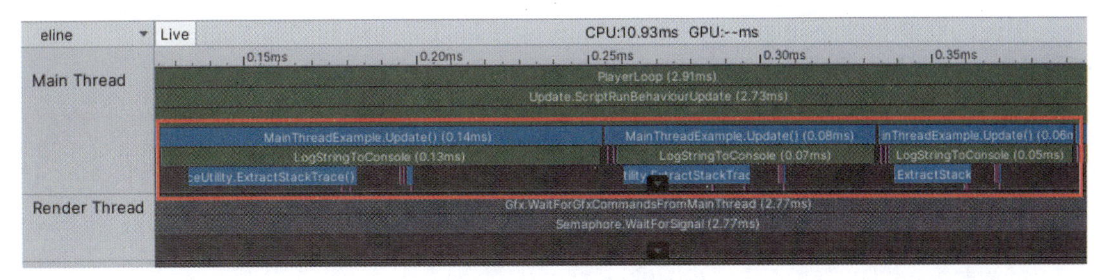

图 9.7　CPU 的时间轴

可以使用多线程完成不同类型的任务。例如，可以在一个单独的线程中做一些 Vector3 数学计算。但是，只要任务需要在 Unity 的主线程之外访问 Transform 组件或游戏对象，程序就会抛出异常。

以下示例代码的目的是更改游戏对象的缩放，并使用 async/await 在另一个线程中执行该操作。

```
using System.Threading.Tasks;
using UnityEngine;

public class AsyncExceptionTest : MonoBehaviour
{
    private async void Start()
    {
        await ScaleObjectAsync();
    }

    private async Task<Vector3> ScaleObjectAsync()
    {
        return await Task.Run(() => transform.localScale = new
          Vector3(2, 2, 2));
    }
}
```

将此脚本附加到场景中的游戏对象，然后单击 Unity 编辑器中的 Play 按钮以运行该脚本。该操作的结果是游戏对象的比例没有改变，且抛出异常 UnityException: get_transform can only be called from the main thread，如图 9.8 所示。

Project　Console
Clear　Collapse　Error Pause　Editor

[13:54:46] UnityException: get_transform can only be called from the main thread.
Constructors and field initializers will be executed from the loading thread when loading a scene.

[13:54:46] UnityException: get_transform can only be called from the main thread.
Constructors and field initializers will be executed from the loading thread when loading a scene.

[13:54:46] UnityException: get_transform can only be called from the main thread.
Constructors and field initializers will be executed from the loading thread when loading a scene.

[13:54:46] UnityException: get_transform can only be called from the main thread.
Constructors and field initializers will be executed from the loading thread when loading a scene.

图 9.8　异常

因此，要避免这个问题，就不要从 Unity 主线程以外的线程访问 Transform 组件或游戏对象。

可以在一个单独的线程中做数学计算。因此，为了使前面的代码正确执行，可以只计算不同线程中的缩放值，访问 Transform 组件，并在 Unity 的主线程中修改它的 localScale 属性，示例代码如下。

```
private async Task ScaleObjectAsync()
{
    var newScale = Vector3.zero;
    await Task.Run(() => newScale = CalculateSize());
    transform.localScale = newScale;
}

private Vector3 CalculateSize()
{
    Debug.Log("Threads");
    return new Vector3(2, 2, 2);
}
```

这次，代码正确运行。如果再次查看 Unity Profiler，可以在 Scripting Threads 部分找到这些线程的时间轴，如图 9.9 所示。

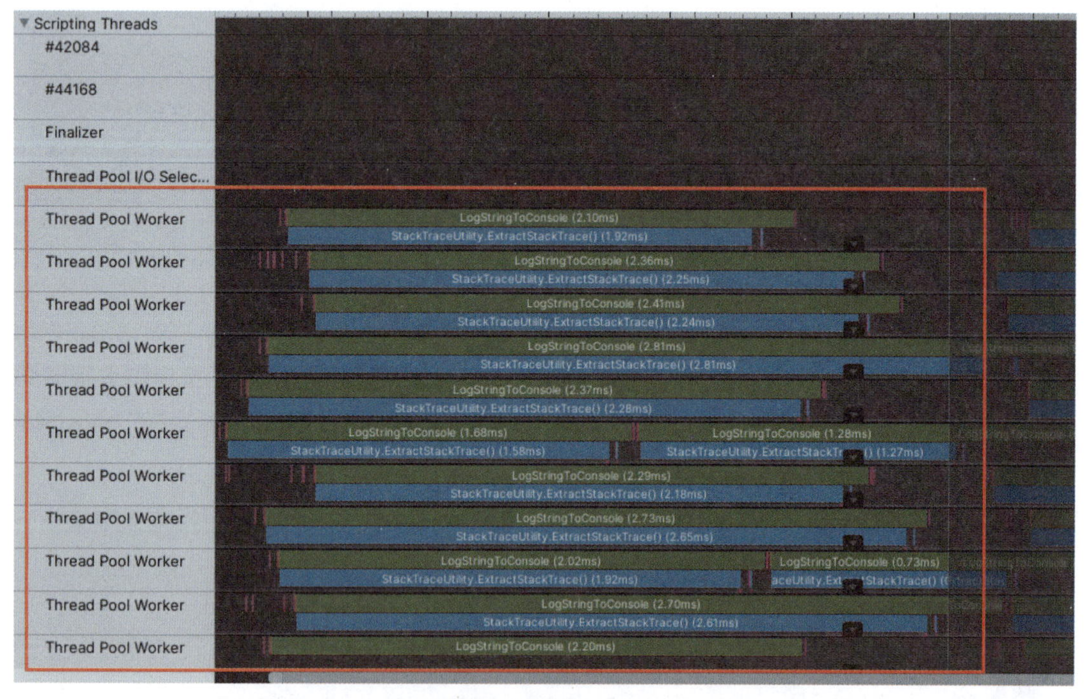

图 9.9　线程的时间轴

然而，作为一个开发人员，即使是在 C# 中编写线程安全和高效的代码，仍然有许多挑战，具体如下。

（1）线程安全的代码很难编写。

（2）设置竞争条件，竞争的结果取决于两个或多个线程被调度的顺序。

（3）上下文切换效率不足，在切换线程时非常耗时。

Unity 中的 C# Job System 专注于解决这些挑战，这样就可以享受到多线程开发游戏的好处。接下来探讨如何在 Unity 项目中使用 C# Job System。

9.3.3 使用 C# Job System

Job System 最初是 Unity 引擎的内部线程管理系统，但是随着开发者对 Unity 中多线程编程的需求的增长，Unity 引入了 C# Job System，它允许开发者在 C# 脚本中轻松地编写多线程并行处理代码来提高游戏的性能。游戏开发者不需要自己实现复杂的线程池来保持每个线程的正常运行。C# Job System 与 Unity 的本地 Job System、C# 脚本代码和 Unity 引擎的 C++ 代码共享线程集。

这种形式的合作允许游戏开发者以 Job System 所需的方式编写代码。Unity 引擎帮助游戏开发者处理多线程，开发者不需要担心在编写多线程代码时可能遇到的问题，因为 C# Job System 不会创建任何托管线程，而是在多个内核上使用 Unity 的工作线程，为它们提供任务，这些任务在 Unity 中称为 Jobs。

1. 安装 Jobs 包

为了在项目中安装和启用 Job System，需要先安装 Jobs 包，如图 9.10 所示。

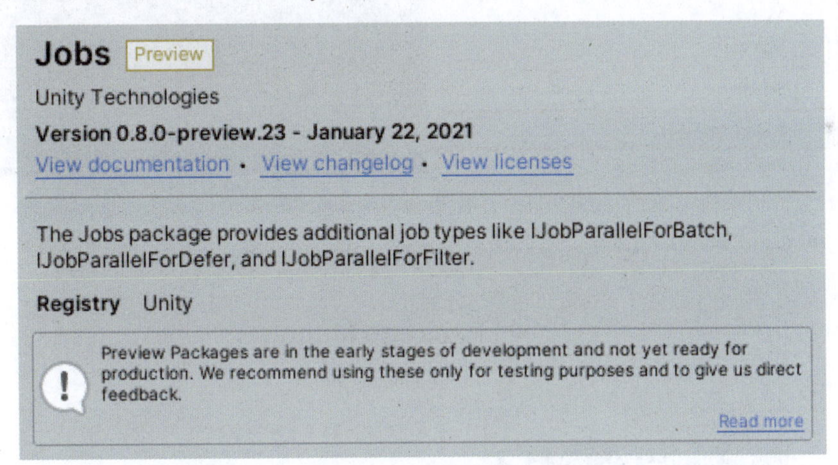

图 9.10 Jobs 包

但是，Jobs 包目前仍处于 Preview（预览）状态，然而 Unity Package Manager 在默认情况下不显示预览状态的包。因此，如果找不到 Jobs 包，需要按照以下步骤来显示预览状态下的包。

（1）单击 Unity 编辑器工具栏中的 Edit → Project Settings... 选项，如图 9.11 所示，打开 Project Settings 窗口。

（2）单击左侧类别列表中的 Package Manager 选项，打开 Package Manager 设置面板，如图 9.12 所示。

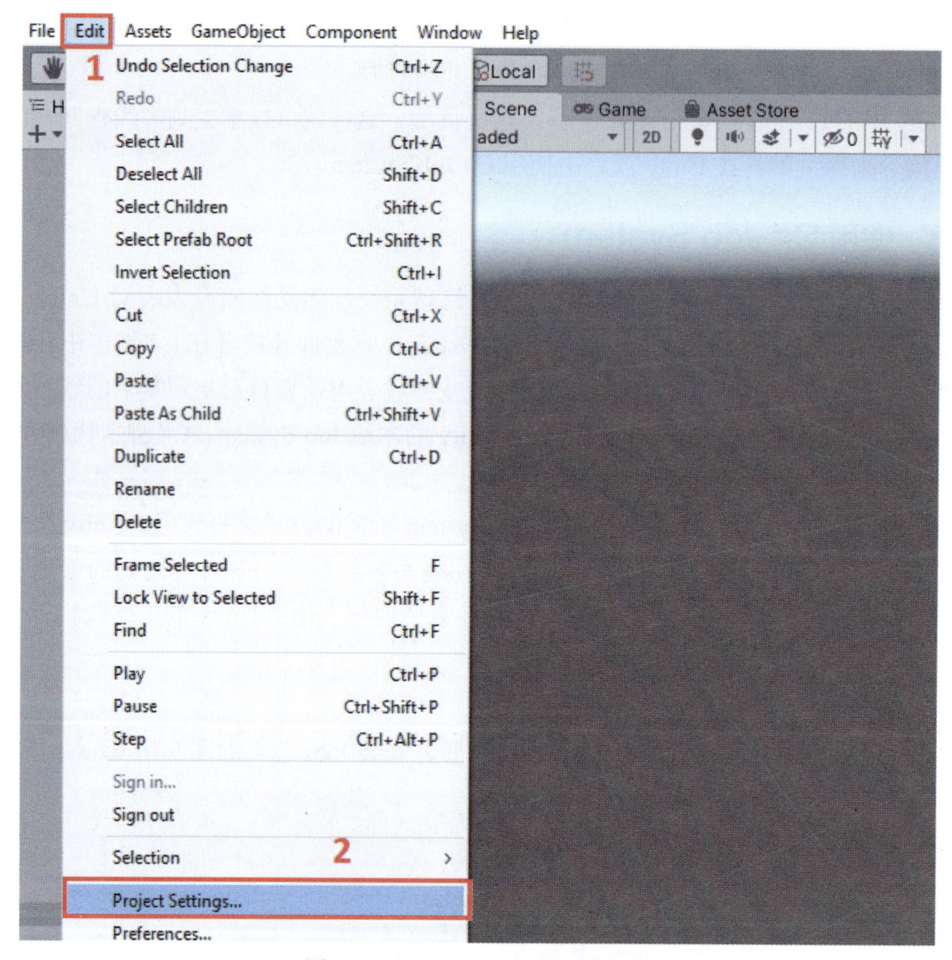

图 9.11　打开 Project Settings 窗口

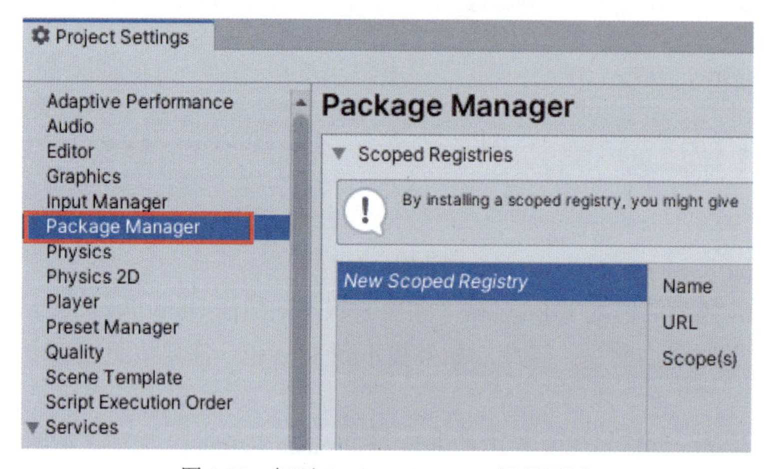

图 9.12　打开 Package Manager 设置面板

（3）选中 Enable Preview Packages 选项，以便在 Unity Package Manager 中启用预览状态的包，如图 9.13 所示。

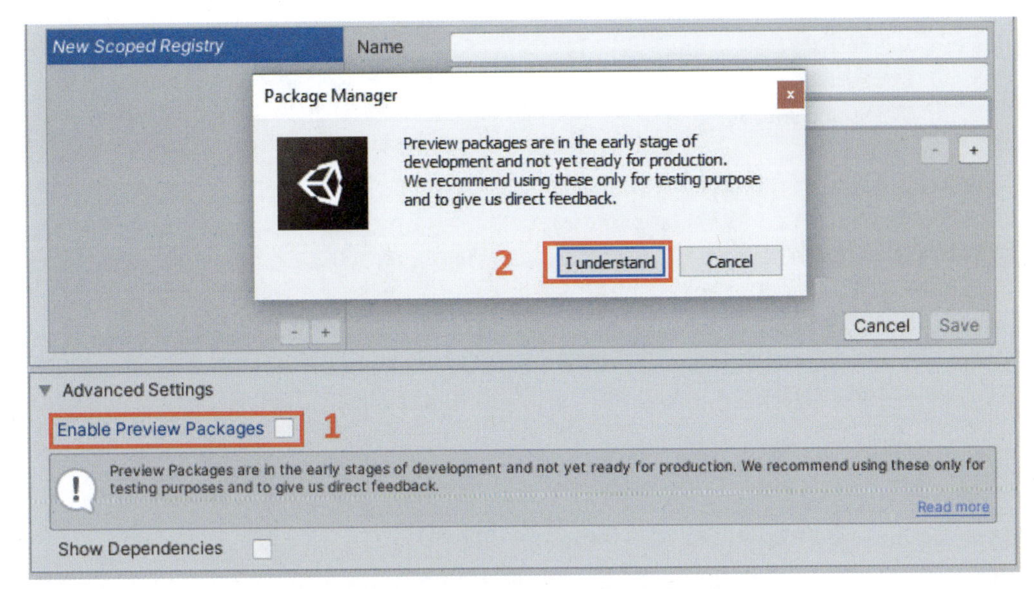

图 9.13 选中 Enable Preview Packages 选项

完成后，就能够找到 Jobs 包并将其安装到项目中。

2. 如何使用 C# Job System

在这个示例中，将先使用 Unity 的传统方式，即“游戏对象 + 组件”的方式，在游戏场景中创建 10000 辆卡通汽车，每辆汽车都包含一个 Movement 组件以使其运动。本例中使用的汽车模型来自 Unity Asset Store，可以在 https://assetstore.unity.com/packages/3d/vehicles/land/mobile-toon-cars-free-99857 下载，如图 9.14 所示。

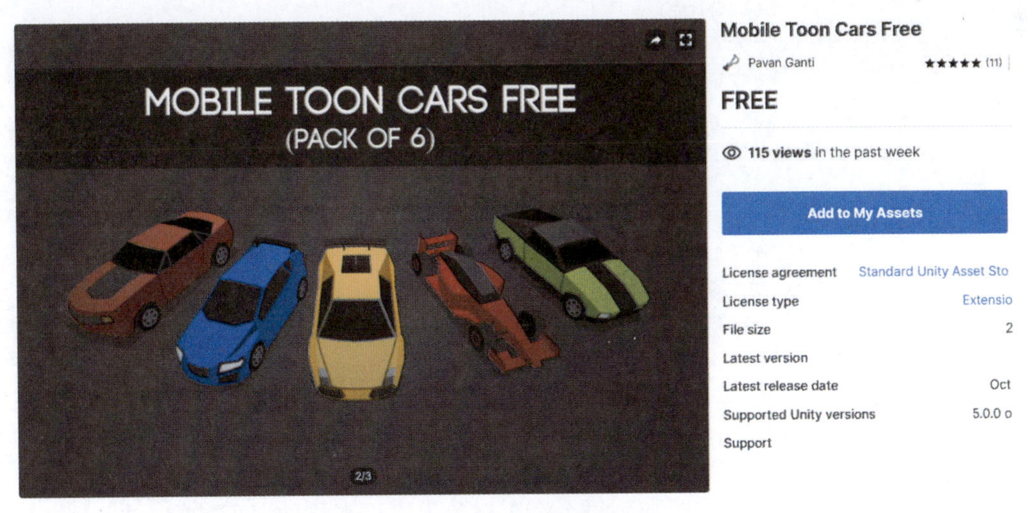

图 9.14 车辆模型

采取下列步骤进行操作。

（1）创建一个名为 CarSpawner 的 C# 脚本，用来生成场景中的汽车。在这个脚本中，可以通过按空格键从汽车预制件中创建 10000 个汽车实例。代码如下所示，在 Update 方法中，使用了 Input.GetKeyDown(KeyCode.Space) 方法来检查空格键是否被按下。如果空格键被按下，则将调用 CreateCars 方法来创建汽车实例。

```
using System.Collections;
using System.Collections.Generic;
using UnityEngine;

public class CarSpawner : MonoBehaviour
{
[SerializeField]
private List<GameObject> _carPrefabs;
[SerializeField]
private float _rightSide, _leftSide, _frontSide,
  _backSide;

    private void Update()
    {
        if(Input.GetKeyDown(KeyCode.Space))
        {
            CreateCars(10000);
        }
    }

    private void CreateCars(int count)
    {
        for(var i = 0; i < count; i++)
        {
            var posX = Random.Range(_rightSide,
              _leftSide);
            var posZ = Random.Range(_frontSide,
              _backSide);

            var pos = new Vector3(posX, 0f, posZ);
            var rot = Quaternion.Euler(0f, 0f, 0f);
            int index = Random.Range(0,
              _carPrefabs.Count);
            var carPrefab = _carPrefabs[index];
            var carInstance = Instantiate(carPrefab, pos,
              rot);
        }
    }
}
```

（2）还需要一个脚本，它附加到每个汽车对象上，用来移动汽车对象。此 Movement 脚本相对简单，代码如下。

```
using UnityEngine;

public class Movement : MonoBehaviour
{
[SerializeField]
```

```
private float _speed;

    private void Update()
    {
        transform.position += transform.forward *
            _speed * Time.deltaTime;
    }
}
```

（3）将此 Movement 脚本附加到汽车预制件上，汽车预制件如图 9.15 所示。

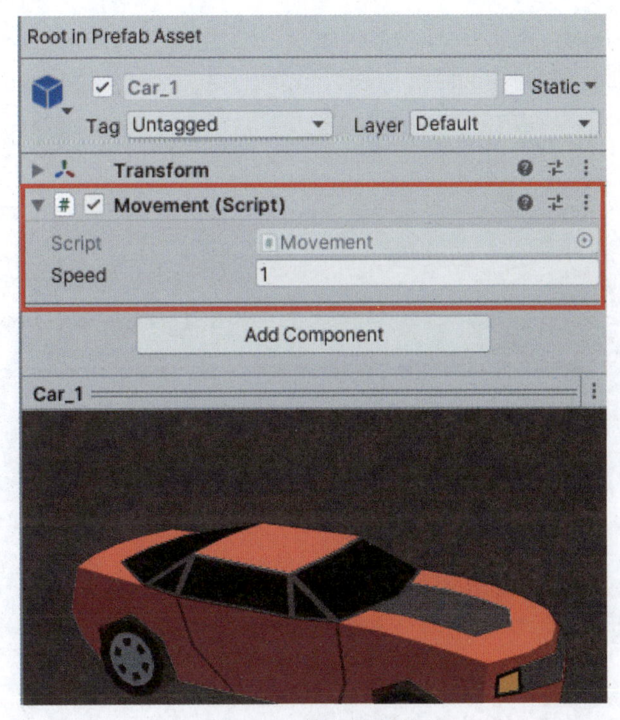

图 9.15　汽车预制件

（4）单击 Unity 编辑器中的 Play 按钮以运行示例，按空格键在场景中创建 10000 辆汽车。当场景中有 10000 辆车时，帧频（FPS）值大约为 12，如图 9.16 所示。

图 9.16　FPS

（5）可以查看该示例的CPU使用时间轴。按Ctrl+7键或单击Unity编辑器工具栏中的Window → Analysis → Profiler选项，以打开Profiler窗口。可以看到这10000辆车的Movement.Update发生在主线程上，而Job Worker是空闲的，CPU的时间轴如图9.17所示。

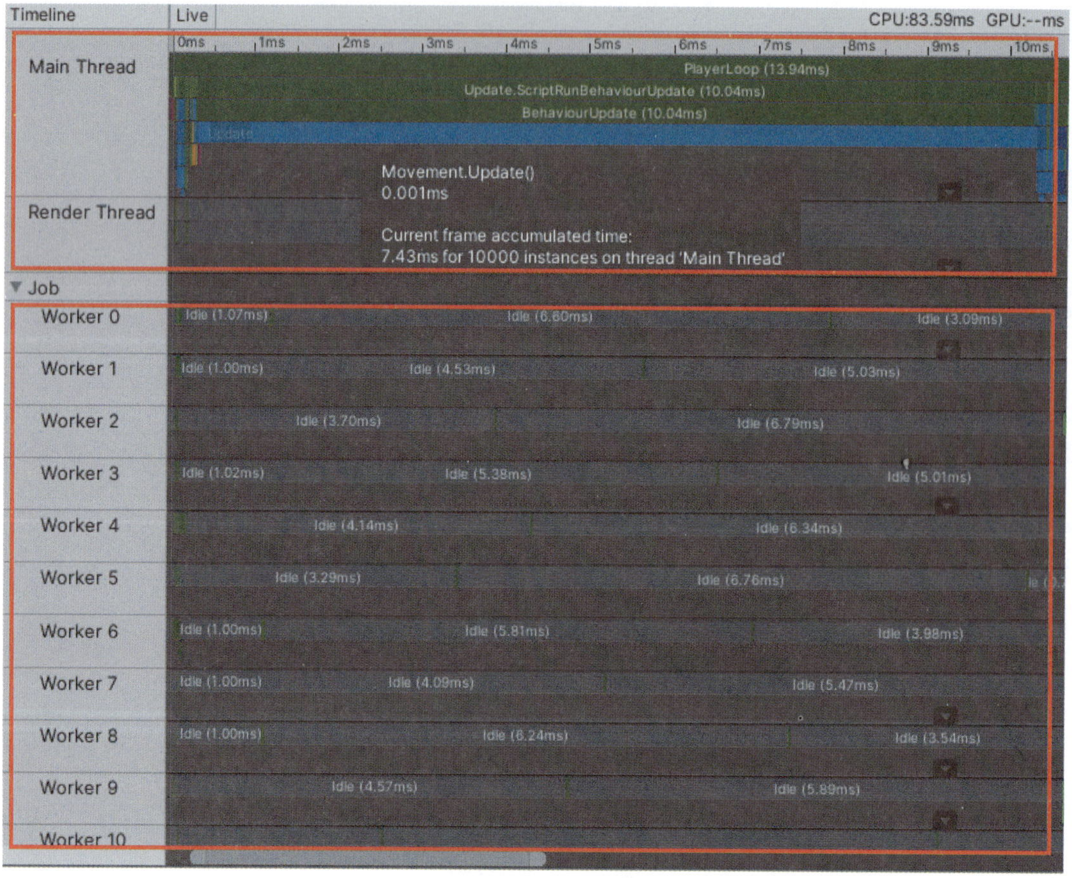

图9.17　CPU的时间轴

可以看到，所有的逻辑都在主线程上执行，作为游戏开发者，会希望能够在其他线程上运行一些操作。在开始编写真正的代码之前，先介绍如何在Unity中编写作业代码。在Unity的Job System中，每个作业都可以看作是一个方法调用。在编写新作业时，必须遵循以下两点。

① 为了确保数据在内存中连续分布，并减少垃圾收集（Garbage Collection，GC）压力，作业必须是值类型，这意味着它必须是结构，而不是类。

② 一个新的作业结构需要实现IJob接口。IJob接口有许多变体，如IJobParallelFor、IJobParallelForBatch和IJobParallelForTransform。在实现这些接口时，需要实现Execute方法。值得注意的是，当实现IJob接口的不同变体时，Execute方法所需的参数是不同的，这允许处理不同的场景。例如，实现IJobParallelForTransform接口的新作业可以并行地访问转换数据，如位置、旋转和缩放数据。

下面的代码是用于实现IJobParallelFor接口的示例作业。

```
using Unity.Jobs;

public struct SampleJob : IJobParallelFor
{
    public void Execute(int index)
    {
        throw new System.NotImplementedException();
    }
}
```

创建好作业后，还需要安排作业，代码如下所示。

```
SampleJob job = new SampleJob();
JobHandle handle = job.Schedule();
handle.Complete();
```

下面使用 Job System 重写 Movement 脚本，将移动汽车的操作分布到不同的线程来运行，具体步骤如下。

（1）创建一个移动汽车的作业。新的 MotionJob 作业脚本如下所示，MotionJob 是一个结构，而不是一个类，它实现了 IJobParallelForTransform 接口，因此这个作业可以访问位置数据并修改它。

```
using UnityEngine;
using UnityEngine.Jobs;

public struct MotionJob : IJobParallelForTransform
{
    public float Speed, DeltaTime;
    public Vector3 Direction;

    public void Execute(int index, TransformAccess
      transform)
    {
      transform.position += Direction * Speed *
        DeltaTime;
    }
}
```

（2）需要一个名为 JobsManager 的脚本来创建作业，提供变换数据（在脚本中使用 TransformAccessArray 结构来提供这些数据），并对其进行调度。此外，这个脚本类似于之前的 CarSpawner 脚本，它会检查空格键是否被按下，如果空格键被按下，则会在游戏场景中创建 10000 辆车。下面讲解如何在 Unity 的 Job Worker 上创建和安排作业。在 Update 方法中，创建一个 MotionJob 对象，并将数据（如 DeltaTime、Speed 和 Direction）传递给它，然后调用 _motionJob.Schedule 方法将作业分配到不同的线程。

```
using UnityEngine;
using UnityEngine.Jobs;
```

```
using Unity.Jobs;
using System.Collections.Generic;

public class JobsManager : MonoBehaviour
{
[SerializeField]
private List<GameObject> _carPrefabs;
[SerializeField]
private float _rightSide, _leftSide, _frontSide,
  _backSide, _speed;
    private TransformAccessArray _transArrays;
    private JobHandle _jobHandle;
    private MotionJob _motionJob;

    private void Start()
    {
        _transArrays = new
          TransformAccessArray(10000);
        _jobHandle = new JobHandle();
    }

    private void Update()
    {
        _jobHandle.Complete();

        if(Input.GetKeyDown(KeyCode.Space))
        {
            CreateCars(10000);
        }
        //创建作业
        _motionJob = new MotionJob()
        {
            DeltaTime = Time.deltaTime,
            Speed = _speed,
            Direction = Vector3.forward
        };

        //提供变换数据并安排作业
        _jobHandle = _motionJob.Schedule(_transArrays);
    }
```

（3）由于只需要这些汽车的位置数据，因此在CreateCars方法中，将汽车的转换数据添加到_transArrays对象中，这样新建的作业就可以访问_transArrays对象来获取变换数据。CreateCars方法的代码如下。

```
private void CreateCars(int count)
{
    _jobHandle.Complete();
```

```
        _transArrays.capacity = _transArrays.length +
          count;
        for (var i = 0; i < count; i++)
        {
            var posX = Random.Range(_rightSide,
              _leftSide);
            var posZ = Random.Range(_frontSide,
              _backSide );

            var pos = new Vector3(posX, 0f, posZ);
            var rot = Quaternion.Euler(0f, 0f, 0f);
            int index = Random.Range(0,
              _carPrefabs.Count);
            var carPrefab = _carPrefabs[index];
            var carInstance = Instantiate(carPrefab,
              pos, rot);
            _transArrays.Add(carInstance.transform);
        }
    }
```

（4）此时，不再需要在运行时将 Movement 组件附加到每个汽车对象上来移动汽车，因此需要删除之前附加到汽车预制件上的 Movement 组件，如图 9.18 所示。

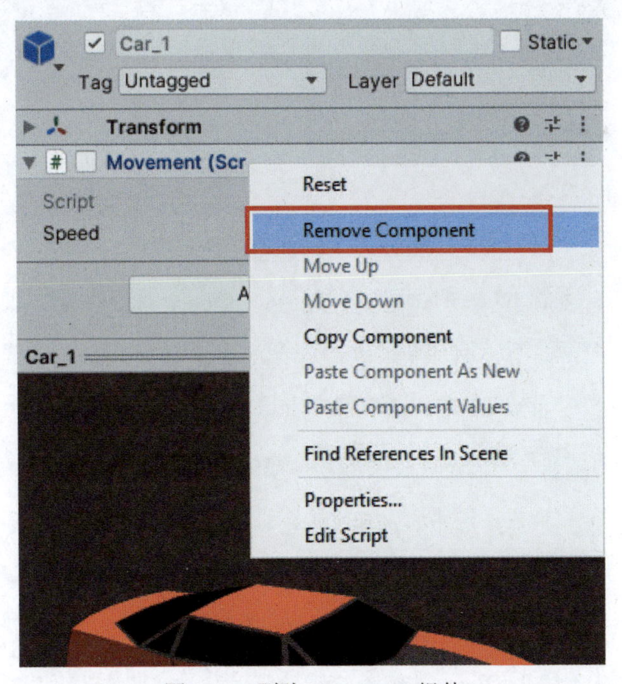

图 9.18 删除 Movement 组件

（5）单击 Unity 编辑器中的 Play 按钮运行该示例，并按空格键在场景中生成 10000 辆车。如图 9.19 所示，当场景中有 10000 辆车时，FPS 值大约为 19。在一个有 10000 辆汽车行驶的场景中，游戏的 FPS 几乎增加到 2 倍。

图 9.19 FPS

（6）按 Ctrl+7 键或单击 Unity 编辑器工具栏中的 Window → Analysis → Profiler 选项，打开 Profiler 窗口，查看 CPU 使用时间轴。可以看到 MotionJob 分布在 Unity 中的多个 Job Worker 上，而不是在主线程上运行，如图 9.20 所示。

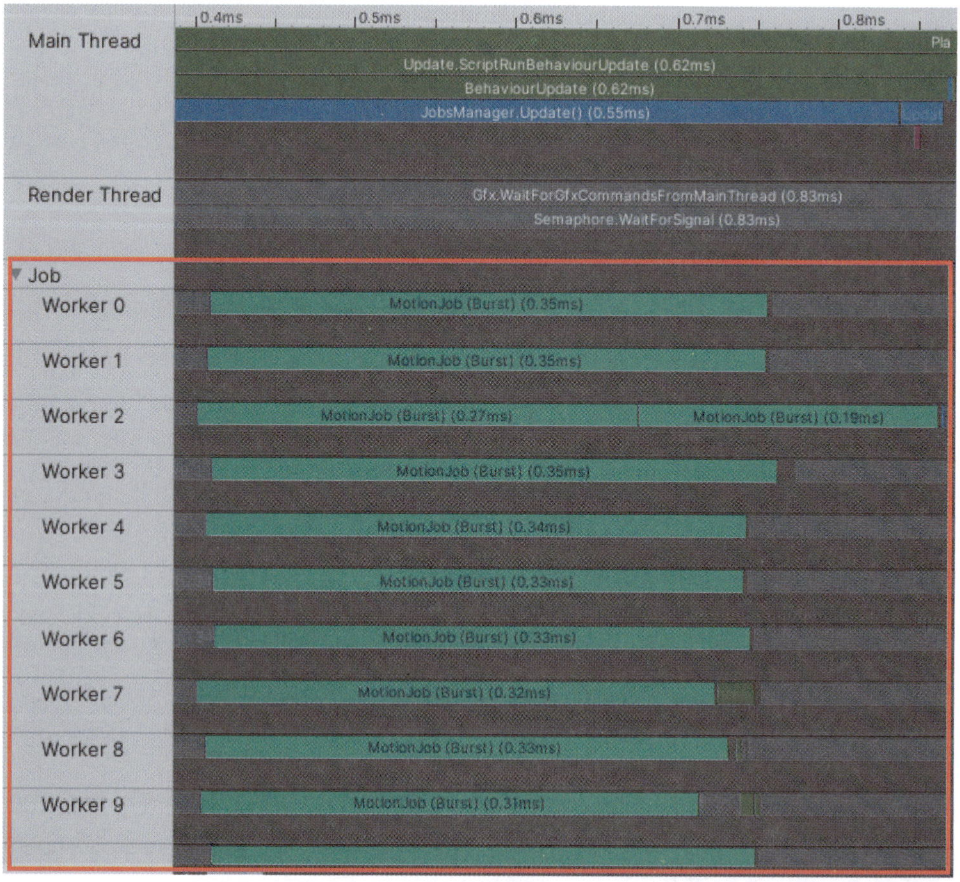

图 9.20 在多个 Job Worker 上运行

通过这个示例，可以了解如何在 Unity 中使用 Job System 来提高游戏的运行性能。

9.4 在 Unity 中使用 ECS

Unity 一直以组件概念为中心。例如，可以向游戏对象添加一个 Movement 组件，以便对象可以移动；向游戏对象添加一个 Light 组件，以使其发光；向对象游戏添加 AudioSource 组件，使其发出声音。在这种情况下，游戏对象是一个容器，游戏开发者可以在其中附加不同的组件以提供不同的行为，可以将这种体系结构称为游戏对象 - 组件关系。在这个体系结构中，使用传统的 OOP 模式来编写组件，将数据和行为耦合在一起。9.2.1 节中讨论了 OOP 模式对游戏性能的影响。为了解决这些问题，Unity 引入了 ECS，它允许开发者在 Unity 中编写面向数据的代码。在 ECS 中，数据和行为是分离的，这可以大大提高内存的使用效率，从而提高性能。

> **注意**
> 这里所说的行为就是方法。

ECS 由 3 部分组成，即实体、组件和系统。下面将分别介绍它们及其相关概念。

1. 实体

当使用 ECS 时，更多谈论的是实体，而不是游戏对象。有读者可能会认为实体和游戏对象之间没有太大的区别，会把实体看作是组件的容器，就像游戏对象一样。然而，实体只是一个整数 ID，它既不是对象，也不是容器，它的功能是将各组件的数据关联在一起。

2. EntityManager 类和 World 类

如果想在自己的 C# 代码中创建实体，可以借助 Unity 提供的 EntityManager 类。EntityManager 类可以用来创建实体、更新实体和销毁实体。ECS 使用 World 类来组织实体，在一个 World 类中只能存在一个 EntityManager 对象。

当在 Unity 编辑器中用 Play 按钮运行游戏时，Unity 将默认创建一个 World 对象，可以使用以下代码获得存在于默认 World 对象中的 EntityManager 对象：

```
var entityManager =
  World. DefaultGameObjectInjectionWorld.EntityManager;
```

3. 原型

ECS 将内存中具有相同组件集的所有实体组合起来。ECS 将这种类型的组件集称为原型（Archetype）。假设一个实体只有两个组件，那么这两个组件将组成一个原型。下面的伪代码演示了如何使用 EntityManager 对象来创建一个包含组件集的原型。

```
ComponentType[] types;
var archetype = entityManager.CreateArchetype(types);
```

4. NativeArray

还需要一个数组来保存新创建的实体。在 ECS 中，将使用与传统 .NET 编程不同的数组容器，即 NativeArray。NativeArray 提供了一个 C# 包装器用于访问本地内存，这样游戏开发者就可以在托管内存和本地内存之间直接共享数据。因此，在 NativeArray 上的操作不会像.NET中的普通数组那样生成托管内存的GC，也不要求元素是值类型，而是结构类型。下面的伪代码展示了如何创建NativeArray和实体：

```
var entityArray = new NativeArray<Entity>(count,
  Allocator.Temp);

entityManager.CreateEntity(entityArchetype, entityArray);
```

5. 组件

ECS中也有组件，但是与之前在讨论游戏对象-组件关系时提到的Movement组件是不同的概念。在引入ECS之前，通常认为附加在游戏对象上的MonoBehaviour是组件。MonoBehaviour包含数据和行为。ECS是不同的，因为实体和组件没有任何行为逻辑，实体只包含数据，而逻辑操作将由ECS中的系统来处理。

组件必须是结构，而不是类，并且需要实现以下接口之一：

① IComponentData。

② ISharedComponentData。

③ IBufferElementData。

④ ISystemStateComponentData。

⑤ ISharedSystemStateComponentData。

常用的接口是IComponentData。下面以该接口为例，说明如何在ECS中创建新组件，代码如下所示。

```
using Unity.Entities;

public struct SampleComponent : IComponentData
{
    public int Value;
}
```

当试图将SampleComponent添加到场景中的游戏对象上时，会发现不能添加，因为它没有继承自MonoBehaviour类。此时，可以将[GenerateAuthoringComponent]属性添加到组件中，将其标记为Authoring组件，代码如下所示。Authoring组件即使没有继承自MonoBehaviour类，也可以被添加到游戏对象中。

```
using Unity.Entities;

[GenerateAuthoringComponent]
public struct SampleComponent : IComponentData
{
    public int Value;
}
```

6. 系统

当使用ECS时，数据和行为是解耦的。在ECS中，所有逻辑都由系统处理，系统接受一组实体，并根据分组实体中包含的数据执行所请求的行为。使用ECS可以高效地访问内存，事实上，ECS 中的系统可以与 C# Job System 结合，有效地利用多线程，进一步提高游戏性能。

在 ECS 中创建一个系统，示例代码如下所示。

```
using Unity.Entities;

public class SampleSystem : SystemBase
{
    protected override void OnUpdate()
    {
        Entities. ForEach((ref SampleComponent sample) =>
        {
            sample.Value = -1;
        }).
        ScheduleParallel();
    }
}
```

在这个示例中，SampleSystem 继承自 SystemBase 类，并且在 OnUpdate 方法的 Entites. ForEach 循环后有一个名为 ScheduleParallel 的 Lambda 方法，用于使用 C# Job System 将工作调度到 Unity 的 Job Worker 线程。

7. 安装 Entities 包和 Hybrid Renderer 包

为了在项目中安装和启用 ECS，需要先安装 Entities 包，如图 9.21 所示。

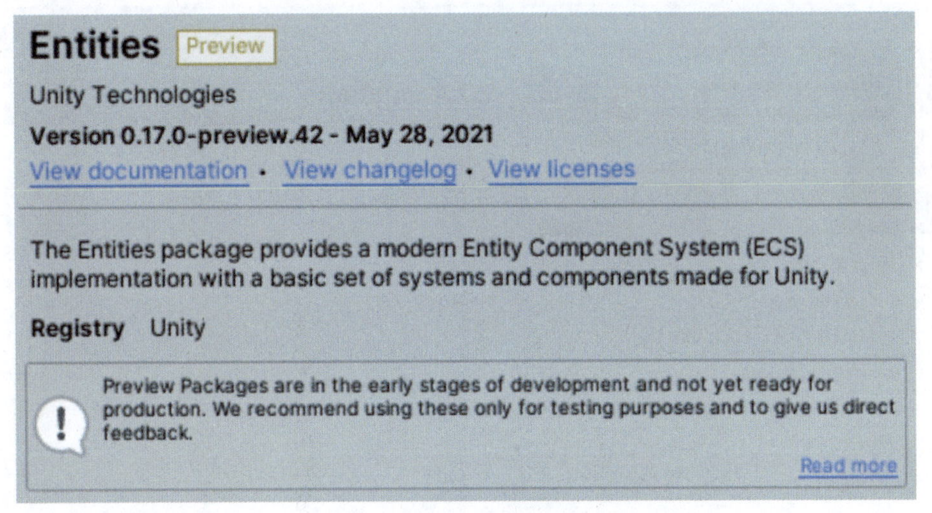

图 9.21　Entities 包

Entities 包也处于 Preview（预览）状态。虽然在 9.2.3 节中选中了 Enable Preview Packages 选项，启用了预览包，但 Package Manager 中仍然不显示此包。这是因为从 Unity 2020.1 开始，这个包不再托管在 Unity Registry 上，而是托管在 GitHub 上，所以需要按以下步骤来安装该包。

（1）单击 Unity 编辑器工具栏中的 Window → Package Manager 选项，可以打开 Package Manager 窗口，如图 9.22 所示。

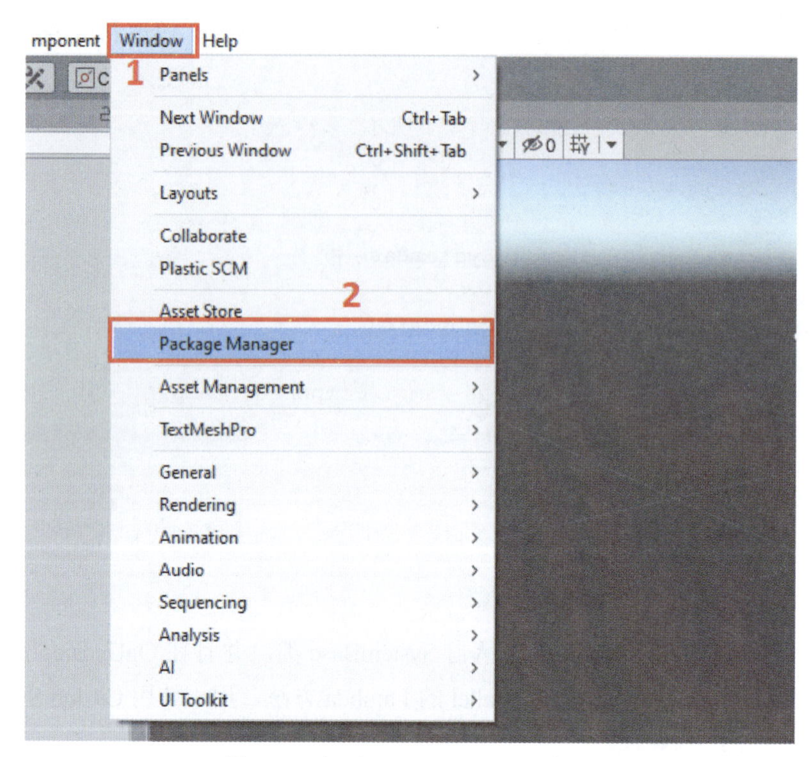

图 9.22　打开 Package Manager 窗口

（2）单击左上角的 + 图标，以添加其他来源的软件包，如图 9.23 所示。

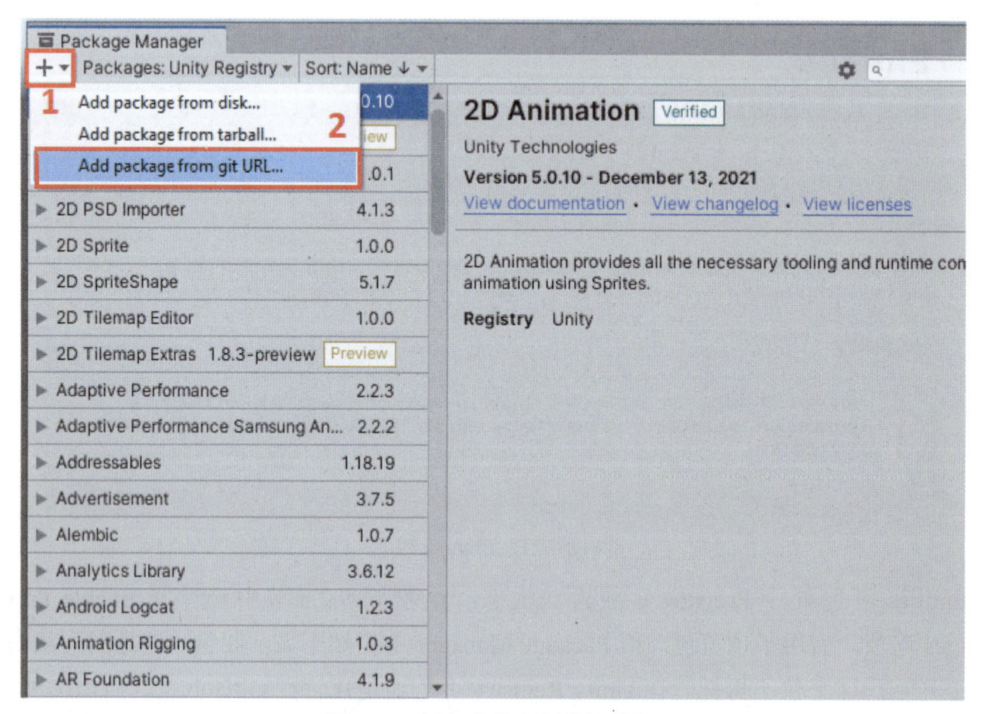

图 9.23　添加其他来源的软件包

（3）单击 Add package from git URL... 选项，在项目中添加 Entities 包。输入该包的名称 com.unity.entities，并单击 Add 按钮，如图 9.24 所示。

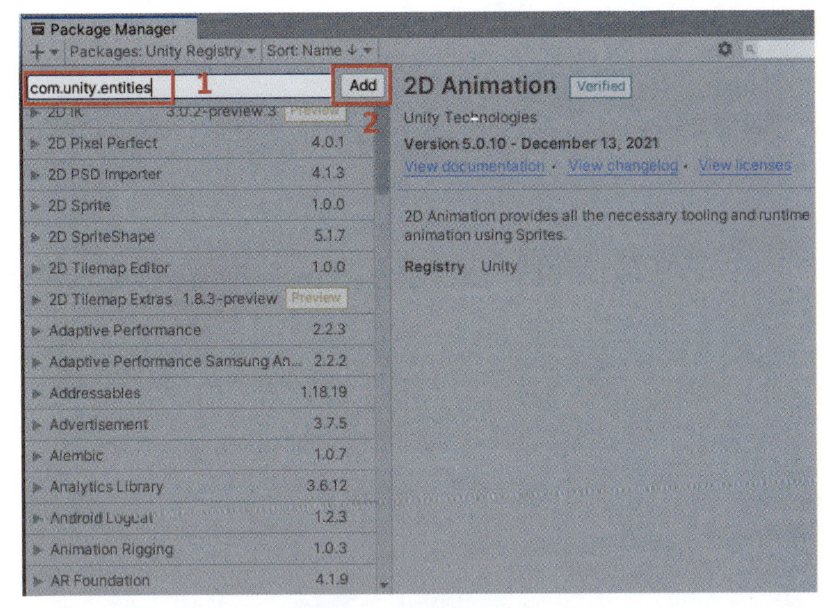

图 9.24　添加 Entities 包

（4）等待软件包安装完成，如图 9.25 所示。

图 9.25　安装 Git 包

完成后，就能够找到安装在项目中的 Entities 包。

有时，还需要另一个软件包，即 Hybrid Renderer 包。这个包可以帮助用户渲染 ECS 实体。安装 Hybrid Renderer 包的过程与安装 Entities 包的过程相同，在单击 Add package from git URL... 选项后输入包的名称 com.unity.rendering.hybrid，如图 9.26 所示。

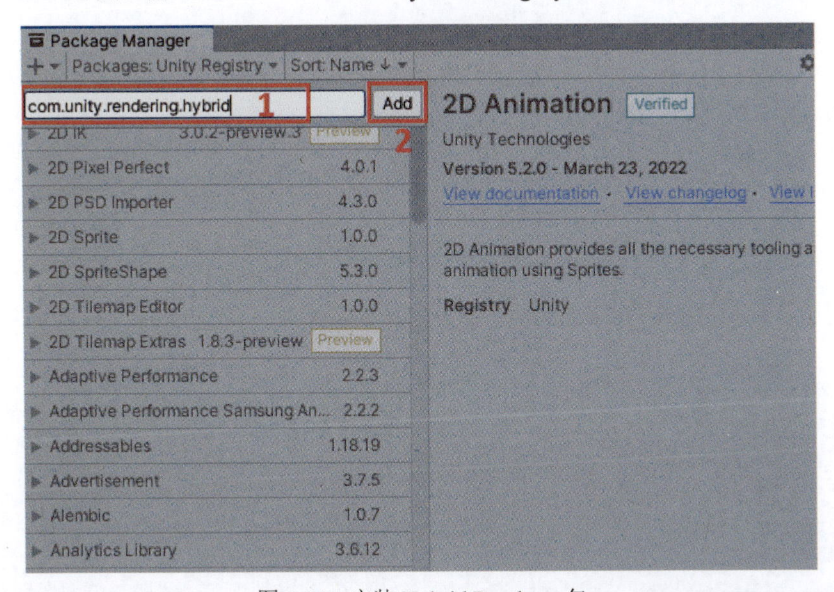

图 9.26　安装 Hybrid Renderer 包

如图 9.27 所示，等待包安装完成，就可以在项目中找到它。

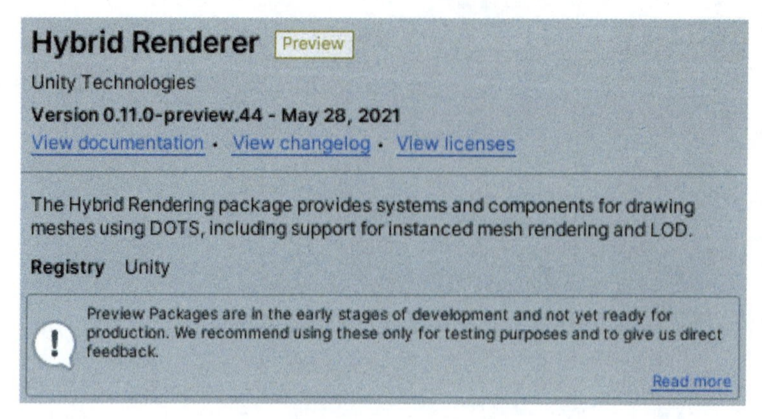

图 9.27 Hybrid Renderer 包安装完成

8. 如何使用 ECS

在这个示例中，将创建组件、实体和系统，并使用 C# Job System 将工作分发到 Unity 的 Job Worker 线程中。

（1）为数据创建一个组件脚本，该案例中，它表示汽车的速度，具体如下。

```
using Unity.Entities;

public struct CarSpeed : IComponentData
{
    public float SpeedValue;
}
```

（2）需要一个名为 CarsManager 的普通脚本来访问 World 类中的 EntityManager 对象，以创建原型和实体。此处还需将一些 ECS 预先制作的组件添加到这些实体中，如只包含实体位置数据的 Translation 组件，以及包含实体图形属性数据的 RenderMesh 组件。代码如下所示。

```
using UnityEngine;
using Unity.Collections;
using Unity.Mathematics;
using Unity.Entities;
using Unity.Rendering;
using Unity.Transforms;
using Random = UnityEngine.Random;

public class CarsManager : MonoBehaviour
{
[SerializeField]
private Mesh _mesh;

[SerializeField]
private Material _material;

[SerializeField]
```

```
private int _count = 10000;

[SerializeField]
private float _rightSide, _leftSide, _frontSide,
  _backSide, _speed;

    private void Start()
    {
        var entityManager =
          World.DefaultGameObjectInjectionWorld
          .EntityManager;

        // 创建实体原型
        var entityArchetype =
          entityManager.CreateArchetype(
            typeof(CarSpeed),
            typeof(Translation),
            typeof(LocalToWorld),
            typeof(RenderMesh),
            typeof(RenderBounds));
        var entityArray = new
          NativeArray<Entity>(_count, Allocator.Temp);

        // 创建实体
        entityManager.CreateEntity(entityArchetype,
          entityArray);
        for (int i = 0; i < entityArray.Length; i++)
        {
          var entity = entityArray[i];
          entityManager.SetComponentData(entity, new
            CarSpeed { SpeedValue = 1f });
          entityManager.SetComponentData(entity, new
            Translation { Value = new
            float3(Random.Range(_rightSide,
            _leftSide),0,
            Random.Range(_frontSide, _backSide)) });

    entityManager.SetSharedComponentData(entity, new
      RenderMesh
            {
                mesh = _mesh,
                material = _material
            });
        }
        entityArray.Dispose();
        _information.CarCounts = _count;
    }
}
```

（3）将此 CarsManager 脚本对象附加到场景中的一个游戏对象，如图 9.28 所示，并分配适当的属性，如汽车的网格信息和速度值。

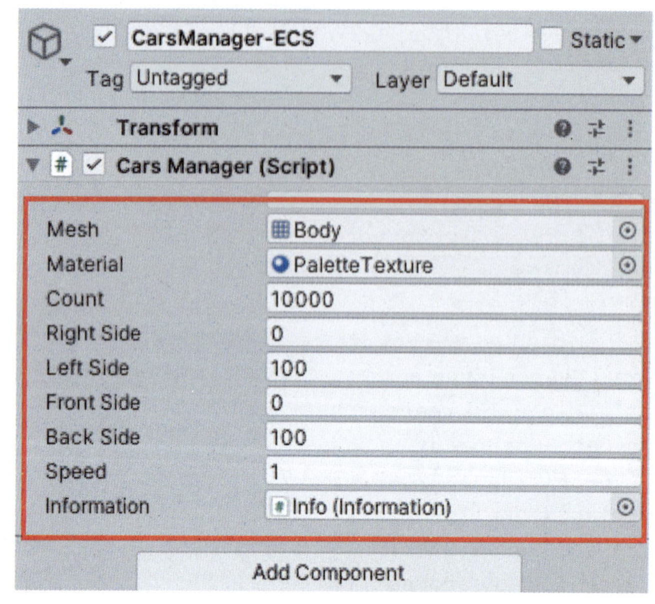

图 9.28 CarsManager 对象

（4）此时，已经设置了组件和实体，接下来要创建系统。系统处理游戏逻辑。在本例中，将使用系统来移动这些汽车。代码如下所示，该过程不是在传统的 Update 方法中搜索组件，然后在运行时对每个实例进行操作，而是静态地声明需要处理附加有 Translation 组件和 CarSpeed 组件的所有实体。要找到所有这些实体，只需要找到匹配特定的“组件集”的原型，这些都是由系统完成的。

```
using Unity.Entities;
using Unity.Transforms;

public class CarMotionSystem : SystemBase
{
    protected override void OnUpdate()
    {
        var deltaTime = Time.DeltaTime;

        Entities.ForEach((ref Translation translation,
          ref CarSpeed carSpeed) =>
        {
            translation.Value.z += carSpeed.SpeedValue
              * deltaTime;
        }).
        ScheduleParallel();
    }
}
```

（5）单击 Unity 编辑器中的 Play 按钮运行该示例。如图 9.29 所示，当场景中有 10000

辆车时，FPS 值约为 260。在这个有 10000 辆移动汽车的场景中，使用 ECS 比原来的传统实现方式使游戏的帧频提高了近 30 倍。

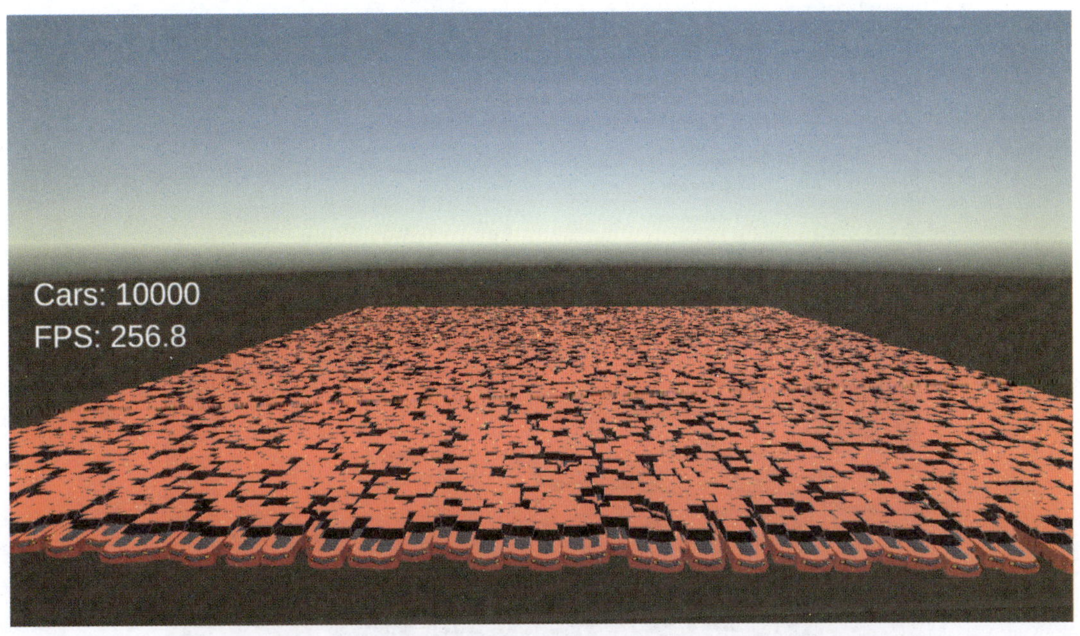

图 9.29　FPS

（6）如果查看这个游戏场景的 Hierarchy 窗口，将不会在列表中看到任何汽车对象，如图 9.30 所示。这是因为在使用 ECS 时，不会创建传统的游戏对象和传统的组件，而是使用 ECS 中的实体和组件来组织数据。

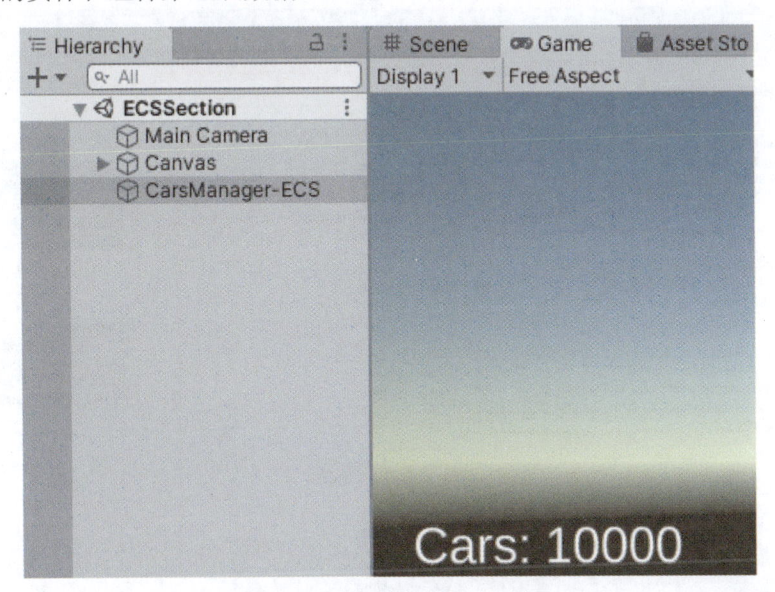

图 9.30　未创建任何汽车对象

（7）可以使用 Entity Debugger 来查看场景中使用的实体、组件和系统。通过单击 Unity 编辑器工具栏中的 Window → Analysis → Entity Debugger 选项，可以打开 Entity Debugger 窗口，如图 9.31 所示。

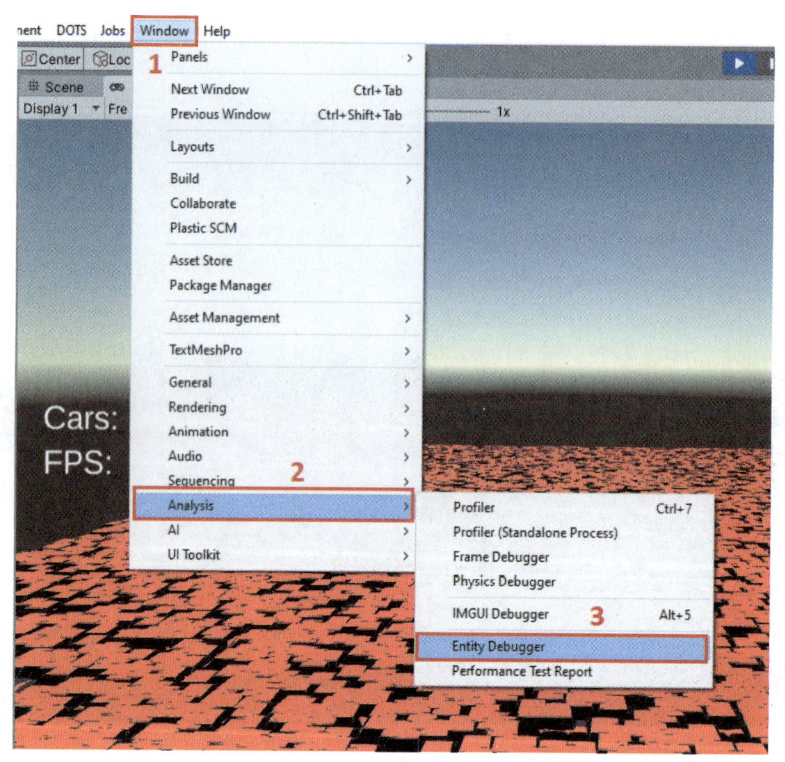

图 9.31　打开 Entity Debugger 窗口

（8）在 Entity Debugger 窗口中可以看到一个实体列表和一个系统列表，如图 9.32 所示。有 10002 个实体，其中包括 10000 个汽车实体。

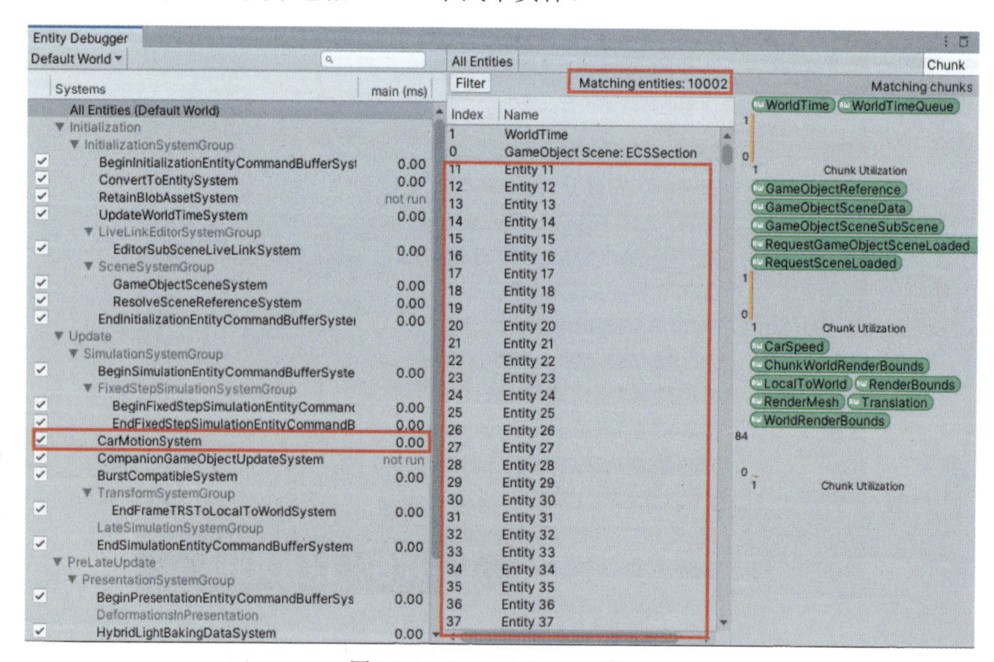

图 9.32　Entity Debugger 窗口

（9）如果在实体列表中选择一个实体，那么该实体的 Inspector 窗口将会打开，显示出该实体的所有组件及组件的数据，如图 9.33 所示。

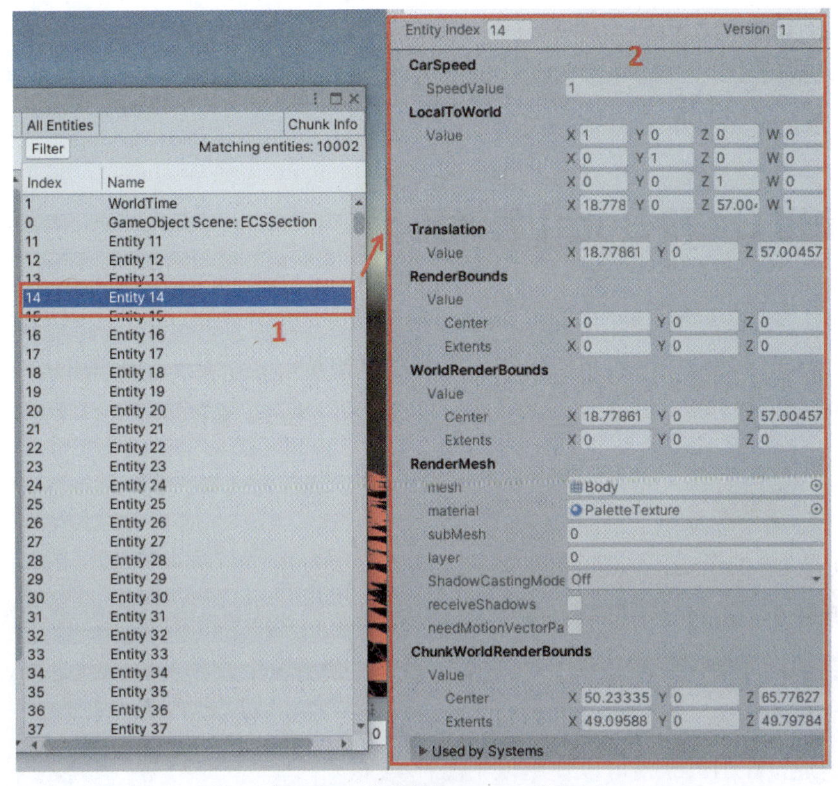

图 9.33　实体的 Inspector 窗口

（10）在 Profiler 窗口中查看 CPU 的使用时间轴。按 Ctrl+7 键或单击 Unity 编辑器工具栏中的 Window → Analysis → Profiler 选项打开该窗口。可以看到 ECS 工作被 C# Job System 分配在多个 Job Worker 线程上，如图 9.34 所示。

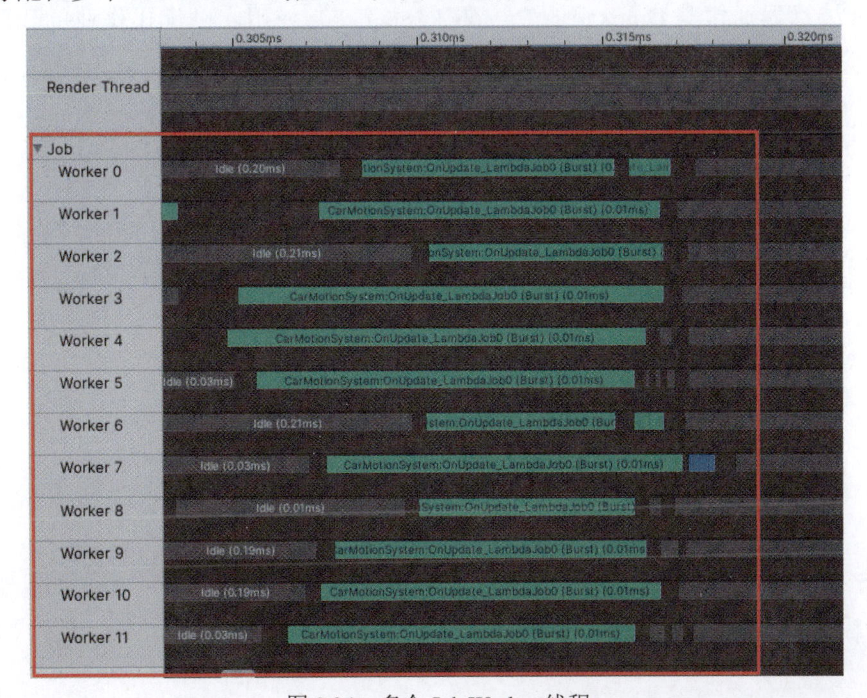

图 9.34　多个 Job Worker 线程

至此，将 Unity 中传统的游戏对象 - 组件开发方法转变为使用 ECS 的开发方法，采用了面向数据的设计方法和 C# Job System，充分利用了多线程编程，提高了游戏的运行效率。

9.5　使用 C# 和 Burst 编译器

Unity 中的 Burst 编译器是一种先进的编译技术，可用于将 .NET 代码的一个子集转换为 Unity 游戏的高度优化的本地代码。需要注意的是，它不是一个通用的编译器，而是为 Unity 设计的编译器，以使 Unity 游戏运行得更快。Burst 编译器工作于 C# 的一个叫作 HPC# 的子集。

1. HPC#(高性能 C#)

HPC# 是 C# 的子集。标准的 C# 语言使用“堆内对象”的概念，并使用垃圾收集器来自动回收未使用的内存。因此，开发人员无法控制数据在内存中的分配方式。而 HPC# 不支持引用类型，即类，以避免在堆中进行分配，并禁用垃圾收集器。除此之外，在 HPC# 中也不支持一些方法，如 try-catch-finally。

综上所述，在 HPC# 中可以使用以下两种类型：

（1）值类型，如 int、float、bool、char、枚举类型和结构类型。

（2）Unity 中的 NativeArray。

2. 启用 Burst 编译器

Burst 编译器通常与 Unity 中的 C# Job System 一起使用，以优化作业的代码。因为作业是一个值类型的结构，所以适合与 Burst 编译器一起使用。启用 Burst 编译器只需将 [BurstCompile] 属性添加到作业结构中，代码如下所示。

```
using Unity.Jobs;
using Unity.Burst;

[BurstCompile]
public struct SampleJobWithBurst : IJobParallelFor
{
    public void Execute(int index)
    {
        throw new System.NotImplementedException();
    }
}
```

单击工具栏的 Jobs → Burst → Enable Compilation 选项，可以在 Unity 编辑器中启用 Burst 编译器，如图 9.35 所示。

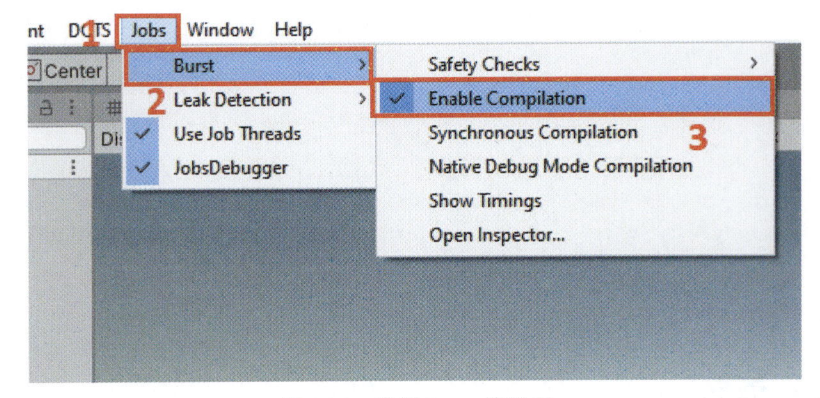

图 9.35 启用 Burst 编译器

9.6 本章小结

本章首先介绍了什么是 DOTS，以及 DOTS 与传统的 OOP 之间的区别。然后，探索了组成 DOTS 的 3 个技术模块，即 C# Job System、ECS 和 Burst 编译器。之后，详细讨论了如何在 Unity 中实现异步编程，并使用一个示例演示了如何使用 Unity 的 C# Job System 实现多线程以提高游戏性能。此外，介绍了 ECS 的概念，讨论了 ECS 与传统的 Unity 中的游戏对象 - 组件架构之间的区别，并演示了如何使用 ECS 和 C# Job System 来进一步提高游戏性能。最后，探讨了什么是 Burst 编译器和 HPC#，以及如何利用它们为 Unity 游戏生成高度优化的本地代码。通过阅读本章，应该已经了解如何在 Unity 中正确地使用 DOTS。

第 10 章
Unity 中的序列化系统、资源管理和 Azure

本章将介绍 Unity 中的序列化系统和资源管理。通常，一个游戏不仅有代码，还包括许多不同类型的资源，如模型、纹理和音频。因此，了解 Unity 中的序列化系统及资源工作流程可有助于更好地使用 Unity 开发游戏。

本章还将探讨如何使用 Azure Cloud 存储服务来托管 Unity 游戏的内容，并通过使用 Unity 的可寻址资源系统将内容从 Azure Cloud 加载到 Unity 游戏中。

本章将介绍以下 4 个关键主题。

10.1 技术要求

由于本章将涵盖 Azure 的存储账户服务，如果还没有可用的 Azure 账户，可以通过 https://azure.microsoft.com/en-us/free/ 创建一个免费的 Azure 试用账户，并获得 200 美元的额度。Microsoft Azure 页面如图 10.1 所示。

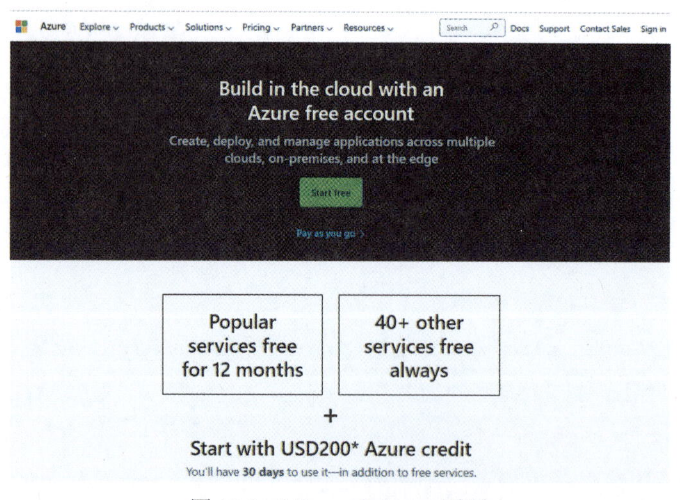

图 10.1　Microsoft Azure 页面

10.2 Unity 的序列化系统

在开发游戏时，添加可靠的内容保存和加载功能是开发过程中的一个关键部分。如果使用的是游戏引擎编辑器，如 Unity 引擎编辑器，那么还需要一些常见的编辑器特性，如撤销、保存编辑器设置等。总之，无论游戏在运行过程中保存或加载内容，还是开发者是否使用编辑器开发游戏，这些都是建立在序列化之上的。

根据维基百科，序列化的定义是将数据结构或对象状态转换为以后可以存储、传输和重构的格式的过程。相反的操作是反序列化。

在 Unity 中，有以下 3 种序列化格式。

（1）YAML 序列化。

（2）二进制序列化。

（3）JSON 序列化。

1. Unity 中的 YAML 序列化和二进制序列化

由 Unity 创建的资源（如场景、预制件）在默认情况下将以 YAML 格式保存。例如，如果在一个文本编辑器（如 Sublime Text）中打开本章的场景文件，即 Chapter10.unity，那么可以看到这个场景以 YAML 格式序列化，有一些包括 OcclusionCullingSettings、RenderSettings 的选项，如图 10.2 所示。如果向下滚动，还可以找到此场景中包含的游戏对象和组件。

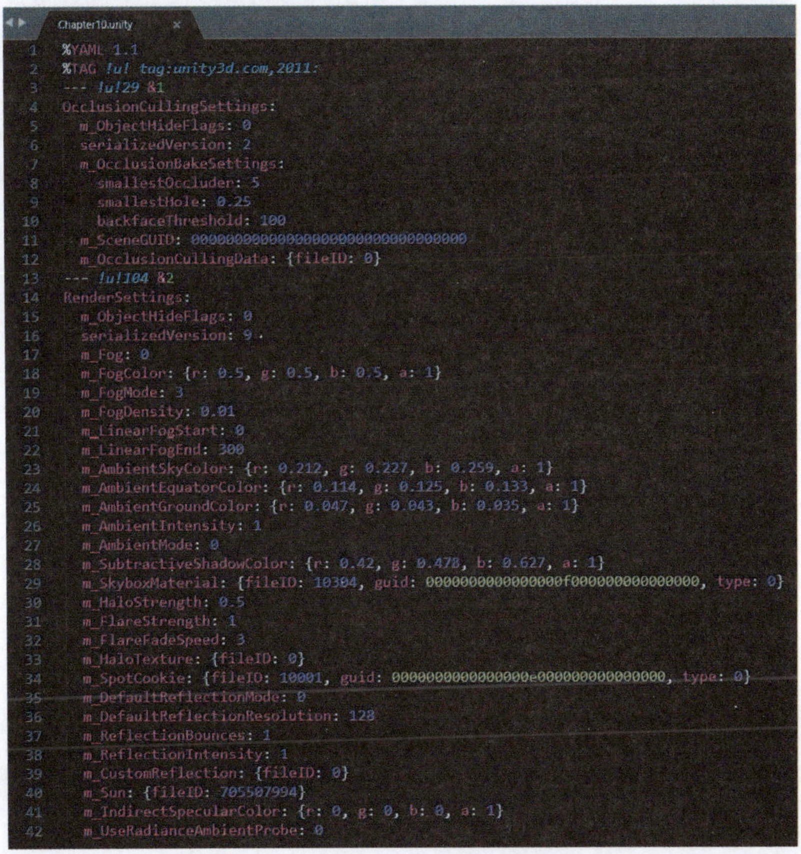

```yaml
%YAML 1.1
%TAG !u! tag:unity3d.com,2011:
--- !u!29 &1
OcclusionCullingSettings:
  m_ObjectHideFlags: 0
  serializedVersion: 2
  m_OcclusionBakeSettings:
    smallestOccluder: 5
    smallestHole: 0.25
    backfaceThreshold: 100
  m_SceneGUID: 00000000000000000000000000000000
  m_OcclusionCullingData: {fileID: 0}
--- !u!104 &2
RenderSettings:
  m_ObjectHideFlags: 0
  serializedVersion: 9
  m_Fog: 0
  m_FogColor: {r: 0.5, g: 0.5, b: 0.5, a: 1}
  m_FogMode: 3
  m_FogDensity: 0.01
  m_LinearFogStart: 0
  m_LinearFogEnd: 300
  m_AmbientSkyColor: {r: 0.212, g: 0.227, b: 0.259, a: 1}
  m_AmbientEquatorColor: {r: 0.114, g: 0.125, b: 0.133, a: 1}
  m_AmbientGroundColor: {r: 0.047, g: 0.043, b: 0.035, a: 1}
  m_AmbientIntensity: 1
  m_AmbientMode: 0
  m_SubtractiveShadowColor: {r: 0.42, g: 0.478, b: 0.627, a: 1}
  m_SkyboxMaterial: {fileID: 10304, guid: 0000000000000000f000000000000000, type: 0}
  m_HaloStrength: 0.5
  m_FlareStrength: 1
  m_FlareFadeSpeed: 3
  m_HaloTexture: {fileID: 0}
  m_SpotCookie: {fileID: 10001, guid: 0000000000000000e000000000000000, type: 0}
  m_DefaultReflectionMode: 0
  m_DefaultReflectionResolution: 128
  m_ReflectionBounces: 1
  m_ReflectionIntensity: 1
  m_CustomReflection: {fileID: 0}
  m_Sun: {fileID: 705507994}
  m_IndirectSpecularColor: {r: 0, g: 0, b: 0, a: 1}
  m_UseRadianceAmbientProbe: 0
```


图 10.2 YAML 格式的场景文件

YAML 格式是人类可读的，并使版本控制工具易于使用。但是，YAML 是一种基于文本的格式，因此可以选择使用二进制序列化，以更有效地利用空间和提高安全性。执行以下步骤来设置 Unity 的序列化模式。

（1）单击 Unity 编辑器工具栏中的 Edit → Project Settings... 选项，如图 10.3 所示，以打开 Project Settings 窗口。

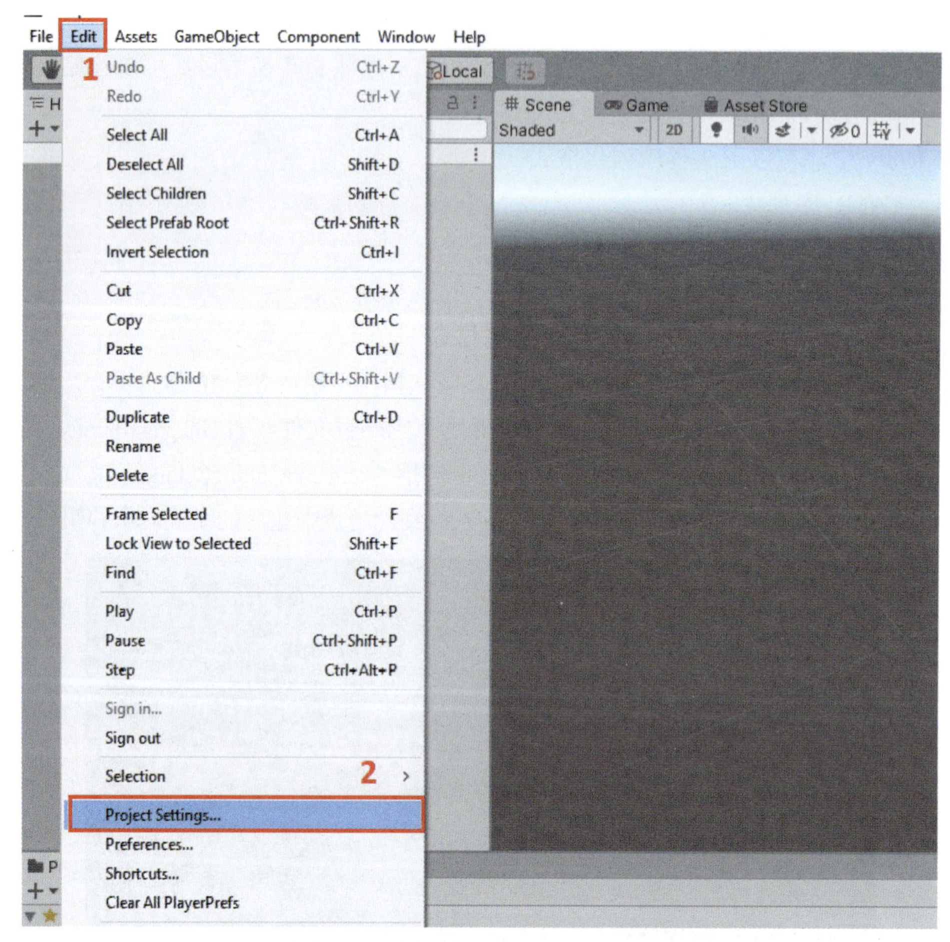

图 10.3　选择 Project Settings... 选项

（2）单击左侧类别列表中的 Editor 选项，打开 Editor 设置面板，如图 10.4 所示。

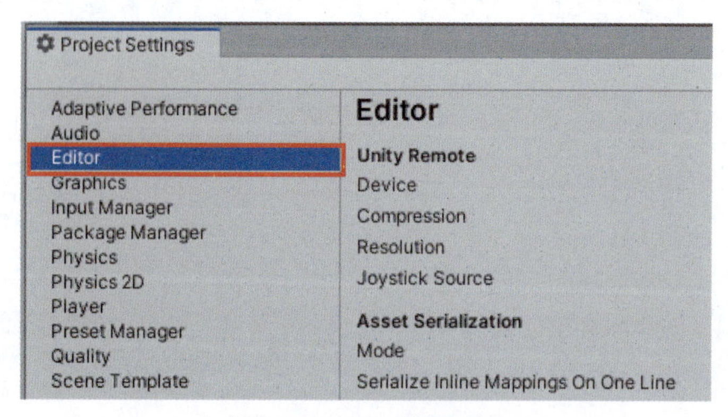

图 10.4　Editor 设置面板

（3）在 Asset Serialization 部分中，可以发现 Mode 选项默认为 Force Text。在这种模式下，由 Unity 创建的所有资源都将以 YAML 格式序列化。如果使用像 Git 这样的版本管理工具，这也是推荐的设置，因为使用纯文本序列化通常可以避免无法解决的合并冲突。如图 10.5 所示，在下拉菜单中，可以选择 Force Binary 模式将所有资源转换为二进制格式，也可以选择 Mixed 模式以保留当前资源的序列化格式，即以二进制格式序列化的资源仍为二进制格式，使用 YAML 格式序列化的资源仍为 YAML 格式。但是，新创建的资源将以二进制格式序列化。

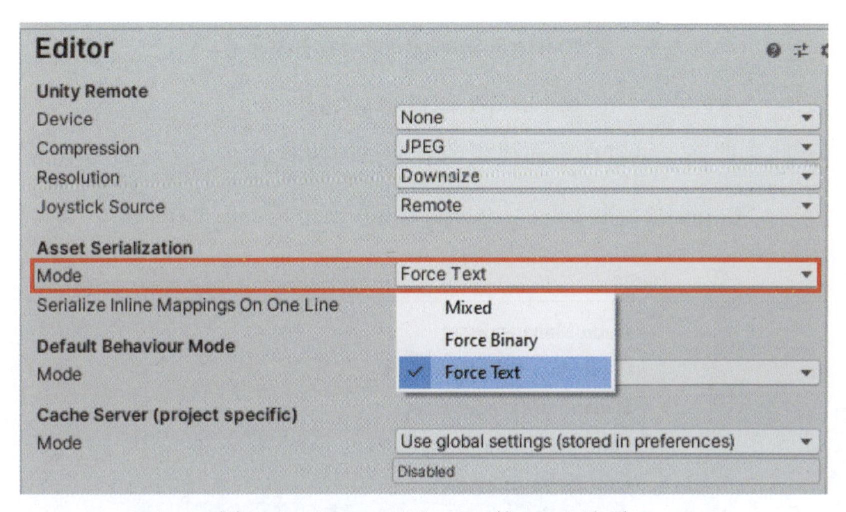

图 10.5 Asset Serialization 的 Mode 选项

（4）在此，选择 Force Binary 模式，并在文本编辑器中再次检查相同的场景文件。场景文件将转换为二进制格式，如图 10.6 所示。

图 10.6 二进制格式的场景文件

序列化也是实现 Unity 编辑器的重要部分。不仅游戏中使用的由 Unity 创建的资源（如游戏场景）被 Unity 序列化，Unity 编辑器中的各种设置也被 Unity 序列化。

在项目根目录中，可以找到 ProjectSettings 文件夹，该文件夹在创建项目时由 Unity 编辑器自动创建，如图 10.7 所示。

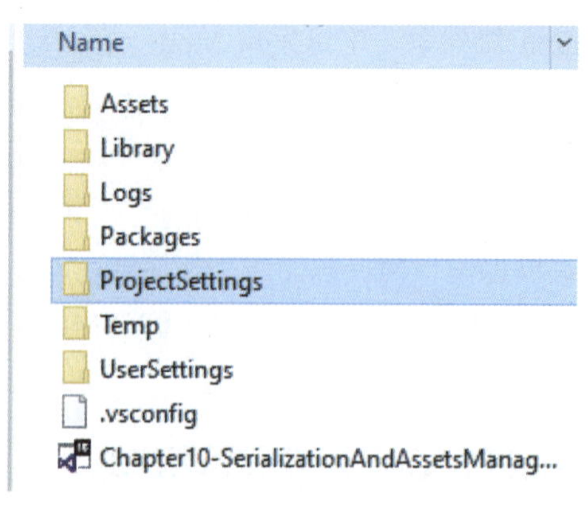

图 10.7　ProjectSettings 文件夹

双击打开此文件夹，可以在里面找到当前项目的所有设置文件，如图 10.8 所示。

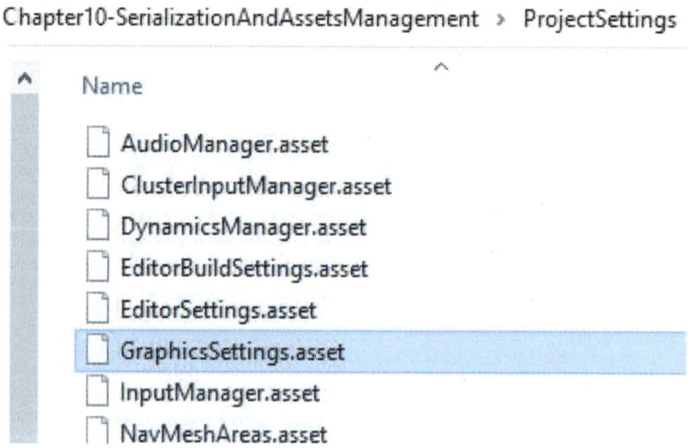

图 10.8　当前项目的所有设置文件

接下来，仍然使用文本编辑器来打开一个设置文件，如 GraphicsSettings.asset，并分别使用 Unity 的二进制序列化模式和 YAML 序列化模式来序列化这个文件。图 10.9 显示了以二进制格式序列化的设置文件。

图 10.9　二进制格式序列化的设置文件

图 10.10 中展示了以 YAML 格式序列化的设置文件。

```
GraphicsSettings.asset
%YAML 1.1
%TAG !u! tag:unity3d.com,2011:
--- !u!30 &1
GraphicsSettings:
  m_ObjectHideFlags: 0
  serializedVersion: 13
  m_Deferred:
    m_Mode: 1
    m_Shader: {fileID: 69, guid: 0000000000000000f000000000000000, type: 0}
  m_DeferredReflections:
    m_Mode: 1
    m_Shader: {fileID: 74, guid: 0000000000000000f000000000000000, type: 0}
  m_ScreenSpaceShadows:
    m_Mode: 1
    m_Shader: {fileID: 64, guid: 0000000000000000f000000000000000, type: 0}
  m_LegacyDeferred:
    m_Mode: 1
    m_Shader: {fileID: 63, guid: 0000000000000000f000000000000000, type: 0}
  m_DepthNormals:
    m_Mode: 1
```

图 10.10 YAML 格式序列化的设置文件

2. Unity 中的 JsonUtility 类和 JSON 序列化

如果有过开发.NET 项目方面的经验，可能会熟悉 JSON 序列化。可以选择由.NET 提供的解决方案，例如使用在 System.Runtime.Serialization.Json 命名空间定义的 DataContractJsonSerializer 类，或者使用在 System.Text.Json 命名空间定义的 JsonSerializer 类，还有一些来自开源社区的解决方案，如 Newtonsoft.Json，它是一个非常流行的.NET JSON 框架。Unity 还为游戏开发者提供了 JSON 序列化功能，即 JsonUtility 类。可以调用 JsonUtility 类的 ToJson 方法将对象序列化为 JSON 字符串；相反地，JsonUtility 类的 FromJson 方法可以将 JSON 字符串反序列化为对象。在 Unity 中使用 JsonUtility 类的步骤如下。

（1）右击 Project 窗口，单击 Create → Folder 选项，创建一个名为 Scripts 的新文件夹，如图 10.11 所示。

图 10.11 创建一个名为 Scripts 的新文件夹

（2）双击打开Scripts文件夹，在此文件夹中创建一个C#脚本文件，命名为PlayerData，并将以下代码添加到此脚本中。PlayerData结构用于存储玩家的数据，它的一个对象稍后将被序列化为一个JSON字符串。注意，结构或类的字段应该是public的，否则Unity序列化程序将忽略这些字段。

```
public struct PlayerData
{
    public string Name;
    public int Age;
    public float HP;
    public float Attack;

    public PlayerData(string name, int age, float hp,
      float attack)
    {
        Name = name;
        Age = age;
        HP = hp;
        Attack = attack;
    }
}
```

（3）在同一个文件夹中创建另一个C#脚本，并将其命名为JSONSerializationSample。JSONSerializationSample的代码如下所示。在Start方法中，新建一个PlayerData对象，并为其字段赋值，然后调用JsonUtility.ToJson方法将此对象序列化为JSON字符串，并将该字符串打印到Console窗口。

```
using UnityEngine;

public class JSONSerializationSample : MonoBehaviour
{
    private void Start()
    {
        var playerData = new PlayerData("player1", 50,
          100, 100);
        var jsonString =
          JsonUtility.ToJson(playerData);
        Debug.Log(jsonString);
    }
}
```

（4）在场景中新建一个游戏对象，将JSONSerializationSample脚本附加给它，并在编辑器中运行游戏，JSON字符串将被打印出来，如图10.12所示。

（5）将JSON字符串反序列化为对象也很简单，只需要调用JsonUtility.FromJson<T>即可，这是一种泛型方法。C#中的泛型方法是用类型参数声明的方法。更新

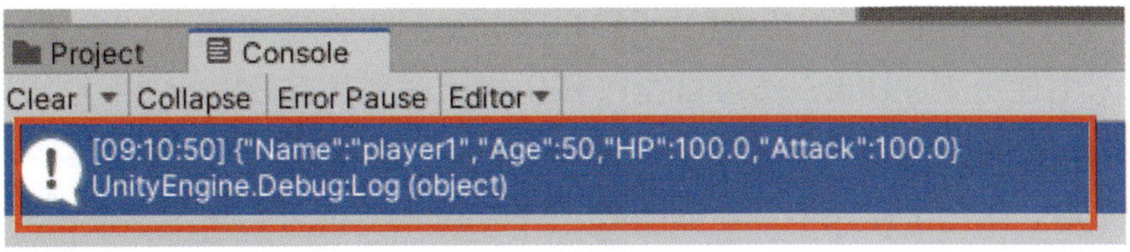

图 10.12　JSON 字符串

JSONSerializationSample 中 Start 方法的代码，具体如下。此代码将把 JSON 字符串反序列化为一个新的对象，该对象的 Name 字段将被打印到 Console 窗口中。

```
using UnityEngine;

public class JSONSerializationSample : MonoBehaviour
{
    private void Start()
    {
        var playerData = new PlayerData("player1", 50,
          100, 100);
        var jsonString =
          JsonUtility.ToJson(playerData);
        Debug.Log(jsonString);
        var deserializedObject =
          JsonUtility.FromJson<PlayerData>(jsonString);
        Debug.Log(deserializedObject.Name);
    }
}
```

（6）在编辑器中运行游戏。如图 10.13 所示，玩家的名称将被打印出来。

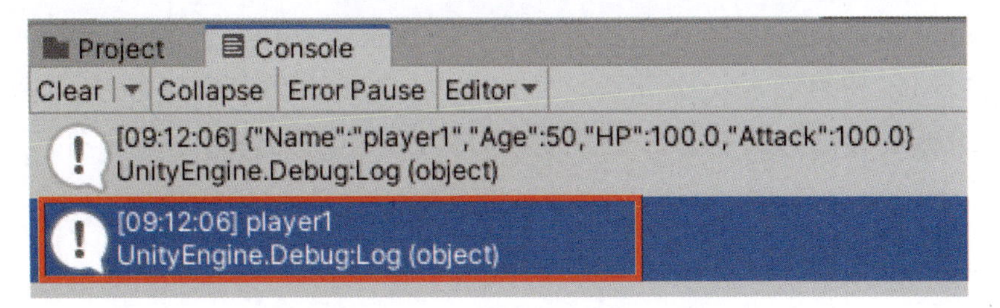

图 10.13　打印出名称 player1

（7）如果希望 PlayerData 作为另一个类的字段，并且序列化这个类，那么 PlayerData 需要用 [System.Serializable] 属性标记，否则 PlayerData 作为字段不会被正确序列化。更新 PlayerData 的代码，添加 [System.Serializable] 属性，代码如下所示。

```
[System.Serializable]
public struct PlayerData
{
    // 无更改
}
```

3. Unity 的 JsonUtility 类的优势和局限

在 Unity 中使用 JsonUtility 类可以在序列化和反序列化 JSON 方面实现相对较高的性能。JsonUtility 类的 ToJson 方法和 FromJson 方法在内部使用 Unity 序列化器，它对一些 Unity 的内置类型有更好的支持，如 Vector2、Vector3 等。此外，由于它是由 Unity 游戏引擎提供的，因此不需要安装额外的软件包。

然而，与其他流行的 JSON 框架（如 Newtonsoft.Json）相比，JsonUtility 类的功能有一定的局限性：JsonUtility 类不支持字典的序列化；根元素必须是对象，而不能是数组或列表。下面通过示例展示 JsonUtility 类的局限性。

（1）在 Scripts 文件夹中新建一个 C# 脚本，将其命名为 TeamData，并将以下代码添加到此脚本中。这个类有两个字段：一个 PlayerData 列表和一个字典。

```
using System.Collections.Generic;

public class TeamData
{
    public List<PlayerData> Players;
    public Dictionary<string, PlayerData> Roles;

    public TeamData()
    {
        Players = new List<PlayerData>();
        Roles = new Dictionary<string, PlayerData>();
    }
}
```

（2）在同一个文件夹中创建另一个 C# 脚本，并将其命名为 JsonUtilityLimitationsSample。JsonUtilityLimitationsSample 的代码如下所示。在 Start 方法中，创建一个新的 TeamData 对象，向 Players 列表添加一个元素，并向 Roles 字典添加一个键和值。然后，调用 JsonUtility.ToJson 方法将此对象序列化为 JSON 字符串，并将该字符串打印到 Console 窗口。

```
using UnityEngine;

public class JsonUtilityLimitationsSample :
  MonoBehaviour
{
    private void Start()
    {
        var playerData = new PlayerData("player1", 50,
          100, 100);
        var teamData = new TeamData();
        teamData.Players.Add(playerData);
        teamData.Roles.Add("leader", playerData);

        var jsonStringFromTeamData =
```

```
            JsonUtility.ToJson(teamData);
        Debug.Log(jsonStringFromTeamData);
    }
}
```

（3）在编辑器中运行游戏，可以发现只有 Players 列表是序列化的，Roles 字典未被序列化，如图 10.14 所示。这是因为 JsonUtility 类不支持在 Unity 中序列化字典。

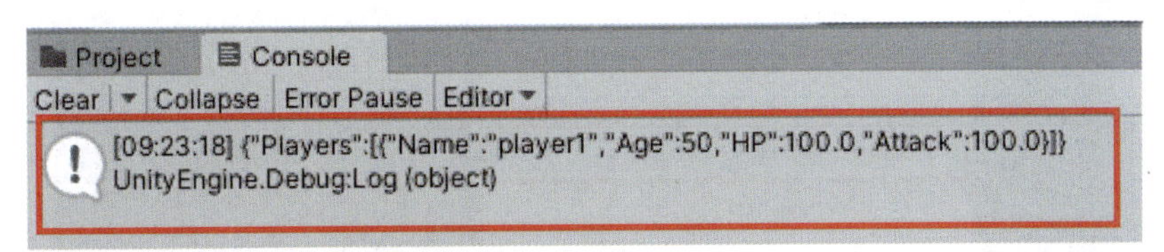

图 10.14　Roles 字典未被序列化

（4）更新 JsonUtilityLimitationsSample 中 Start 方法的代码，尝试单独序列化 Players 列表，代码如下所示。

```
public class JsonUtilityLimitationsSample :
  MonoBehaviour
{
    private void Start()
    {
        // 无更改
        var jsonStringFromList =
          JsonUtility.ToJson(teamData.Players);
        Debug.Log(jsonStringFromList);
    }
}
```

（5）在编辑器中再次运行游戏，会发现 Players 列表未被序列化，如图 10.15 所示。这是因为如果使用 JsonUtility 类进行序列化，那么根元素必须是对象，而不能是数组或列表。

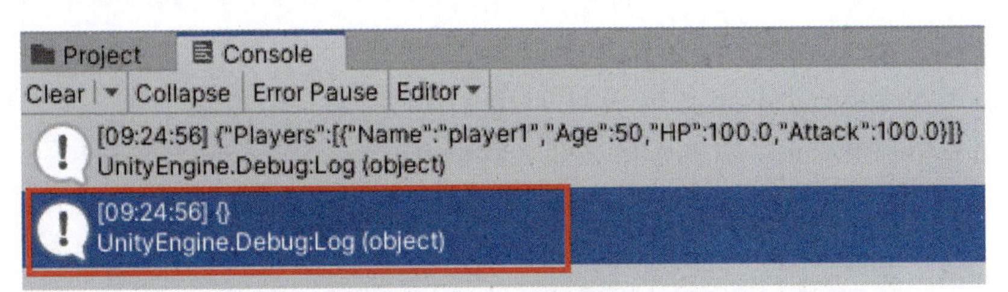

图 10.15　Players 列表未被序列化

4. Newtonsoft.Json 框架

在开发过程中遇到上述示例中的问题确实令人头疼，因此可以尝试其他 JSON 框架。接下来，将使用 Newtonsoft.Json 框架修改上述示例，以便 TeamData 类中的 Roles 字典和单独的 Players 列表可以正确地被序列化为 JSON 字符串。

（1）如果 Newtonsoft.Json 包没有被安装在项目中，可以通过 Unity Package Manager 来安装它。单击工具栏中的 Window → Package Manager 选项打开 Package Manager，如

图 10.16 所示。

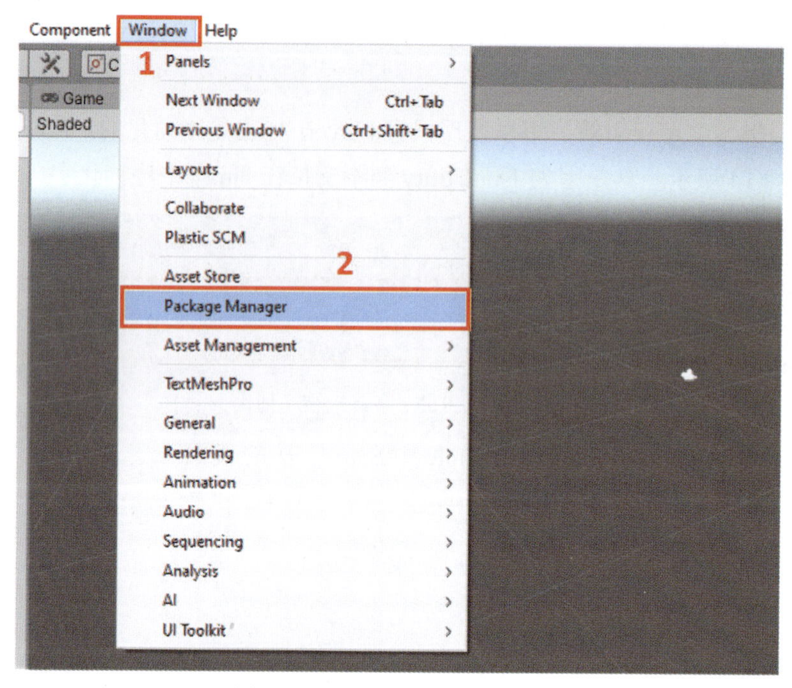

图 10.16　打开 Package Manager

（2）单击左上角的 + 图标，打开下拉菜单，选择 Add package from git URL... 选项，如图 10.17 所示。

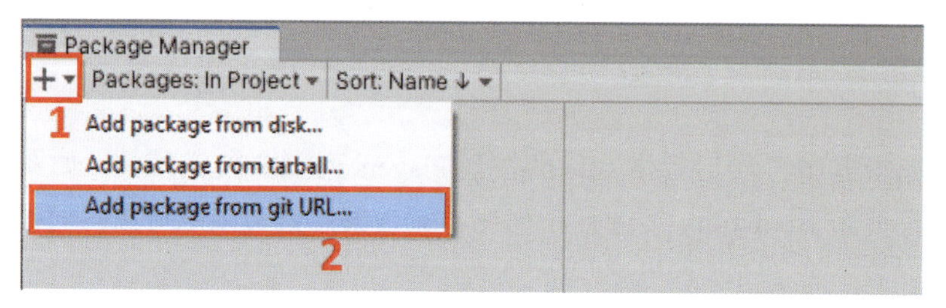

图 10.17　选择 Add package from git URL... 选项

（3）添加 Newtonsoft.Json 包的过程如图 10.18 所示，在出现的输入框中输入 com.unity.nuget.newtonsoft-json，单击 Add 按钮，等待 Package Manager 安装该包。

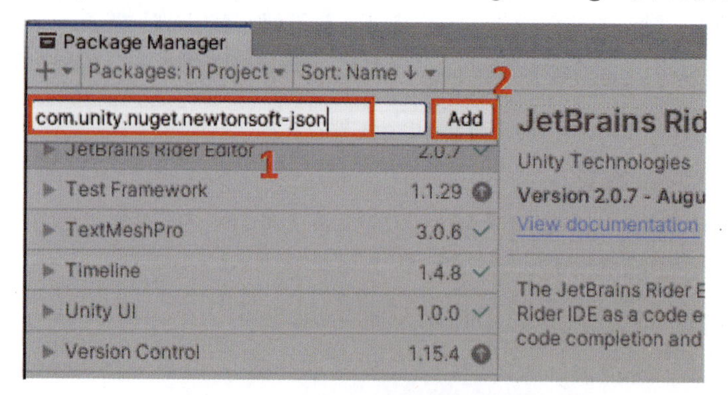

图 10.18　添加 Newtonsoft.Json 包

（4）在项目中安装软件包后，就可以在 C# 脚本中使用 Newtonsoft.Json 框架，更改 JsonUtilityLimitationsSample.cs 的代码，具体如下所示。

```
using UnityEngine;
using Newtonsoft.Json;

public class JsonUtilityLimitationsSample :
  MonoBehaviour
{
    private void Start()
    {
      var playerData = new PlayerData("player1", 50,
        100, 100);
      var teamData = new TeamData();
      teamData.Players.Add(playerData);
      teamData.Roles.Add("leader", playerData);

      var jsonStringFromTeamData =
        JsonConvert.SerializeObject(teamData);
      Debug.Log(jsonStringFromTeamData);

      var jsonStringFromList =
        JsonConvert.SerializeObject(teamData.Players);
      Debug.Log(jsonStringFromList);
    }
}
```

将代码分解如下：

① 使用 using 关键字添加 Newtonsoft.Json 命名空间，该命名空间提供了 JSON 序列化和反序列化的类和方法。

② 在 Start 方法中，用 Newtonsoft.Json 命名空间的 JsonConvert.SerializeObject 方法替换 JsonUtility.ToJson 方法。

（5）运行游戏，发现 TeamData 对象的 Roles 字典字段和作为根元素的 Players 列表都已按预期序列化，如图 10.19 所示。

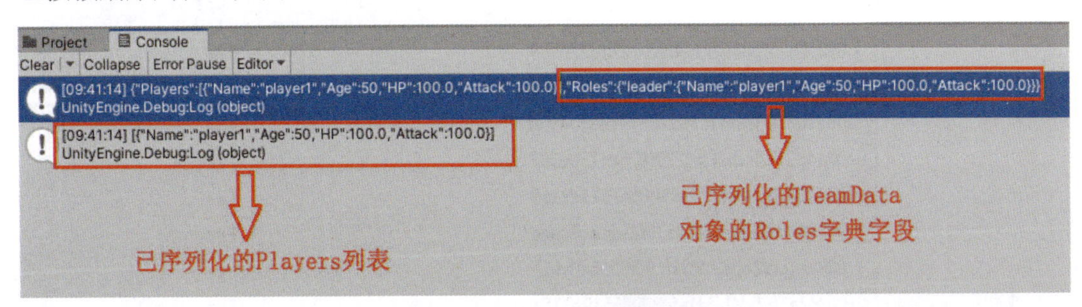

图 10.19 序列化结果正确

10.3　Unity 的资源工作流程

Unity 的资源工作流程与序列化密切相关。那么在 Unity 中，什么是资源呢？如果查看 Unity 项目，会发现在该项目的根目录中有一个名为 Assets 的文件夹，而资源就是存储在该文件夹中的文件。

在 Unity 开发中，资源根据其来源可分为以下两类：

（1）导入 Unity 中的外部资源。最常见的是模型、纹理和音频。它们通常是由第三方工具创建的，如 Maya、3ds Max、Photoshop，然后导入 Unity 中使用。

（2）由 Unity 创建的资源，如预制件和场景文件。

无论是导入的资源还是由 Unity 创建的资源，Unity 都会用它们做以下 3 件事。

（1）Unity 将为该资源分配一个 GUID。

（2）Unity 将自动创建一个 meta 文件，以存储该资源的一些附加信息，如 GUID 和该资源的导入设置。图 10.20 展示了一个自动创建的 meat 文件。当一个名为 SampleTexture 的 PNG 文件导入 Unity 项目中时，Unity 会自动创建一个 meta 文件并将其命名为 SampleTexture.PNG.meta。

Name	Type
Scenes	File folder
Scripts	File folder
SampleTexture	PNG File
SampleTexture.PNG.meta	META File
Scenes.meta	META File
Scripts.meta	META File

图 10.20　meta 文件

（3）Unity 将处理资源文件，将其内容转换为 Unity 中的内部表示，并将内部表示存储在项目根目录中的 Library 文件夹中，Library 文件夹如图 10.21 所示。

pter10-SerializationAndAssetsManagement › Library › Artifacts › 00

Name	Type
00a3fb15f588b7cb0b6eae2df697c888	File
00d5974b5138b9f6567d126ce3bca64f	File
00e1d866828f41c19cab319ce64a405d	File
00e4d91b4edb06f4779f920ec758e587	File
004d04e9ca86f273965b8bf7613e9ea9	File
005a83b308abcac14a36f25acac9caec	File
008aa1ccf2e6d32c0afc90af59be1dd2	File
00342a1f96d4b2d1af4890865196315e	File
004779a5e5d4b92873e9dadcc338dadc	File
000771635a267e72a29a00000acbbf5c	File

图 10.21　Library 文件夹

10.3.1 GUID 和文件 ID

当谈到 Unity 的资源工作流程时，GUID 和文件 ID 是重要的主题。这是因为无论是使用 Unity 来创建资源还是导入外部资源，Unity 都必须唯一地标识该资源，这个唯一的值就是 GUID。文件 ID 通常与 GUID 一起使用，它不像 GUID 那样用于标识资源，而是用于在一个对象内部标识对另一个对象的引用。下面详细讲解 GUID 和文件 ID。

1. GUID

Unity 为 Assets 文件夹中的每个资源都分配了一个 GUID，作为资源的标识符。可以使用文本编辑器来打开与此资源相关的 meta 文件，查找在 Unity 引擎中该资源的 GUID。

执行以下步骤创建一个 C# 脚本作为资源，并检查这个 C# 脚本在 Unity 中的 GUID。

（1）在 Scripts 文件夹中创建一个 C# 脚本，将其命名为 AssetSample，并将以下代码添加到此脚本中，此类有一个 Texture 字段。

```
public class AssetSample : MonoBehaviour
{
    [SerializeField]
    private Texture _texture;
}
```

（2）在文件资源管理器中，C# 脚本文件旁边自动创建了一个名为 AssetSample.cs.meta 的 meta 文件，如图 10.22 所示。

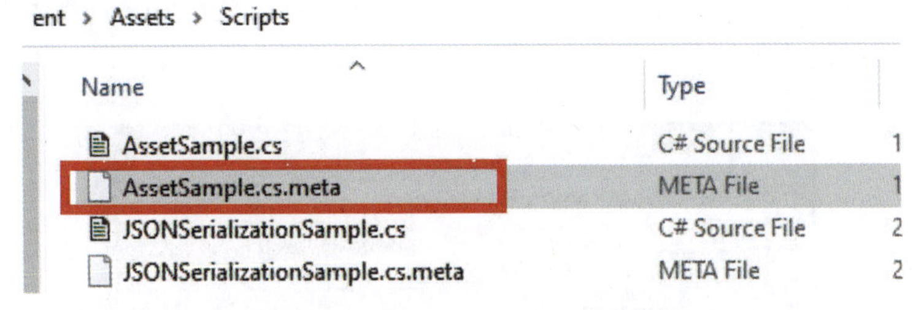

图 10.22 AssetSample.cs.meta 文件

（3）在文本编辑器中打开 AssetSample.cs.meta 文件，可以发现在 Unity 中这个 C# 脚本资源的 GUID 是 e35f96b75211edd4bad6451a26675090，如图 10.23 所示。

```
AssetSample.cs.meta
fileFormatVersion: 2
guid: e35f96b75211edd4bad6451a26675090
MonoImporter:
  externalObjects: {}
  serializedVersion: 2
  defaultReferences: []
  executionOrder: 0
  icon: {instanceID: 0}
  userData:
  assetBundleName:
  assetBundleVariant:
```

图 10.23 此 C# 脚本资源的 GUID

至此，已经了解如何在Unity中找到资源的GUID。

2. 文件ID

Unity使用文件ID来引用对象中的另一个对象，它是该对象中引用的对象的唯一ID。下面通过示例了解如何查找文件ID，以及Unity如何使用文件ID来维护对象之间的引用关系。仍然使用刚创建的AssetSample脚本，步骤如下。

（1）在场景中创建一个游戏对象，并将其命名为AssetSampleGameObject，Unity会自动创建Transform组件并附加到游戏对象上，如图10.24所示。

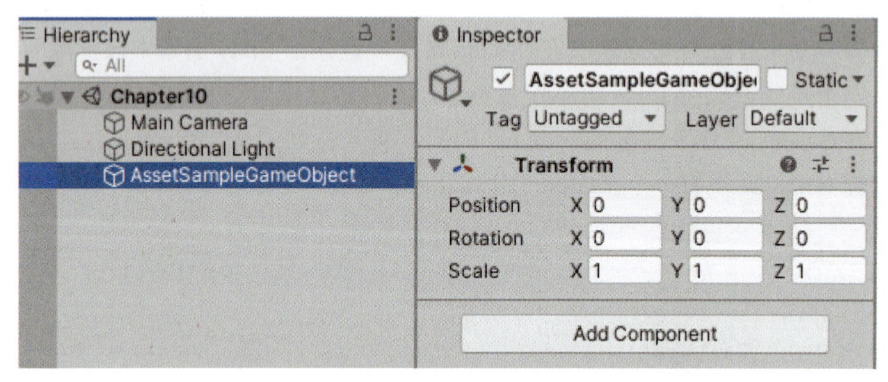

图10.24　创建AssetSampleGameObject对象

（2）将AssetSample组件附加到AssetSampleGameObject对象上，如图10.25所示，然后从Project窗口将一个纹理拖动到AssetSample组件的Texture字段。将另一个AssetSample组件附加到同一个游戏对象上这次将其Texture字段设置为None，并保存场景。

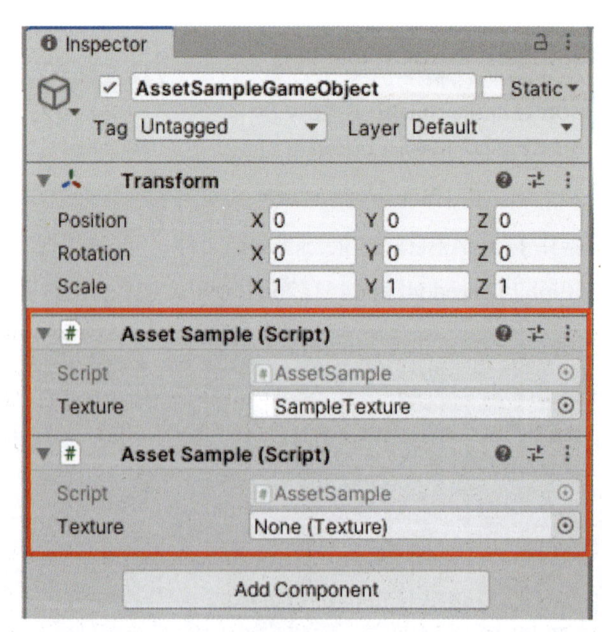

图10.25　将AssetSample组件附加到AssetSampleGameObject对象上

（3）确保项目的Asset Serialization模式是Force Text，然后使用文本编辑器打开文件资源管理器中的场景文件，将在场景文件中看到很多内容，如图10.26所示。

```
Chapter10.unity
124         m_Flags: 0
125     m_NavMeshData: {fileID: 0}
126   --- !u!1 &306521987
127   GameObject:
128     m_ObjectHideFlags: 0
129     m_CorrespondingSourceObject: {fileID: 0}
130     m_PrefabInstance: {fileID: 0}
131     m_PrefabAsset: {fileID: 0}
132     serializedVersion: 6
133     m_Component:
134     - component: {fileID: 306521988}
135     - component: {fileID: 306521989}
136     - component: {fileID: 306521990}
137     m_Layer: 0
138     m_Name: AssetSampleGameObject
139     m_TagString: Untagged
140     m_Icon: {fileID: 0}
141     m_NavMeshLayer: 0
142     m_StaticEditorFlags: 0
143     m_IsActive: 1
144   --- !u!4 &306521988
145   Transform:
146     m_ObjectHideFlags: 0
147     m_CorrespondingSourceObject: {fileID: 0}
148     m_PrefabInstance: {fileID: 0}
149     m_PrefabAsset: {fileID: 0}
150     m_GameObject: {fileID: 306521987}
151     m_LocalRotation: {x: 0, y: 0, z: 0, w: 1}
152     m_LocalPosition: {x: 0, y: 0, z: 0}
153     m_LocalScale: {x: 1, y: 1, z: 1}
154     m_Children: []
155     m_Father: {fileID: 0}
156     m_RootOrder: 4
157     m_LocalEulerAnglesHint: {x: 0, y: 0, z: 0}
```

图 10.26　场景文件中的内容

这个文件提供了大量信息，记录场景中的游戏对象、组件和引用的资源。首先，可以在文件中找到 AssetSampleGameObject 对象的记录，如图 10.27 所示。可以看到，有 3 个组件附加到这个游戏对象上，file ID 分别为 306521988、306521989 和 306521990。

```
126   --- !u!1 &306521987
127   GameObject:
128     m_ObjectHideFlags: 0
129     m_CorrespondingSourceObject: {fileID: 0}
130     m_PrefabInstance: {fileID: 0}
131     m_PrefabAsset: {fileID: 0}
132     serializedVersion: 6
133     m_Component:
134     - component: {fileID: 306521988}
135     - component: {fileID: 306521989}
136     - component: {fileID: 306521990}
137     m_Layer: 0
138     m_Name: AssetSampleGameObject
139     m_TagString: Untagged
140     m_Icon: {fileID: 0}
141     m_NavMeshLayer: 0
142     m_StaticEditorFlags: 0
143     m_IsActive: 1
```

图 10.27　AssetSampleGameObject 对象的记录

如果搜索这 3 个 file ID，可以在该文件中找到这 3 个组件的记录：一个 Transform 组件，它是自动创建并附加到这个游戏对象的；两个 MonoBehaviour 组件，它们表示 C# 脚本组件。组件的记录如图 10.28 所示。

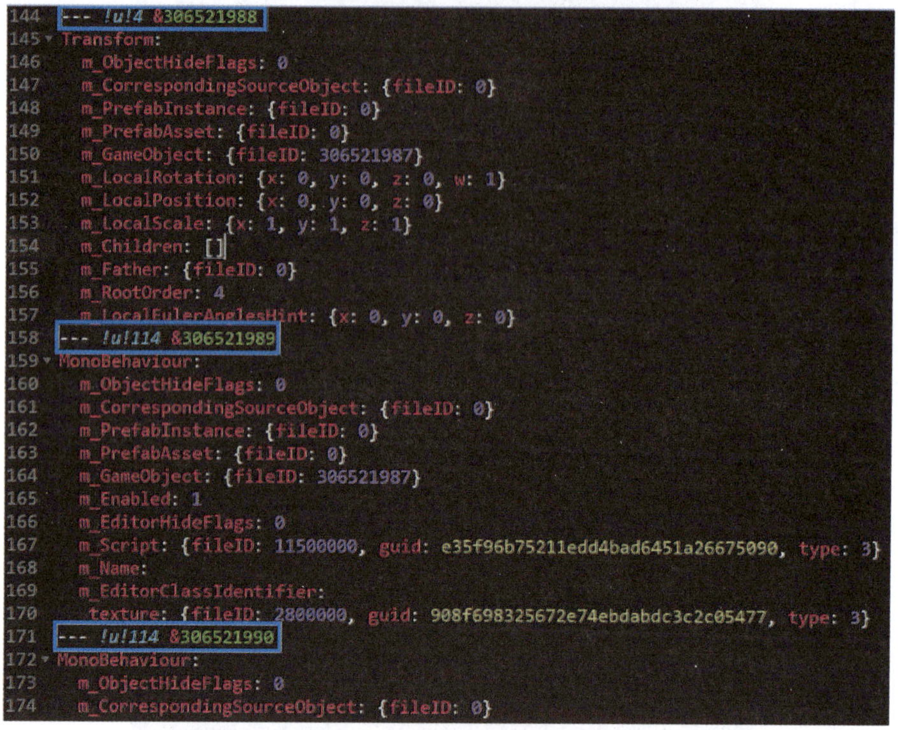

```
144 --- !u!4 &306521988
145 Transform:
146   m_ObjectHideFlags: 0
147   m_CorrespondingSourceObject: {fileID: 0}
148   m_PrefabInstance: {fileID: 0}
149   m_PrefabAsset: {fileID: 0}
150   m_GameObject: {fileID: 306521987}
151   m_LocalRotation: {x: 0, y: 0, z: 0, w: 1}
152   m_LocalPosition: {x: 0, y: 0, z: 0}
153   m_LocalScale: {x: 1, y: 1, z: 1}
154   m_Children: []
155   m_Father: {fileID: 0}
156   m_RootOrder: 4
157   m_LocalEulerAnglesHint: {x: 0, y: 0, z: 0}
158 --- !u!114 &306521989
159 MonoBehaviour:
160   m_ObjectHideFlags: 0
161   m_CorrespondingSourceObject: {fileID: 0}
162   m_PrefabInstance: {fileID: 0}
163   m_PrefabAsset: {fileID: 0}
164   m_GameObject: {fileID: 306521987}
165   m_Enabled: 1
166   m_EditorHideFlags: 0
167   m_Script: {fileID: 11500000, guid: e35f96b75211edd4bad6451a26675090, type: 3}
168   m_Name:
169   m_EditorClassIdentifier:
170   texture: {fileID: 2800000, guid: 908f698325672e74ebdabdc3c2c05477, type: 3}
171 --- !u!114 &306521990
172 MonoBehaviour:
173   m_ObjectHideFlags: 0
174   m_CorrespondingSourceObject: {fileID: 0}
```

图 10.28　组件的记录

那么，fileID 和 guid 之间有什么区别呢？观察这两个 MonoBehaviour 组件，可以看到这两个组件的 m_Script 字段引用了相同的 C# 脚本，其 guid 为 e35f96b75211edd4bad645-1a26675090，如图 10.29 所示。

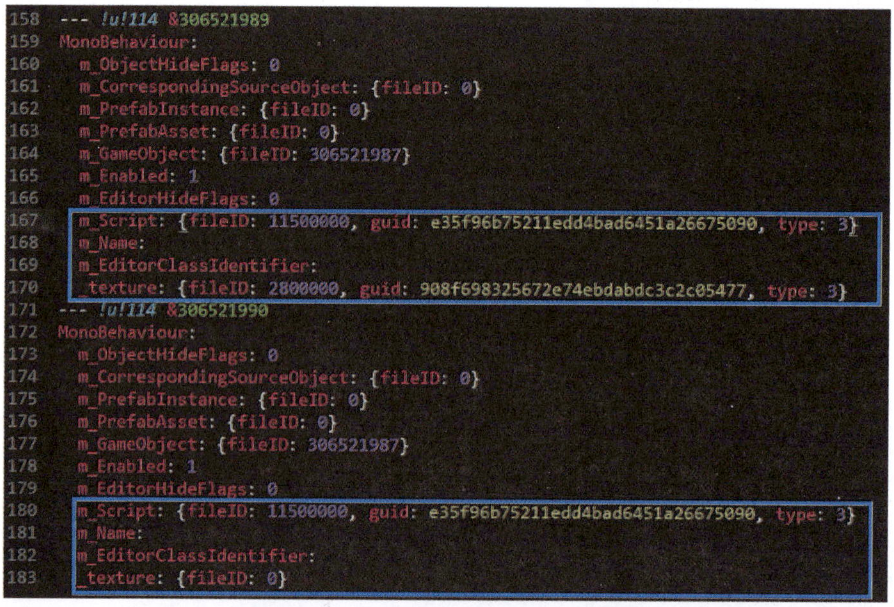

```
158 --- !u!114 &306521989
159 MonoBehaviour:
160   m_ObjectHideFlags: 0
161   m_CorrespondingSourceObject: {fileID: 0}
162   m_PrefabInstance: {fileID: 0}
163   m_PrefabAsset: {fileID: 0}
164   m_GameObject: {fileID: 306521987}
165   m_Enabled: 1
166   m_EditorHideFlags: 0
167   m_Script: {fileID: 11500000, guid: e35f96b75211edd4bad6451a26675090, type: 3}
168   m_Name:
169   m_EditorClassIdentifier:
170   texture: {fileID: 2800000, guid: 908f698325672e74ebdabdc3c2c05477, type: 3}
171 --- !u!114 &306521990
172 MonoBehaviour:
173   m_ObjectHideFlags: 0
174   m_CorrespondingSourceObject: {fileID: 0}
175   m_PrefabInstance: {fileID: 0}
176   m_PrefabAsset: {fileID: 0}
177   m_GameObject: {fileID: 306521987}
178   m_Enabled: 1
179   m_EditorHideFlags: 0
180   m_Script: {fileID: 11500000, guid: e35f96b75211edd4bad6451a26675090, type: 3}
181   m_Name:
182   m_EditorClassIdentifier:
183   texture: {fileID: 0}
```

图 10.29　MonoBehaviour 组件的 guid

虽然这两个组件对象引用相同的C#脚本，即AssetSample，但它们是两个不同的AssetSample对象：第一个MonoBehaviour组件对象的文件ID为306521989，第二个MonoBehaviour组件对象的文件ID为306521990。此外，一个对象的_texture字段引用了一个纹理资源，而另一个对象的_texture字段没有引用任何纹理资源。

10.3.2 meta文件

meta文件记录了在Unity项目中其关联资源的GUID，以及该资源的导入设置。

1. meta文件和版本管理

Unity开发新手常犯的一个错误是不注意这些自动生成的meta文件。例如，在使用Git或其他版本控制系统来管理Unity项目的版本时，忽略了meta文件。

Unity将为每个资源分配一个GUID，使用此GUID来标识资源，并将它记录在meta文件中。因此，如果使用的版本管理系统不包含meta文件，那么可能会导致Unity开发进度中断。

设想这样一个场景，当不包含meta文件的Unity项目从远程存储库被克隆到本地机器时，Unity编辑器将重新导入这些资源，为它们分配新的GUID，并创建meta文件来存储这些信息。因此，在Unity项目中，之前存在于对象之间的引用将不再有效。

例如，假设之前创建的AssetSample C#脚本的AssetSample.cs.meta文件不由版本控制管理系统管理，那么在另一台计算机上克隆并打开项目后，将遇到Script Missing错误，如图10.30所示。

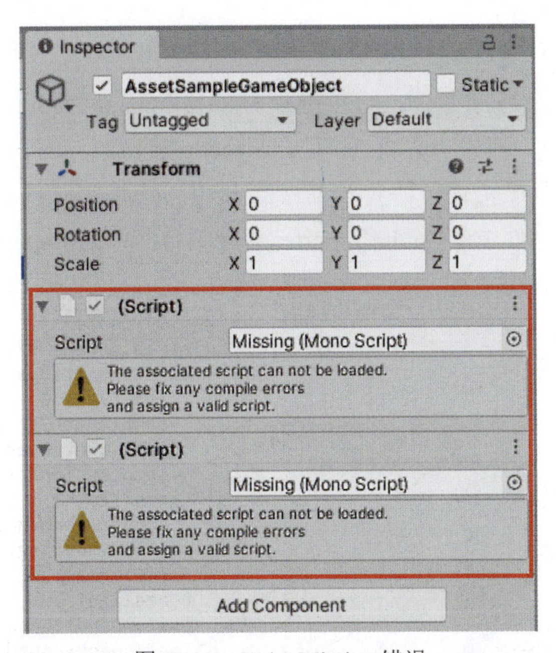

图10.30 Script Missing错误

此时，该脚本实际上是存在的，但由于它的GUID已经重新生成，因此之前的引用关系无效。

综上，在开发一个Unity项目时，需要确保这些meta文件是由版本管理工具进行管理的。

2. meta 文件中的导入设置

除了存储资源的 GUID 外，meta 文件还存储该资源的导入设置。这里讨论的 meta 文件主要是指在第三方软件中创建的资源的 meta 文件，然后导入 Unity 编辑器中，如模型、纹理和音频。

以音频资源的 meta 文件为例，查看如何保存资源的导入设置。这里使用的音频资源来自 Unity Asset Store，如图 10.31 所示，可以从 https://assetstore.unity.com/packages/audio/sound-fx/weapons/ultra-sci-fi-game-audio-weapons-pack-vol-1-113047 下载该资源。

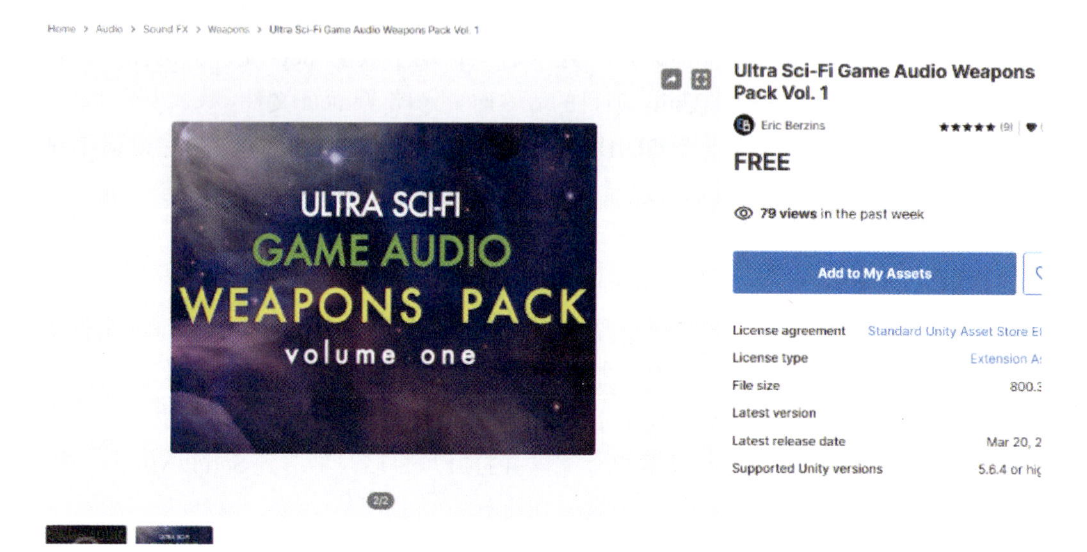

图 10.31　音频资源

将音频资源导入 Unity 项目后，可以选择 Ultra SF Game Audio Weapons Pack v.1 文件夹中的第一个音频文件，打开该音频资源的 Inspector 窗口，该窗口显示资源的导入设置。然后，使用文本编辑器在文件资源管理器中打开相同音频资源的 meta 文件，如图 10.32 所示。可以看到 meta 文件中的 AudioImporter 对应编辑器中的 Import Settings。

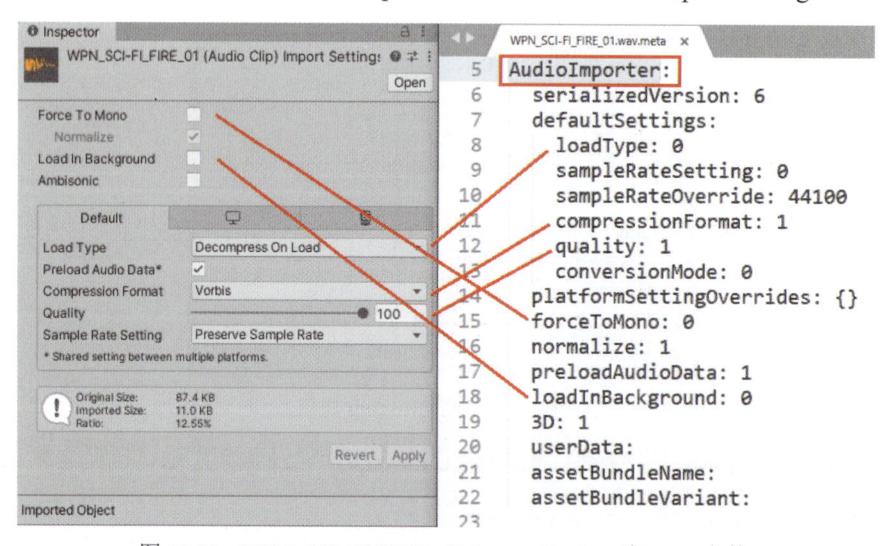

图 10.32　WPN_SCI-FI_FIRE_01 Import Settings 和 meta 文件

纹理资源和模型资源的导入设置也存储在 meta 文件中。图 10.33 展示了纹理资源和模型资源的导入设置。

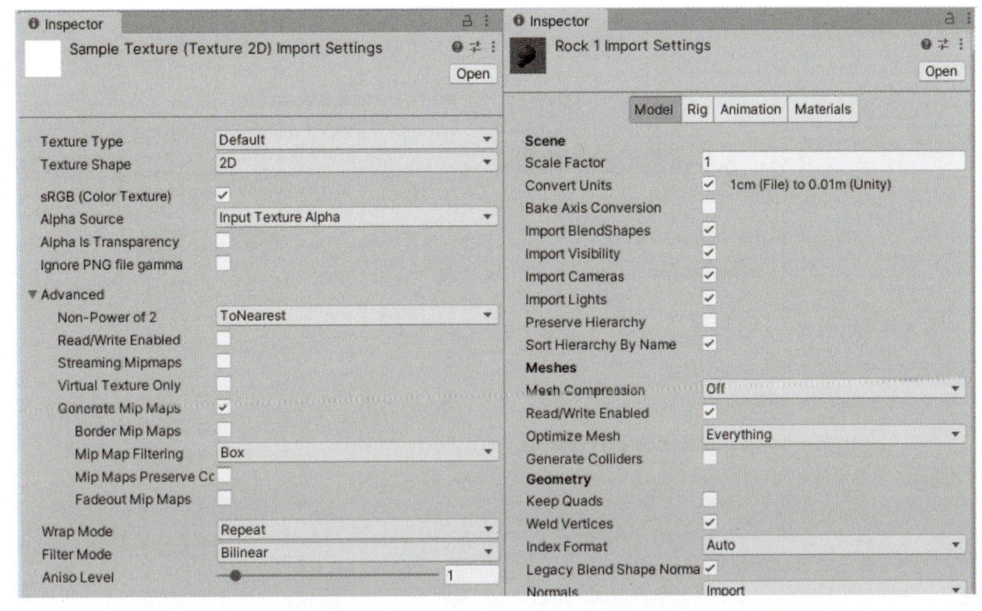

图 10.33　纹理资源的导入设置（左）和模型资源的导入设置（右）

由于 meta 文件存储了资源的导入设置，因此一旦在 Unity 编辑器中修改了资源的导入设置，那么相应的 meta 文件将会被更新。

导入设置通常会影响 Unity 处理这些资源的方式，因此，确保导入设置可以根据项目的需求进行管理是很重要的。例如，在许多手机游戏项目中，应该检查音频导入设置上的 Force To Mono 选项，以减少该音频文件的内存使用。

10.3.3　AssetPostprocessor 类和导入管线

Unity 为游戏开发者提供了 AssetPostprocessor 类，以连接 Unity 中的资源导入管线。在导入资源时，可以根据资源类型来管理导入管线。

在下面的示例中，将创建一个 C# 脚本，以便在 Unity 项目的所有音频文件的导入设置中启用 Force To Mono 选项，步骤如下。

（1）在 Scripts 文件夹中创建一个 Editor 子文件夹，如图 10.34 所示。因为将要创建的 C# 类继承自 AssetPostprocessor 类，它是一个用于编辑器的类，所以需要将它放在 Editor 文件夹中。

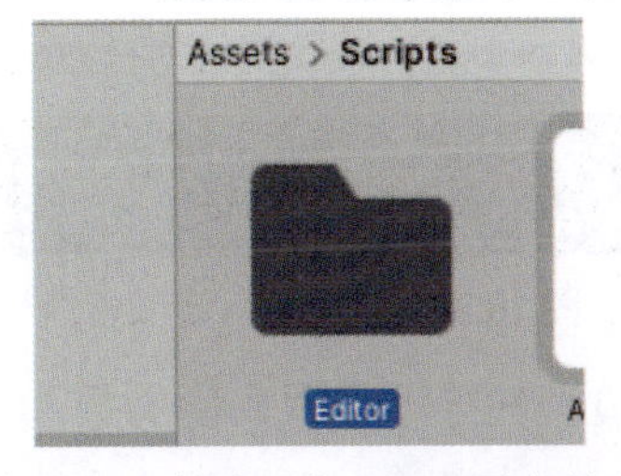

图 10.34　创建一个 Editor 子文件夹

（2）双击打开Editor文件夹，在此文件夹中创建一个C#脚本，将其命名为AssetImporterSample，然后将以下代码添加到此脚本中。

```
using UnityEditor;

public class AssetImporterSample : AssetPostprocessor
{
    private void OnPreprocessAudio()
    {
        var audioImporter =
          (AudioImporter)assetImporter;
        if(audioImporter == null)
        {
            return;
        }
        audioImporter.forceToMono = true;
        audioImporter.SaveAndReimport();
    }
}
```

具体分析如下。

① 首先，代码使用了UnityEditor命名空间。这是因为AssetPostprocessor类是在这个命名空间中定义的，这也意味着AssetImportSample C#脚本在Unity编辑器中使用，而不是在运行时使用。

② AssetImportSample类继承了AssetPostprocessor类并实现了OnPreprocessAudio方法，该方法将在导入音频资源之前被调用。还可以实现在导入其他资源类型时调用的类似方法。例如，在导入纹理资源之前将调用OnPreprocessTexture方法，并且在导入模型资源之前将调用OnPreprocessModel方法。

③ 在OnPreprocessAudio方法中，可以获得一个AudioImporter的对象，将forceToMono选项设置为true，然后保存并重新导入资源，以确保资源的新的导入设置生效。

（3）保存C#脚本，Unity编辑器会修改项目中这些音频资源的导入设置，然后重新导入它们，如图10.35所示。

图10.35　重新导入音频资源

（4）选择一个音频文件来检查其导入设置。新的导入设置如图10.36所示，它可以按预期工作。

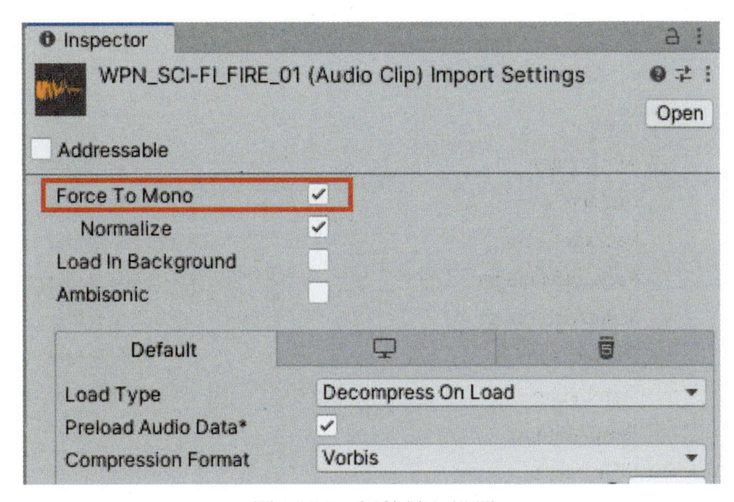

图 10.36 新的导入设置

10.3.4 Library 文件夹

在 Unity 项目中，Unity 将处理外部资源并将其转换为 Unity 内部格式资源，然后将它们保存在 Library 文件夹中。因为存储在 Library 文件夹中的数据是缓存数据，这些数据可以根据导入设置从源资源文件中重新生成，所以 Library 文件夹通常不应该包含在版本管理系统中。

> **注意**
> 除了 Library 文件夹之外，还有一些其他需要从版本管理系统中排除的 Unity 文件夹，包括 Temp、Obj 和 Logs。如果使用 Git 作为版本管理工具，可以在 https://github.com/github/gitignore/blob/main/Unity.gitignore 中找到 Unity 项目的 .gitignore 文件。

可以在 Unity 项目的根目录中找到 Library 文件夹，如图 10.37 所示。如果 Unity 项目的根目录中没有 Library 文件夹，则需要使用 Unity 编辑器打开该项目。Unity 编辑器将导入 Assets 文件夹中的资源，并自动生成 Library 文件夹。

图 10.37 Library 文件夹

双击打开 Library 文件夹，可以看到 ScriptAssemblies 子文件夹，该文件夹保存项目中 C# 代码的程序集；还可以看到 PackageCache 子文件夹，它保存项目使用的 Unity 包的缓存。除此之外，还有 Artifacts 子文件夹，如图 10.38 所示，其中保存了由 Unity 处理的资源。

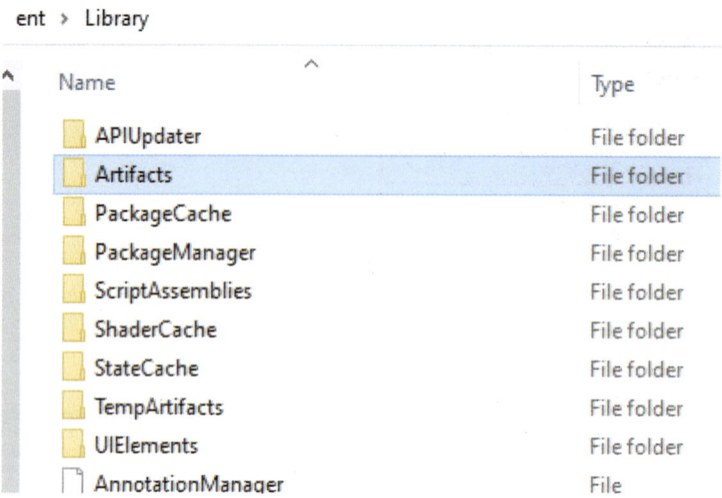

图 10.38　Artifacts 子文件夹

10.4　Unity 的特殊文件夹

第 2 章中介绍了一些与 Unity 中的脚本相关的特殊文件夹。本节将介绍与 Unity 中的资源管理相关的特殊文件夹。

10.4.1　Resources 文件夹

Resources 是一个 Unity 中的特殊的文件夹名称，但 Unity 不会自动创建 Resources 文件夹。如果要使用 Resources 文件夹来管理资源，则需要用户自己创建它。需要注意的是，Unity 项目的 Assets 目录中可能有多个 Resources 文件夹。

Unity 提供 Resources.Load 方法来加载 Resources 文件夹中的资源。接下来，使用示例讲解如何使用 Resources 文件夹来管理资源。

（1）右击 Project 窗口，单击 Create → Folder 选项，创建一个名为 Resources 的文件夹，如图 10.39 所示。

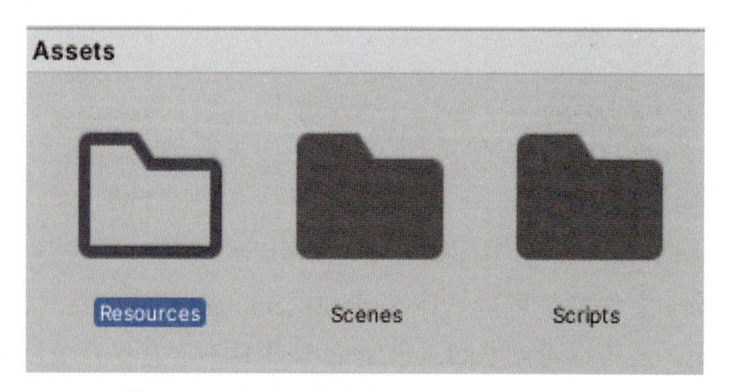

图 10.39　创建一个名为 Resources 的文件夹

（2）创建一个空的游戏对象，将其命名为 SamplePrefab，并拖动到 Resources 文件夹中，使其成为一个新的预制件，如图 10.40 所示。

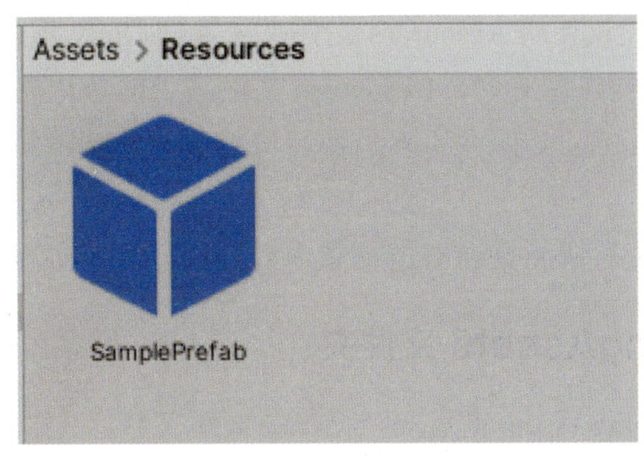

图 10.40 SamplePrefab 预制件

（3）在 Scripts 文件夹中新建一个 C# 脚本，将其命名为 ResourcesLoadExample，并向此脚本添加以下代码。

```
using UnityEngine;

public class ResourcesLoadExample : MonoBehaviour
{
    private GameObject _gameObjectInstance;

    private void Start()
    {
        var samplePrefab =
          Resources.Load<GameObject>("SamplePrefab");
        if(samplePrefab != null)
        {
            _gameObjectInstance =
              Instantiate(samplePrefab);
        }
    }
}
```

该脚本的工作原理如下。

① 在 Start 方法中，调用 Resources.Load 方法，并将要加载的资源路径作为该方法的参数，即 SamplePrefab。

② 如果加载了预制件资源，将实例化该预制件，以在游戏场景中创建一个游戏对象。

（4）创建一个游戏对象，并将 ResourcesLoadExample 脚本附加到其上。在 Unity 编辑器中单击 Play 按钮来运行游戏。可以看到，该预制件的一个新对象按照预期方式被创建，如图 10.41 所示。

图 10.41 创建了 SamplePrefab 预制件的新对象

通过该示例可以看到使用 Resources 文件夹来管理资源是非常方便的，特别是当需要快速开发原型时，但不建议使用 Resources 文件夹来管理 Unity 项目中的资源，原因如下：

① 当 Unity 编辑器构建游戏时，Resources 文件夹中的资源将包含在构建中，即使没有使用资源，因此 Resources 文件夹的不当使用可能会导致构建游戏过大。此外，还会影响游戏的启动速度。

② 使用 Resources 文件夹将使游戏的增量内容升级变得非常困难或不可能。

10.4.2 StreamingAssets 文件夹

在 Unity 中，StreamingAssets 也是一个特殊的文件夹名称。第 6 章中提到过该文件夹，本节将更详细地介绍它。

Unity 将以 Unity 引擎能够理解的格式处理 Assets 文件夹中的资源，但有一种情况是例外。Unity 项目的 StreamingAssets 文件夹中的资源仍将采用原始格式，并且在 Unity 构建游戏时，这些资源不会与其他资源一起构建到游戏中。该文件夹中的所有资源都将被复制到目标设备上的特定文件夹中。由于这个特殊文件夹的位置在不同的平台上是不同的，因此 Unity 提供了 Application.streamingAssetsPath 属性，以便可以用 C# 代码访问这个文件夹的正确路径。

下面的代码片段来自第 6 章的示例，可以看到如何在 C# 代码中使用 Application.streamingAssetsPath。

```
public void OnClickSetVideoURL()
{
    _videoPlayer.url =
    Path.Combine(Application.streamingAssetsPath,
    _videoFileName);
}
```

与 Resources 文件夹类似，Unity 不会自动创建 StreamingAssets 文件夹。如果希望使用该文件夹，需要用户自己创建它。创建一个 StreamingAssets 文件夹，如图 10.42 所示。

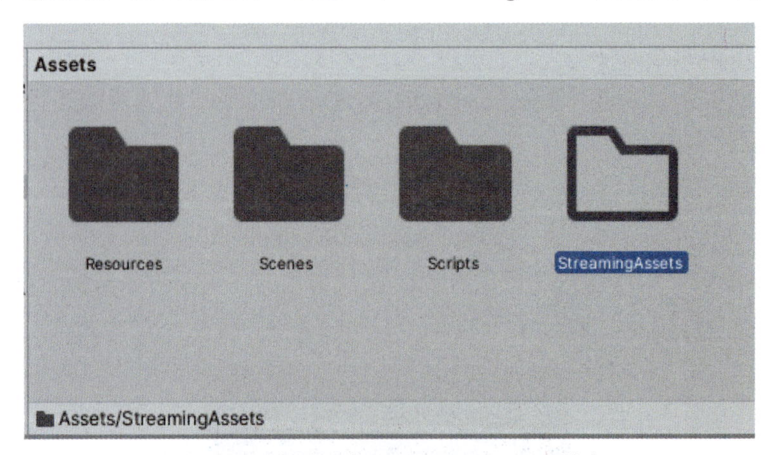

图 10.42 创建一个 StreamingAssets 文件夹

然后，将音频 WAV 文件放置在 StreamingAssets 文件夹中，如图 10.43 所示。这个 WAV 文件的图标与 Unity 中的音频剪辑的图标不一样，这是因为 Unity 不处理 WAV 文件，它仍然保持着原始格式。

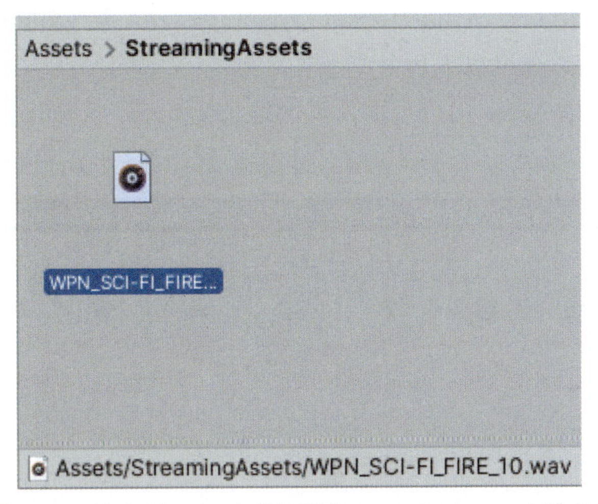

图 10.43 将音频 WAV 文件放置在 StreamingAssets 文件夹中

10.5 Azure Blob 存储与 Unity 的可寻址资源系统

本节将介绍 Microsoft Azure 中的 Azure Blob 存储服务，以及如何将其与 Unity 的可寻址资源系统一起使用。

Azure Blob 存储是 Azure Storage 账户中的一种 Azure 存储形式。其他类型的 Azure Storage 账户存储形式包括队列（queues）、文件共享（file shares）和表（tables）。其中，Blob 存储非常适合存储大量的非结构化数据，如二进制数据。

> **注意**
> 可以在 Microsoft Azure 中找到关于 Azure Storage 账户的其他信息和资源，地址为 https://docs.microsoft.com/en-us/azure/storage/common/storage-introduction。

Unity 的可寻址资源系统提供了一种根据特定地址加载特定资源的便捷方法，无论资源位于本地服务器上还是远程服务器上。10.4.1 节讲解 Resources 文件夹时，讨论了在管理资源时使用它的各种限制，可寻址资源系统可以很好地解决这些问题。例如，游戏包的大小可以很好地控制，不需要在游戏构建中包含不必要的资源，资源可以托管在远程服务器（如 Azure）上，以逐步更新游戏中的资源。

> **注意**
> 在引入可寻址资源系统之前，开发人员还可以使用 AssetBundles 来管理资源，但 AssetBundles 超出了本章所需要的范围，如果感兴趣，可以在 https://docs.unity3d.com/Manual/AssetBundlesIntro.html 找到更多信息。

10.5.1 设置 Azure Blob 存储服务

首先，确保有一个可用的 Azure 订阅。可以在 10.1 节介绍的页面上申请一个免费的 Azure 试用账户。如果一切准备就绪，就可以在 Azure 中创建第一个资源，即 Azure 资源组。

1. 新建一个资源组

通常，资源组是用户在Azure中的第一个资源。这是因为资源组是用来保存其他Azure资源的容器。可以通过以下几个步骤来新建一个资源组。

（1）使用账户登录Azure门户页面，页面地址为https://portal.azure.com/，如图10.44所示。

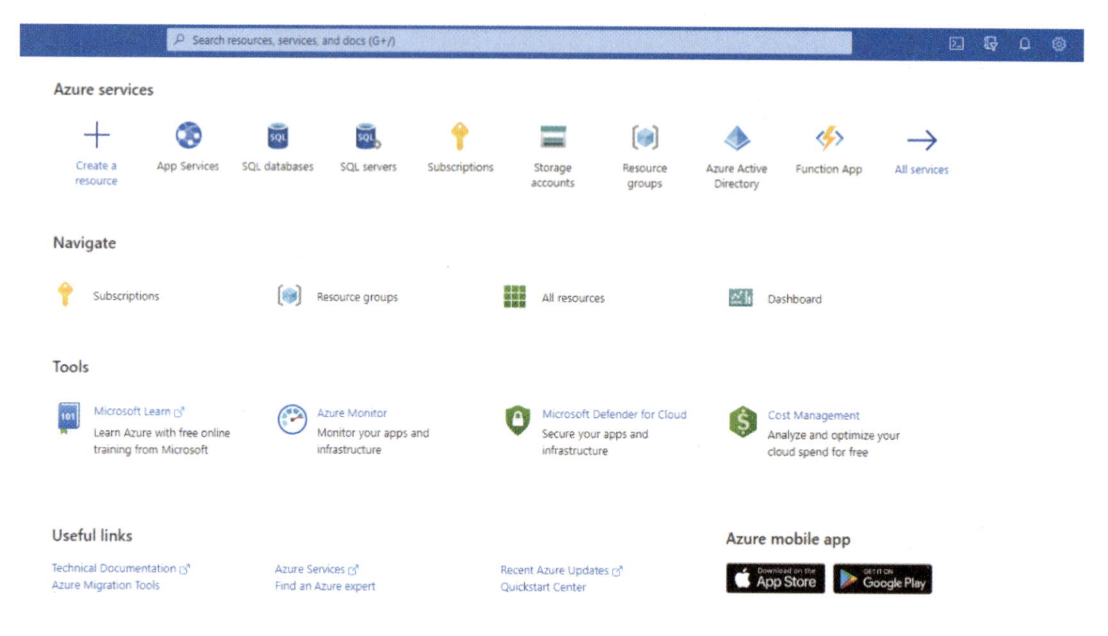

图10.44　Azure门户页面

（2）默认情况下，Azure门户页面不显示门户菜单。可以单击页面左上角的Show portal menu按钮来打开门户菜单，如图10.45所示。

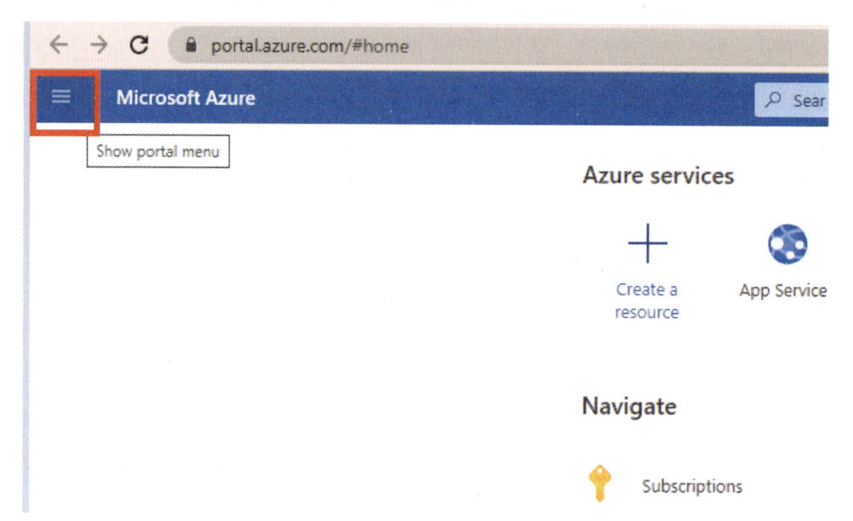

图10.45　Show portal menu按钮

（3）从门户菜单中选择Resource groups选项，如图10.46所示。

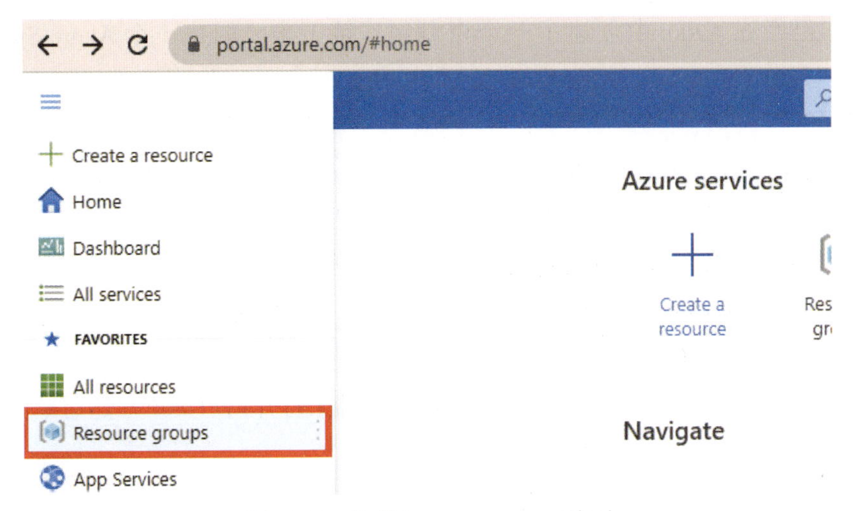

图 10.46　选择 Resource groups 选项

（4）打开 Resource groups 页面，单击 Create 按钮，如图 10.47 所示。

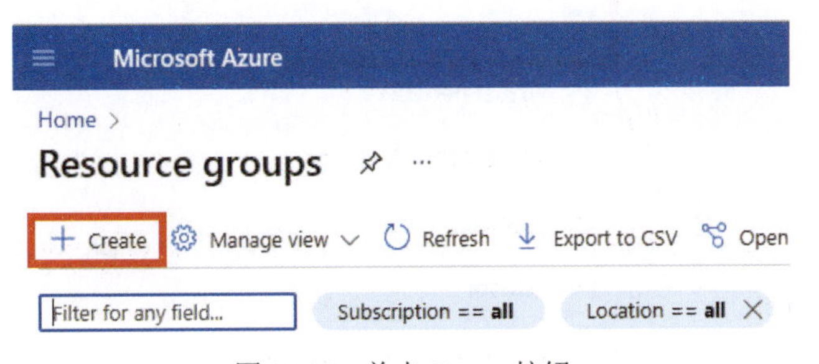

图 10.47　单击 Create 按钮

（5）会看到 Create a resource group 页面。选择 Azure 订阅，并输入资源组的名称，这里输入了 rg-unitybook-dev-001。选择资源组的 Region（区域），这里选择了 (Asia Pacific) Australia East，然后单击 Review + create 按钮，如图 10.48 所示，确定设置并创建资源组。

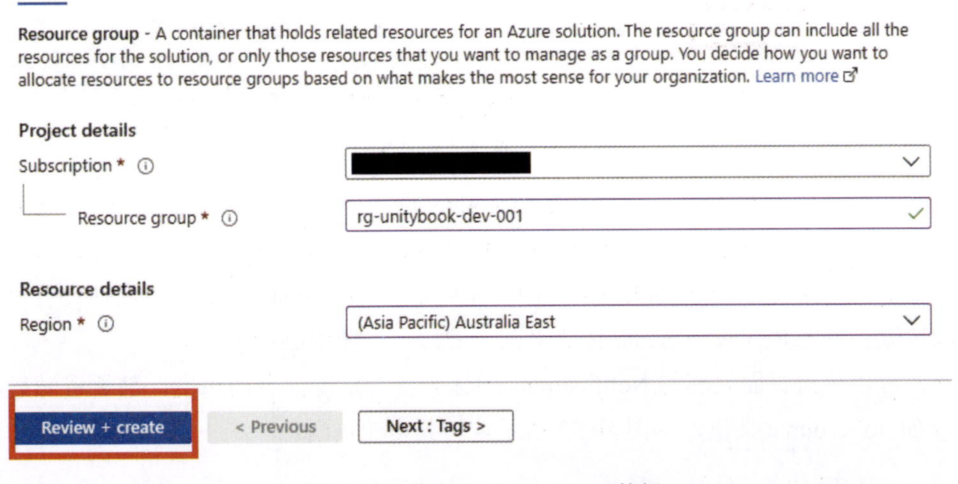

图 10.48　单击 Review + create 按钮

现在，已经在Azure中创建了一个资源组。接下来，创建一个Azure Storage账户资源。

> **注意**
> 可以在Azure中找到关于命名约定的更多信息，地址为https://docs.microsoft.com/enus/azure/cloud-adoption-framework/ready/azurebest-practices/resource-naming。

2. 新建一个Azure Storage账户资源

为了设置Azure Blob存储服务，需要创建一个Azure Storage账户，以便在Azure中为第一次托管的资源提供一个唯一的命名空间。具体步骤如下。

（1）返回Azure门户页面，重复前面介绍的步骤来打开门户菜单，然后单击菜单中的Storage accounts选项，如图10.49所示。

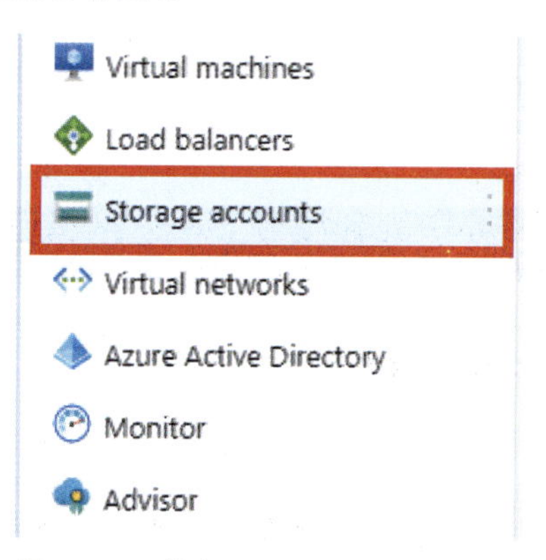

图10.49　单击Storage accounts选项

（2）打开Storage accounts页面。单击此页面上的Create按钮，如图10.50所示。

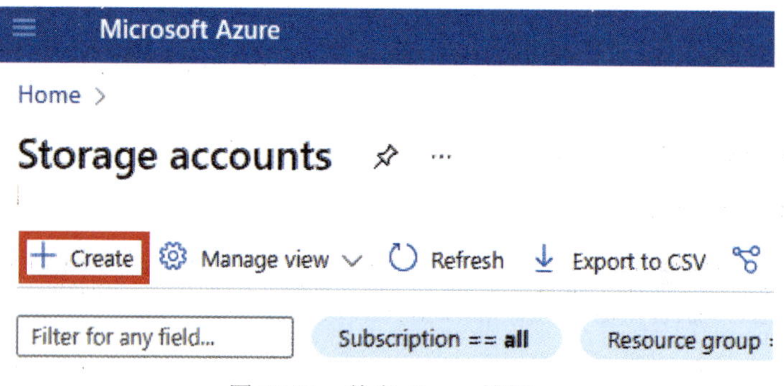

图10.50　单击Create按钮

（3）与创建资源组类似，在Storage accounts页面上，先选择Azure订阅，然后选择刚刚创建的资源组。接着，在Instance details部分，分别输入Storage账户的名称和资源的区域，本例中分别为unitybookchapter10和(Asia Pacific) Australia East，其他设置可以保留为默认值。单击Review + create按钮来创建资源，如图10.51所示。

（4）可以单击页面上部的Notifications图标来查看资源部署的进度。部署资源后，可以单击Go to resource按钮，如图10.52所示，转到资源页面。

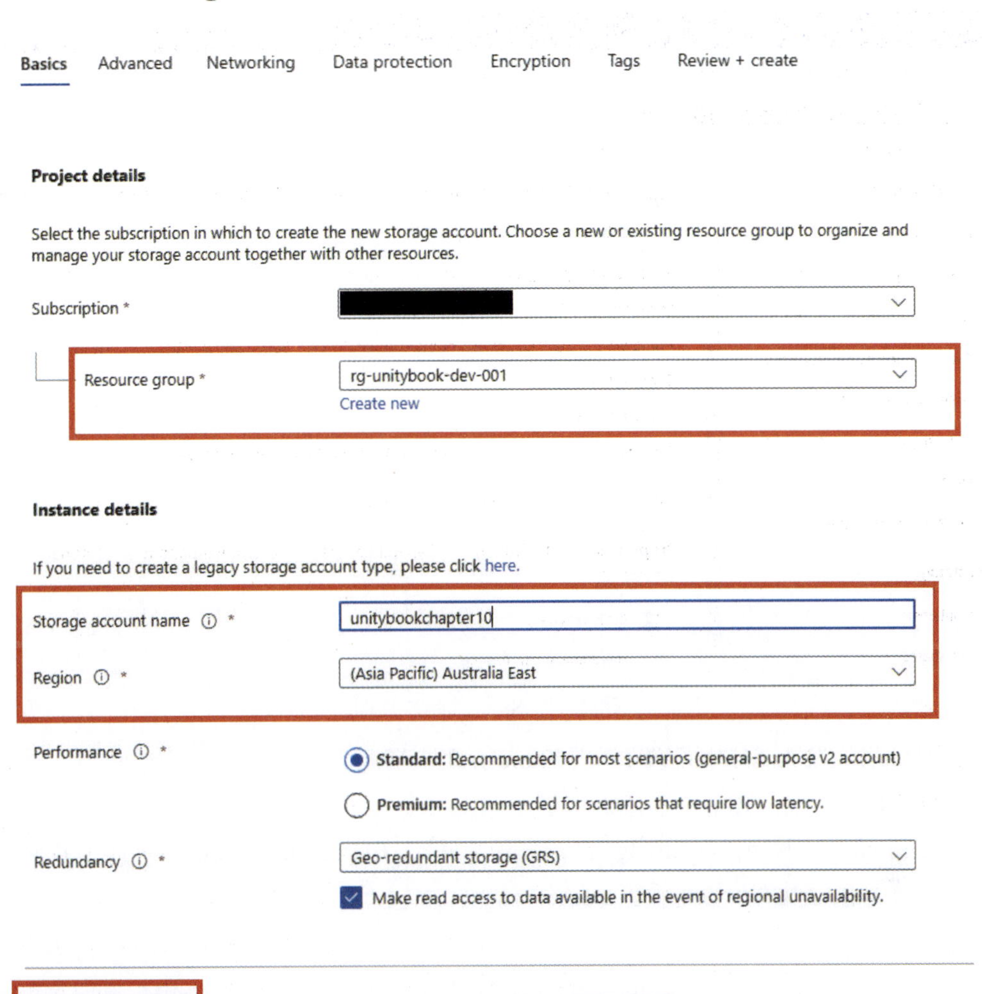

图 10.51　单击 Review + create 按钮

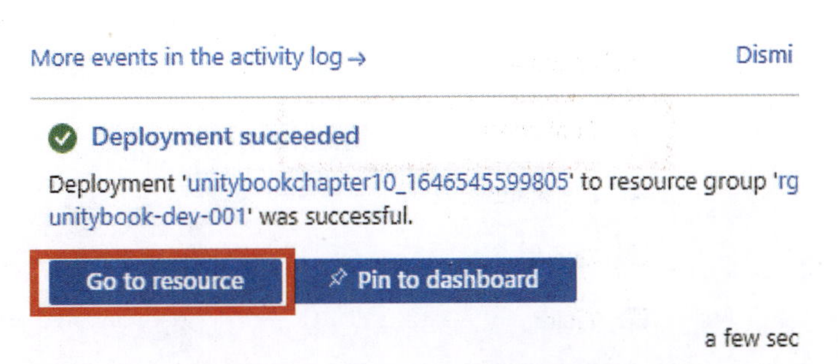

图 10.52　单击 Go to resource 按钮

（5）如图 10.53 所示，创建了一个名为 unitybookchapter10 的 Storage 账户。

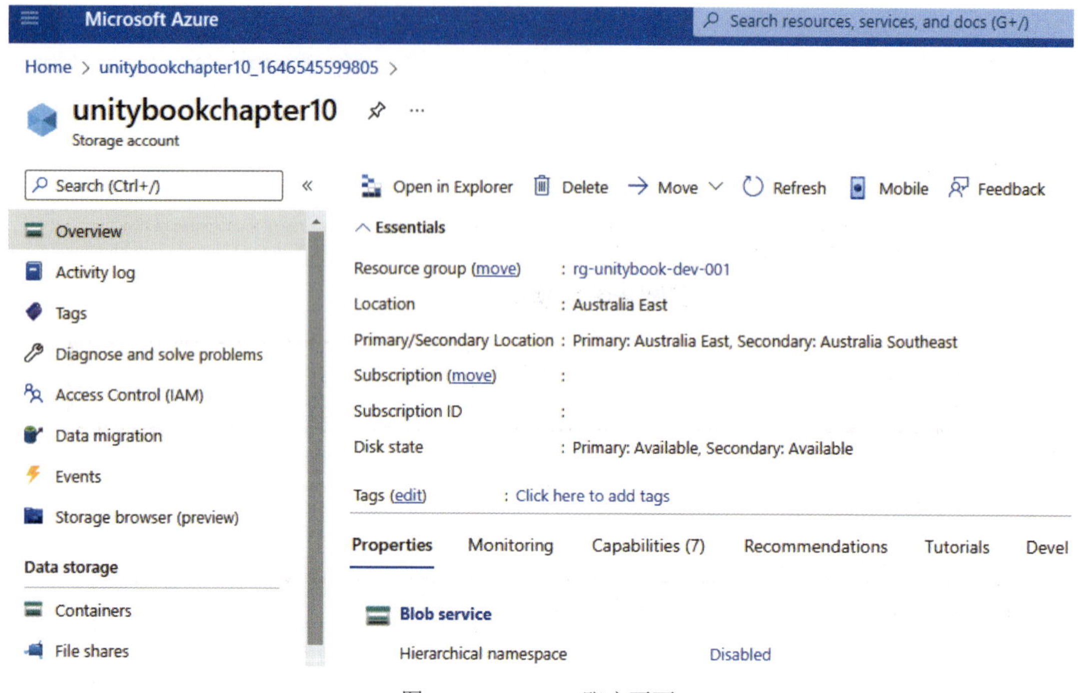

图 10.53 Storage 账户页面

此时，已经在 Azure 中设置了一个 Storage 账户资源。

3. 创建容器

Blob 存储是一种 Azure Storage 账户，所以可以在如图 10.53 所示的页面上找到 Blob 存储的设置。执行以下步骤来设置 Blob 存储。

（1）首先，需要创建一个容器，容器类似于计算机文件系统中的目录，目录用于组织一组文件，容器用来组织 Azure 上的一组数据块。向下滚动 Storage 账户页面左侧的菜单，在 Data storage 部分，可以看到 4 种不同的存储类型。选择 Containers，如图 10.54 所示。

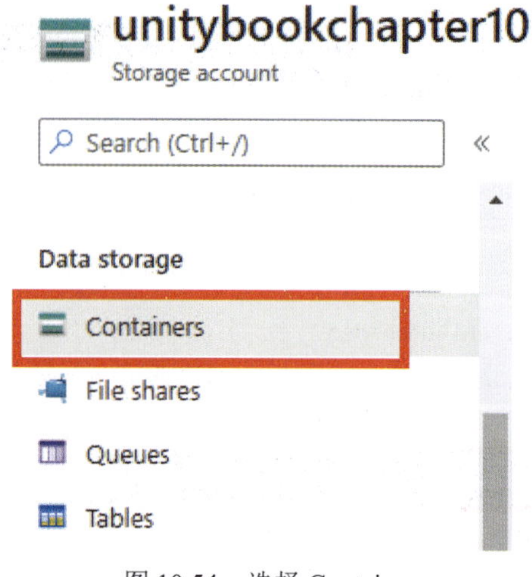

图 10.54 选择 Containers

（2）单击 Container 按钮，如图 10.55 所示。

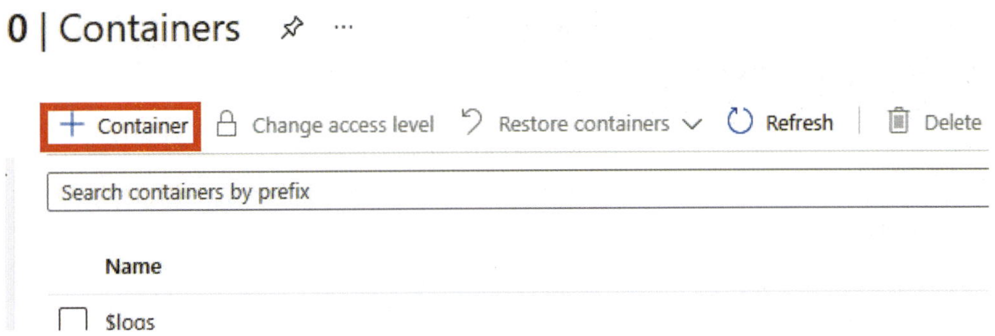

0 | Containers

+ Container　Change access level　Restore containers　Refresh　Delete

Search containers by prefix

Name

$logs

图 10.55　单击 Container 按钮

（3）在 New container 面板中，输入 remotedata 作为容器的名称。为了简便，将 Public access level 设置为 Blob，以允许匿名访问容器内部的 Blob，如图 10.56 所示。

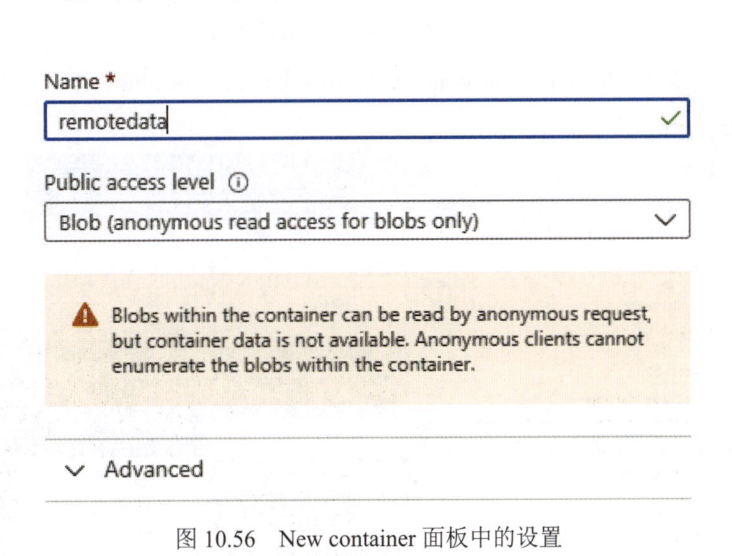

图 10.56　New container 面板中的设置

> **注意**
> 出于安全目的，应该以更安全的方式管理对 Blob 的访问，例如，使用访问密钥进行授权，或者使用共享访问签名（Shared Access Signature，SAS）来委托访问。可以在 https://docs.microsoft.com/en-us/azure/storage/blobs/authorize-data-operations-portal 上了解更多信息。

现在已经建立了 Azure Blob 存储，还需要使用 Unity 中的可寻址资源系统来创建资源包并将它们部署到 Azure 中。

10.5.2　安装可寻址资源系统包

默认情况下，可寻址资源系统在 Unity 项目中不可用。因此，需要首先安装 Addressables 包。如图 10.57 所示，可以在 Unity Package Manager 中找到这个包，并将其安装在项目中。

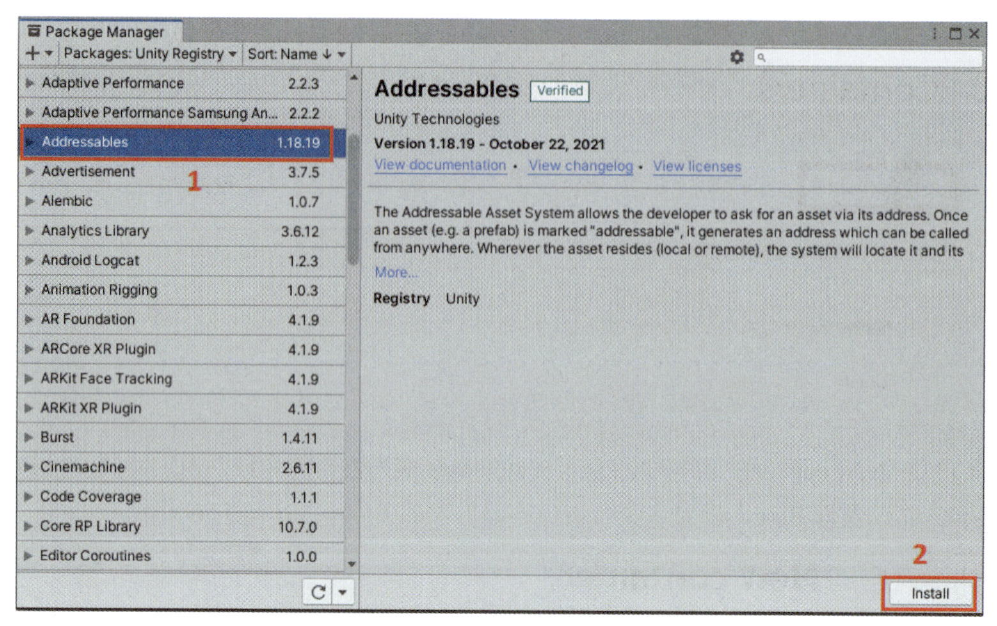

图 10.57　安装 Addressables 包

安装后，可以在 Unity 编辑器的 Window 菜单中找到 Addressables 选项，如图 10.58 所示。

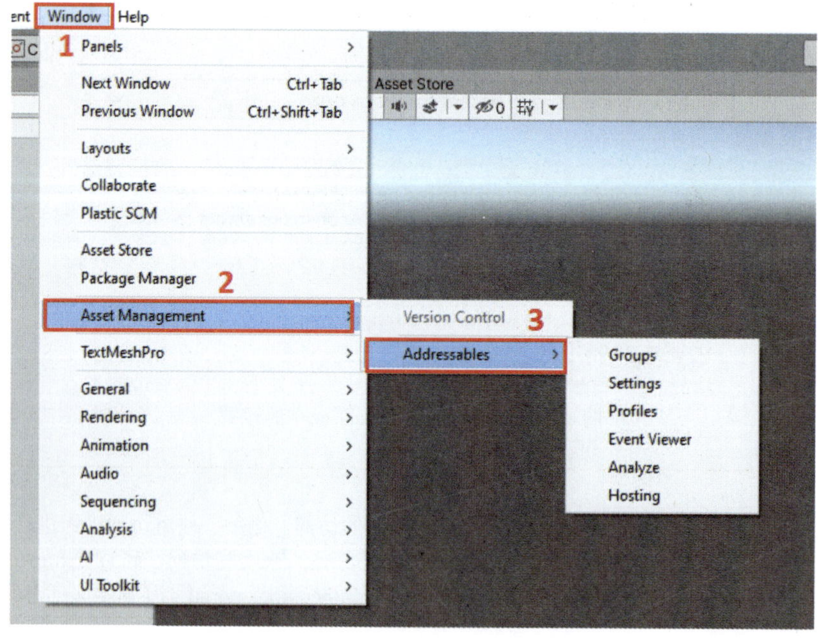

图 10.58　Addressables 选项

接下来，通过使用可寻址资源系统来构建可寻址内容。

10.5.3　构建可寻址内容

可以将构建可寻址内容分解为以下 3 个步骤。

1. 标记可选址资源

在 Unity 编辑器中，可以轻松地将资源标记为可寻址资源。在标记一个可寻址资源之前，先创建一个资源。在场景中创建一个立方体，将其命名为 SampleContentOnAzure，并将其拖到 Project 窗口中以创建一个预制件资源。

选择这个预制件，打开其 Inspector 窗口，可以在窗口中看到 Addressable 复选框，如图 10.59 所示。

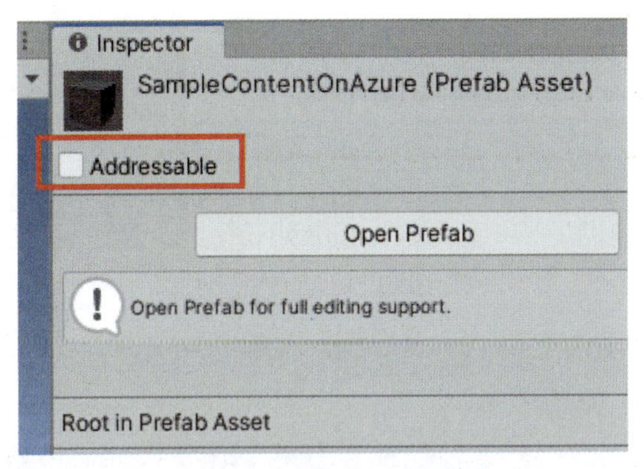

图 10.59　Addressable 复选框

选中此复选框，即可以把预制件资源标记为可寻址资源。

2. 启用远程目录

首先创建一个配置文件，以定义如 RemoteLoadPath 等的变量。

1）创建一个新的配置文件

创建一个新的配置文件的步骤如下。

（1）在工具栏中，单击 Window → Asset Management → Addressables → Profiles 选项，如图 10.60 所示。

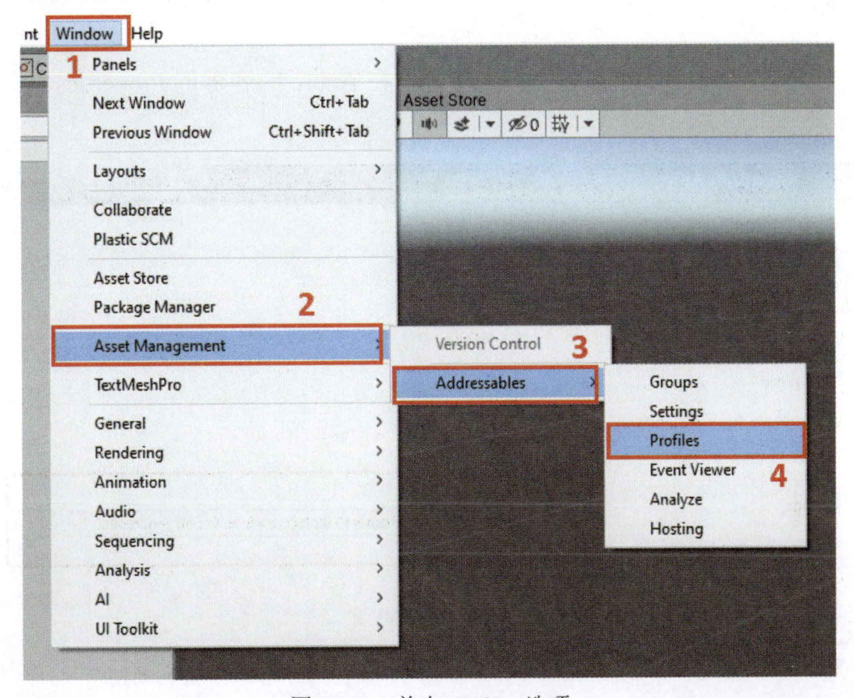

图 10.60　单击 Profiles 选项

（2）在 Addressables Profiles 窗口中，单击 Create 选项，在下拉菜单中选择 Profile 选项以创建配置文件，如图 10.61 所示。

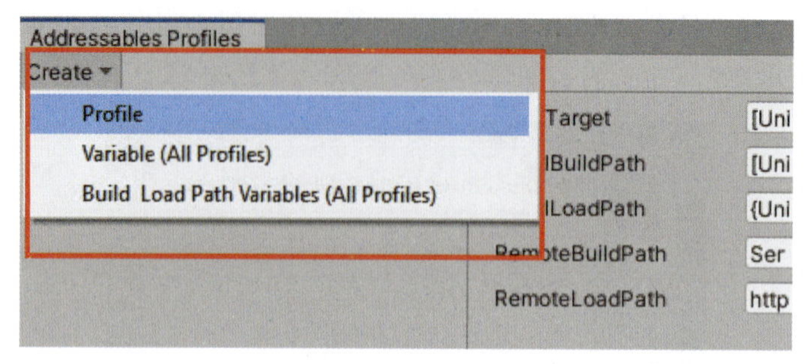

图 10.61　创建配置文件

（3）将此配置文件重命名为 AzureCloud，并输入与 RemoteLoadPath 变量相关的 Azure Blob 容器的 URL，如图 10.62 所示。

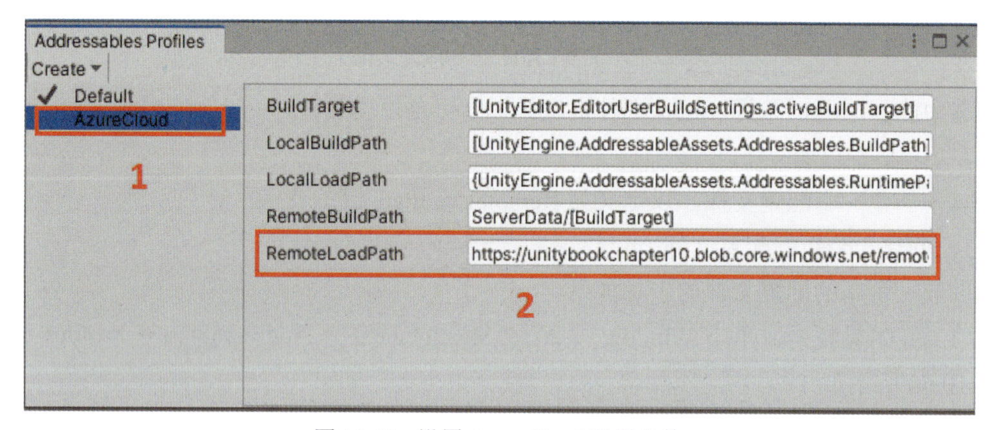

图 10.62　设置 AzureCloud 配置文件

如果不知道 Azure Blob 容器的 URL，可以在 Azure 的容器的 Properties 页面上找到，如图 10.63 所示。

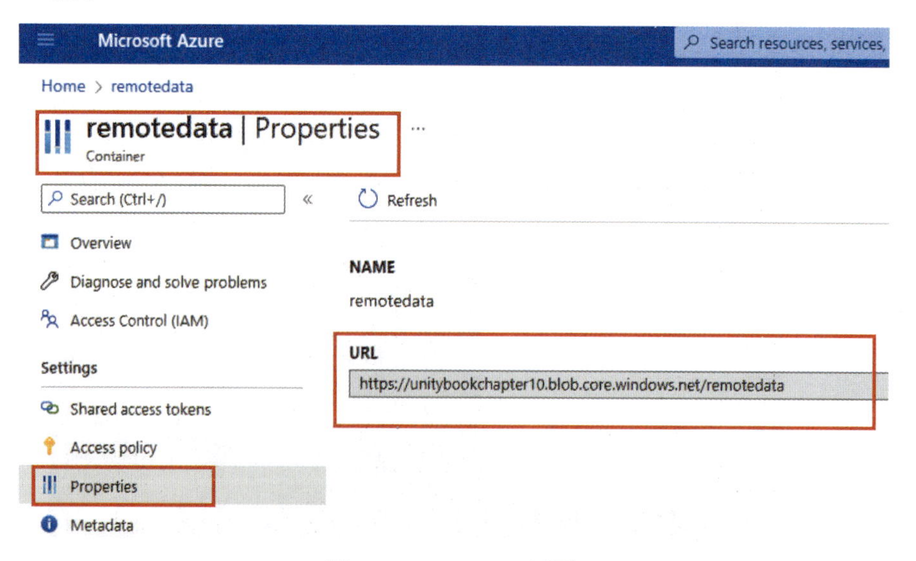

图 10.63　Properties 页面

2）新建可寻址组

接下来，还需要创建一个可寻址组，它包含可寻址资源及其数据，并且可以确定组中的资源是托管在远程服务器上还是存储在本地。然后，可以将需要托管在远程服务器上的资源放置在这个新组中，而不更改在默认组中配置的本地位置。具体步骤如下。

（1）在工具栏中，依次单击 Window → Asset Management → Addressables → Groups 选项，如图 10.64 所示。

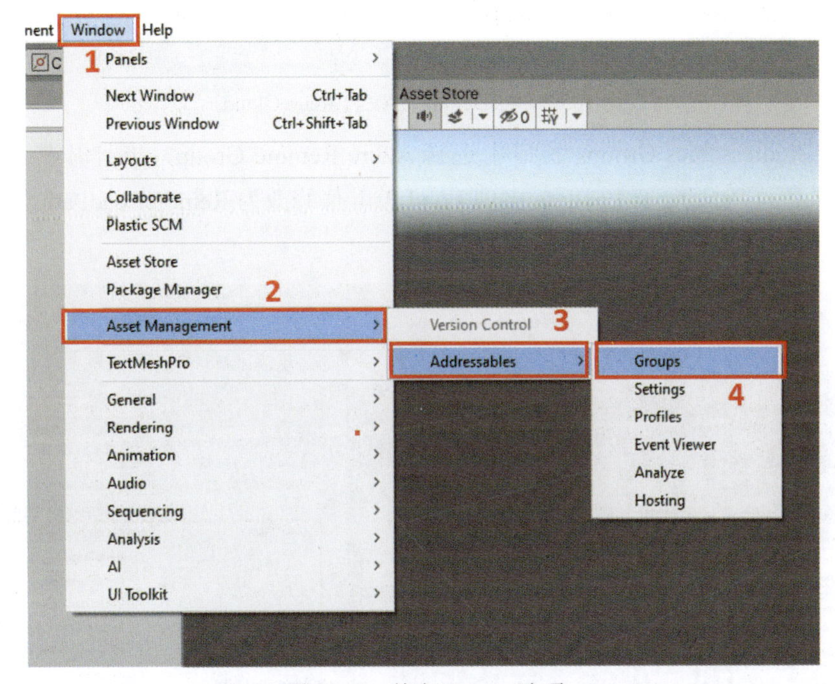

图 10.64　单击 Groups 选项

（2）在 Addressables Groups 窗口中，单击 Create 选项，在下拉菜单中选择 Group → Packed Assets 选项，创建一个新组，如图 10.65 所示。

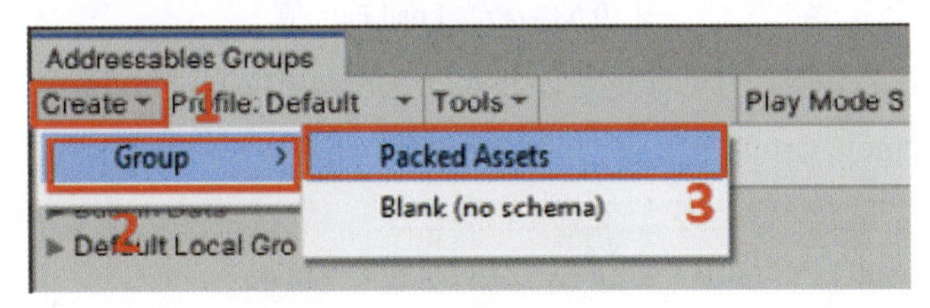

图 10.65　创建一个新组

将其重命名为 Azure Remote Group，如图 10.66 所示。

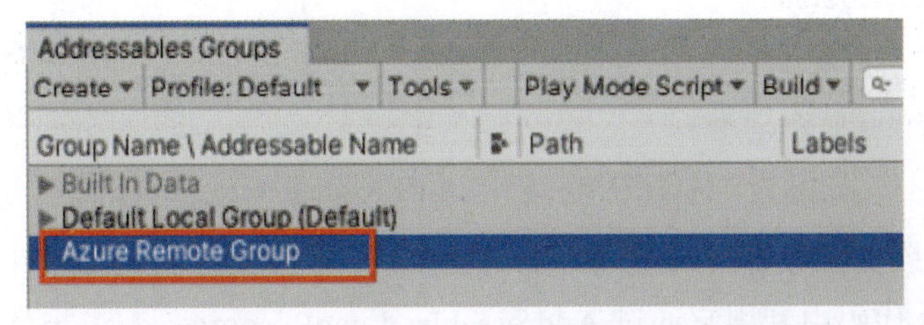

图 10.66　重命名为 Azure Remote Group

（3）将Profile文件从Default更改为AzureCloud，以便可寻址资源系统可以访问AzureCloud中的变量，如图10.67所示。

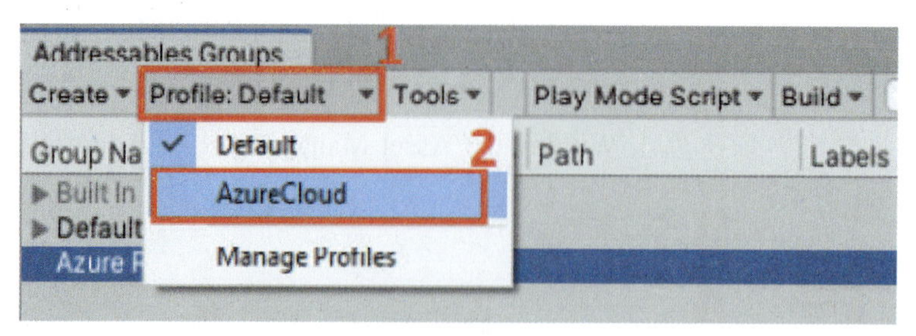

图10.67　将Default更改为AzureCloud

（4）在Addressables Groups窗口中选择Azure Remote Group，以打开其Inspector窗口，并将Content Packing & Loading中的Load Path值修改为RemoteLoadPath，如图10.68所示。

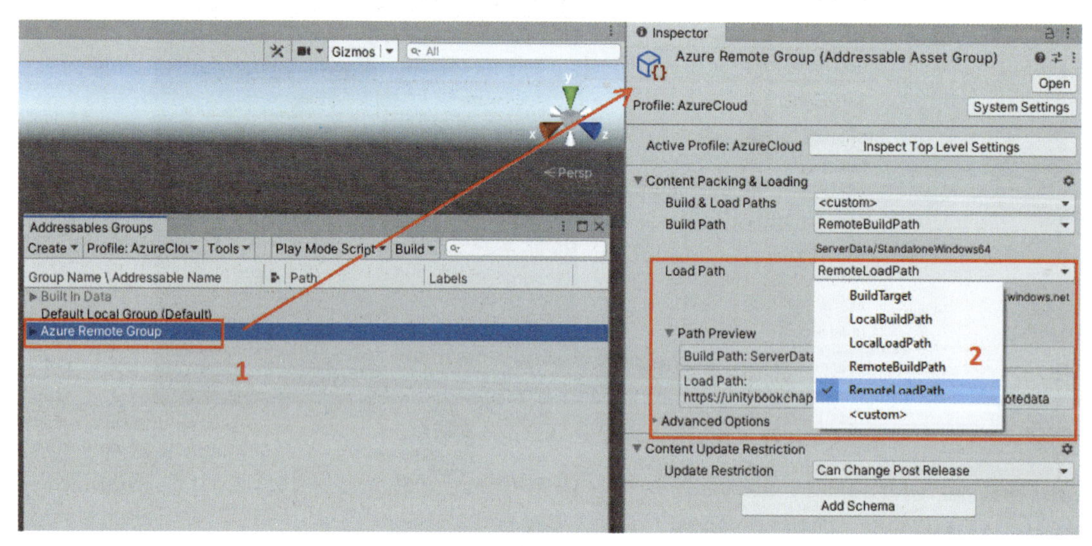

图10.68　修改Load Path值

（5）默认情况下，标记的可寻址资源将位于Default Local Group中，需要将其移动到刚创建的Azure Remote Group中，如图10.69所示。

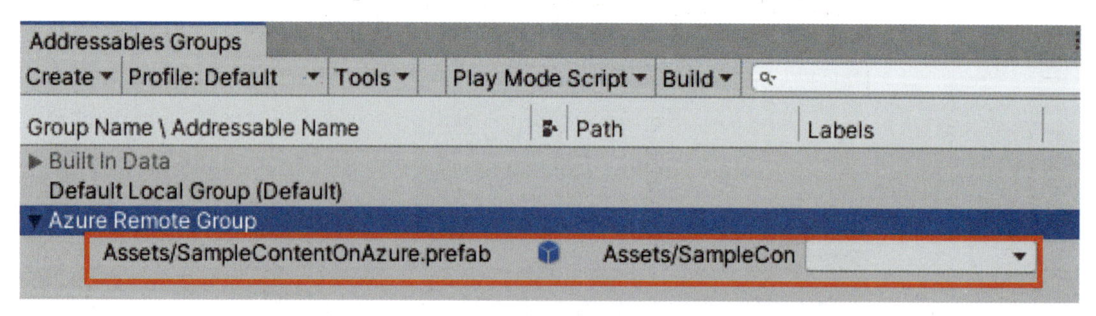

图10.69　将资源移动到刚创建的Azure Remote Group中

（6）需要为该资源设置一个标签Azure，如图10.70所示。可以把它看作是一个键，这样就可以在C#代码中利用它通过Addressables.LoadResourceLocationsAsync方法来加载这个特定的资源。

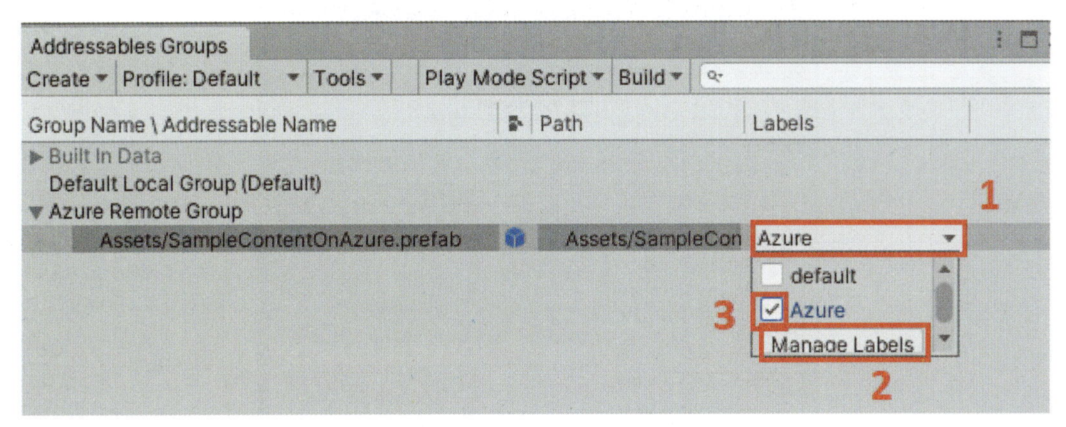

图 10.70 设置一个标签 Azure

3）选中 Build Remote Catalog 复选框

（1）回到工具栏，依次单击 Window → Asset Management → Addressables → Settings 选项，打开 Addressable Asset Settings 窗口，如图 10.71 所示。

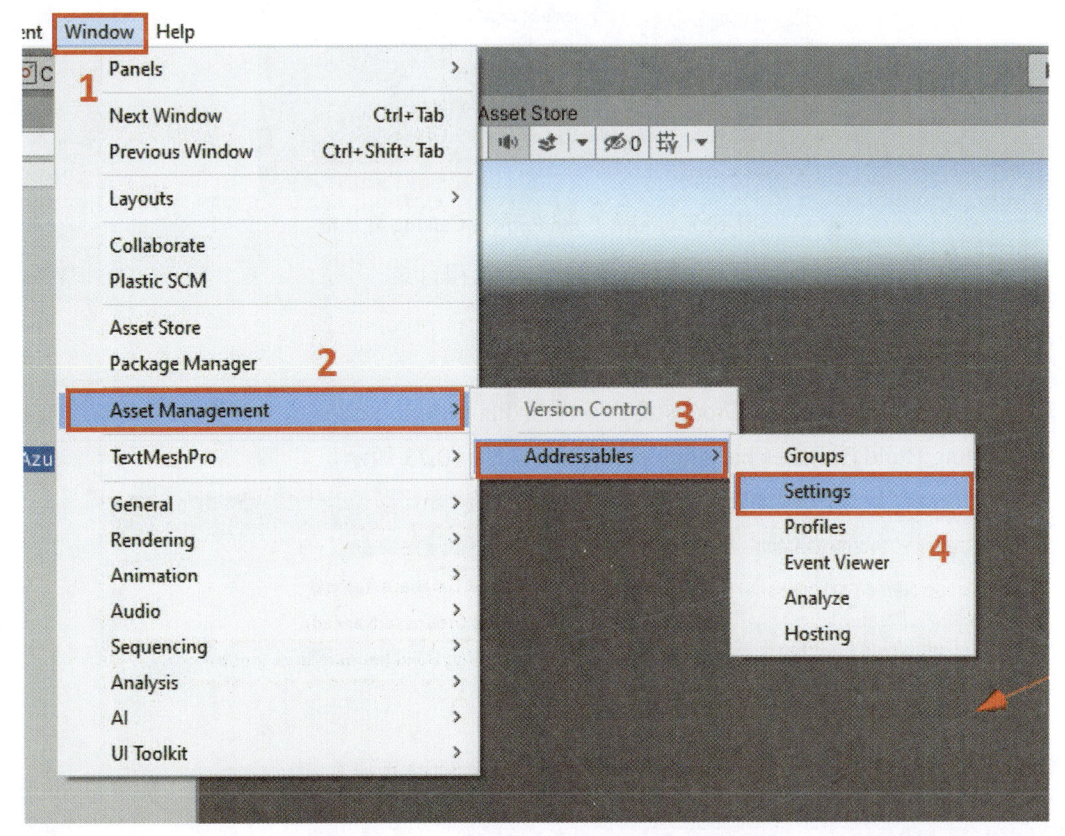

图 10.71 打开 Addressable Asset Settings 窗口

（2）向下滚动窗口，找到 Content Update 部分。勾选 Build Remote Catalog 复选框，并分别设置 Build Path 字段和 Load Path 字段，如图 10.72 所示。

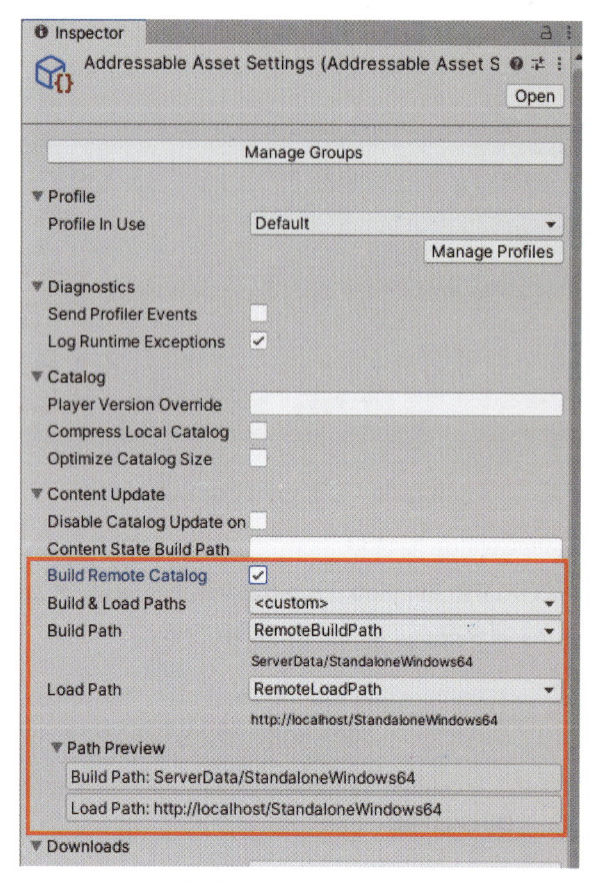

图 10.72 勾选 Build Remote Catalog 复选框

现在已经了解如何在可寻址资源系统中启用远程目录。

4）构建内容

按照以下步骤来构建内容。

（1）返回 Addressables Groups 窗口，单击 Play Mode Script 选项，在下拉菜单中选择 Use Existing Build (requires built groups) 选项，如图 10.73 所示。

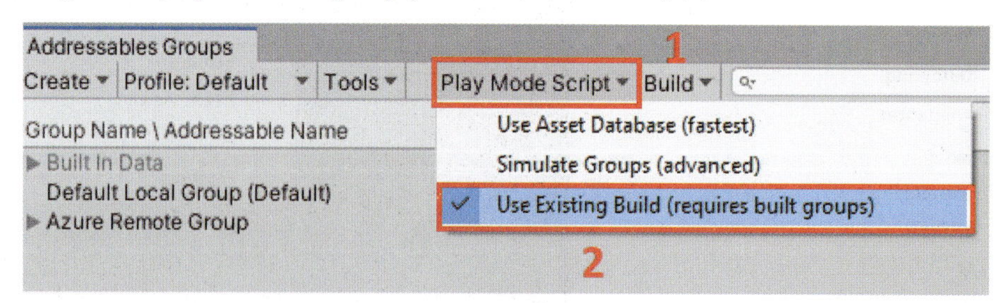

图 10.73 选择 Play Mode Script 选项

> **注意**
>
> Unity 为开发人员提供了 3 种构建脚本来创建 play mode 数据。这里使用的是 Use Existing Build 模式，该模式与游戏构建最匹配。可以在 https://docs.unity3d.com/Packages/com.unity.addressables@1.9/manual/AddressableAssetsDevelopmentCycle.html 上找到更多关于可寻址资源系统构建脚本的信息。

（2）单击 Build → New Build → Default Build Script 选项来构建内容，如图 10.74 所示。

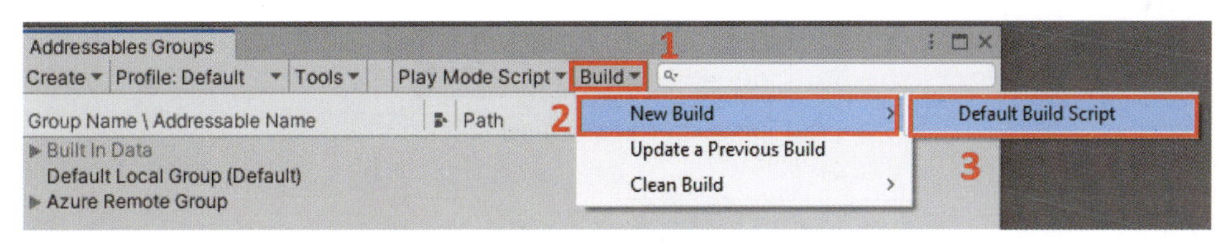

图 10.74　构建内容

（3）内容构建完成后，可以在项目根目录中的 ServerData 文件夹中找到构建内容，如图 10.75 所示。

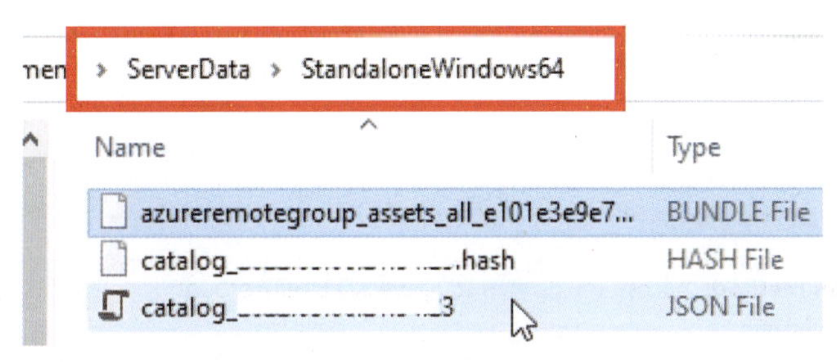

图 10.75　找到构建内容

10.5.4　将内容部署到 Azure

将构建的可寻址内容部署到 Azure，步骤如下所示。

（1）导航到 Azure 中创建的 remotedata 容器，remotedata 页面如图 10.76 所示，单击 Upload 按钮。

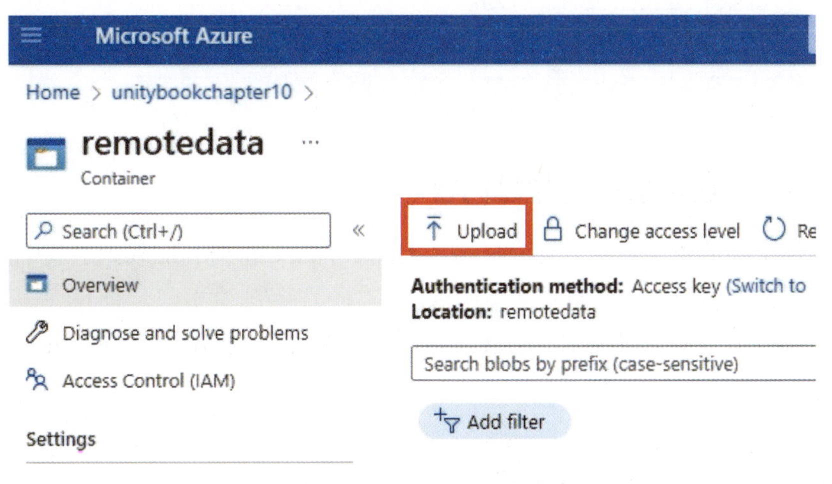

图 10.76　remotedata 页面

（2）将出现一个 Upload blob 面板。选择要上传的文件，然后单击 Upload 按钮，如图 10.77 所示。

Upload blob
remotedata/
Files
"azureremotegroup_assets_all_e101...
Overwrite if files already exist
Advanced
Upload

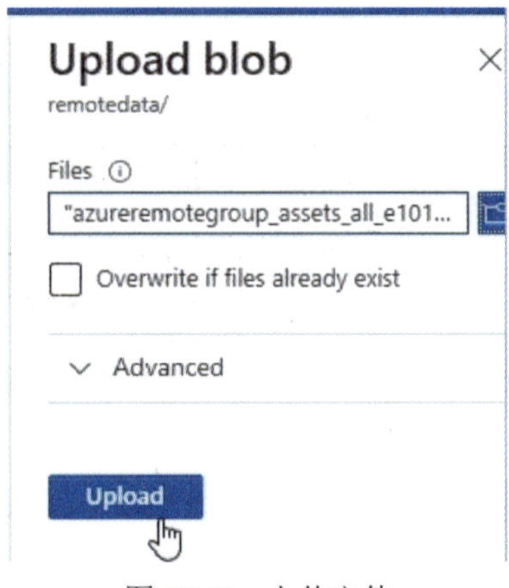

图 10.77　上传文件

（3）文件上传完成后，就可以在 remotedata 容器的 blobs 列表中看到可寻址内容，如图 10.78 所示。

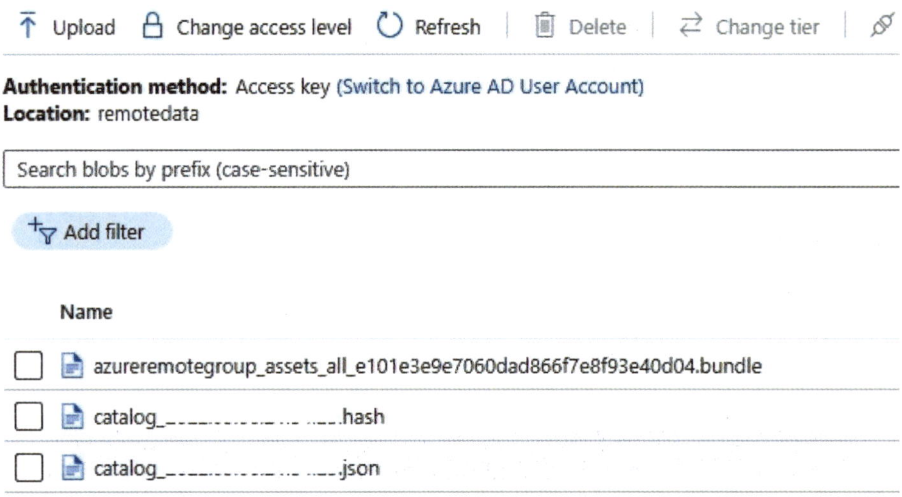

Upload
Change access level
Refresh
Delete
Change tier
Authentication method: Access key (Switch to Azure AD User Account)
Location: remotedata
Search blobs by prefix (case-sensitive)
Add filter
Name
azureremotegroup_assets_all_e101e3e9e7060dad866f7e8f93e40d04.bundle
catalog_.hash
catalog_.json

图 10.78　可寻址内容

10.5.5　从 Azure 加载可寻址内容

由于使用可寻址资源系统来管理资源，因此从 Azure 将内容加载到游戏中也需要使用可寻址资源系统提供的方法，步骤如下所示。

（1）在 Scripts 文件夹中新建一个 C# 脚本，将其命名为 LoadAddressableContentFromAzureCloud，并将以下代码添加到此脚本中。

```
using UnityEngine;
using UnityEngine.AddressableAssets;

public class LoadAddressableContentFromAzureCloud :
  MonoBehaviour
{
    [SerializeField]
```

```
    private string _assetKey;

    private void Start()
    {
        GetContentFromAzureCloud();
    }

    private async void GetContentFromAzureCloud()
    {
        var resourceLocations = await
          Addressables.LoadResourceLocationsAsync
          (_assetKey).Task;

        foreach (var resourceLocation in
          resourceLocations)
        {
            await Addressables.InstantiateAsync
            (resourceLocation).Task;
        }
    }
}
```

可以看到，首先提供了 _assetKey，其值是在 10.5.3 节中设置的资源的标签。然后，调用 Addressables.LoadResourceLocationsAsync 方法加载内容，并用 Addressables.InstantiateAsync 方法实例化一个游戏对象。

（2）创建一个游戏对象，将 LoadAddressableContentFromAzureCloud 脚本附加到该游戏对象上，将 Asset Key 的值设置为 Azure，然后在 Unity 编辑器中单击 Play 按钮运行游戏。可以看到，该预制件的一个新对象已按照预期创建，如图 10.79 所示。

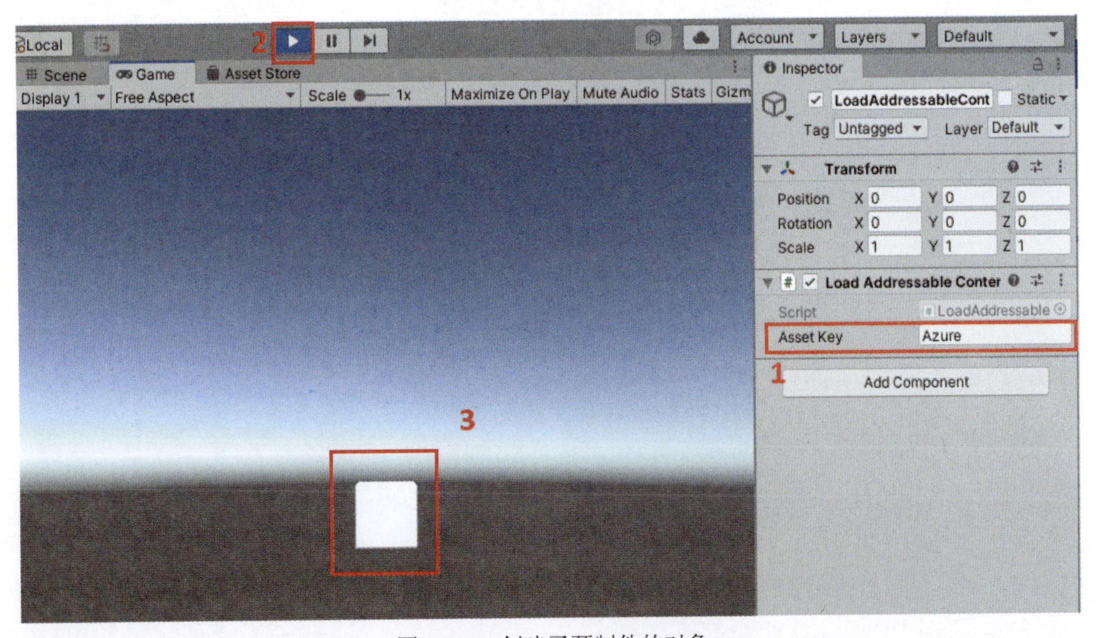

图 10.79　创建了预制件的对象

10.6 本章小结

本章首先介绍了 Unity 中的序列化系统，讨论了 Unity 中的 YAML 序列化、二进制序列化和 JSON 序列化。然后，探索了 Unity 的资源工作流程，涵盖了一些重要的概念，如 GUID、文件 ID、meta 文件、Library 文件夹，以及如何在 C# 代码中管理资源导入管线。接下来，详细讨论了 Resources 文件夹和 StreamingAssets 文件夹，它们是 Unity 中的特殊文件夹，理解这些文件夹的功能有助于更好地使用 Unity 开发游戏。最后，介绍了 Azure Blob 存储和 Unity 的可寻址资源系统。

本章的知识将有助于根据需要在 Unity 中选择合适的序列化模式，合理地管理资源，并使用 Azure 来实现游戏内容的增量更新。

第 11 章 Microsoft Game Dev、Azure、PlayFab 和 Unity 协同工作

本章将继续探讨 Microsoft Game Dev、Azure 和 PlayFab，因为现代游戏开发所需的工具不局限于游戏引擎，其他工具和服务（如云）也越来越多地用于游戏开发。

在本章结束时，将了解什么是 Microsoft Game Dev、Azure 和 PlayFab，如何在 Unity 项目中设置 PlayFab，以及如何使用 PlayFab 的 API 来在 Unity 中实现注册、登录和排行榜功能。

11.1 技术要求

本章使用的示例项目在 GitHub 存储库中名为 Chapter_11_AzurePlayFabAndUnity，地址为 https://github.com/PacktPublishing/Game-Development-with-Unity-for-.NET-Developers。

11.2 Microsoft Game Dev、Azure 和 PlayFab 的介绍

通过前面的学习，已经学会了如何使用 Unity 引擎来开发游戏。然而，现代游戏开发不仅需要游戏引擎，还需要其他工具，如云服务。

11.2.1 Microsoft Game Dev

2019 年，微软发布了 Microsoft Game Stack，现名为 Microsoft Game Dev，旨在为游戏开发者提供轻松创建和操作游戏所需的工具和服务。这些工具和服务不仅包括游戏开发者完成游戏开发和内容创建经常使用的 DirectX、Visual Studio、Xbox Services、App Center 和 Havok，还包括基于云的服务，如 Azure 和 PlayFab，它们共同组成一个强大的

生态系统，每个游戏开发者都可以使用。Microsoft Game Dev products 页面如图 11.1 所示。

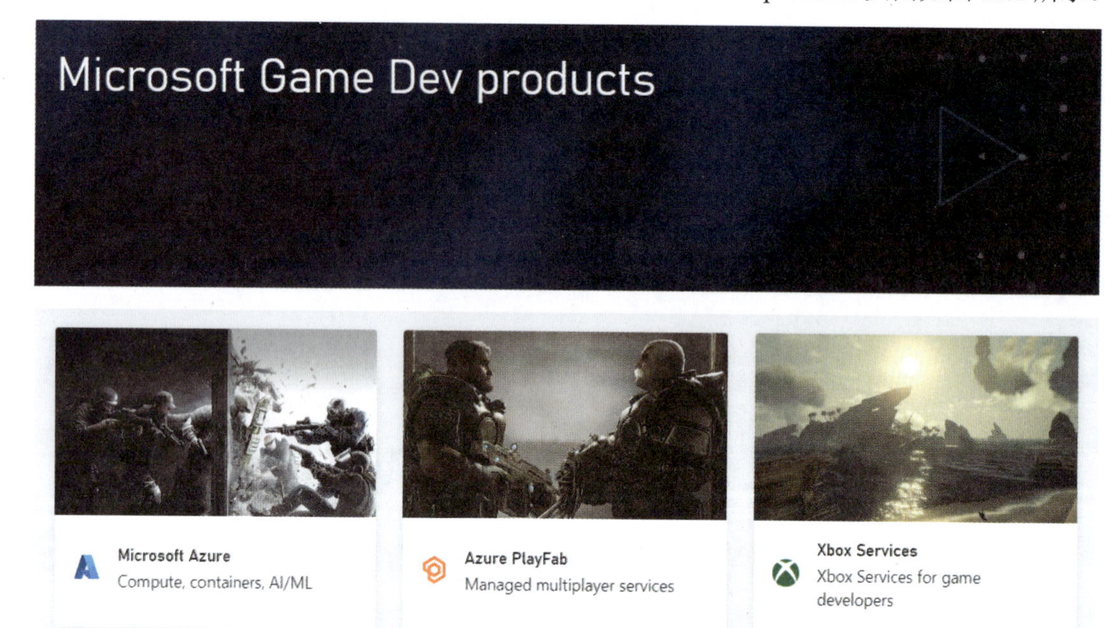

图 11.1　Microsoft Game Dev products 页面（来自 Game Dev 网站）

Azure 和 PlayFab 是 Microsoft Game Dev 的重要组成部分。不但更多的现代游戏需要多玩家的支持，而且单人游戏在云中存储玩家数据也越来越普遍。因此，云在游戏开发中越来越重要。

在 2022 年 3 月的游戏开发者大会上，Microsoft 发布了一项名为 ID@Azure 的新项目，旨在帮助游戏开发者使用 Azure 和 PlayFab 服务开发游戏。任何游戏开发者都可以申请加入该项目。加入该项目后，可以获得高达 5000 美元的 Azure 积分，这样就可以访问许多云服务、获得免费的 PlayFab Standard Plan、获得专家支持等。

> **注意**
> 可以在 https://aka.ms/idazure 上找到更多关于 ID@Azure 项目的信息。

11.2.2　Azure

Azure 是一个云计算服务平台，包括以下服务：

（1）Cloud computing（云计算）服务，如 Azure App Service、Azure Functions 和 Azure Virtual Machines。

（2）Database（数据库）服务，如 Cosmos DB、Azure SQL Database 和 Azure Cache for Redis。

（3）Storage（存储）服务，如 Azure Storage 账户和 Data Lake Storage。

（4）Networking（网络）服务，如 Azure Application Gateway、Azure Fire wall 和 Azure Load Balancer。

（5）Analytics（分析）服务，如 Azure Data Factory 和 Azure Synapse Analytics。

（6）Security（安全）服务，如 Azure Defender 和 Azure DDoS Protection。

（7）AI（人工智能）服务，如 Azure Cognitive Services 和 Azure Bot Service。

在游戏产业中，游戏服务器通常部署在尽可能靠近玩家的数据中心，这不仅可以减少网络延迟，还可以满足某些国家和地区的数据主权要求。

根据微软的数据，微软的 Azure 覆盖了全球 140 个国家和地区，可用区域的数量比其他任何云平台都要多。巨大的全球覆盖范围可以帮助游戏开发者快速部署目标国家或地区的游戏服务。

> **注意**
> 可以在 https://infrastructuremap.microsoft.com/explore 上找到更多关于 Azure Global Infrastructure 的信息。

除了使用 Azure 数据中心托管游戏外，游戏开发者还可以在 Azure 上使用 Azure Virtual Machines 开发游戏。2022 年 3 月的游戏开发者大会宣布了一个新的 Azure Game Development Virtual Machine，它是为游戏开发者定制的，预装了 Microsoft Game Development Kit、Visual Studio 2019 社区版和 Blender 等工具，可以在云上实现游戏生产。

> **注意**
> 可以在 https://aka.ms/gamedevvmdocs 上找到更多关于 Azure Game Development Virtual Machine 的信息。

11.2.3 PlayFab

PlayFab 是一个构建和操作实时游戏的完整的后端服务。2018 年年初，Microsoft 收购了 PlayFab。PlayFab 加入了 Azure 家族，并更名为 Azure PlayFab，成为 Azure 的一部分。PlayFab 结合了 Azure 与 PlayFab：Azure 带来了可靠性、全球范围的可访问性和企业级的安全性，而 PlayFab 为游戏开发者提供了完整的游戏后端服务。

PlayFab 作为完整的后端服务解决方案，主要为游戏开发者提供以下功能来开发游戏。

（1）可以使用内置认证来实现玩家的注册、登录，甚至可以在不同设备上跟踪玩家。

（2）能够创建动态扩展的多人游戏服务器和管理云上的玩家数据。

（3）能够在后端服务器上轻松实现排行榜功能。

> **注意**
> PlayFab 还提供其他维护和操作游戏的服务，如 Liveops（Live Operations 的简称）和数据分析服务，可以用于管理游戏内容，例如在不发布新版本的情况下更新游戏，以及每天报告和分析游戏数据。这些内容超出了本书的范围，若对此感兴趣，可以在 https://docs.microsoft.com/en-us/gaming/playfab 上找到更多内容。

11.3 为 Unity 项目设置 PlayFab

本例将把玩家注册、登录、数据保存、加载和排行榜功能添加到 Unity 的 Flappy Bird-style 游戏中，游戏界面如图 11.2 所示。

图 11.2　游戏界面

接下来，首先创建一个 PlayFab 账户，然后在 PlayFab 中创建游戏工作室和游戏标题，最后在这个 Unity 项目中添加 Azure PlayFab SDK。

11.3.1　创建一个新的 PlayFab 账户

按以下步骤创建一个新的 PlayFab 账户。

（1）访问 PlayFab 的主页，如图 11.3 所示，单击右上角的 SIGN UP 按钮，打开注册页面。

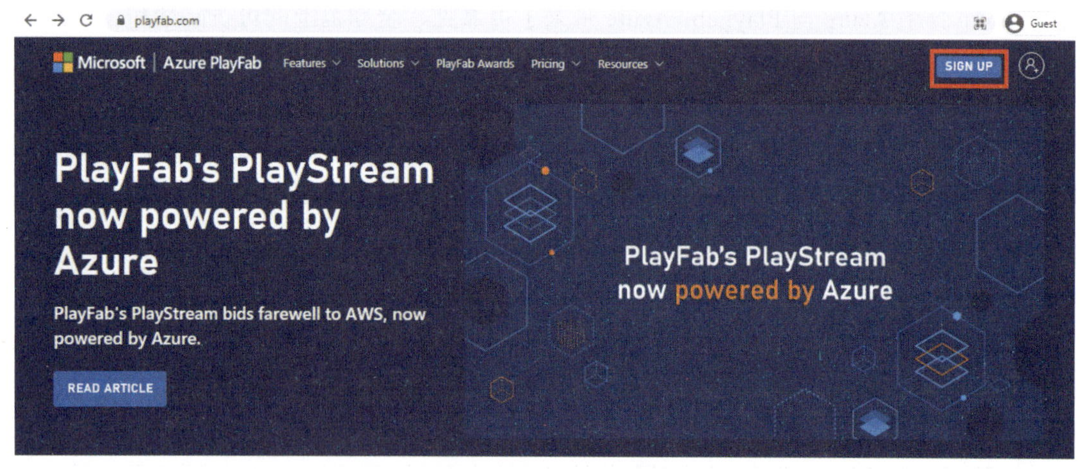

图 11.3　PlayFab 的主页

（2）在注册页面输入 Email address（邮箱地址）和 Password（密码），单击 Create a free account 按钮，如图 11.4 所示。

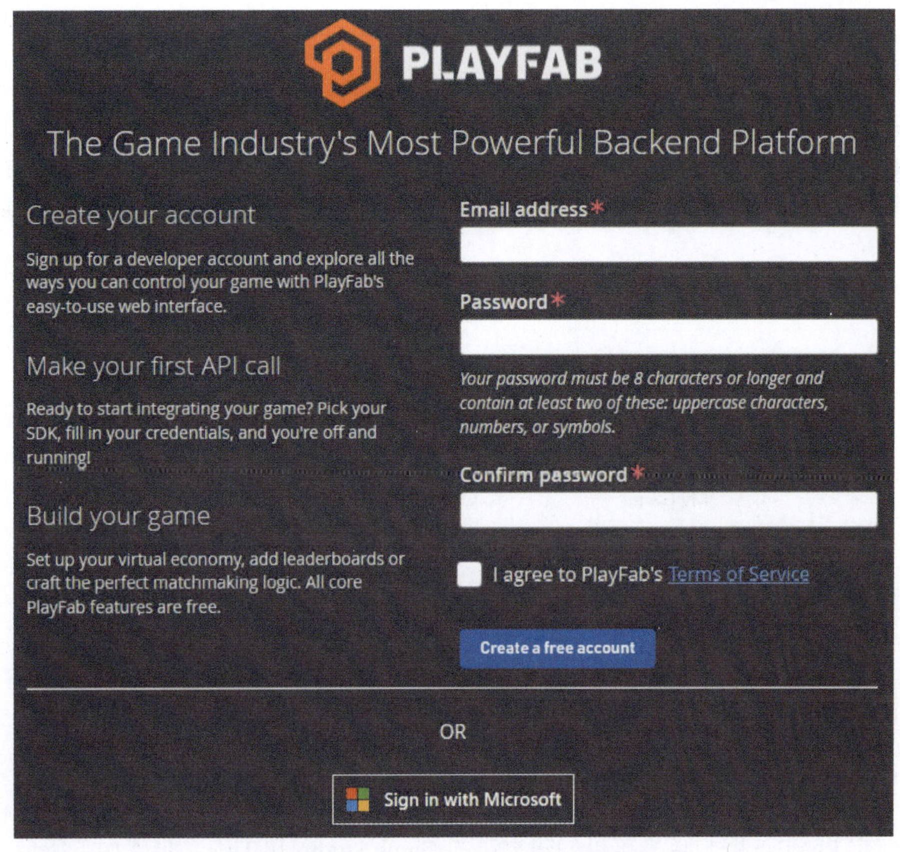

图 11.4 单击 Create a free account 按钮

（3）之后，会收到来自 PlayFab 的验证电子邮件，如图 11.5 所示，以验证邮箱地址。单击 VERIFY YOUR EMAIL ADDRESS 按钮。

图 11.5 来自 PlayFab 的地址验证邮件

（4）完成邮箱地址验证后，登录刚刚创建的 PlayFab 账户，可以看到 My Studios and Titles 页面，如图 11.6 所示。

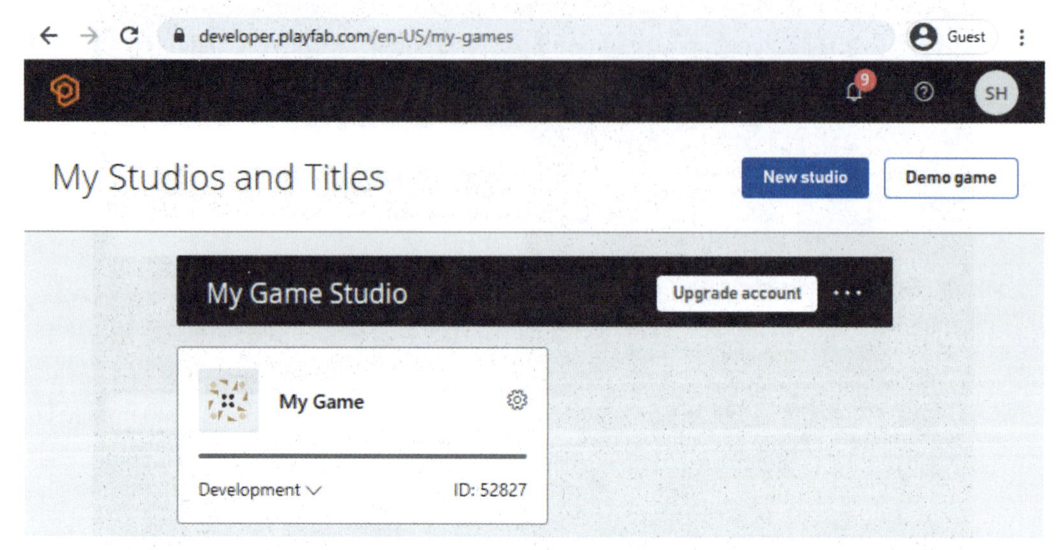

图 11.6　My Studios and Titles 页面

至此已经创建了一个 PlayFab 账户。

11.3.2　在 PlayFab 中创建 Game Studio 和 Title

创建完 PlayFab 账户后，可以创建自己的 Game Studio 和 Title，步骤如下所示。

（1）默认的 Game Studio 叫 My Game Studio，单击 ··· 图标，选择 Studio settings 选项，打开 Edit Studio 页面，如图 11.7 所示。

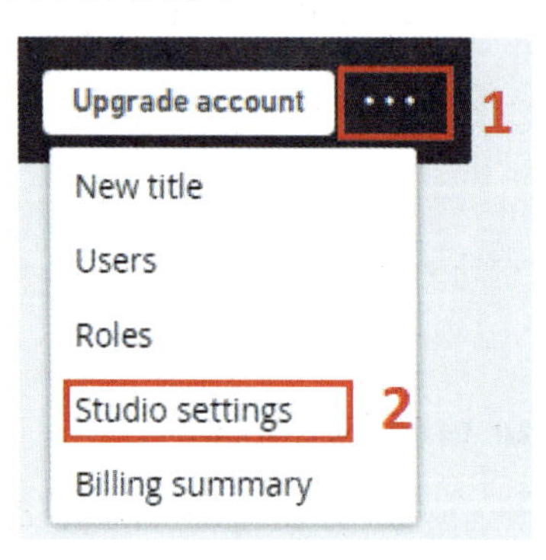

图 11.7　打开 Edit Studio 页面

（2）在 Edit Studio 页面中，将 Studio name 更改为 UnityBook，并单击 Save studio 按钮进行保存，如图 11.8 所示。

（3）默认的 Title 是 My Game，单击⚙图标，选择 Edit title info 选项，如图 11.9 所示，打开 TITLE INFORMATION 页面。

（4）在 TITLE INFORMATION 页面上，可以设置 Title 的各种信息，如 Name、GENRE 和 PLAYER MODES。此处将 Name 更改为 Chapter11-AzurePlayfabAndUnity，如图 11.10 所示，并单击 Save title 按钮进行保存。

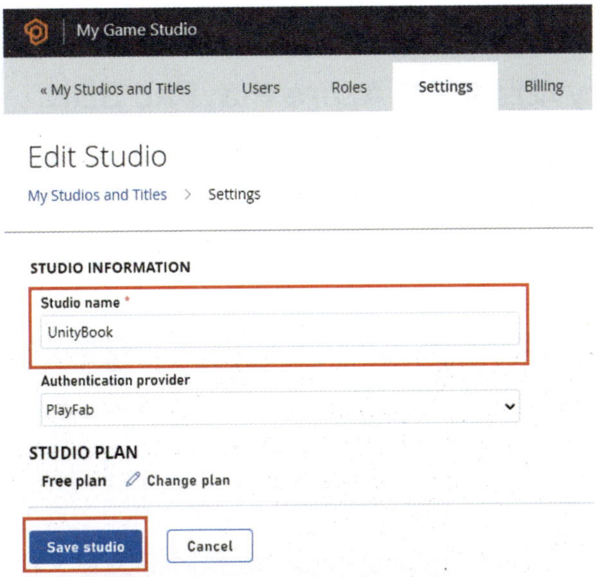

My Game Studio
« My Studios and Titles
Users
Roles
Settings
Billing
Edit Studio
My Studios and Titles > Settings
STUDIO INFORMATION
Studio name *
UnityBook
Authentication provider
PlayFab
STUDIO PLAN
Free plan
Change plan
Save studio
Cancel

图 11.8　将 Studio name 更改为 UnityBook

UnityBook
My Game
1
Users and roles
Edit title info
2
Hide
Delete

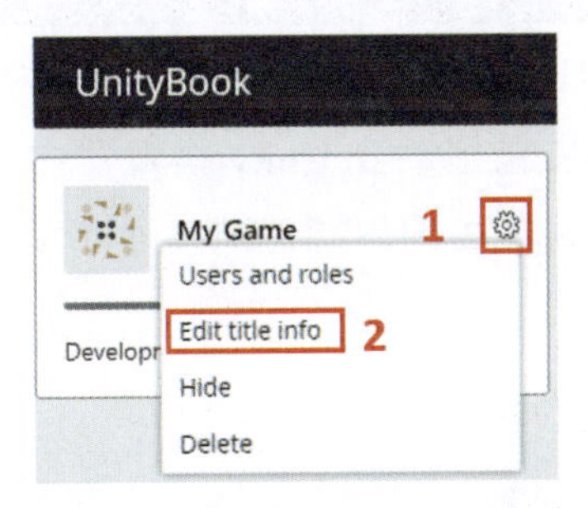

图 11.9　选择 Edit title info 选项

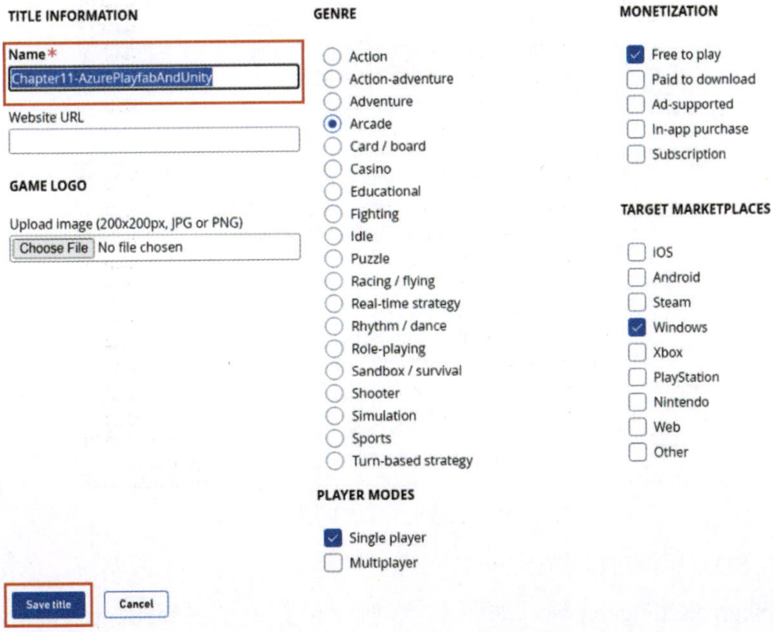

TITLE INFORMATION
Name *
Chapter11-AzurePlayfabAndUnity
Website URL
GAME LOGO
Upload image (200x200px, JPG or PNG)
Choose File No file chosen
GENRE
Action
Action-adventure
Adventure
Arcade
Card / board
Casino
Educational
Fighting
Idle
Puzzle
Racing / flying
Real-time strategy
Rhythm / dance
Role-playing
Sandbox / survival
Shooter
Simulation
Sports
Turn-based strategy
PLAYER MODES
Single player
Multiplayer
MONETIZATION
Free to play
Paid to download
Ad-supported
In-app purchase
Subscription
TARGET MARKETPLACES
iOS
Android
Steam
Windows
Xbox
PlayStation
Nintendo
Web
Other
Save title
Cancel

图 11.10　更改 Name

现在已经在 PlayFab 中创建了 Game Studio 和 Title。

11.3.3 在 Unity 项目中添加 Azure PlayFab SDK

为了从 Unity 访问 PlayFab 中的 API，需要将 Azure PlayFab SDK 导入 Unity 项目中，步骤如下所示。

（1）可以在 https://docs.microsoft.com/en-us/gaming/playfab/sdks/unity3d/ 找到 Azure PlayFab SDK。在此还可以找到 Unity PlayFab SDK GitHub 存储库的下载链接，如图 11.11 所示。

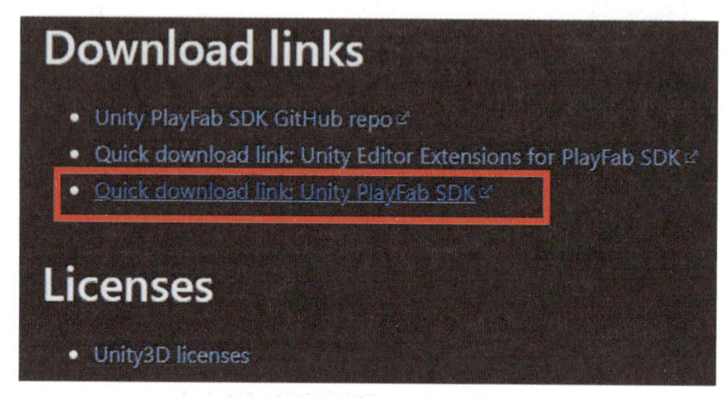

图 11.11　Azure PlayFab SDK 的下载链接

（2）将刚下载的 UnitySDK 包拖动到 Unity 编辑器中，会弹出 Import Unity Package 窗口，如图 11.12 所示，可以预览包的内容，然后单击 Import 按钮将其导入此 Unity 项目中。

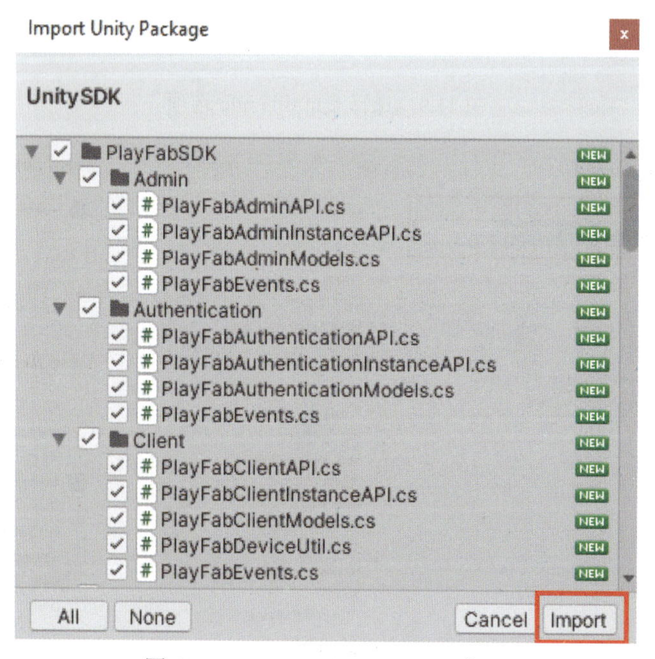

图 11.12　Import Unity Package 窗口

（3）导入 SDK 后，可以在 Unity 编辑器工具栏中找到 PlayFab 菜单。单击 PlayFab → MakePlayFabSharedSettings 选项，如图 11.13 所示，打开 PlayFabSharedSettings 窗口，在该窗口设置连接 Unity 项目到 PlayFab 中的游戏标题。

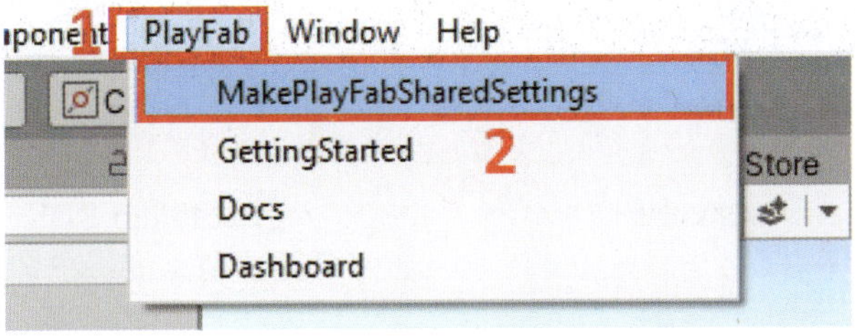

图 11.13　打开 Play Fab Shared Settings 窗口

（4）在 Play Fab Shared Settings 窗口中，需要提供游戏标题的 Title Id 和 Developer Secret Key，如图 11.14 所示。

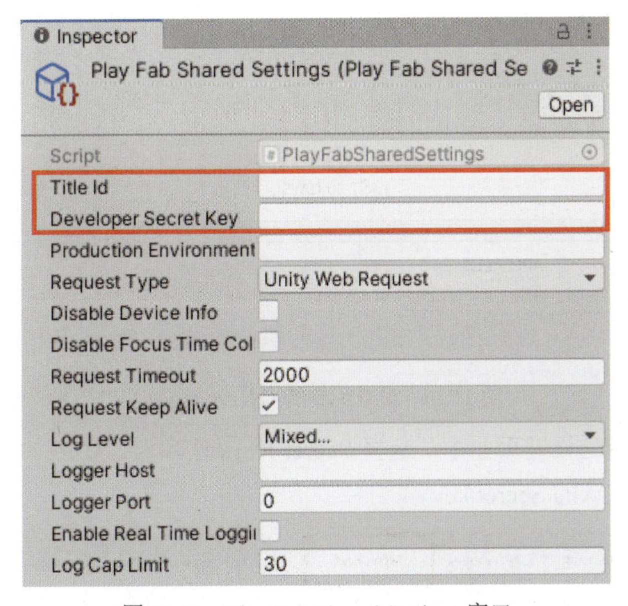

图 11.14　Play Fab Shared Settings 窗口

（5）为了找到游戏标题的 Title Id 和 Developer Secret Key，需要回到 PlayFab 的开发者门户网站，可以在 Title 名称部分找到游戏标题的 Title Id，如图 11.15 所示。

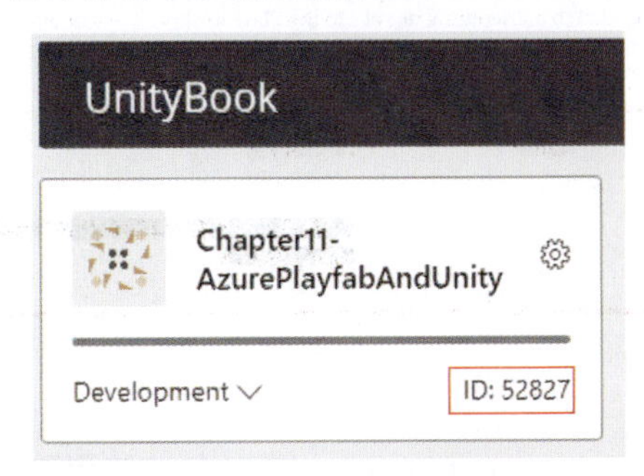

图 11.15　游戏标题的 Title Id

（6）Developer Secret Key 与 PlayFab 中的游戏标题紧密关联，在开发者门户网站上，单击游戏标题，打开游戏标题的 Overview 页面，如图 11.16 所示。然后单击⚙图标，选择 Title settings 选项，打开游戏标题的设置页面。

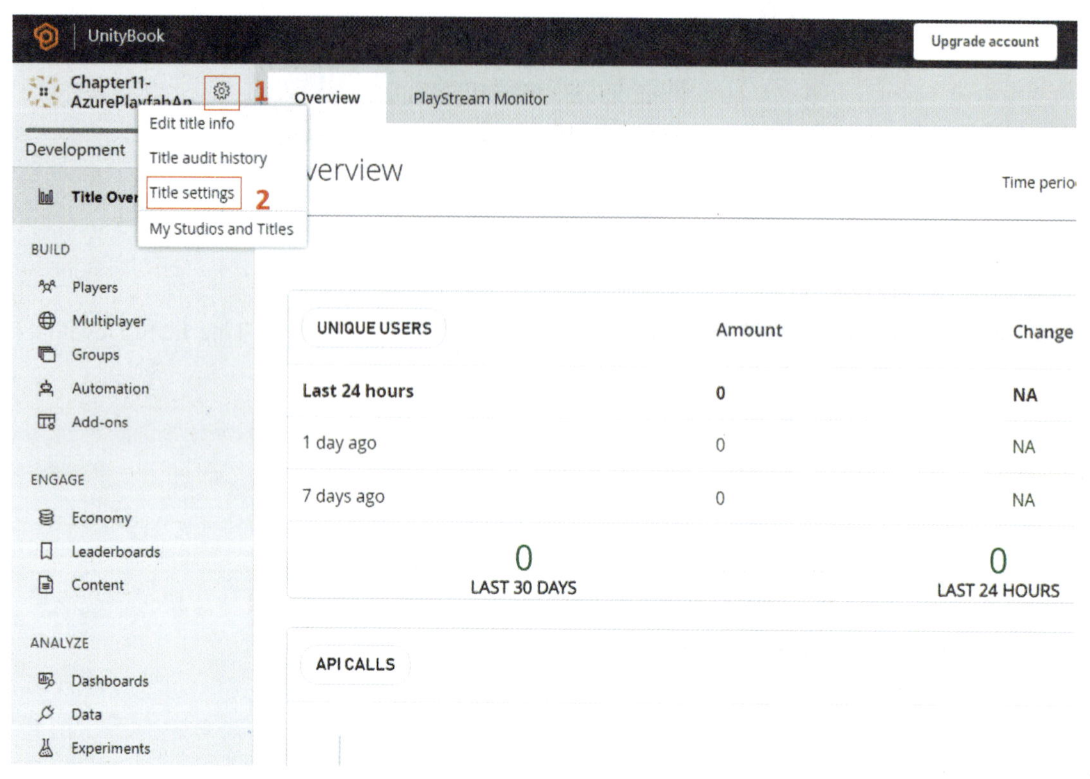

图 11.16 游戏标题的 Overview 页面

（7）在游戏标题的设置页面中，选择 Secret Keys 选项卡，如图 11.17 所示，切换到密钥设置，即可找到默认的 Secret key。

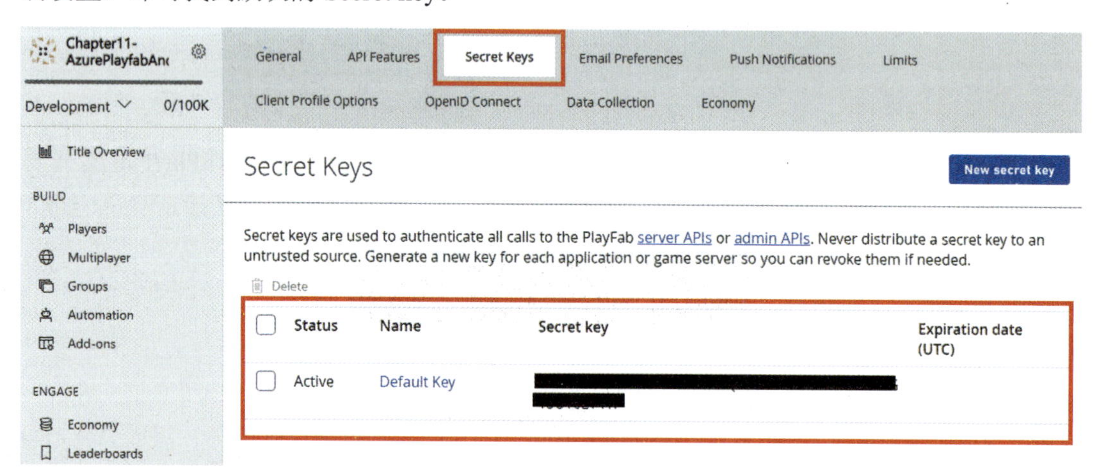

图 11.17 Secret Keys 选项卡

（8）回到 Unity 的 Play Fab Shared Settings 窗口中，使用刚从 PlayFab 开发者门户网站获得的 Title Id 和 Developer Secret Key 来进行相应设置。

11.4 在 Unity 中使用 PlayFab 完成玩家注册和登录

在 11.1 节提到的项目中，可以在 AzurePlayFabIntegration 文件夹的 StartScene 中找到

注册和登录的 UI 界面，下面将使用它来实现注册和登录功能。

与许多常见的注册和登录页面一样，本例中的注册和登录 UI 界面也有两个选项卡，即注册选项卡和登录选项卡，如图 11.18 所示，可以通过单击面板上的红色提醒文本进行切换。注册选项卡要求玩家提供用户名、邮箱地址和密码以在 PlayFab 中创建一个玩家账户，而登录选项卡只要求玩家提供邮箱地址和密码来登录。

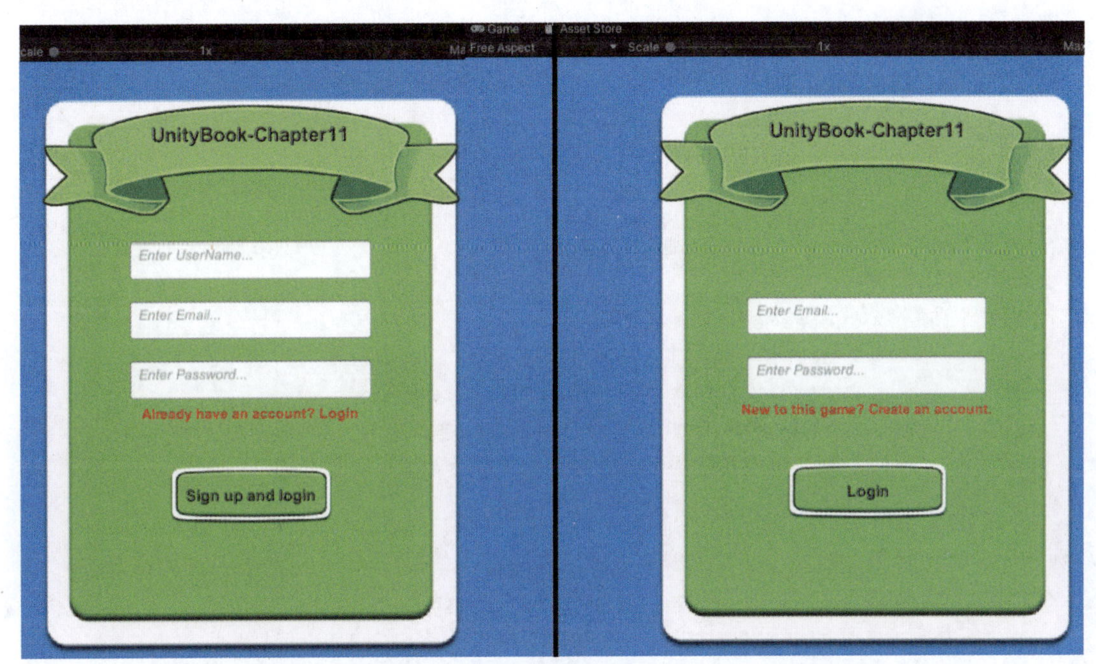

图 11.18 UI 面板上的注册选项卡（左）和登录选项卡（右）

11.4.1 在 PlayFab 中注册玩家

接下来，实现注册功能，步骤如下所示。

（1）在 AzurePlayFabIntegration 文件夹中创建一个名为 Scripts 的文件夹，如图 11.19 所示。

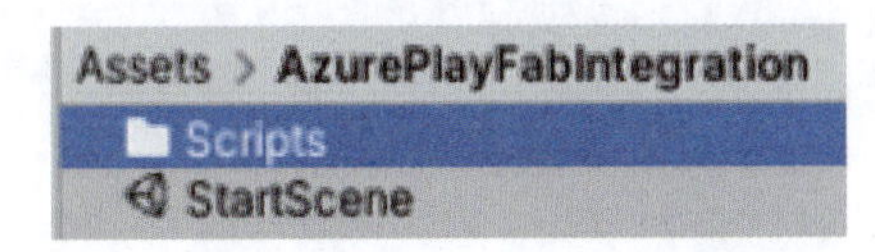

图 11.19 创建一个名为 Scripts 的文件夹

（2）在 Scripts 文件夹中新建一个 C# 脚本，将其命名为 AzurePlayFabAccountManager，并添加以下代码。

```
using System.Text;
using System.Security.Cryptography;
using UnityEngine;
using UnityEngine.UI;
using PlayFab;
using PlayFab.ClientModels;
```

```
public class AzurePlayFabAccountManager :
  MonoBehaviour
{
    [SerializeField]
    private InputField _userName, _email, _password;

    [SerializeField]
    private Text _message;

    public void OnSignUpButtonClick()
    {
        var userRequest = new
          RegisterPlayFabUserRequest
        {
            Username = _userName.text,
            Email = _email.text,
            Password = Encrypt(_password.text)
        };
        PlayFabClientAPI.RegisterPlayFabUser(userRequest,
          OnRegisterSuccess, OnError);
    }

  public void
    OnRegisterSuccess(RegisterPlayFabUserResult result)
    {
        _message.text = "created a new account!";
        var displayNameRequest = new
          UpdateUserTitleDisplayNameRequest
        {
            DisplayName = result.Username
        };
          PlayFabClientAPI.
            UpdateUserTitleDisplayName(display
            NameRequest, OnUpdateDisplayNameSuccess,
            OnError);
    }

    public void OnError(PlayFabError error)
    {
        _message.text = error.ErrorMessage;
    }

    private static string Encrypt(string input)
    {
        var md5 = new MD5CryptoServiceProvider();
        var bytes = Encoding.UTF8.GetBytes(input);
        bytes = md5.ComputeHash(bytes);
```

```
            return Encoding.UTF8.GetString(bytes);
        }
    }
```

代码分析如下。

① 使用 using 关键字添加了 System.Security.Cryptography 命名空间和 System.Text 命名空间，以便在 Encrypt 方法中将密码加密。

② 使用 using 关键字添加了 PlayFab 命名空间和 PlayFab.ClientModels 命名空间，以访问 PlayFab 提供的 API。

③ 在 fields 部分，引用了 3 个 InputField UI 元素分别提供用户名、邮箱地址和密码。此外，还引用了 Text UI 元素显示来自 PlayFab 的消息。

④ 创建了一个 RegisterPlayFabUserRequest 的新对象，并调用 PlayFabClientAPI.RegisterPlayFabUser 在 PlayFab 中注册此用户。

⑤ 有两个回调：当收到结果时调用 OnRegisterSuccess，当发生错误时调用 OnError。

⑥ 在 OnRegisterSuccess 中，创建了一个 UpdateUserTitleDisplayNameRequest 的新实例，并调用 PlayFabClientAPI.UpdateUserTitleDisplayName 以使用注册时的用户名更新显示的用户名，否则用户名默认为空字符串。此外，还可以使用此方法允许用户在将来更改该账户的显示名称。

（3）将 AzurePlayFabAccountManager.cs 拖动到场景中的 SignupAndLogin 游戏对象上，并将 UI 元素分配给相应的字段，如图 11.20 所示。

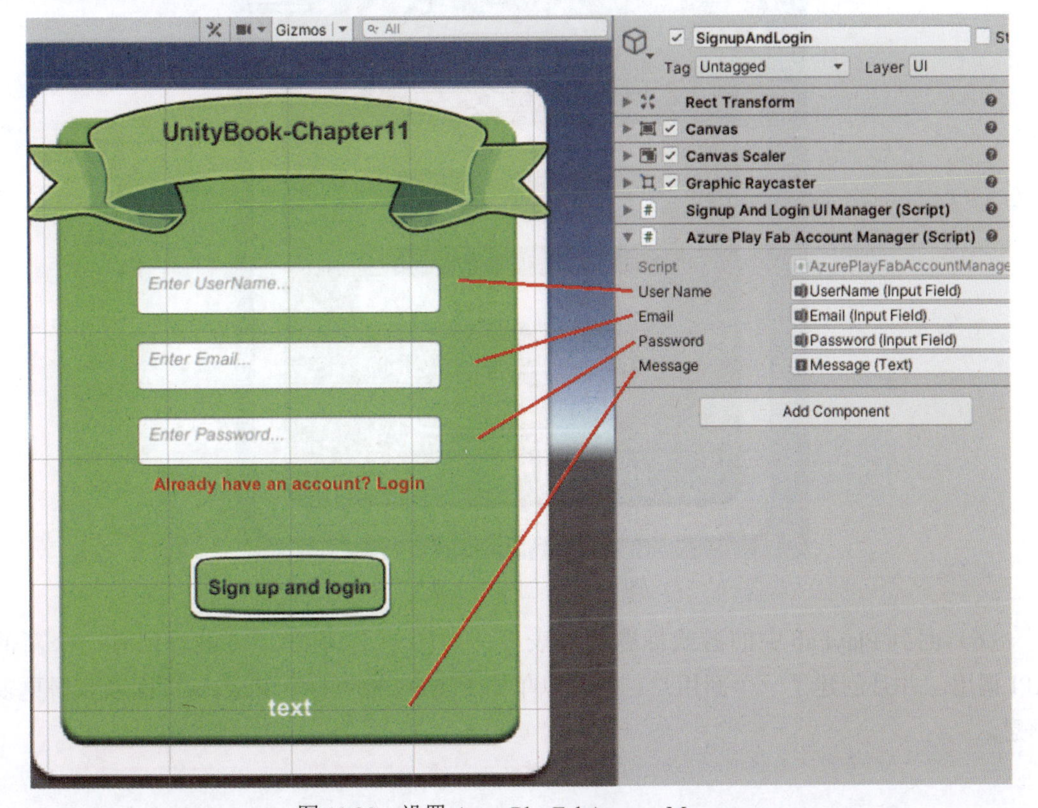

图 11.20　设置 AzurePlayFabAccountManager

（4）在 UI 面板中选择 Sign up and login 按钮，打开其 Inspector 窗口。在 Inspector 窗口中，单击 On Click () 部分底部的 + 图标，然后选择附加有 AzurePlayFabAccountManager 的游戏对象，最后选择 AzurePlayFabAccountManager 类中定义的 OnSignUpButtonClick 方法，使其在单击按钮时被调用，设置 Sign up and login 按钮的过程如图 11.21 所示。

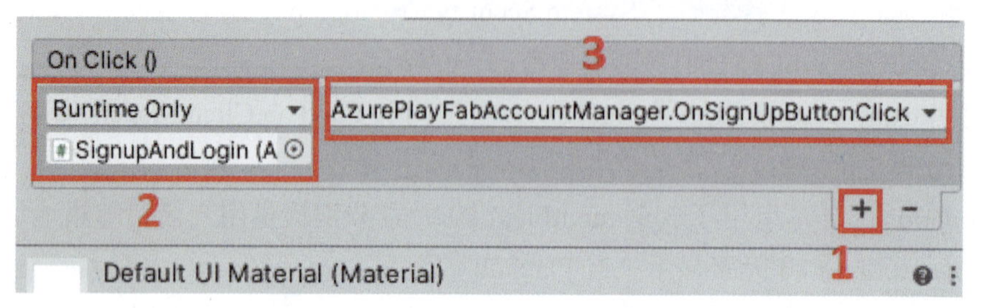

图 11.21　设置 Sign up and login 按钮

（5）运行游戏，在 Sign up and login UI 面板中输入用户名、邮箱地址和密码，然后单击 Sign up and login 按钮，向 PlayFab 发送注册用户请求。如图 11.22 所示，将创建一个账户。

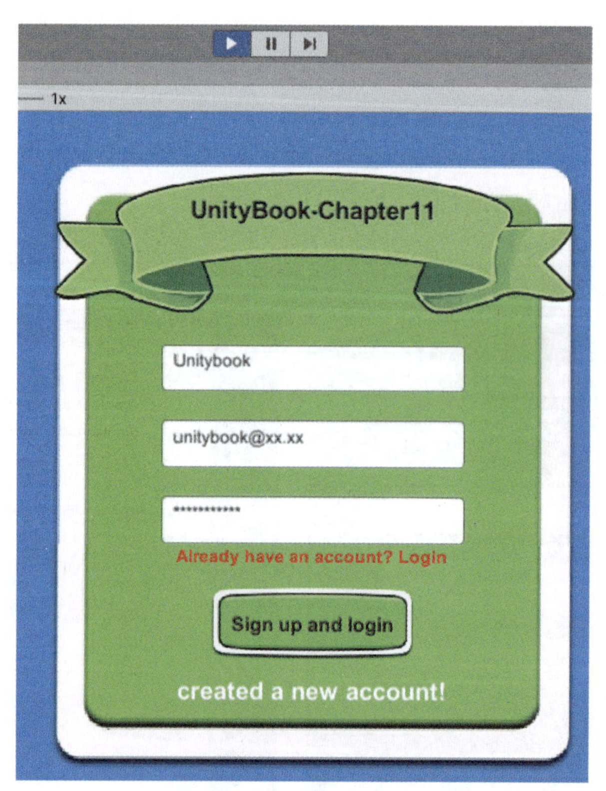

图 11.22　创建一个账户

（6）回到 PlayFab 中的游戏标题的仪表板，如图 11.23 所示。可以看到有一个新的 API 调用，并且创建了一个新用户。还可以单击 Players 按钮打开 Players 页面以获得更多信息。

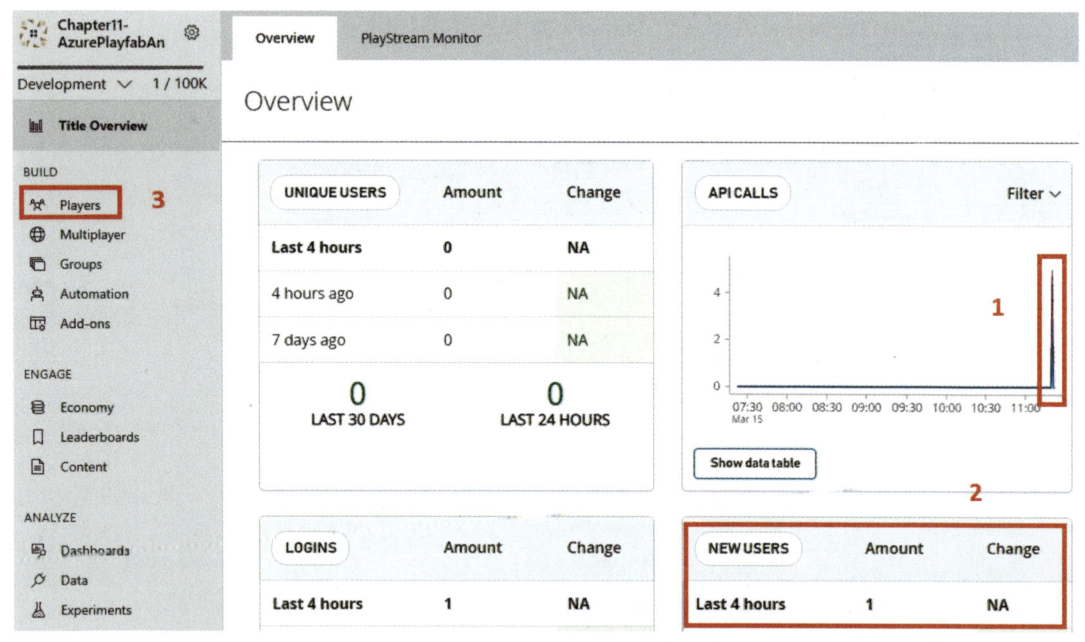

图 11.23　游戏标题的仪表板

（7）查看 Players 页面上的玩家列表，如图 11.24 所示，可以看到刚创建的账户。还有一些关于账户的信息，如最后一次登录的时间、账户被创建的时间及玩家从哪个国家登录。

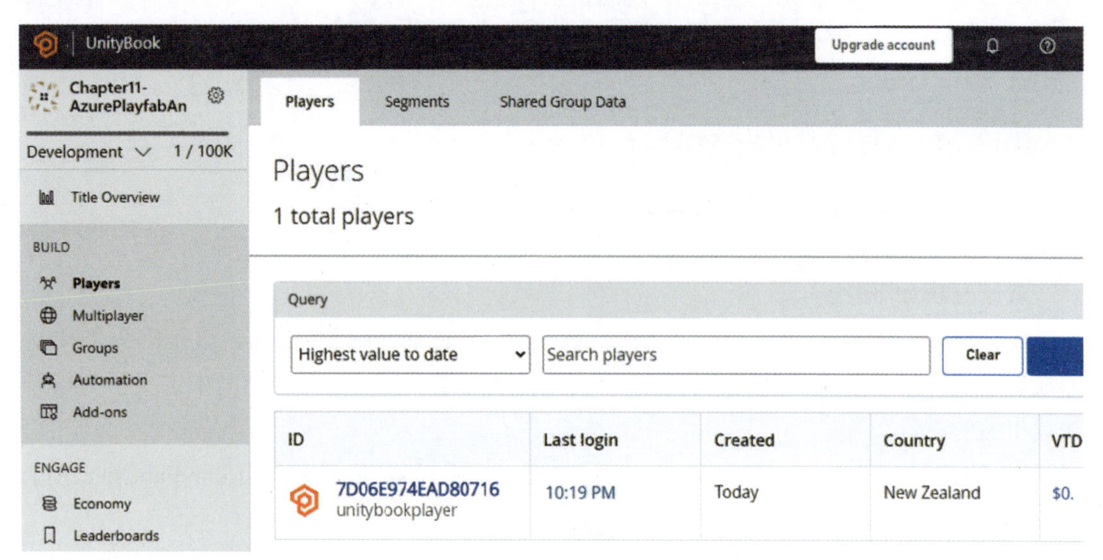

图 11.24　玩家列表

至此，已经实现了注册功能。接下来实现已有账户玩家的登录功能。

11.4.2　在 PlayFab 中登录玩家

具体操作如下所示，让玩家提供邮箱地址和密码来登录，如果成功登录，将跳转到 Flappy Bird-style 的游戏场景。

（1）返回 AzurePlayFabAccountManager 脚本，并添加以下代码。

```
// 预先存在的代码

using UnityEngine.SceneManagement;

// 预先存在的代码

    public void OnLoginButtonClick()
    {
        var userRequest = new
          LoginWithEmailAddressRequest
        {
            Email = _email.text,
            Password = Encrypt(_password.text)
        };
        PlayFabClientAPI.
          LoginWithEmailAddress(userRequest,
    OnLoginSuccess, OnError);
      }

      public void OnLoginSuccess(LoginResult result)
      {
          _message.text = "login successful!";
          StartGame();
      }

      private static void StartGame()
      {
          SceneManager.LoadScene(1);
      }
```

代码分析如下。

① 用 using 关键字添加了 UnityEngine.SceneManagement 命名空间。这是因为如果玩家成功登录，就需要将场景从登录场景切换到游戏场景，在这个命名空间中定义了与场景加载相关的逻辑。

② 创建了一个 LoginWithEmailAddressRequest 的新对象，并调用 PlayFabClientAPI.LoginWithEmailAddress 将玩家登录到 PlayFab。

③ 除了使用邮箱地址登录外，PlayFab 还提供了多种登录方法。例如，调用 PlayFabClientAPI.LoginWithFacebook 方法，使用 Facebook 访问令牌登录；调用 PlayFabClientAPI.LoginWithGameCenter 方法，使用 iOS Game Center 玩家标识符登录。

④ 当玩家成功登录时，将会调用 SceneManager.LoadScene 方法。SceneManager.LoadScene 方法采用一个 int 参数，该参数是目标场景的索引。

⑤ 本例中有两个场景：第一个是 StartScene，索引为 0，允许玩家在此注册或登录；

第二个是 GameScene，索引为 1，允许玩家玩游戏。所以使用索引 1 从 StartScene 切换到 GameScene。

（2）在 UI 界面中单击 Login 按钮，打开此按钮的 Inspector 窗口。在 Inspector 窗口中，单击 On Click () 部分底部的 + 图标，然后选择附加有 AzurePlayFabAccountManager 的游戏对象，最后选择 AzurePlayFabAccountManager 类中定义的 OnLoginButtonClick 方法，在单击 Login 按钮时将调用该方法。设置 Login 按钮的过程如图 11.25 所示。

图 11.25　设置 Login 按钮的过程

（3）运行游戏，切换到登录标签，输入邮箱地址和密码，然后单击 Login 按钮，向 PlayFab 发送登录用户请求，如图 11.26 所示。

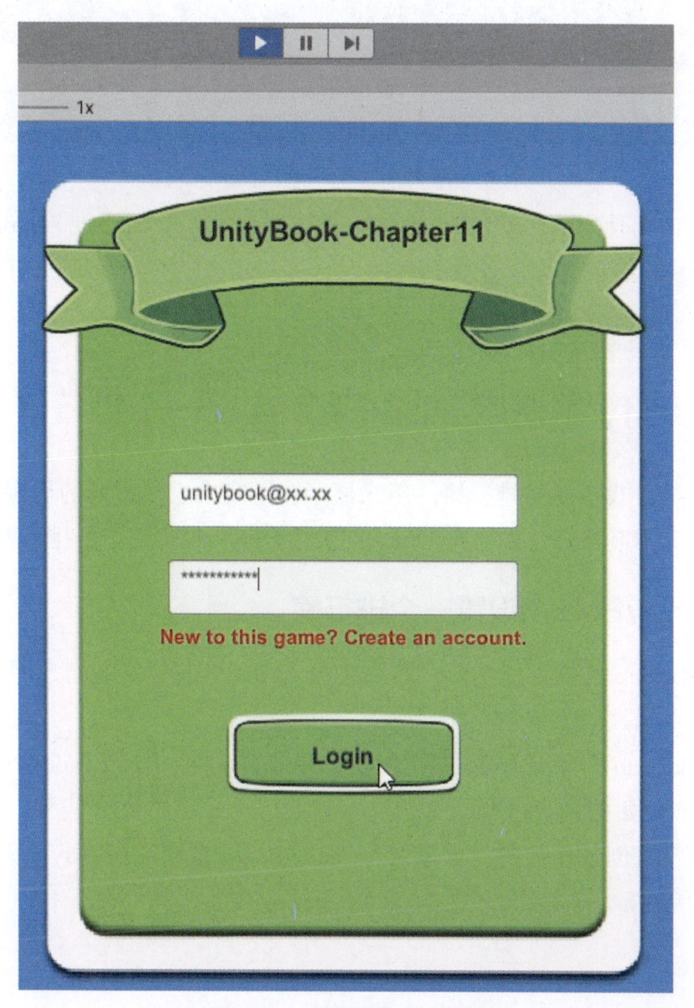

图 11.26　发送登录用户请求

（4）如果玩家成功登录，那么游戏场景将被加载并且游戏将启动，如图 11.27 所示。

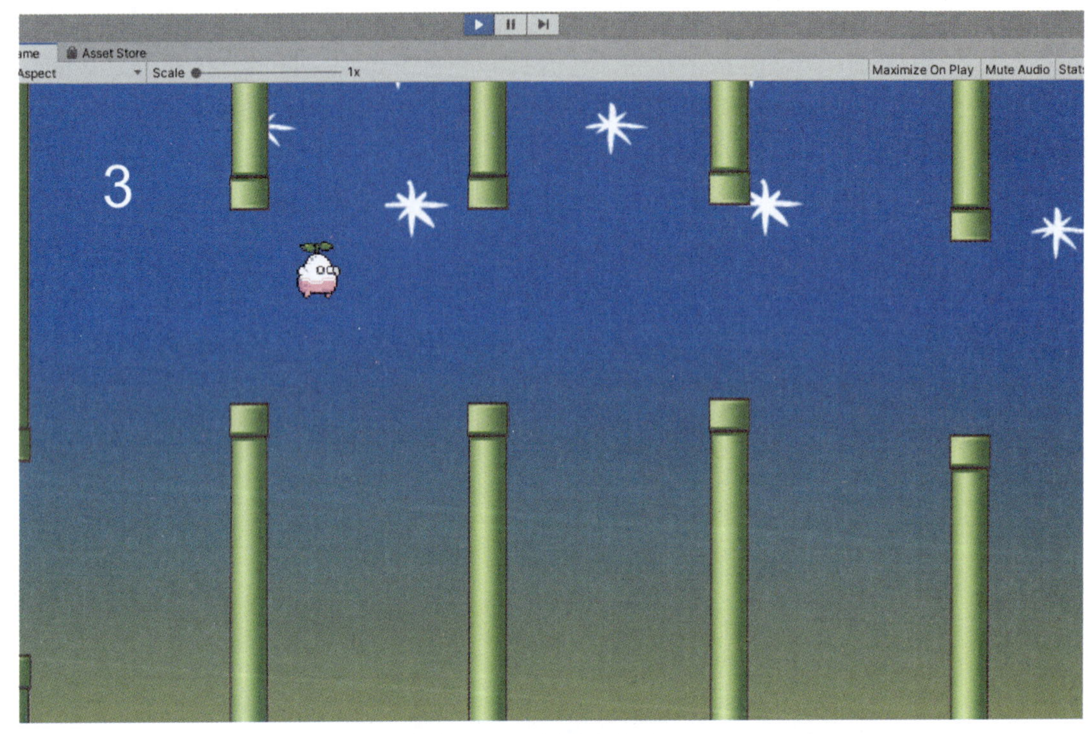

图 11.27　游戏将启动

本节学习了如何使用 Azure PlayFab API 来注册玩家，如何通过 Azure PlayFab API 更新 PlayFab 中玩家的显示名称，以及如何使用它从 Unity 游戏登录到 PlayFab。接下来，将探讨如何在 Unity 中使用 PlayFab 实现一个排行榜。

11.5　在 Unity 中使用 PlayFab 实现一个排行榜

如今，大多数游戏都使用排行榜，用来展示在游戏中表现最好的玩家，可以增加玩家对游戏的参与度。本节将探讨如何在 Unity 中使用 PlayFab 实现一个排行榜。

11.5.1　在 PlayFab 中设置一个排行榜

为了使用 PlayFab 的排行榜功能，首先需要在 PlayFab 开发者门户网站中建立一个排行榜，步骤如下所示。

（1）回到 PlayFab 的游戏标题的仪表板，单击左侧栏中的 Leaderboards 选项，打开 Leaderboards 页面，如图 11.28 所示。

（2）目前还没有创建排行榜，单击 New leaderboard 按钮，在 PlayFab 中创建一个排行榜，如图 11.29 所示。

Chapter11-
AzurePlayfabAn
Development
3 / 100K
Title Overview
BUILD
Players
Multiplayer
Groups
Automation
Add-ons
ENGAGE
Economy
Leaderboards
Content
ANALYZE
Dashboards
Data
Experiments
Overview
PlayStream Monitor
Overview
UNIQUE USERS
Amount
Last 24 hours
3
1 day ago
3
7 days ago
0
4
LAST 30 DAYS
API CALLS
40
30
20

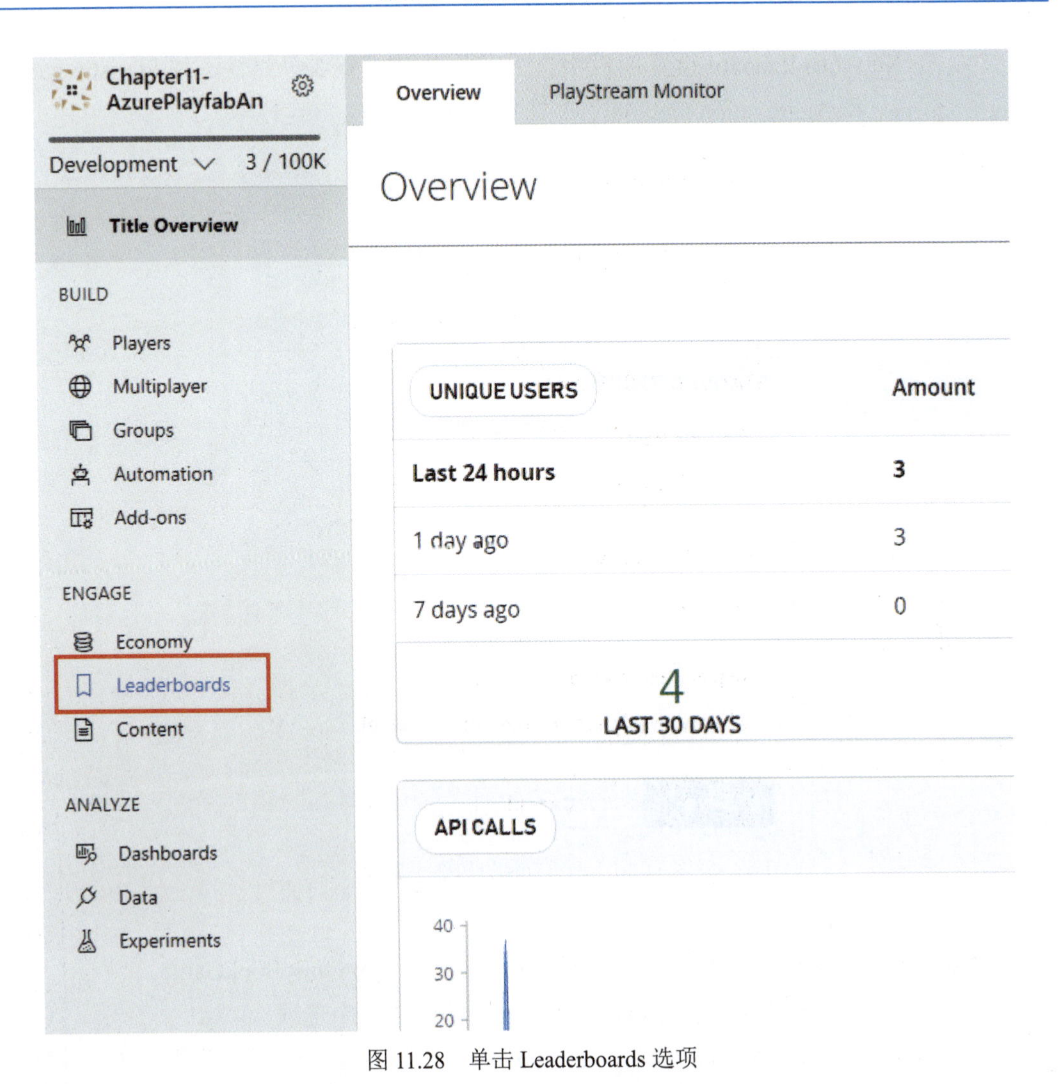

图 11.28　单击 Leaderboards 选项

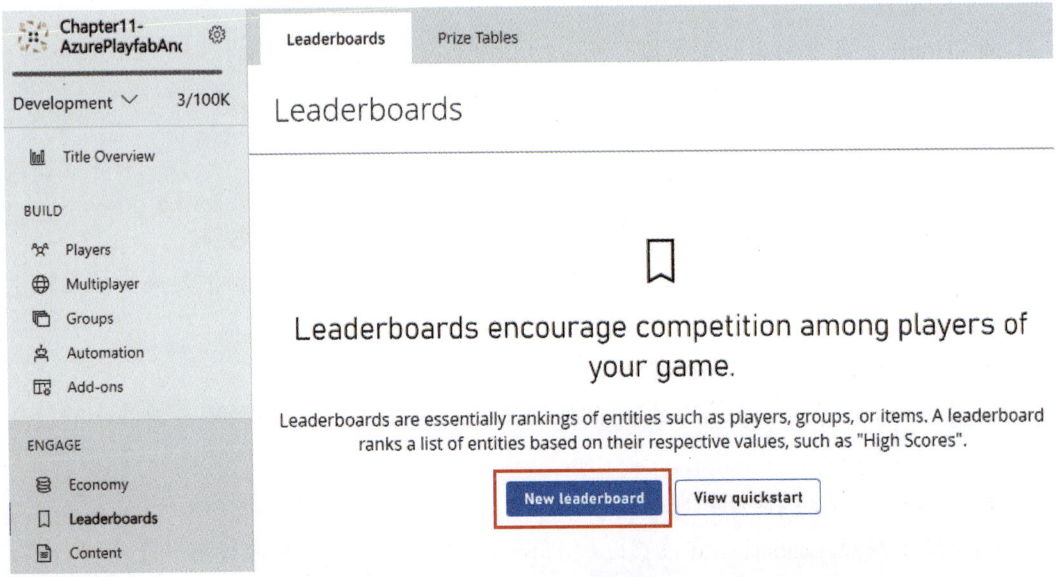

Chapter11-
AzurePlayfabAn
Development
3/100K
Title Overview
BUILD
Players
Multiplayer
Groups
Automation
Add-ons
ENGAGE
Economy
Leaderboards
Content
Leaderboards
Prize Tables
Leaderboards
Leaderboards encourage competition among players of your game.
Leaderboards are essentially rankings of entities such as players, groups, or items. A leaderboard ranks a list of entities based on their respective values, such as "High Scores".
New leaderboard
View quickstart

图 11.29　创建一个排行榜

（3）在 New Leaderboard 设置面板中，为该排行榜设置 3 个属性，即 Statistic name、Reset frequency 和 Aggregation method，如图 11.30 所示。

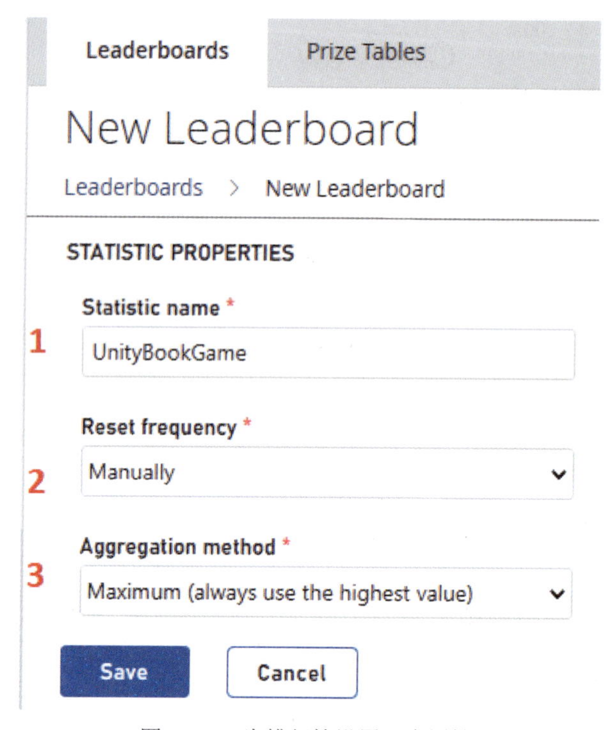

图 11.30　为排行榜设置 3 个属性

具体如下。

① Statistic name 是这个排行榜的名称，这里将其命名为 UnityBookGame。

② Reset frequency 决定了重置排行榜的频率，有以下 5 个选项。

- Manually：默认值，此处将 Reset frequency 设置为这个值，这样排行榜就不会自动重置。
- Hourly：每小时自动重置排行榜。
- Daily：每天自动重置排行榜。
- Weekly：每周自动重置排行榜。
- Monthly：每月自动重置排行榜。

③ Aggregation method 决定了如何保存玩家的分数，有以下 4 个选项。

- Last：默认选项，该选项总是使用一个新值进行更新，无论新值是高于还是低于现有值。
- Minimum：始终使用最小值。
- Maxmum：始终使用最大值。此处选择了该选项是为了保存玩家在游戏中的最高分数。
- Sum：将本次值添加到现有值中。

（4）单击 New Leaderboard 设置面板的 Save 按钮，在 PlayFab 中设置一个空排行榜，如图 11.31 所示。

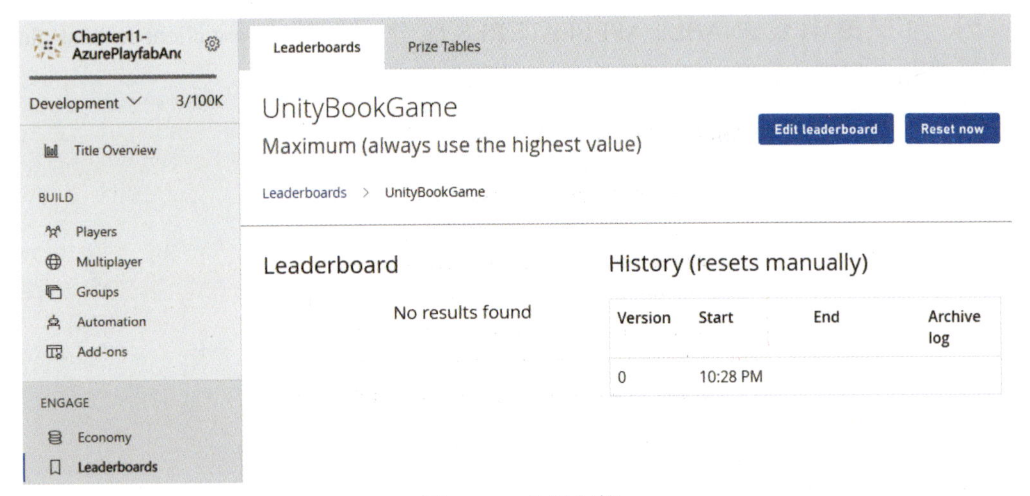

图 11.31 空排行榜

（5）为了允许 Unity 游戏向 PlayFab 发布玩家统计数据请求，还需要在 PlayFab 中启用 Allow client to post player statistics 选项。因此，先单击左上角的⚙图标，然后选择 Title settings 选项来打开游戏标题的设置页面，如图 11.32 所示。

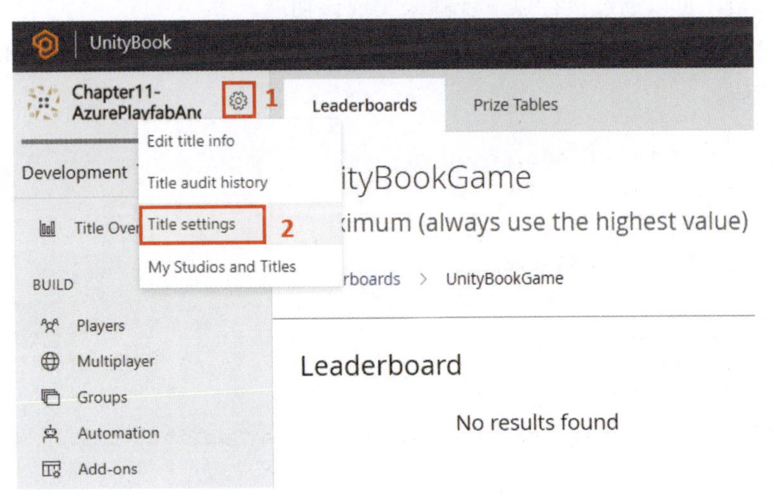

图 11.32 打开游戏标题的设置页面

（6）在设置页面上，单击 API Features 选项卡以切换到 API Features 设置，如图 11.33 所示。

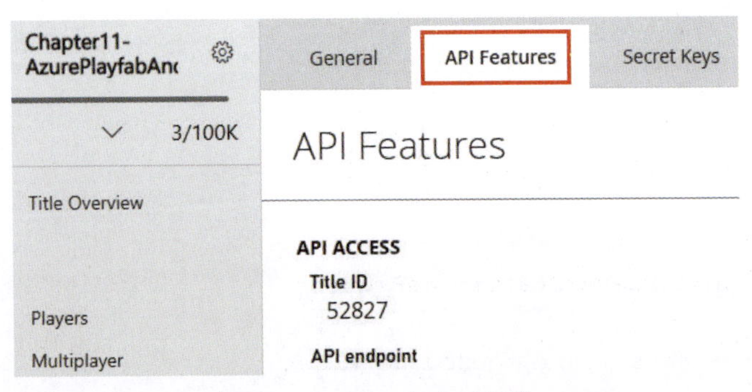

图 11.33 API Features 设置

（7）向下滚动到ENABLE API FEATURES部分，启用Allow client to post player statistics选项并保存，如图11.34所示。

ENABLE API FEATURES

- [ ] Allow client to add virtual currency
- [ ] Allow client to subtract virtual currency
- [ ] Allow client to post player statistics
- [ ] Allow client to view ban reason and duration

图 11.34　启用 Allow client to post player statistics 选项

现在已经在PlayFab中建立了一个排行榜。

11.5.2　使用Azure PlayFab API从Unity中更新玩家分数

当一个玩家完成了一次游戏，并且其分数比以前更高时，想在PlayFab的排行榜上更新该玩家的分数，可以通过执行以下步骤来实现该功能。

（1）在Scripts文件夹中新建一个C#脚本，将其命名为AzurePlayFabLeaderboardManager，并添加以下代码。

```
using System.Collections.Generic;
using UnityEngine;
using PlayFab;
using PlayFab.ClientModels;

public class AzurePlayFabLeaderboardManager :
  MonoBehaviour
{
    public void UpdateLeaderboardInAzurePlayFab(int
      score)
    {
        var scoreUpdate = new StatisticUpdate
        {
          StatisticName = "UnityBookGame",
          Value = score
        };

        var scoreUpdateList = new
          List<StatisticUpdate> { scoreUpdate };

        var scoreRequest = new
          UpdatePlayerStatisticsRequest
        {
            Statistics = scoreUpdateList
        };
```

```
            PlayFabClientAPI.UpdatePlayerStatistics
              (scoreRequest, OnUpdateSuccess, OnError);
        }

        public void OnUpdateSuccess
          (UpdatePlayerStatisticsResult result)
        {
            Debug.Log("Update Success!");
        }

        public void OnError(PlayFabError error)
        {
            Debug.LogError(error.ErrorMessage);
        }
    }
```

代码分析如下所示。

① 在 UpdateLeaderboardInAzurePlayFab 方法中，创建了一个 StatisticUpdate 类的对象，它封装了需要为排行榜进行更新的数据。在此提供了排行榜的名字和玩家的分数。

② 创建了一个 StatisticUpdate 列表，并将刚创建的 StatisticUpdate 实例添加到其中。

③ 之后，创建一个 UpdatePlayerStatisticsRequest 类的新对象，它封装了用于更新排行榜的 StatisticUpdate 列表，并调用 PlayFabClientAPI.UpdatePlayerStatistics 方法在 Azure PlayFab 中更新排行榜。

④ 有两个回调，当收到结果时调用 OnUpdateSuccess，当错误发生时调用 OnError。

（2）需要确保当游戏结束时 UpdateLeaderboardInAzurePlayFab 方法将被调用。因此，在 BasicGame → Scenes 文件夹中打开示例项目的 Game 场景，如图 11.35 所示。

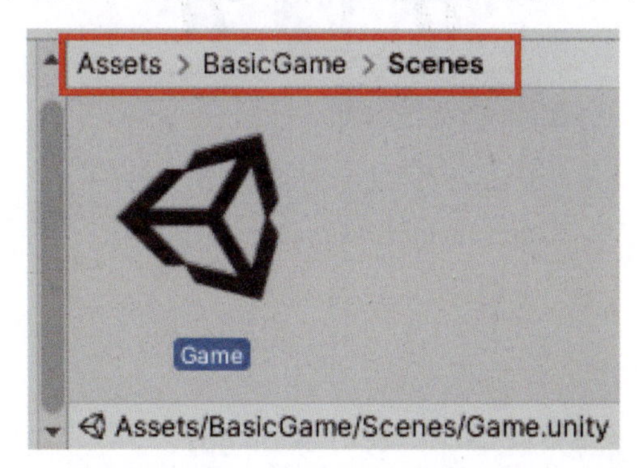

图 11.35　示例项目的 Game 场景

（3）在 Game 场景中新建一个游戏对象，将其命名为 AzurePlayFabManager，然后将 AzurePlayFabLeaderboardManager.cs 拖放到其上，如图 11.36 所示。

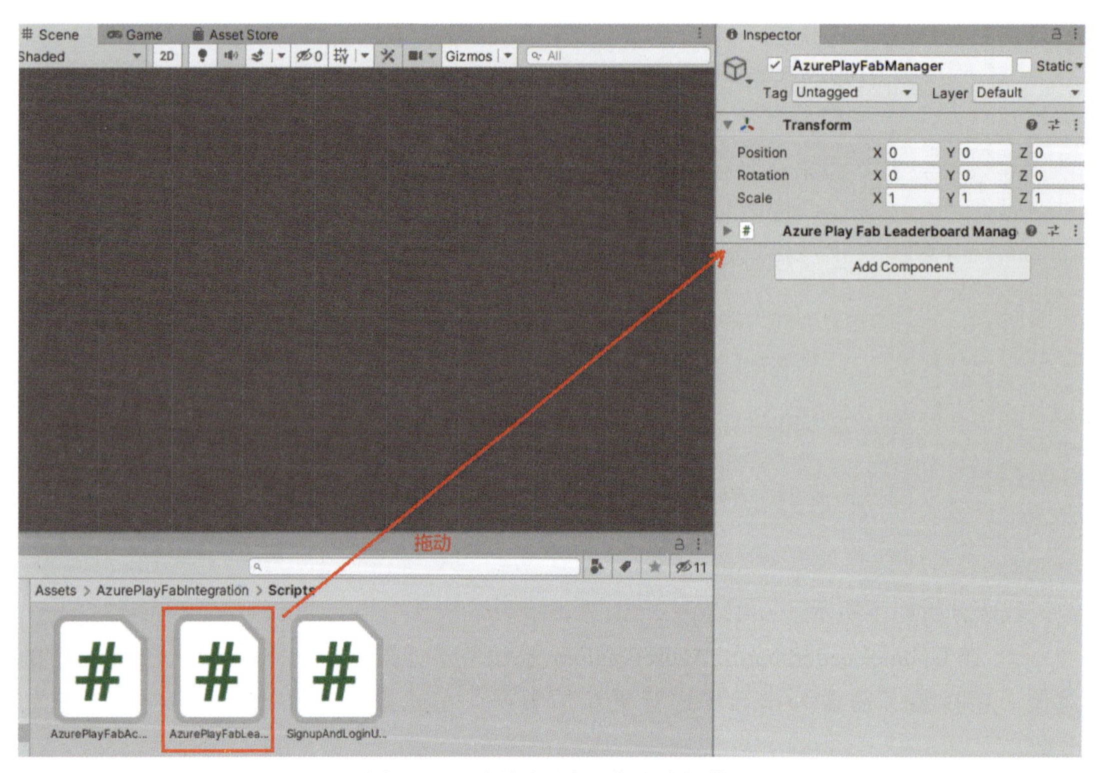

图 11.36　给游戏对象添加脚本组件

（4）在示例项目中修改现有的 C# 脚本。可以在 BasicGame → Scripts 文件夹中找到 ExampleGameManager.cs 文件，双击打开它，如图 11.37 所示。

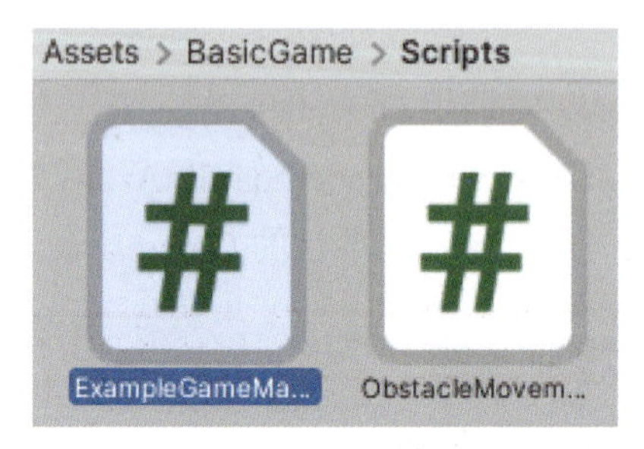

图 11.37　ExampleGameManager.cs 文件

（5）将以下代码添加到 ExampleGameManager 类中。

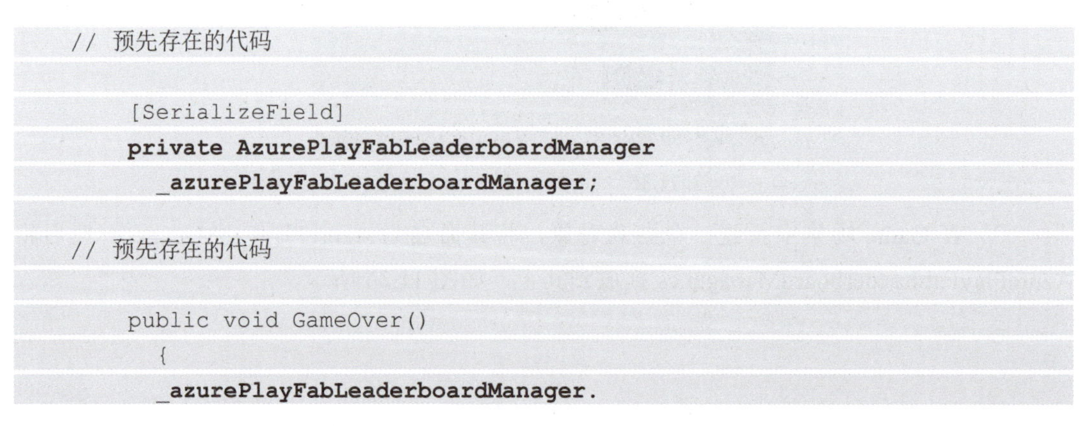

```
// 预先存在的代码

    [SerializeField]
    private AzurePlayFabLeaderboardManager
      _azurePlayFabLeaderboardManager;

// 预先存在的代码

    public void GameOver()
      {
      _azurePlayFabLeaderboardManager.
```

```
        UpdateLeaderboardInAzurePlayFab(score);
    }
```

代码分析如下所示。

① 添加一个字段来获取对 AzurePlayFabLeaderboardManager 实例的引用。

② 在 GameOver 中调用 UpdateLeaderboardInAzurePlayFab 方法来更新排行榜。

（6）给刚创建的字段分配对 AzurePlayFabLeaderboardManager 实例的引用，如图 11.38 所示。

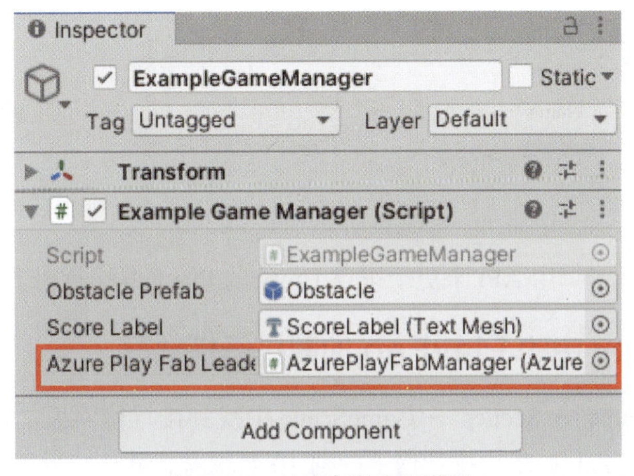

图 11.38　对该字段分配引用

（7）回到 Start 场景，并在编辑器中运行游戏，使用 11.4 节中创建的账户来登录并玩游戏。如图 11.39 所示，玩家在游戏中得了 4 分。

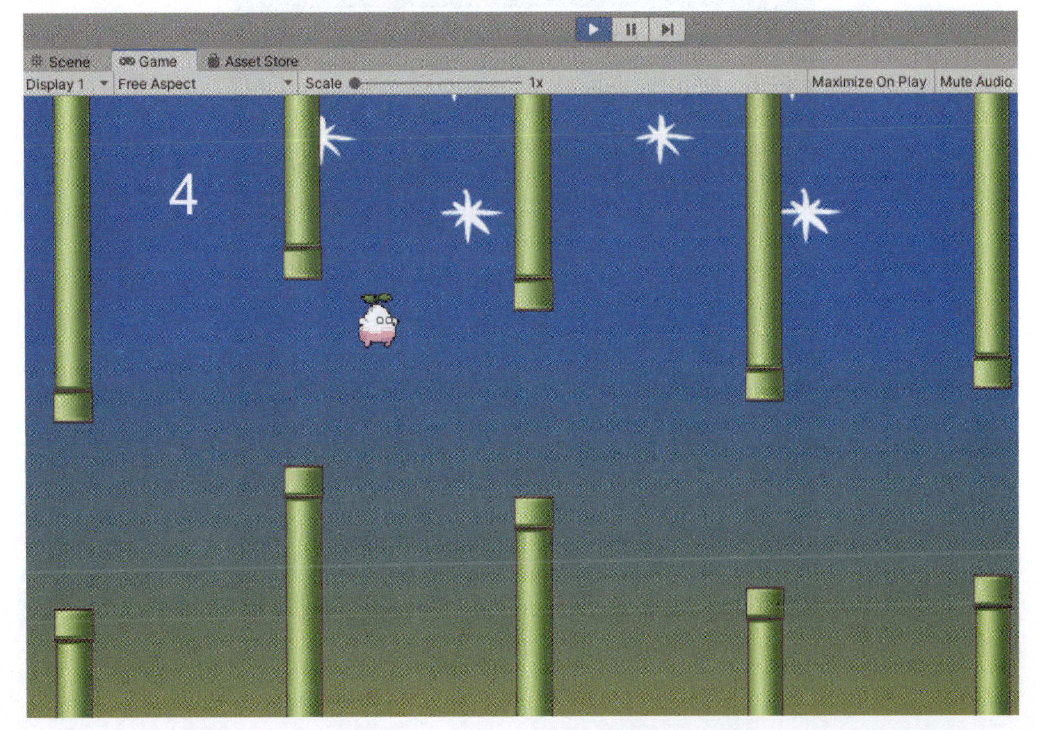

图 11.39　玩家在游戏中得了 4 分

（8）进入 PlayFab 的 Leaderboard 仪表板，如图 11.40 所示，可以看到玩家的最高分是 4 分，排名第一。

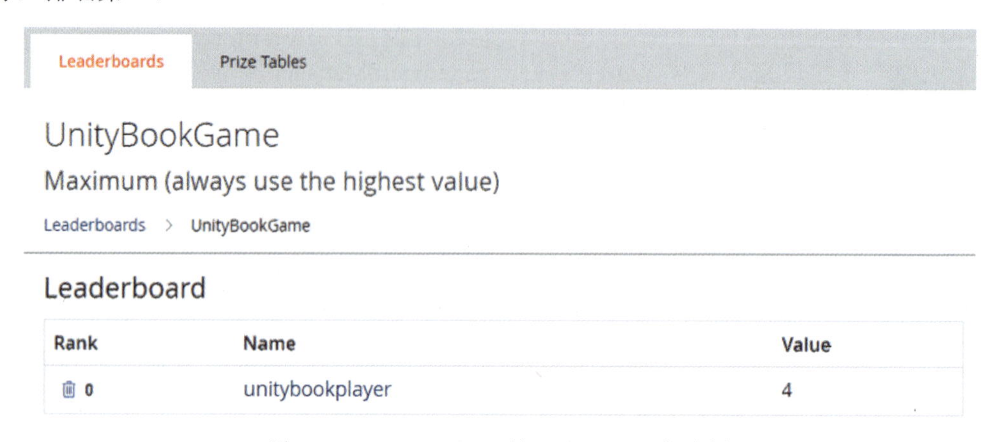

图 11.40　AzurePlayFab 的 Leaderboard 仪表板

至此，已经完成了调用 API 来更新来自 Unity 的 PlayFab 排行榜上的玩家的分数。

11.5.3　从 Unity 中的 PlayFab 加载排行榜数据

可以在 BasicGame → Scenes → GameScene 中找到排行榜面板，如图 11.41 所示，使用该面板显示从 PlayFab 加载的排行榜上的前 10 名玩家。默认情况下，这个 UI 面板没有被激活，所以现在无法在 Game 视图中看到它。

图 11.41　排行榜面板

首先注册更多的玩家，并将更多的项目添加到 UnityBookGame 排行榜上，如图 11.42 所示。

UnityBookGame

Maximum (always use the highest value)

Leaderboards > UnityBookGame

Leaderboard

Rank	Name	Value
0	player10	38
1	player1	7
2	player6	7
3	player4	6
4	unitybookplayer	4
5	player2	4
6	player8	4
7	player9	3
8	player5	2
9	player7	1
10	player11	0

图 11.42　UnityBookGame 排行榜

然后，在 Unity 中调用 Azure PlayFab API 来获取排行榜数据。操作步骤如下。

（1）返回 AzurePlayFabLeaderboardManager 脚本并添加如下代码。

```
// 预先存在的代码

    public void LoadLeaderboardDataFromAzurePlayFab()
    {
        var loadRequest = new GetLeaderboardRequest
        {
            StatisticName = "UnityBookGame",
            StartPosition = 0,
            MaxResultsCount = 10
        };

        PlayFabClientAPI.GetLeaderboard(loadRequest,
          OnLoadSuccess, OnError);
    }


// 预先存在的代码

    public void OnLoadSuccess(GetLeaderboardResult
      result)
    {
        Debug.Log("Load Success!");
    }
```

代码分析如下。

① 创建了一个方法，并命名为 LoadLeaderboardDataFromAzurePlayFab。

②在 LoadLeaderboardDataFromAzurePlayFab 方法中，创建了一个 GetLeaderboardRequest 的新对象，并调用 PlayFabClientAPI.GetLeaderboard 从 UnityBookGame 排行榜中检索最多 10 个条目，从索引 0 开始。

③ 添加了一个回调，即 OnLoadSuccess，当收到结果时会调用它，并打印“Load Success!”到 Console 窗口中。

（2）返回 ExampleGameManager.cs，按如下方式更改代码，以便从 Azure PlayFab 获得排行榜信息。

```
public void GameOver()
{
  _azurePlayFabLeaderboardManager.
    UpdateLeaderboardInAzurePlayFab(score);
  _azurePlayFabLeaderboardManager.
    LoadLeaderboardDataFromAzurePlayFab();
}
```

（3）运行游戏，在游戏结束后查看 Console 窗口，如图 11.43 所示，可以看到已经成功地从 PlayFab 加载了排行榜数据。

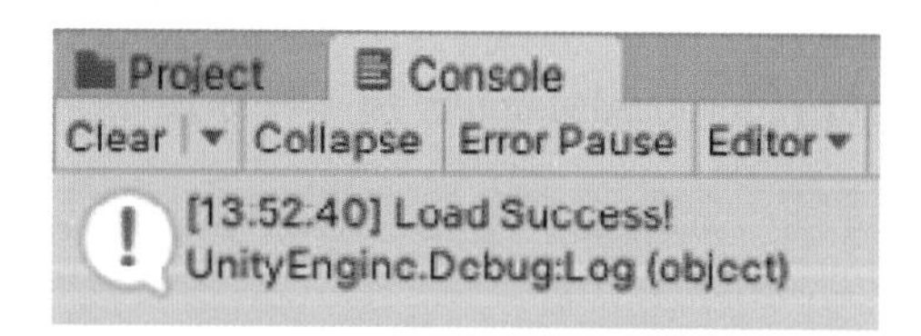

图 11.43　查看 Console 窗口

下面在 Unity 项目的排行榜 UI 面板中显示这些数据。

（1）再次返回 AzurePlayFabLeaderboardManager 脚本并更改代码，具体如下。

```
// 预先存在的代码
    [SerializeField]
    private GameObject _leaderboardUIPanel;
    [SerializeField]
    private List<Text> _itemsText;


// 预先存在的代码
    public void OnLoadSuccess(GetLeaderboardResult
      result)
    {
        _leaderboardUIPanel.SetActive(true);
        CreateRankingItemsInUnity(result.Leaderboard);
    }

    private void CreateRankingItemsInUnity
```

```
        (List<PlayerLeaderboardEntry> items)
    {
        foreach(var item in items)
        {
            var itemText = _itemsText[item.Position];
            itemText.text = $"{item.Position + 1}:
            {item.Profile.DisplayName} -
              {item.StatValue}";
        }
    }
```

代码分析如下。

① 在 fields 部分，引用了场景中的 Leaderboard 游戏对象。因为排行榜面板在默认情况下没有被激活，所以需要在游戏结束时激活它来显示来自 Azure PlayFab 的排行榜信息。此外，还获得了对用于在排行榜上显示每个项目的文本 UI 元素列表的引用。

② 在 OnLoadSuccess 方法中，激活场景中的 Leaderboard 游戏对象，并从 Azure PlayFab 接收排行榜信息。然后，调用 CreateRankingItemsInUnity 方法，该方法以 List<PlayerLeaderboardEntry> 作为参数。

③ 在 CreateRankingItemsInUnity 方法中，更新了 Text UI 元素以显示关于每个项目的信息，包括玩家的排名、显示名称和分数。

（2）在 Game 场景中的 AzurePlayFabManager 游戏对象上，将 UI 元素相应地分配给这些新添加的字段，如图 11.44 所示。

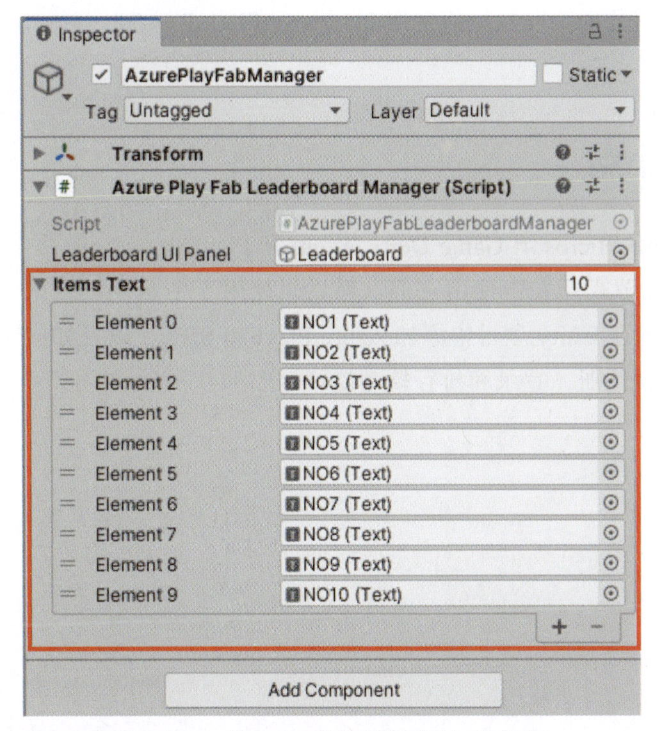

图 11.44 将 UI 元素分配给新添加的字段

（3）返回 Start 场景，运行游戏，在游戏结束时会看到排行榜的 UI 面板，如图 11.45

所示，其中展示了前 10 名的排行信息。

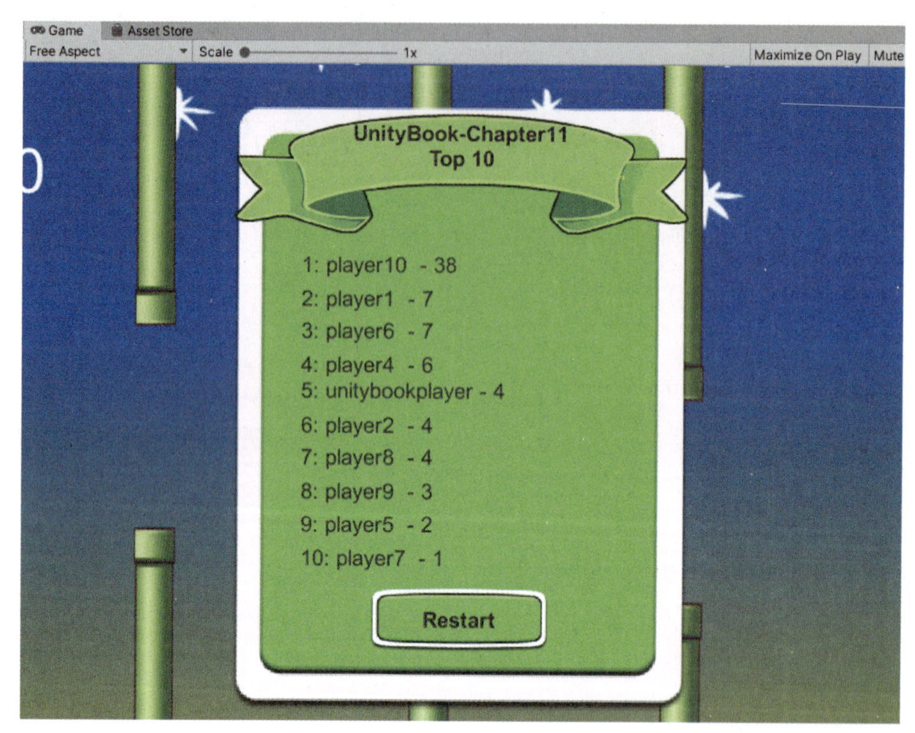

图 11.45 排行榜的 UI 面板

至此，应该已经知道如何在 PlayFab 中设置排行榜，如何使用 Alure PlayFab API 在 Unity 中更新排行榜数据，以及如何使用 PlayFab API 从 PlayFab 获得排行榜数据并显示于 Unity 游戏。

11.6 本章小结

本章重点介绍 Microsoft Game Dev、Azure 和 PlayFab，讨论了它们是什么，以及为什么应该考虑在游戏开发中使用它们。然后，使用一个示例项目来演示如何创建一个 PlayFab 账户，如何在 Unity 项目中添加 Azure PlayFab SDK，以及如何通过 Azure PlayFab API 在 Unity 中实现注册、登录和排行榜功能。